大陆地震构造和地震预测探索

张家声 著

地震出版社

图书在版编目（CIP）数据

大陆地震构造和地震预测探索/张家声著.--北京：地震出版社，2019.9

ISBN 978-7-5028-4999-3

Ⅰ.①大… Ⅱ.①张… Ⅲ.①大陆—地震构造—研究②大陆—地震预测—研究 Ⅳ.① P315.2 ② P315.7

中国版本图书馆 CIP 数据核字 (2018) 第 254309 号

地震版 XM4290

内 容 简 介

地震危险源于地壳深处，似乎没有可探知的时空规律性。破坏性地震经常发生在出乎意料的地方，给人类带来巨大灾难。地震预报是减轻地震灾害的重要条件，地震工作者一直在为实现这一目标做不懈努力。本书介绍不同尺度的地震构造分析，研究大陆地震构造特征和地球动力学背景。根据对抬升剥蚀而出露地表的深层次断裂构造、地质历史时期发生的地震震源产物的地质（化石地震）和地震实验模拟研究，认识震源过程和地震发生环境；利用地震相关的多学科数值化海量数据资源和强大的计算机运算功能，建立基于统计的量化地震过程模型，以及基于触发机制的地震预测计算机平台，提出数值化地震预测方案，并应用于四川松潘—甘孜地区，试图探索实现地震预测和预报的新途径。

大陆地震构造和地震预测探索

张家声 著

责任编辑：樊 钰
责任校对：孔景宽

出版发行：地震出版社
    北京市海淀区民族大学南路 9 号   邮编：100081
    发行部：68423031　68467993   传真：88421706
    门市部：68467991   传真：68467991
    总编室：68462709　68423029   传真：68455221
    http://seismologicalpress.com

经销：全国各地新华书店
印刷：北京地大彩印有限公司

版（印）次：2019 年 9 月第一版　2019 年 9 月第一次印刷
开本：787×1092　1/16
字数：415 千字
印张：19.5
书号：ISBN 978-7-5028-4999-3/P（5704）
定价：120.00 元

前　言

　　人类对地震活动规律性进行了长期观测与研究，并一直在探索如何实现地震预报。在现阶段，关于地震预报，世界地震科学界有两种具有代表性的观点：一是地震是不可能准确预报的，地震学家的工作重点应放在长期的地震危险性评估方面，为实现减轻地震灾害做出贡献（Geller et al., 1997）；二是对地震预报探索仍然应坚持下去，但依据近年来的经验和教训，要对现有的理论模型做重大修改，用统计或概率方法研究如何预测未来的地震（Chui, 2009）。

　　地震机制及地震预报研究的困难，主要是因为大多数破坏性地震发生在地壳深部，目前的地球科学技术还不能对地表以下深部做直接的探测或测量，只能依靠地震波等地球物理方法做间接的观测和反演。地球内部的运动和变形一般是极其缓慢而漫长的过程，而一次地震的触发与发生非常短暂，就像扣动扳机一样，对这样的从慢变形到快破裂的过程至今尚未查明。地震发生前可能出现各种异乎寻常的自然现象，大体可以分为三类：一是动物异常，二是物理异常（包括前震），三是圈层效应。但关于它们的发生机制还不清楚。例如，震前引起鸡飞狗叫的生理感应是什么？出现电闪雷鸣的物理机制是什么？岩石圈—水圈—大气圈又是如何在临震前发生交感效应的？更加重要的是，这些震前异常为什么没有规律？时有时无。无可争议的异常现象确曾出现在某些地震发生之前，而另外一些地震震前却毫无踪迹？事实上，人类目前关于地震前兆异常的知识，几乎全部来自地震发生以后的总结，至今尚未得到严格的科学检验与共识。因此，试图用地震前兆实现较准确的并能取得减灾实效的地震预报，目前一般是不可能的，除非有明显的前震活动，如1975年辽宁海城7.3级地震。

　　地震从成因上分为构造地震和非构造地震两类，后者包括火山地震、水库地震、陷落地震、人工地震等，多数属于微、小地震，一般不超过5.0级。本书只涉及构造地震。现有的地震数据按其涵盖时间段可以分为数字地震记录、历史地震记载、古地震、化石地震。数字地震记录指1900年以后基于地球物理方法和地壳结构的速度模型，对地震观测台网仪器记录的地震波形进行反演计算得出的震源参数，可以提供准确的地震信息，包括准确震中位置、震源深度，以及震源破裂过程。例如，在现代地震仪出现并运行20多年后，世界上就有96个地震台记录到了1920年12月16日20时05分53秒发生在中国宁夏海原县的8.5级地震。包括发震时间、震中经纬（36.7° N，105.7° E）、震源深度（17km）等参数。此后的近百年，随着全球地震台站（网）不断增加和观测技术迅速发展，数字地震记录不断积累，精度不断提高。历史地震是指还没有地震仪器以前记录的事件，包括历史文献中关于地震灾难的描述。例如《竹书纪年》上记载的公元前2221年夏天，山西省永济县地震泉涌的文字记载。西方关于1755年11月1日09时40分葡萄牙里斯本地震灾难的记载等，都是可靠的历史地震记录，其时间可以上推至约3000年前。历史地震记录大多以描述地震灾难为主，缺失准确的震中定位和发震时间等参数。古地震是通过地质学和同位素年代学等方法，对人工发掘的第四纪地震遗迹，经科学鉴定的地震事件。例如，美国地质调查局（USGS）20世纪70年代末至80年代初对圣安德烈斯断层中南段进行详细的古地震研究，估计该断层历史地震活动的频率和震级，进一步检验基于弹性回跳模型的断层地震重复发生、周期性循环的理论。一般来说，古地震研究是针对实际地质断层的详细研究，主要是揭露第四纪（约2.48Ma）以来至史前一段时间的地震事件；而20世纪中期被大量研究的化石地震（fossil earthquake），则主要是在经历抬升剥蚀暴露地表的深部岩石露头上，根据被试验证明的地震断层产物（假玄武玻璃 pseudotechylite）开展综合的研究。鉴于假玄武玻璃形成和得以保存的特定条件，化石地震大多出现在25亿年以前的太古代结晶岩石中（南极、苏格兰等地），代表地质历史时期曾经发生地震的深部震源遗迹。以其形成深度10km左右计算，根据地壳岩石抬升和剥蚀（沉积）速率，它们至少应该代表发生在2亿～5亿年以前的地震事件。因此，化石地震既是地质历史过程曾经发生地震的证据，又是直接观察地震震源过程、构造条件和介质环境的重要依据，对地震成因研究具有十分重要的意义，本书将在第3章详细介绍化石地震和震源过程的地质与实验研究成果。综上所述，古地震和化石地震记录可以帮助更好地理解大陆浅源地震成因和断层地震属性。由128个超宽频带数字式观测台组成的全球地震台网记录到每年发生约500万次地震，则是研究现今地震构造、开展地震预测的原理和方法的可靠依据。

实际上，自从地球冷却至刚性岩石圈形成以来，地震就可能是经常发生的事件，可以说是固体地球的固有特征，只不过在不同的地质历史阶段，地震活动的分布具有不同的构造联系，并与当时的动力学方式相联系。美国地质调查局（USGS）和美国地震信息中心（NEIC）发布的、有数字地震记录以来不同时段全球地震分布图，充分显示了地震活动与现今板块构造理论各种构造要素之间的对应关系（Lomnitz，1996）。在全球尺度上，印度洋、大西洋洋中脊、环太平洋俯冲带、洋底转换剪切带的地震集中分布，以及沿北半球中低纬度带分布的大陆内部地震带，都一一清晰可见。地球表面地震活动的集中分布，反映了自中生代侏罗纪（182Ma）以来持续活动的板块运动轨迹。美国地震学家H.贝尼奥夫20世纪50年代进一步研究了日本地球物理学家和达清夫首先发现的、由海沟向大陆倾斜的、深达700km连续分布的震源带（Benioff zone），为板块俯冲构造理论提供了重要证据。从另一个侧面支持现今地球动力学的板块运动模式。

大陆内部地震构造，一直是构造地质学家和地震学家们的重要研究问题，涉及精确定位的地震活动与地壳尺度、区域尺度甚至填图尺度复杂构造之间的成因和时空联系。在全球尺度上，沿北半球中低纬度带分布的大陆内部地震带，同样与现今板块运动有关，表现为地中海两侧以及印度次大陆、阿拉伯板块与欧亚大陆之间因特提斯洋闭合后发生的陆—陆碰撞引起的构造变动。而板内地震构造则明显地表现为不同尺度的地震构造带、地震构造区和地震构造结。尽管大陆地壳经历了长期复杂的构造变动，不同历史阶段形成的不同类型构造要素彼此交错重叠，而地震活动的典型分布，主要与先存断裂在现今板块运动驱动下再次活动密切相关。

长期以来，地震与断层的关系争论不休。地壳岩石一旦破裂，便成为难以愈合的伤痕并可能继续扩展。断层引发地震有多种可能方式，如相邻破裂突然贯通，已有断层的再次滑动，沿先存断层的持续位移积累导致的相邻完整岩石的突然破裂。围绕先存破裂发生的频繁地震，使断层得以不断延伸。与此同时，无论是断层物质的反复细粒化，还是部分矿物的晶质塑性变形，都会导致断层本身不断弱化，并在区域应力驱动下逐渐以持续稳定位移的方式释放应变，很难聚集再次地震的能量。因此，正在活动的断层但已发生过大地震的部分可能没有发生大地震的危险，未来的地震可能发生在处于闭锁正积累弹性应变的断层部位。另一方面，地壳断裂随深度和温度增加，变形方式由伴随地震的脆性破裂逐渐转变为无地震的韧性位移。地震活动的深度分布集中在地壳岩石变形行为发生脆—韧转换深度附近的大量事实，充分证明了这一论点。此外，由于断层向下延深的倾向和倾角难以精确测定，而上部地壳由于荷载和围限压力逐渐减小，破裂的随机性增加，因此，地震与先存断层关系的准确判定较困难。尽管如此，根据大陆地震活动与先存断层依存关系的统计分析，有可能识别 110 年以来的地震断层和无地震休眠断层，可有助于揭示大陆地震成因。

大陆内部地震活动有两个显著特点：一是地震沿特定的断裂构造带重复发生，形成密集的地震带；二是发生地震的震级与其发生的频率符合幂率分布，它们在双对数坐标系的投影接近一条直线。这两个规律同时存在，被认为是地壳断裂因地震活动而在所有尺度上不断分形，以实现动态的临界应力支撑结构，又不断因为任何一个微小的应力扰动而触发新的地震，称作为断层地震活动的自组织临界态（Self–Organized Criticality）。实际上，无论是断层的自组织过程，还是地震临界态，都不可能被实际观察到。而所谓地震幂率也只是一个统计学的概念，因为实际分析中既无法界定统计的空间范围，也不能满足所有地震记录这一地质历史时间尺度。即便利用 1900 年以来的数字地震记录，也由于微震记录不完善而不能完全满足幂率要求。即便如此，它们还是被用作认为地震不可预测的理由之一（Geller，1997）。

美国地质调查局加利福尼亚地震概率工作组总结了从 20 世纪 80 年代开始、持续近30 年的地震预报研究和实践，认为地震并不是发生在简单的断层上，而是发生在相当复杂的断层系内，地震活动涉及断层间复杂的相互作用；地震会使相邻的断层贯通、可能从一条断层跳到另一条断层，甚至发生在遥远的断层上；地震不论大小都可能是由其他地震引发的，而不是简单地对局部应力做出的反应；不应强调断层的分段性，任何地方都有可能是地震的起始点或终结点。没有人知道弹性回跳模型是如何在断层间不断发生相互作用、断层破裂的约束条件越来越少的情况下发挥作用的。断层的地震行为并不能用简单的物理学知识来解释，断层系的互动复杂性导致其混沌机制很难预测，没有单一的确定性规律可以解释其活动习性。这些认识使他们向传统的"弹性回跳"理论和"地震空区"等概念发起挑战（Shaking up earthquake theory）。提出在对地震行为新的理解基础上，重新回到预报地震的纯统计模型（Chui，2009）。这说明，地震构造是个极复杂的问题，还需经历长期探索。

地震预测的关键首先在于发现最有可能被触发的地震危险地区，包括两个方面的内容：一是对孕震环境进行尽可能全面的综合评价，二是建立可操作的机制（模型）判定地震危险区。在1996年11月7—8日伦敦"地震预测方案评估"会议上，某些地球物理学家们认为缺少大量精细物理条件，因此不可能求得地震预测的解析解，代表了地震不可能预报的悲观论调。实际上，地震发生在地壳岩石中，地震孕育条件直接与地壳岩石真实的结构构造，以及它们的历史地震记录有关。在科学技术迅猛发展、多学科数据资源快速积累的今天，已有大量数据资源，包括不同比例尺精确定位的数字化实测地质断层数据库、数字地震记录数据库、地壳岩石和地层单元数据库、实验岩石物理性质数据库，地热、地磁、重力、航磁等地球物理数据库，以及卫星遥感、GPS等有准确经纬度坐标和10米至千米尺度误差的数据，因此有可能建立多学科交融的计算机工作平台，通过高速计算机开展地震相关的交叉和多重计算，量化评价地震孕育环境和地震临界状态系数，为探索地震预测提供基础。此外，将以上多学科数据资源网格化，在恰当的网格单元（例如20km×20km）范围内，定量评价地震孕育环境差异，使得地震危险性评估结果受地理位置约束。所谓多元数据的交叉和多重计算，是基于对大陆浅源地震成因、大陆地震构造、震源过程等领域研究成果的深刻理解，以及对相关计算机应用程序的利用和开发进行的。当然，也必须承认，尽管有多学科海量数据资源的支持，目前条件下包括地壳断裂三维几何学，甚至地震定位等多项参数，仍然不可能达到"精确"的程度。地震与先存断裂的关系也只能用"相关"来定性地描述，据此确定的地震断层属性也只能是相对的。这正是选择纯统计学方法开展地震预测的原因。统计分析作为一种数学方法，获取某一研究对象的目标概率，在地震预测中被广泛应用。其可信度在于样本采集的范围、标准的设定和样本数量。最重要的是不能有任何先入为主的主观意向，以保证统计结果的客观真实性。

持地震不可预测观点学者们的另一条理由是：地震破裂的高度敏感非线性依赖特点，严重限制了地震的可预报性（Geller et al.，1997）。他们理直气壮地借用"蝶翅效应"和"沙堆效应"来说明地震触发的不可知特征。显而易见的是，源自气象学数字模拟的蝶翅效应和物理学试验的沙堆效应本身都没有边界约束，完全不同于发生在真实地壳岩石中的地震行为：岩石地壳不是气流，也不是沙粒，是由不同性质的岩石、复杂的断裂构造，以及许多要素组成的实体，它们在外力作用下通过持续的地质应变速率和突发的地震速率不断调整，保持在一种自组织的临界状态。这种临界状态绝不会像沙堆崩溃过程不可预测，也不会像大气流动那样不受定位约束。如果研究对象整体处于不同临界值的动态平衡状态，任何一个外部扰动就有可能在最有利的地方引发大的地震灾难。其位置取决于所有蓄势待发的网格单元对外部扰动响应的程度，包括外部扰动的方向、单元内部的破裂定向，以及先存破裂的历史地震属性等因素。所谓外部扰动是指发生地震的震源错动，其大小和方向可以根据震源机制解获得。这样可利用所建立的可操作的地震触发机制，确定未来地震危险地点的工作方案。建立与地震相关的多学科数据库，就可以根据预测未来地震发生位置（网格单元）的地壳平均岩石物理力学性质、地壳破裂程度、历史地震记录评估得到的临界地震状态，以及地壳热流和温度梯度等参数，计算未来可能发生地震的最大震级和震源深度，并做出预测。

地震预测的最大难点在于预测未来地震发生时间。美国地质调查局加利福尼亚地震概率工作组在圣安德烈斯断层南段，开展了古地震的发掘和详细研究，试图揭示断层的地震重复周期。但这一努力以失败告终，标志是基于特征地震模型的对 Parkfield 地震的预报未取得预期成功（Bakun et al., 2005）。必须承认，地质学研究固体地球的运动规律，目前还不能对未来地震发生时间作出准确判断，但也并非无路可走，仍有探索的前景。看看高科技领域的火箭—飞船对接过程：神州八号与天宫一号在 118 个传感器和 18 个电机的引导下，通过反复调整逼近，最终实现精准对接，这样的复杂高难度技术真是令人赞叹不已。处于高科技时代的地质学家，应亲临地震危险区现场，详细探测三维地震构造，继续寻找地震危险性的可靠标志，发现并跟踪那些科学合理的地震前兆现象的变化，经过长期试验，实时预测地震将会发生的位置、时间和大小，也许不是不能实现的梦想。

张家声

目　　录

第 1 章　地壳断层与地震成因

1.1　地壳断层与地震成因

地震构造是指曾经发生或正在发生地震活动的地质构造，是构造地质学关于地震活动与地质构造的内在联系的研究领域。由于地震是岩石突然破裂并释放巨大弹性应变能的结果，因此，地震构造主要是指伴随地震活动的断裂构造。地壳断裂是地球内脆性岩石层内的不连续界面，从微小的初始破裂发展为区域尺度甚至地壳尺度的破裂带，其形成和发展的过程可能伴随地震活动。大陆地壳经历了数十亿年的形成演化，不同尺度、不同方向、不同性质的断裂构造彼此交切、叠置，形成错综复杂的断层网络。尽管早期地质历史时期断裂构造的地震活动一般不易辨认，但若曾发生过，它们一定与这一时期的构造活动密切相关。自有地震记录以来的全球地震活动分布，显示了地震活动与现今板块构造有密切联系，即大多数地震都发生在板块边界，说明它们起源于板块之间的相互作用。20 世纪 50 年代，地震学家已描绘出沿太平洋周边地震震源在剖面内的分布图像，浅、中、深震源密集排列，呈现一致地向大陆倾斜，被解释为大洋消减带或俯冲带，那里的地震一般都是逆断层滑动机制。全球尺度上的印度洋、大西洋洋中脊地震带，环太平洋俯冲带地震带，洋底转换剪切地震带，以及沿北半球中低纬度带分布的大陆内部地震带，都一一清晰可见。地球表面地震活动的集中分布，反映了自中生代侏罗纪（182Ma）以来持续活动的板块运动轨迹及板块间的相互作用（Lomnitz, 1996）。美国地震学家 H. 贝尼奥夫 20 世纪 50 年代进一步研究了日本地球物理学家和达清夫首先发现的、由海沟向大陆倾斜的、深达 700km 连续分布的震源带（Benioff zones），为板块俯冲构造理论提供了重要证据。从另一个侧面支持了现今地球动力学的板块运动模式。

大陆内部地震构造涉及地震活动与地壳尺度、区域尺度甚至填图尺度复杂构造之间的成因和时空联系。例如，沿北半球中低纬度带分布的大陆内部地震带，同样与现今板块运动有关，表现为地中海两侧以及印度次大陆、阿拉伯板块与欧亚大陆之间因特提斯洋闭合后发生的陆—陆碰撞引起的持续构造变动。其中，受印度洋底扩张驱动，挟持于西侧恰曼转换断层和东侧 90° 线转换断层之间的印度次大陆向欧亚大陆的持续挤压，形成亚洲中部自喜马拉雅东、西构造结向北到贝加尔湖的宽阔变形区域，是全球大陆内部最大规模的地震构造。尽管亚洲中部大陆地壳经历了长期复杂的构造变动，不同历史阶段形成的不同类型构造要素彼此交错重叠，但地震活动的典型分布，主要与先存断裂在现今板块运动驱动下再次活动密切相关。其内部表现为不同尺度的地震构造带、地震构造区和地震构造结。

大陆内部地震活动有两个显著特点：一是地震沿特定的断裂构造带重复发生，形成密集的地震带；二是发生地震的震级与其发生的频率符合幂率分布，它们在双对数坐标系的投影接近一条直线。这两个规律同时存在，被认为是地壳断裂因地震活动而在所有尺度上不断分形，以实现动态的临界应力支撑结构，又不断因为任何一个微小的应力扰动而触发新的地震，这被称为断层地震活动的自组织临界态（Self-Organized Criticality）。

1.1.1　深地壳层次孕震环境和震源过程的多样性

地质学家不仅研究地震的构造，而且研究发生地震破裂的岩石介质本身。20 世纪 70 年代末以来，根据地震产生的假玄武玻璃（pseudotachylyte）的野外构造联系，相继提出了"化石地震"（fossil earthquake, Grocott, 1977）和"震源构造"（source structure, Sibson, 1980）的概念。至少有以下四种产出特征的假玄武玻璃被描述过：①假玄武玻璃出现在韧性剪切带的内部，断层脉与剪切带面理近于平行，但贯入脉切过糜棱岩面理；②假玄武玻璃集中出现在大型剪切带中相对强硬岩块的周边，远离强硬岩块的糜棱岩中则不复存在；③产生假玄武玻璃的地震破裂发生于剪切带两侧完整的围岩中，形成独立的破裂系统；④某些发生了变质的假玄武玻璃出现在高角闪岩相—麻粒岩相的构造包体，甚至榴辉岩相的高应变带中。这些现象说明了与震源过程相关的复杂构造—岩石联系。尽管存在着个别"化石地震"所代表的震源深度、地质构造背景、介质条件、地震破裂样式和后期的改造历史不尽相同，而且受露头条件和震源过程实际复杂性等因素的制约，各独立研究所得出的结论不尽相同，但仍然从不同侧面提供了震源过程的地质证据，对地震成核与韧性剪切带位移之间的时空联系做出了解释，提出了"脆—韧转换"（Sibson, 1977），"障碍—干扰效应"（Sibson, 1980），"应变硬化"（Passchier, 1982），"韧性不稳定"（Hobbs, 1986），"二相变形"（张家声, 1987），"速度弱化"（Tse, 1986），"断层阀门"（Sibson, 1992）等大陆浅源地震成因的理论模型（图 1-1）。

上述地质研究加深了人们对大陆浅源地震成因的理解，但又面临新的挑战，其中关于韧性剪切的应变不稳定和假玄武玻璃成因是两个新的热点问题。

随着研究的深入，原来认为韧性剪切带中只发生无地震均匀连续应变的概念发生了改变。由于韧性剪切带的几何学、流变学，以及参与变形岩石的性质沿走向和倾向发生变化，韧性剪切带内部同时存在多种应变组分和应变域（Simpson, 1993; Newman,

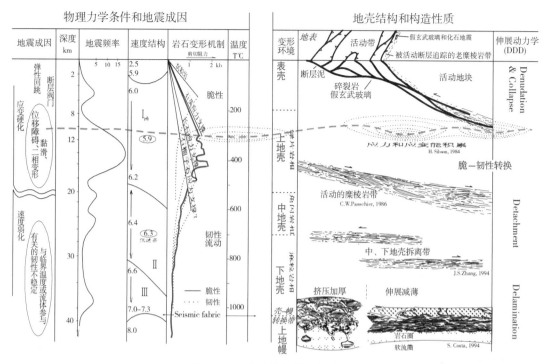

图 1-1　地壳结构和地震成因模型

1993），其内部的应变往往是不均匀的；而剪切位移过程中直接或间接的温度、应变速率变化、流体介质参与等外部因素，则可能导致局部应变（速度）弱化或强化，引起位移过程的应变不稳定和不连续现象等，这些都有可能是导致局部突发失稳和地震发生的原因。

　　作为"化石地震"研究重要标志的断裂成因假玄武玻璃既被广泛用作纯描述性术语，又被用作具有成因含义的术语，一开始就存在广泛的争论。首先是显微构造、岩石学、岩石化学等方面的争论（Wenk，1976，等），随着高科技应用和超显微分析技术的提高，这个问题逐渐得到共识（Maddock R.H.，1998，等）。其次，围绕断层假玄武玻璃究竟是快速摩擦熔融还是超碎裂作用产物的谜团，也逐渐被实际观察到的证据和实验结果所揭开，包括"超碎裂岩化—熔结作用（sintering）—摩擦熔融"的系列产物（Curewitz，1999），以及破裂—递进粉末化—矿物碎斑表面熔融—碎斑与碎斑粘附—熔体支撑的角砾岩等 5 个阶段（Spray，1995）的证据，基本解决了长期以来在这一方面的分歧。第三，由于对假玄武玻璃形成和改造过程的多样性缺乏深刻理解，关于假玄武玻璃的性质与围岩岩性，地震断层滑动速率和持续滑动时间，地震发生深度与熔融和冷却温度的相关性，流体或羟基水参与熔融的效果等天然地震震源过程的不定因素，目前还缺少统一的认识。显然，震源过程及其产物形成时的固有多样性是客观存在的，而详细研究其多样性的成因联系，则是有关震源过程和地震成因研究所面临的新的挑战。

1.1.2　网脉状微角砾岩与地震

微角砾岩（microbreccia）是典型快速破裂的产物，存在于露头、填图和区域尺度的张性、张剪性破裂网络中，含有大量邻近围岩的角砾，基质呈隐晶或非晶质（图 1–2）。目前，微角砾岩主要出现在陨石撞击、月岩或隐爆火山的描述中，它们与上述过程无关。关于外来岩浆物质加入的网脉状微角砾岩，还没有专门的研究成果。大规模网脉状微角砾岩可能意味着存在一种特殊的地壳强烈震动过程，深入查明其成因联系是震源过程研究所面临的一个新科学难题。

图 1–2　二长花岗片麻岩中局部受剪破裂对控制的微角砾岩网脉

微角砾岩中超碎裂、隐晶、熔融或固态非晶质化基质的多样性是目前争议的热点。含熔体的微角砾岩被认为是冲击变质作用或撞击熔融产生的（Stoffler，1994），或代表断层围岩在相当大的深度上发生强烈震动变形并出现活动液态物质的结果（Duff，1993）；不含熔体的微角砾岩被认为是震动角砾岩化作用（shock brecciation）的产物；而网状脉大多没有位移，是由破裂引起的减压熔融（fracture-localized decompression melts）所形成的（Spray，1995）；在不存在熔融作用的情况下，基质的非晶质化作用可能是直接固态转变的结果（Langenhorst，1994）。这些讨论一方面反映了关于微角砾岩成因的困惑，另一方面则为研究与撞击无关的隐爆微角砾岩提供了重要的信息。

大陆浅源地震的应变速率介于陨石撞击（$10^3 \sim 10^6$/s）和一般脆性断裂作用（$10^{-1} \sim 10^3$/s）之间，尽管产生假玄武玻璃的快速断层摩擦滑动与地震活动直接相关，但地壳中随深度增加的静岩压力很难提供较大的断层位移空间（~10m）。因此，介于陨石冲击和快速断层破裂之间、含有或不含熔融物质的大规模网状微角砾岩的存在，暗示地震还有可能以另外一种迄今并不清楚的方式发生，这是构造地质学家目前所面临的又一新的挑战。

1.1.3　震源过程的实验研究

实验和数字模拟是研究震源过程的重要手段。大位移快速摩擦熔融实验为地震断层滑动的系列产物特征提供了证据和相关参数（Spray，1995，等）。多阶段地震断层产物与深度（正应力）、围岩性质、滑动距离、持续滑动时间之间的关系，以及摩擦增温效应等"化石地震"研究提出的复杂成因联系，也正在探索之中。此外，与微角砾岩基质的性质和成因有关的超高压、超高速实验取得了一些初步的进展。例如，根据超高应变速率（$10^6 \sim 10^8$/s）震动试验结果，有人认为橄榄石中的高压熔体是在撞击产生的震动波向侧向剪切产生的摩擦热转换过程中形成的（Grady，1980），其他解释则强调震动温度与震动压力联合作用（Goltrant，1992）。而压力为 $12 \sim 30$GPa 震动实验中石英变形特征的 TEM 研究，也不赞成存在剪切力导致的摩擦熔融，认为冲击玻璃的形成是由于压力完全释放之前高压熔体淬火的结果（Langenhorst，1994）。

总之，大陆浅源地震震源过程和地震成因的地质与实验研究，是通过发现并深入分析化石地震的破裂样式、破裂过程和产物、震源附近的岩石构造联系和流体介质参与等记录，结合相关的实验研究结果，获取并恢复震源过程，提取震源参数，解释不同类型地震成因。关于地震破裂产物（断裂成因的假玄武玻璃和"隐爆"成因的网脉状微角砾岩）的争论，使相关研究不断逼近震源过程的实质。就地震孕育环境条件的可变性、震源过程的复杂性以及地震破裂产物多样性来说，科学探索的路程十分艰难，但正在加快步伐推出有关震源破裂的新思路、新概念以及新的地震成因新模型。

1.2　大陆多震层

20 世纪六七十年代，随着全球及各国区域地震台网的发展，震源定位的精度明显提高，一些学者先后注意到大陆浅源地震震源深度的优势分布，并给予了不同的构造解释，如大陆多震层（seismo–active layer）、易震层或发震层（seismogenic layer）、能干层（capable layer）等。1981 年在北京召开的"大陆地震和地震预报国际讨论会"进一步证实了这一现象的普遍性（马宗晋，1990）。对这一现象开展了多学科综合研究，包括利用大地电磁测深、人工地震反射剖面、航磁数据处理、转换波和理论地震图分析等，探测地壳结构；考虑了时间响应因素的弹性、黏弹性和弹塑性材料有限单元法数值模拟；多震层的发震机理和深—浅构造关系理论分析；多震层岩石物理力学实验研究；多震层的岩石组成、物理化学条件和矿物变形机制分析；地震断层岩石的构造和显微构造、超显微构造分析；深层次断裂和古震源实体构造分析等。从这些研究结果得到了以下认识。

（1）根据中国及其邻区的地震震源深度资料，大陆地震多分布在上地壳下部和中地壳上部的深度范围，但不同地区的该深度范围存在差异。中国东部地壳平均厚度为 40km

左右，地震多集中在 10 ～ 25km 深度范围内；中国西部甘—宁—青地区地壳平均厚 50km，地震多集中在 10 ～ 35km 深度范围；青藏高原地壳平均厚 60km 左右，地震多集中在 10 ～ 45km，或者表现为上下两个优势的深度范围；中亚帕米尔地区，地震震源集中在 15 ～ 40km、80 ～ 120km 和 160 ～ 260km 三个深度范围。震源深度区域性优势分布的统计结果，说明大陆多震层具有普遍性，但存在与地壳厚度相关的区域差异。大体上可以分为亚洲东部、青藏高原、中亚地区、西北地区、南北地震带、华北地区和山东等 7 个区（带）。在一些地震频繁活动的地震带，震源深度的分布范围往往比周围更宽，可能与切穿多震层的断裂或构造变异带相关。

（2）从华北几个强震区的震源深度剖面看，主震、强余震以及大量小震，主要集中在 10km 左右，或集中在 20 ～ 25km 左右，这似乎表明"多震层"有上下两个界面，地震多发生在这两个界面附近。

（3）人工地震和大地电磁测深等多种地球物理探测结果表明，大陆多震层与地壳中的低速高导层（体）和磁性层存在空间对应关系。认为具有部分融熔—流变特性的低速高导层是多震层的底部边界的物理条件。

（4）认为多震层实质上是某一适于发生地震的介质层，受断裂错动而发生地震，因而显现出层状分布的特征。也有学者怀疑"多震层"是一个具有特定物理性质的介质层实体。例如甘肃地区的多震层是一个电阻率为 $10^2 ～ 10^3 \Omega \cdot m$ 的高阻层，华北北部通过转换波揭示的地壳结构表明，多震层是以 B 界面（变质基底顶面）为顶面，C 界面（康氏面）为底面的一个结构层；而华北和南北地震带南段的航磁资料分析给出的地壳结构层，即变质基底顶面以下至居里面之间的层次与震源的优势分布深度基本相当，而磁结构层厚度变异带与地震密集带相关。

（5）地质构造分析表明，华北地区的多震层是深部隐伏陡倾角断层与浅部缓倾角铲形断层"会而不交"的构造解耦带。在青藏高原地区，多震层与低速高导层一致，该地区高的热流值可能导致 15 ～ 20km 深度上花岗质岩石的部分融熔，因此，多震层是一个近水平的弱的韧性流变带，上地壳断裂在这一层解耦消失，上下地壳沿着它发生水平拆离（detachment）滑动（图 1-3）。

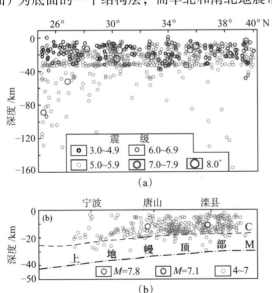

图 1-3　大陆地震垂向分布图

（据罗文行等，2008；臧绍先等，1984）

(a) 青藏高原 1997—2007 年 5 级以上地震震源深度—纬度剖面；

(b) 唐山地区地壳结构及震源深度剖面

（6）岩石学、实验岩石学和化石地震的震源实体构造研究结果认为，中上地壳岩石组分及其物理 - 力学性质的高度不均一性，是触发地震的介质条件。多震层是陆壳内多种主要岩石组分分别或交替发生韧—脆转变的过渡带，是下地壳流变层向上部刚性外壳传递应力时，引起二相变形集中发生的地带。同时也是动力作用下变质相变引起岩石脱水弱化或吸水反应的环境。

（7）岩石学研究认为，在华北地区的现代地温梯度不可能使 28km 以上的多震层岩石发生部分融熔，上部低速层可能是低密度含孔隙水流体的结晶岩石。而 20 ～ 30km 深度上发育的低速高导层则有可能与岩石的部分融熔或前进的变质脱水反应有关。

（8）此外，层间滑动引起摩擦融熔的观点，支持了多层地壳结构模型中低速高导层的成因。某些独立的研究表明，多震层与低速高导层相伴随，是含高温水蒸气的岩层，气态水向液态水转变的临界温度状态（375℃左右），对岩石的应力腐蚀作用最强，是多震层形成的热动力条件之一。

归纳以上从不同研究角度对大陆多震层的性质和地震成因机制的解释包括：①深 - 浅断裂的解耦；②下部韧性流动的拖曳牵引；③二相变形和速度不稳定；④部分融熔形成底辟体上涌或热异常扰动；⑤临界温度下水的应力腐蚀作用；⑥注汽膨胀 - 扩容硬化引起的热汽爆炸；⑦稳定的区域水平挤压应力场背景下，短周期（几年）的垂向应力扰动；⑧物性强反差岩层之间的热流体和孔隙压交换；⑨综合地球物理异常所反映的地球动力学环境等。

Sibson 通过断层岩石和断层机制研究（Sibson，1982）认为，大陆浅源地震在 8 ～ 12km 范围呈优势分布，与地壳断裂行为由脆性向韧性转变有关。而长英质地壳的脆—韧转换深度为 300° 上下，相当于正常地温梯度（3°/km）下的 10km 深度。由于地壳岩石组分的不均匀性和地壳温度变化，这一转换深度会有区域性变化。在构造活动性较强烈、地温梯度较大的地区，这个深度较浅；而在构造稳定、地温梯度较小的地区，这个深度则较大。

1.3　剪切不稳定与地震成因

由于大陆浅源地震大多发生在地壳 5 ～ 15km 深度范围内，有关震源附近的物理环境和发震条件是不能通过对地表地震破裂的直接观察得到的。而地球物理探测获得的震源构造，则缺少对震源介质环境和动力学过程的直接了解。从抬升剥蚀而暴露地表的结晶岩石中，对曾经发生在地壳多震层次上的断裂作用和化石地震进行了直接观察和分析研究，获取有关震源附近的地质构造背景、岩石介质条件和孕震—发震的动力学过程等参数，以帮助对大陆浅源地震成因做出合理解释，为地震预报提供理论基础。

近年来，关于大陆地震成因的理论有了很大进展。不同作者根据各自的野外地质观察和物理模拟实验结果，相继提出了"脆—韧转换"（Sibson, 1977, 1980），"应变硬化"（Passchier, 1982），"障碍—干扰"（Sibson, 1980），"二相变形"（张家声, 1987），"塑性不稳定"（Hobbs, 1986），"速度弱化"（Tse, 1986），"断层阀"（Sibson, 1992）等地震成因模型。其地质依据主要来自对深层次韧性剪切带中岩石变形及其与地震成因假玄武玻璃构造联系的观察。上述脆—韧转换、应变硬化、障碍—干扰、二相变形和断层阀等模型在野外地质现象和理论上是可信的，但缺乏从地震成因的特定介质条件、与剪切带内部应变变化的关系，以及动力学环境（P.T. 条件）等方面的专门研究；而塑性不稳定和速度弱化等模型尽管理论上是极有可能的，但目前还缺乏充分的地质证据。

20 世纪 90 年代以来，随着有关韧性剪切带和糜棱岩研究的不断深入和分析技术的进步，不仅充分揭露了地壳断裂作用随深度和温度发生变化的规律性，而且使原来认为其中只是发生均匀连续应变（无地震）的概念发生了改变。许多事实表明，韧性剪切带中由于参与变形的岩石性质、产状和宽度等情况沿走向或垂向发生了变化，其中可以同时存在着多种应变组分（纯剪切、简单剪切、次简单剪切等）以及性质和程度不同的应变域，因此其内部的应变往往是不均匀的；而直接或间接的温度、应变速率变化和流体介质参与等，都有可能导致剪切带中局部的应变（速度）弱化或强化。这些因素引起了剪切位移过程中的应变不稳定现象，并有可能产生局部应力集中和突发失稳（地震），因此韧性剪切带中的应变也可以是不连续的。某些发生在长英质地壳韧—脆转换域和韧性域的地震，可能是由于这种应变不稳定和突发的不连续应变所引起的。此外，剪切带中上述应变不均匀性和突发不连续应变的出现构造位置还跟地壳断裂的性质有着一定的联系，特别是与冲断层、走滑断层和滑脱构造等不同体制的特定关系，它们对于具体分析大陆浅源地震成因非常重要。研究表明，岩石圈构造变形是通过不同形式和不同层次的断层位移进行调整的，因此深入研究多震层次上断层活动的动力学过程和导致应变不稳定的各种因素，是认识大陆浅源地震成因的关键。而剪切带中构造组构的几何学和运动学分析是进行应变变化研究的重要内容之一。为此在野外应准确鉴别剪切带中各种应变组分的性质，测量面理和线理等各种组构要素的产状，发现不同的运动学标志并确定它们代表的运动指向，以及应尽可能找寻可以进行应变量对比的变形标志等。近年来，我国地质学家在开展变质岩构造和断层岩石的各种研究中，不仅开始重视介质条件在参与构造过程中的重要意义，而且在应变观察的基础上，对变形的岩石进行了强应变带和弱应变域的划分（索书田等，1990, 1993）。此外，近年来，对跟挤压逆冲、伸展拆离和走滑（张家声，1993）等不同构造体制有关的假玄武玻璃均有报道或分析研究。在上述国内外有关研究成果的基础上，开展了"剪切带应变不稳定与大陆浅源地震成因"的专门研究，以加深对震源附近实际地质过程复杂性的理解。

地壳岩石组分的不均一性可以从露头尺度到全球尺度得到证明，其中剪切带和震源尺度的不均一结构对研究具有重的意义。实验观察表明，不同矿物组合的岩石具有不同的应力支撑结构，它们对应力变化和变形条件改变的响应也不同，这就是导致断裂活动中应变不稳定的物质基础。迄今为止，几乎所有被证明是古地震断裂成因的假玄武玻璃都跟不同性质的韧性剪切带有着密切的时空联系。室内各项分析研究进一步确定了韧性剪切带不同变形岩石应力支撑结构和流变性质的差别，以及变形过程的 P—T 等，从而揭示出震源附近的介质和动力学环境条件等参数，为进行大陆浅源地震成因的理论分析提供了可靠的证据。

尽管对不同产地的假玄武玻璃的岩石学研究还存在争议，大量构造、显微构造和实验岩石学数据证明，它们是地震破裂时沿断层面快速摩擦滑动和熔融的产物。不同作者对上述不同产状假玄武玻璃的成因做出了理论解释，从剪切带本身的动力学过程及其与古地震成因的联系方面进行系统的深入研究。正确识别深侵蚀剪切带中假玄武玻璃的性质、分布范围和构造联系是地震成因分析的关键环节。

上述研究的目的是从地表直接观察大陆地壳深层次韧性剪切构造，在获取尽可能详尽的野外构造—岩石学数据和进行必要的室内分析的基础上，从多震层次上断裂带中应变的不稳定性这一具普遍意义的现象出发，综合分析不同构造体制中化石地震成因的各种联系，探讨现今大陆浅源地震的发生条件。

已开展的研究工作重点是查明剪切带中的应变不均匀性（应变不稳定因素）及其与化石地震的构造联系。为此对岩石应变性质做了野外观察分析，进行了各种线理构造的实际测量。其中关于线理定向的确定在必要时利用磁组构分析技术做了补充。下面是两个研究实例。

1.3.1　深层次韧性剪切带的几何学、运动学和应变变化

以云蒙山拆离带中应变变化的相关因素为例。北京密云地区云蒙山伸展拆离带中存在 8 ～ 10 期中、酸性同构造岩脉群，证明韧性剪切位移过程中有充分的流体参与。由于伸展拆离作用是在岩体上升过程中形成的，因此韧性剪切带是具正断层性质的伸展拆离带，倾角变化在 20° ～ 50° 之间，但局部可能是在抬升后期变陡的。来自上升岩体本身的热扰动也是导致剪切带岩石应变软化和失稳的原因之一。此外，韧性剪切应变自岩体内部向外逐渐增强，主要的变形发生在与岩体直接接触的角闪石质岩石中，厚 100 ～ 500m 的角闪岩变形相对均匀，位移达到最大，因此剪切带应变变化的矿物学联系也是一个不可忽略的因素。韧性剪切带向外过渡为变形较弱的太古代长英质片麻岩，地震成因的假玄武玻璃和多期脆性断裂发生在韧性剪切带与长英质片麻岩的接触部位，说明该地区古地震发生与多种引起应变不稳定的因素有关。

1.3.2　震源构造的地质观察

山西临汾地区的伸展构造活动可能与中生代云梦山岩体的热侵位有关。地震成因的

假玄武玻璃出现在伸展剪切带向弱变形围岩过渡的部位。野外调查认为，密云地壳发育假玄武玻璃的地震破裂与云蒙山周边韧性剪切带密切相关，但由于剪切带内部运动学标志的不准确性，关于韧性剪切的性质存在着推覆和伸展两种解释。在已开展的野外调查中，针对剪切带中同伴构造多期岩脉活动的相互关系和变形联系，进行了详细的露头解析，并全面采样以观察获得显微尺度的岩性数据，为进一步肯定韧性变形的运动学和动力学体制提供依据。山西临汾地区现今地震活动数据以及地壳结构分析结果，不仅支持了上述关于加厚大陆地壳深层次伸展拆离的动力学特征，而且讨论了该地区多层伸展拆离构造和活动震源构造样式。

大同—怀安地区下地壳伸展拆离构造的几何学、运动学数据和研究结果表明，增厚的大陆地壳（大于30km）的重力调整过程是通过不同层次上的伸展拆离来完成的，下地壳的伸展拆离包括低角度滑脱、侧向挤压和垂向底辟抬升三个同时进行的动力学过程，不同岩性层或地体的应变速率的差异产生了陡立或平缓的高应变带。整个过程是协调的，但存在明显的不均匀性，这一结果为了解大陆伸展区真实的下地壳动力学过程和对地球物理探测结果进行科学解释提供了依据。根据发育假玄武玻璃的地震破裂切割了下地壳伸展拆离的构造组构的证据，认为它们代表抬升冷却过程与应变硬化有关的孕震机制。

大同—怀安太古代麻粒岩地体早元古代早期经历了下地壳伸展拆离和强烈韧性变形改造，导致其中高压麻粒岩的卸载抬升。根据参与变形的岩石组分、变形几何学、运动学和构造样式的差异，将该地体划分为形成于不同构造层次的三个岩石—构造域（图1-4）：下构造域主要由TTG片麻岩组成，发育千米尺度的"片麻岩覆盖穹隆"或固态底辟构造；中构造域主要为富黑云母的长英质片麻岩，表现为强烈面理化的构造混杂岩，代表下地壳拆离带主体；上构造域由变质泥岩或孔兹岩组成，以较低的峰期变质压力、晚期麻粒岩相事件形成的构造和广泛的S—型花岗岩侵位为特征。中—下构造域为基底，上构造域为异地盖层。基底和异地盖层中的早期构造是同一变质事件在不同地壳层次上的变形产物，二者沿大型低角度拆离带发生构造接触。基底岩石中4～6kbar减压构造意味着拆离带下盘岩石的快速卸载抬升，而异地盖层岩石中的冷却构造，则表明上盘岩石的侧向位移大于垂直抬升。拆离带以低角度面理和向SW（200°～230°）缓倾伏（10°～30°）线理构造为特征，共线的平行褶皱作用普遍发育。运动学标志指示上盘向SW滑脱。早期形成于加厚地壳的最下部、并记录了较高压力（12～16kbar）的含石榴子石镁铁质麻粒岩，表现为广泛出现在下、中构造域的构造包体。其中发育不同类型的近等温减压构造，与它们的原始矿物组分和抬升历史过程中所经历的变形阶段有关。这类后成合晶沿主要的区域线理方向的拉长变形，说明上述构造域是在地体抬升的过程中形成的。早元古代晚期的麻粒岩事件与地体中分散的、左行正斜滑剪切带的形成事件相对应，其峰期温压条件为4～6kbar和650～700℃。这些走滑带同时切过基底和盖层，并且伴随着某些抬升。麻粒岩的磁组构、剩磁方向和 P—T—t—d 轨迹与上述构造几何学及重建的构造演化历史完全一致。证明大同—怀安麻粒岩地体由于太古代末加厚大陆地壳的伸展塌陷，经历了下地壳韧性拆离和抬升（图 1-5）。

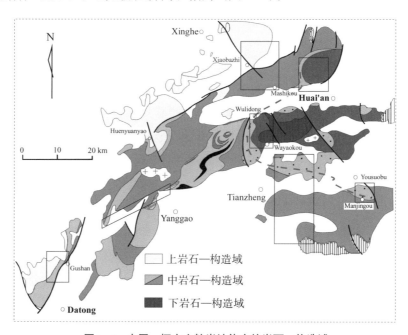

图 1-4　大同一怀安麻粒岩地体中的岩石一构造域

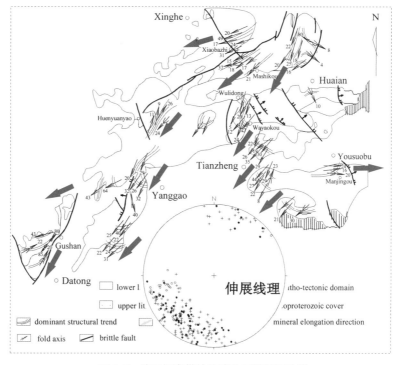

图 1-5　伸展拆离带的构造几何学和运动学

在大同—怀安地区抬升暴露地表的下地壳麻粒岩地体中，下地壳的伸展拆离位移主要发生在含角闪石、富黑云母的"岩石—构造域"中。韧性剪切过程的应变软化主要与参与变形的岩石性质有关。该地区发现的假玄武玻璃出现在拆离带下盘的 TTG 麻粒岩中。

1.3.3　结论

密云地区云蒙山伸展拆离带中发育的 8～10 期中、酸性同构造岩脉群，证明韧性剪切位移过程中有充分的流体参与。由于伸展拆离作用是在岩体上升过程中形成的，来自上升岩体本身的热扰动也是导致剪切带岩石应变软化和失稳的原因之一。此外，韧性剪切应变自岩体内部向外逐渐增强，主要的变形发生在与岩体直接接触的角闪石质岩石中，厚 100～500m 的角闪岩变形相对均匀，位移达到最大。因此剪切带应变变化的矿物学联系也是一个不可忽略的因素。韧性剪切带向外过渡为变形较弱的太古代长英质片麻岩，地震成因的假玄武玻璃和多期脆性断裂发生在韧性剪切带与长英质片麻岩的接触部位，说明该地区古地震发生与多种引起应变不稳定的因素有关。在大同—怀安地区抬升暴露地表的下地壳麻粒岩地体中，下地壳的伸展拆离位移主要发生在含角闪石、富黑云母的"岩石—构造域"中。韧性剪切过程的应变软化主要与参与变形的岩石性质有关。该地区发现的假玄武玻璃出现在拆离带下盘的 TTG 麻粒岩中。而山西临汾地区的微震活动性，主要与不同地壳层次中存在的近水平的伸展拆离构造体制有关，表现为 8 个近水平的微震活动层。上述三个地区与地震有关的韧性剪切构造均属于伸展构造体制，但发生在不同地质时期、不同大地构造环境和不同的地壳层次上。它们分别为早前寒武纪下地壳的后造山伸展拆离、中生代末期中—上地壳的重力滑脱和现代整个加厚地壳的减薄过程（厚皮构造）。通过上述独立的研究和对比分析，对伸展构造体制中韧性剪切的应变不稳定因素及其地震成因联系有了新的理解。

1.3.4　讨论

目前世界上关于前寒武纪高级变质岩区的抬升演化过程一直存在争议，关于麻粒岩地体构造特点的分析，基本上是在岩石学研究的基础上把 P—T 轨迹放在限定的时间格架上来加以讨论的。例如，在许多麻粒岩地体中普遍存在的顺时针等温减压轨迹，被解释为代表典型的在造山的地壳增厚之后，由于地幔分层和岩浆侵位产生的热异常，并受重力均衡作用控制引起的伸展塌陷和抬升的结果。尽管这些模型解释了麻粒岩地体整体的热演化，但由于麻粒岩地体一般经历了多期变质和强烈的变形作用，缺少运动学标志，线理不发育，加上递进变形的去显微构造作用等，其构造分析是相当困难的（Passchier，1982）；相反，由于大多数麻粒岩的矿物粒度较粗，进行岩石学分析则要便利得多。因此，至今有关麻粒岩地体的变质作用研究成果相对较多。这种研究重点放在峰期变质构造和退变质的再平衡反应，从而普遍得出重建的 P—T 轨迹。尽管这些模型解释了麻粒岩地体的热演化，但由于对下地壳的变形过程不清楚，因此涉及地壳减薄和塌陷构造的确切的几何学和运动学还很少讨论。因而对下地壳的变形过程仍然不清楚。

近十年来，在世界范围内通过对许多老的或年轻造山带的独立研究证实了后造山阶段伸展构造的存在（张家声，1993），其中发育在不同层次上的拆离构造或低角度正断层，对造山带的剥蚀和深部（高压）变质核杂岩的韧性抬升过程起着重要的作用。大陆岩石圈很可能是通过造山和后造山伸展作用的深部过程而不断更新的。除了后造山阶段加厚地壳受重力塌陷作用控制的伸展拆离以外，造山过程也存在局部的伸展塌陷，二者具有不同的构造组构和时空联系。对世界不同地区晚造山伸展构造复杂性质及其有关的动力学过程的研究正在不断深入，有关研究已经成为当前大陆地球动力学研究的重要前沿。华北大同—怀安及其临近地区的麻粒岩地体，是世界上少数几个很好暴露的高压麻粒岩区之一，目前已经识别出多期高压到低压麻粒岩相事件（张家声，1993）。其中某些研究根据该地区发育极好的减压构造解释了顺时针方向的 P—T—t 轨迹。这一地区由英云闪长岩到花岗闪长岩组成的麻粒岩基底被富铝的变质沉积岩覆盖，地质历史上原始的不整合关系显然是存在的。但这两套岩石单元中互不相同但彼此相关的构造和 P—T 历史，以及二者间充分暴露的具正韧性剪切和非共轴变形历史的低角度高应变带，无疑体现了它们之间现在的构造接触性质，即二者间为非原地的构造不整合关系（structural discordance）。此外，以孔兹岩系列为代表的变质沉积岩不可能来源于 TTG 片麻岩或灰色片麻岩的地球化学证据，也支持了这一认识。近年来，随着研究工作的不断深入，更多的高压（12 ~ 16 kbar）镁铁质麻粒岩被逐渐发现，它们全部以不同尺度构造包体的形式在全区广泛出露的事实，以及其中代表近等温减压过程产生的后成合晶构造具有形成和改造的实际多样性，说明这些高压麻粒岩现在的产出位置，不能代表它们形成时的构造环境。它们之所以记录了较高的压力，主要还是取决于它们的原岩成分有利于在高压环境下发生相应的变质反应。目前，关于这些高压麻粒岩的成因和抬升机制存在着不同的解释，正是由于对其相关构造的确切性质还不清楚。同样，尽管大同—怀安麻粒岩地体的变质作用和顺时针方向的 P—T 轨迹，跟世界上许多前寒武纪麻粒岩地体相类似，代表造山带伸展塌陷过程典型的温压变化趋势，符合地壳山加厚、重力均衡、地幔分层和下地壳热软化引起的伸展塌陷构造模型，但对伸展拆离和抬升过程确切的构造几何学和运动学还缺乏了解。这正是许多高级变质岩区的热动力学模型缺乏有效的构造证据的原因。

因此，通过详细的野外构造解析，包括典型地段详细的岩性 - 构造填图，在划分出不同的构造均匀域的基础上，查明了不同时期和不同类型韧性构造组构的性质，获得了可靠的几何学和运动学参数，进而分析了它们的时空联系，并对它们在区域范围内的一致性（或不一致性）进行了论证，以恢复构造演化历史。使之可以对岩石学研究和 P—T 计算得出的关于抬升路径的理论推测做出一致的科学解释，是建立有效的地球动力学模型的一个重要方面。对以下具有普遍意义的关键问题做了探讨：①区域近水平面理究竟是反映大尺度伸展的结果，还是代表高温下地壳岩石本身固有的特征。②不同岩石单元接触的性质，以肯定低角度拆离带的存在。③导致下地壳抬升的主要的伸展方向。④伸展拆离构造的几何学和运动学参数是否代表了它们原始的状态？它们在不同地区之间的差别意味着什么？后期构造作用引起的块体转动是否对它们现在的产状具有重要意义？⑤伸展抬升发生的确切时间。⑥高温低压变质作用和多期减压 – 冷却构造的意义。对这些问题的深入研究将有助于加深关于断层带内剪切不稳定性与地震之间的成因联系。

1.4 地质断层的地震属性

长期以来，关于地震与地质断层关系的争论，直接影响对断层地震属性的判断。一方面，尽管不能确定地震是附近的断层活动，抑或是遥远的断层活动引起的，但依据岩石力学原理，引起地震发生的位移积累或应力扰动，应较容易地沿着先存断裂传递，且传递的效果与先存断层的特性以及所处的应力条件有关。也就是说，与地震越近的断层对诱发该次地震的应力传递越敏感。另一方面，断层的地震属性具有丰富的内容。一般情况下，地震不论大小都可能是沿已有断裂的再次滑动或扩展，或者完整岩石的首次破裂。一方面，地壳中的先存断层通过地震不断克服断层面上的障碍，或与相邻断层贯通，在实现走向延伸的同时发生演化，表现为断层岩石的细粒化和断层带变宽等。处于不同发震阶段的地质断层，在一定的应力条件下，或者作为地壳中的弱化带，以持续缓慢位移的方式释放应变积累；或者处于暂时锁闭或休眠状态，随着应力条件的改变而复活再次滑动。因此，断层是否正在活动不是判定地震危险性的唯一标志。

地震发生在地壳岩石中，地震预测的可能性依赖于对地壳岩石结构构造及其地震属性的理解和认识。可以推断，地壳断裂和地震活动的历史至少在地壳呈现刚性特征以来（28 亿～ 25 亿年前）就存在了。因此，要想全部了解地壳的地震属性显然是不可能的。但是，依据 1900 年以来的仪器地震记录以及相关地质、地球物理、大地测量数据，有可能查明地壳内断层在过去 110 年期间的活动历史，将这些断层个性化的地震习性作为记忆，参与到未来几年或几十年尺度的地震危险性分析的计算系统是完全有可能的。为此，先讨论下面几个问题。

（1）断裂构造与地震。地震与断层的关系十分复杂。如果认为只有查明每一条断裂的三维精细结构，才能确定其地震相关性，进而预测其地震危险性，这一目标也许只能留给以后典型个例的基础研究来实现。因地壳断裂数量巨大，而对于一条断裂的三维精细结构，需要用相当数量的高分辨率数据才能加上可靠约束，这样的目标当前是不可能实现的。因此，目前只能对部分地区依据有限的观测数据，研究断裂与地震的成因关系。

（2）活动断层与地震。断裂一旦产生，便成为地壳岩石中难以愈合的伤痕。其中有些被证明具有长期或多期活动的特点，有些自形成以来就再也没有活动。地震可以是沿活动断层的持续位移导致局部应变积累和突然破裂的结果，也可以是不活动断层在新的应力条件下，克服自身锁闭状态引起的。前者能以地质应变速率发生持续位移（$10^{-12}s^{-1}$ 左右），说明其自身没有地震应变积累的条件，因此不会发生地震。后者作为地壳岩石中先存的弱化带，较完整岩石的部分更容易在应力作用下重新活动并诱发地震（Sibson, 1980）。地震活动与断裂构造的复杂联系表明，由活动断层位移引起的应变积累有可能出现在任何地方，二者之间没有空间上的必然关系。从地震预测目标看，尽管大多数活动断层研究证明了其新近地质历史阶段曾经活动的事实（千万年尺度），但不一定能确定它们现在（有仪器地震记录的百年尺度）是处在持续活动还是闭锁状态。因此，活动断层的特征不是地震预测的唯一依据。例如，2008 年四川汶川 8.0 级地震发生在龙门山断裂带，震前的地质调查、GPS 测量等都认为该断裂的现代滑动速率很小，处于地壳变形较弱的地区，震后才认为它是处于闭锁状态，实际上已经历了长时间的弹性应变积累。还有学者认为，该地区的地壳深部变形与地表附近是不耦合的，因此发生在深部的缓慢变形和应变积累是不可能在地表观测到的（Burchfiel et al., 2008）。

（3）深浅构造关系。统计数据表明，大陆浅源地震主要发生在 8 ～ 12km 地壳深度范围，20 世纪 80 年代以来的大量地质和实验研究成果加深了对地壳这一层段地震成因和震源过程的理解。但由于地震地质研究倾向在第四纪沉积中寻找断裂活动的证据，习惯于用浅部脆性岩石的弹性回跳理论解释地震过程，地震预测的应用研究往往忽视地壳较深层次地震成核过程的特殊性。按照正常的地温梯度（30°/km），8 ～ 12km 深度被解释为大陆地壳占主导地位的长英质岩石（由石英形成岩应力支撑）变形行为发生韧—脆转换的深度区间，表现为准塑性（quasi-plastic）变形向弹性摩擦（elastic-fractional）行为的过渡。除非出现外部条件的突然改变，同类岩石的这种转换应该是连续发生的。也就是说，韧—脆转换本身不是地震发生的直接原因。实际上，不仅由于地壳岩石组分存在不同尺度的不均一性，而且环境温度也会因地而异，加上局部可能存在的流体参与等因素，地震多发层段的厚度和深度是因地而异的，其中发生的二相变形才是引起地震成核的主要原因。如何在地震预测方案中考虑多发地震层段的地震成因机制，将岩石组分差异和温度梯度变化加入到地震预测的约束条件中，是地震预测研究应该予以重视的问题。

地震可以发生在地壳不同位置和不同深度，地壳的岩石组合、断裂构造、温压条件、流体参与、变形速率、受力状态和应变积累水平等因地而异。尽管一些独立研究对特定环境下的震源过程做出了解释并给出了不同的地震成因模型，包括上部地壳层次的弹性回跳、断层阀门、黏滑、速度弱化等，中上地壳的韧—脆转换、应变不稳定、二相变形，以及中下地壳层次温度或流体参与的应变失稳等，但是这些附有条件的地震成因模型，目前还很难用来构建统一的地震预测方案。

从某种意义上说，大陆地壳是大小不一的相对完整岩石和各种断裂所构成的复杂拼合体。受边界应力驱动，整体上始终处在临界稳定状态：一次地震产生的能量可以巨大，但触发地震的力或许会很小。断裂与地震的关系错综复杂，一方面，不活动的断层可以发生地震；另一方面，一些具有明显新构造活动的断层却很少有地震发生。如何评价地壳断层的地震性同样是有待开展的基础研究。目前，应开展下列问题的研究：①用地震活动与地质断层的相关性来描述断层的地震属性；②用统计的方法求出每一条断层的地震相关性具有实际意义。

地震预测研究必须以关于实际地壳的观测数据为基础，在已有关于地壳的各种知识的基础上认识地震，而不能仅依靠抽象或简单的理论模型。尽管这种认识可能不全面，且其程度因地而异，目前，我国已经具备了较多的多学科数据资源，有可能从实测断裂尺度（1：20万）及其组合关系上，全面系统地查明地震活动沿单一地震断层和彼此之间发生跃迁的时空规律性，即地质断层的地震属性。

1.5 中国大陆地壳：航磁异常解释

观测表明，大陆浅源地震主要发生在中、上地壳，与地壳深部构造的不均匀性有密切联系。地球物理场异常（如地磁）的地质解释是研究地壳深部构造的有效方法之一，是认识大陆地震构造格局的地质背景及形成机制的重要依据。

航磁异常是地质体磁性差异在现今地球磁场感应下的综合反映。一方面，在地磁场作用下，地壳岩石被不同程度磁化，并产生自身的磁场。其所含铁磁性和顺磁性矿物组分上的差异，都将明显影响着航磁异常性质和强度。其中前寒武纪结晶基底主要由深变质的长英质（中酸性岩石）和镁铁质（基性、超基性）岩石组成，总体上表现为磁性较强的地质体。与之相比，沉积岩的磁性明显较弱，但沉积岩中的磁性不均匀体如岩体、矿体、浅层构造等，仍会对磁异常分布产生局部的影响。另一方面，透入性的构造变动也会使岩石中矿物形成向排列，形成不同程度、不同方向的磁化率各向异性，从而影响航磁异常的效果。居里面是地壳中的一个特殊的温度界面，在居里面以下，岩层由于温度过高而磁性消失，因此居里面也称作磁性的下界面。根据已知地壳岩石组成、构造性质、磁化强度和磁化率各向异性等，解读用各种仪器测得的磁异常性质和样式，可求取磁性体的上下界面、它们的埋深、起伏和内部构造。

因长期复杂构造变动而出现在地壳上部的变质结晶基底岩石，组成了现在地壳中最强硬的介质组分。它们的性质和结构构造对中新生代以来的构造变动，以及现今地震活动有着重要的控制意义。尽管对不同地区结晶基底露头进行详细的岩石学和构造分析，可以提供该地区结晶基底形成演化历史和构造性质的直接证据，但它们在更大范围的分布规律和区域构造联系还是不得而知。被后期盆地沉积覆盖的广大地区结晶基底的性质，主要是依靠对各种地球物理探测和勘探结果的解释，其中航磁异常被认为跟结晶基底岩石有着更为密切的联系。

本节在大量高级变质岩磁性岩石学数据，包括磁化率和磁化率各向异性与岩性和构造组构的关系等的基础上，对航磁异常的性质、成因和分布进行了详细分析。结合关于出露的变质结晶岩石大量研究成果，探讨了盆地隐伏区结晶基底的性质，航磁异常反映的线性构造样式、区域组合和整体构造格架，结晶基底的后期构造变动特征，及其与中新生代盆地之间的时空关系。

在磁性岩石学研究的基础上，结合已知露头区航磁异常特征的对比分析，对五种基本类型航磁异常样式的成因进行了解释。对航磁异常数据进行各种处理，得到不同波长的异常分布样式，以及磁性基底上界面和居里面的深度分布。在讨论了与岩石平均磁化强度有关的区域异常和与岩石磁化率各向异性有关的线性异常成因联系的基础上，根据不同波长航磁异常的特征，对中国大陆的变质结晶基底进行了地质—构造解释：根据长波航磁异常的性质和分布特征，中国大陆划分出 7 个彼此独立的大陆地壳中残存的结晶基底。中波航磁异常突出了区域尺度线性异常的构造样式。根据它们与已知地质—构造的相关性，具体分为：①造山带产生的航磁异常条带；②大型走滑韧性剪切带引起的弧形线性异常带；③不同性质地体边界上的线性航磁异常梯度带；④与结晶基底内部结构—构造有关的线性异常；⑤与晚期经向和纬向构造有关的局部线性航磁异常等五种类型，并结合具体对象分别进行了成因描述。

在上述长波和中波异常的构造解释基础上，讨论了我国大陆中新生代盆—山关系、主要盆地的基底构造样式及盆地的成因和分类。

1.5.1　航磁异常的数据处理

根据《1∶400 万中国及毗邻海区航空磁力异常图》，结合局部地区较大比例尺的航磁调查数据，形成中国大陆 5km × 5km 网格化数据库。首先是以下数据处理和分析：

（1）航磁异常（ΔT）的矢量解析。

如图 1-6 所示，ΔT 为航空磁测得到的磁异常分量，其物理意义为

$$\Delta T = |\vec{T}| - |\vec{T}_0|$$

即航磁异常（ΔT）代表测区总磁场强度（$\vec{T}$）与正常地磁场强度矢量（$\vec{T}_0$）的模量之差。其中 $|\vec{T}|$ 为测区内地磁场总强度的模，$|\vec{T}_0|$ 为正常地磁场的模。在较大范围内，T_0 的大小和方向可以认为是不变的。若测区内有磁性体存在，则在空间产生磁异常总强度矢量 $\vec{T}_a$。T_a 叠加在 T_0 之上，合成为总磁场强度 $\vec{T}_0$，即测区总磁场强度（$\vec{T}$）代表测区正常

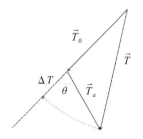

图 1-6　航磁异常的矢量解析

地磁场强度矢量（$\vec{T}_0$）与磁异常总强度矢量（$\vec{T}_a$）的叠加

$$\vec{T} = \vec{T}_0 + \vec{T}_a$$

根据图 1-6 所示的关系，由余弦定理得到

$$T = (T_0^2 + T_a^2 + 2\,T_0 T_a \cos\theta)^{1/2}$$

$$\Delta T = T - T_0$$

$$T_0 + \Delta T = (T_0^2 + T_a^2 + 2\,T_0 T_a \cos\theta)^{1/2}$$

将上式的两端取平方并除以 T_0^2，得

$$2(\Delta T/T_0) + (\Delta T/T_0)^2 = (T_a/T_0)^2 + 2(T_a/T_0)\cos\theta$$

由于 T_a/T_0 的值较小，其平方项可忽略不计。又因 $\Delta T \leqslant T_a$，故（$\Delta T/T_0$）^{2} 也可以略去，则有

$$\Delta T \approx T_a \cos\theta$$

上式表明，在通常情况下，ΔT 可看作是 $\vec{T}_a$ 在正常场方向上的投影。由于 $\vec{T}_0$ 方向在相当大的区域内可以认为是不变的（约 1 万平方千米内变化 1° 左右），因此 ΔT 相当于 T_a 在 T_0 方向上的分量。

（2）频谱分析和滤波。

为了得到更多的地下信息，设想将磁异常分解，提取出由沉积岩内磁性差异产生的异常、前寒武纪磁性基底产生的异常和磁性层底界面—居里面产生的异常。

根据频谱分析理论，埋深较浅、延深也较小的地质体，产生的磁异常频谱集中在高频端；埋深较深、延深也较大的地质体，产生的磁异常频谱集中在低频端；介于两者之间的地质体，产生的磁异常频谱以中频成分为主。按以上理论，可用高通滤波、低通滤波和带通滤波方法分别提取不同深度地质体产生的磁异常。

将观测到的磁异常进行不同波长的分离后，得到浅部、中部、深部异常（或称短波、中波、长波异常），分别对应沉积岩内磁性差异产生的异常、前寒武纪磁性基底产生的异常和磁性层底界面—居里面产生的异常。其中，短波异常取小于 4 个点距（即 20km 以内）的波长，中波异常取大于 4 个点距、小于 25 个点距（20 ～ 120km）的波长，长波异常取大于 25 个点距（120km 以上）的波长。将提取出的前寒武纪磁性基底产生的异常（中波异常）和磁性层底界面—居里面产生的异常（长波异常）进行界面反演，即可得到磁性基底的埋深图和居里面深度图。

（3）补偿圆滑滤波。

补偿圆滑法是一种比较好的滤波方法，它是一种递推式滤波器，其表达式为

$$B_0(k) = \exp(-\beta k)$$

$$B_n(k) = [2 - B_{n-1}(k)]\,B_{n-1}(k)$$

补偿圆滑法的滤波响应曲线如图 1-7 所示。只要根据滤波需要选取合适的参数，就可得到所要保留滤波信号的滤波结果。

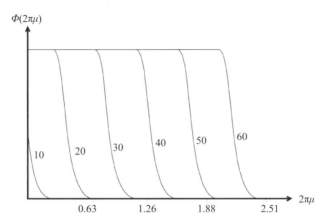

图 1-7　单向滤波的频率响应曲线 $\varphi_n(2\pi\mu)$

其中 β 值为 $100/2\pi$，n 值为 10、20、…、90；μ 的单位为：周 / 取样间隔

（4）磁性界面反演。

磁性界面的反演公式为

$$F[h(\tilde{r})] = \frac{F(Za\perp)}{2\pi kj} * \mathrm{e}^{kz0} - \sum_{n=2}^{\infty} \frac{|k|^{n-1}}{n!} F[h^n(\tilde{r})]$$

用该公式可反演磁性上界面，也可反演磁性下界面。为使反演结果稳定收敛，还可采用边界加权、引入稳定因子等技术手段。利用上述方法，对我国中西部三个盆地分别做了磁性上界面和磁性居里面的反演。

1.5.2　磁性岩石学和航磁异常

（1）航磁异常的岩石—构造联系。

航磁异常代表实测磁场总强度与背景场强度之差，突出了区域异常的分布特征，客观上反映了某些重要的区域构造轮廓。不少作者曾对不同尺度的航磁异常进行了解释，包括深部地质构造推断或区域构造分析（Higgins et al., 1973；马杏垣等，1979；吴功建，1983；朱英，1986；管志宁，1987；余钦范，1989；张抗，1982；白瑾等，1996）。由于对各种形式异常场成因的理解不同，航磁异常的直接构造解释往往遇到困难或存在争议。例如，根据一般的磁性岩石学研究结果，通常把航磁正异常的分布与变质结晶基底联系起来，但许多变质结晶基底大面积出露的地区，如我国华北地区的泰山群、鞍山群、阜平群、集宁群露头区，中阿巴拉契亚的巴尔迪莫片麻岩露头区（Higgins, 1973）等，却表现为航磁负异常或正负相间的航磁异常区；而对于某些显著的线性航磁异常带，则分别有显生宙造山带、沿深断裂的岩浆活动带，或特定岩性带等不同的解释。尽管在中国1：400 万航磁异常图（AGS, 1989）上，它们可以与某些已知的 NW 或近 EW 向的显生宙造山带相对应，但仍然很难对它们的成因机理做出令人满意的解释，也不能回答许多NE 走向线性航磁异常带的性质和成因问题。至于引起航磁异常的深部原因，则存在更多尚未解决或有争议的问题。因此，在进行航磁异常构造解释之前，有必要对航磁异常的成因进行分析。

然而，航磁异常的成因是相当复杂的。一般来说，航磁异常的性质和强度与岩石在现代地球磁场中的感应磁化率有关，而感应磁化率不仅取决于岩石剩余磁化率的高低，而且涉及剩余磁化率的矢量特征，后者表现为岩石磁化率各向异性的程度和方位。因此，尽管以铁磁性和顺磁性矿物占主导地位的镁铁质岩石具有很高的剩余磁化率，而中、酸性岩浆岩和沉积岩的剩余磁化率则相对较低，它们的感应磁化率却并不与剩余磁化率成正比关系（图1-8）。显然，由于构造作用引起岩石磁化率的各向异性在这里起到关键的作用。因此，航磁异常的成因及其合理的构造解释，必须对其所涉及的具体地质构造背景和岩石性质有深刻的理解。

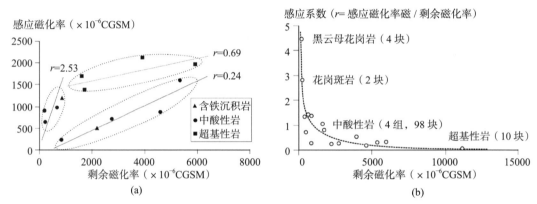

图1-8　藏南（雅鲁藏布江）及藏北（申扎地区）代表性岩石的磁性特征及其与感应磁化率的关系（费鼎等，1982）
（a）不同岩石剩余磁化率与感应磁化率的关系；（b）不同岩石平均剩余磁化率与感应系数的关系

为更好地利用航磁异常所提供的信息，揭示我国变质结晶基底的基本构造格架和盆地覆盖区结晶基底的性质与构造样式，结合不同尺度的基底构造问题，探讨了华北—塔里木—扬子超陆块的演变历史这个我国地质学家所关心的问题（王鸿祯等，1985；马杏垣等，1987；乔秀夫等，1988；白瑾，1996）。

（2）高级变质岩的磁化率和磁化率各向异性特征。

在开展华北北缘高级变质岩的古地磁研究过程中，沿大同至秦皇岛一线的51个露头上采集了近600个定向岩芯，主要为各类太古代麻粒岩相和角闪岩相变质岩，以及少量变质火山岩、岩浆岩和基性岩墙等。在对这些样品热退磁处理和古地磁研究之前，分别用巴丁顿磁化率仪（Bartinton bridge）测量了它们的磁化率，并用小型各向异性测量装置（Minisep anisotropy delineator）测定了它们的磁化率各向异性值（Zhang and Piper, 1994; Piper and Zhang, 1998）。结果表明，岩石的磁化率与它们的矿物组分有关，主要取决于其中铁磁性和顺磁性矿物的含量（表1-1）。不同岩石的磁化强度变化幅度很大，从长英质到镁铁质、超镁铁质片麻岩、麻粒岩（包括变质的酸性到基性变质侵入岩）的磁化率变

表 1-1　华北北缘高级变质岩磁化强度与岩石矿物组合的关系

岩石类型 \ 磁性特征	矿物组合			磁化率（10^{-6} SI 单位）
	铁磁性矿物	顺磁性矿物	反磁性矿物	
超镁铁质岩包体	磁铁矿 8%	单斜辉石、角闪石 80%	长石 < 10%	177120 ~ 219630
基性麻粒岩	钛磁铁矿、磁铁矿、钛铁矿 3%~10%	斜方辉石、单斜辉石、黑云母、角闪石 > 50%	长石、石英 40%~45%	10800 ~ 56384
长英质麻粒岩	钛磁铁矿、磁铁矿、钛铁矿 3%~5%	斜方辉石、单斜辉石、黑云母、角闪石 < 10%	长石、石英 80%~85%	1242 ~ 2457
麻粒岩相变质泥岩（孔兹岩）	钛磁铁矿、磁铁矿、钛铁矿 3%~5%	斜方辉石、单斜辉石、石榴子石、黑云母、金红石等 < 10%	长石、石英、矽线石 > 80%	352 ~ 972
角闪岩相变质酸性火山岩		黑云母 5%	长石、石英 > 90%	355
奥长环斑花岗岩			奥长石 > 85%	40
基性岩墙	磁铁矿、钛铁矿	斜方辉石、黑云母 < 30%	长石、石英 少量	4131 ~ 10152

化在 50 ~ 220000（× 10^{-6} SI 单位）之间（图 1-9（a））。由于绝大多数采样的露头均显示复杂的构造变形历史，长英质岩石与镁铁质或基性—超基性岩石互相混杂交错，这不仅造成了同一露头上岩石磁化率的明显变化，也揭示了岩石磁化强度与航磁异常在区域尺度上不一致的原因（图 1-9，除青龙县西以外其他地区的采样点）。青龙县以西属于古元古代青龙绿岩带的范围，主要由低角闪岩相至高绿片岩相变质酸性火山岩—沉积岩组成（白瑾等，1993，1996），该地区的所有样品显示区域一致的极低磁化强度。

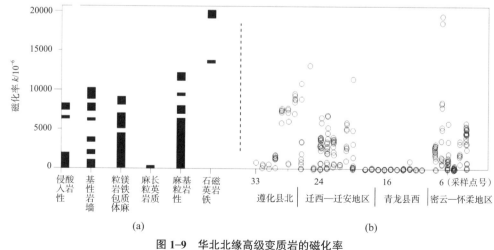

图 1-9　华北北缘高级变质岩的磁化率
（a）不同岩石的磁化率；（b）不同地区的磁化率

岩石磁化率各向异性测定结果表明，绝大多数变形变质岩石的磁化率在三个互相垂直的方向上普遍存在明显差异。磁化率椭球体不同程度偏离 E=1 的圆球（图 1–10（a）），表现为具面性特点的扁椭球（k_2/k_3 = 1.0 ～ 1.8），或具线性特点的长椭球（k_1/k_2=1.0 ～ 1.4）。代表磁线理特点的 k_1/k_3 值变化在 1.01 ～ 1.7 之间（图 1–10（b）），最大达 2.1。同类岩石的磁化率和磁化率各向异性程度均有随应变增加而增强的趋势，在强应变的韧性剪切带中达到最大值。采样点上的露头构造分析表明，上述结晶基底岩石由于普遍经历了强烈的韧性剪切改造而发育明显的构造组构，使其中铁磁性和顺磁性矿物定向排列，是导致它们的磁化率具有显著的各向异性特征的主要原因。

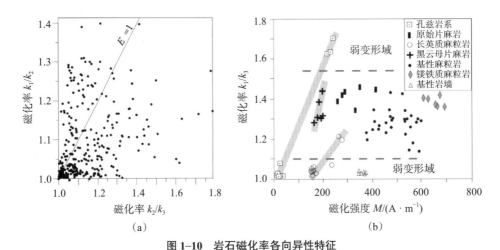

图 1–10　岩石磁化率各向异性特征
（a）具面性（E<1）及线性（E>1）特征的磁组构；（b）不同岩石线性磁组构（k_1/k_3）、磁化强度（k）与变形的关系

上述岩石磁化率和磁化率各向异性值的数据表明，除青龙地区的古元古代活动带以外，由不同岩性岩石组成的太古代高级变质结晶基底的磁化率，无论露头尺度还是区域尺度都是高度变化和不一致的。这一事实说明它们在现代地球磁场中的总体感应磁化强度是一个复杂的函数，因而就不可能形成区域一致的航磁异常。从这个意义上说，航磁异常与单一岩性磁化率无关。而经历了同样变形的不同岩石的磁化率各向异性，则基本上具有区域一致的定向。从而有可能在露头或区域尺度上产生叠加效应，形成区域稳定一致的磁场干扰因素。

（3）岩石磁化率各向异性成因和航磁异常的构造解释。

大同—怀安地区大面积出露的太古代—古元古代麻粒岩地体，是华北地台结晶基底的重要组成部分。详细的构造岩石学研究（Zhang J.S. et al., 1994；Zhai et al., 1992；张家声，1997）表明，该麻粒岩地体的抬升过程经历了强烈韧性剪切改造，无论在下部 TTG 片麻岩或上部变质沉积岩中，均普遍发育了透入性的、与下地壳伸展拆离有关的构造组构。尽管不同的岩石—构造单元彼此叠置，构造走向连续改变，但矿物伸展线理始终以低角度向南西倾伏（图 1–11（a））。沿五里冬—瓦窑口地区的大比例尺构造组构填图与古地磁样品的磁组构的对比分析结果表明，磁线理（K_1）和构造线理具有完全一致的矢量特征（图 1-11（b）），代表该地体区域一致的最大磁化率方向，从而证明了磁各向异性成因的构造联系，即磁各向异性是韧性剪切位移导致岩石中铁磁性和顺磁性矿物定向排列的结果。大同—怀安麻粒岩地体处在著名的大同—环县线性航磁异常梯度带（马杏垣等，1986；张家声，1991）的北东端，该地体的构造线理、磁线理与这一线性航磁异常的走向完全一致，说明构造作用导致岩石中区域一致的磁化率各向异性，是有效干扰现代地球磁场，产生特定航磁异常分布格局的主要因素。

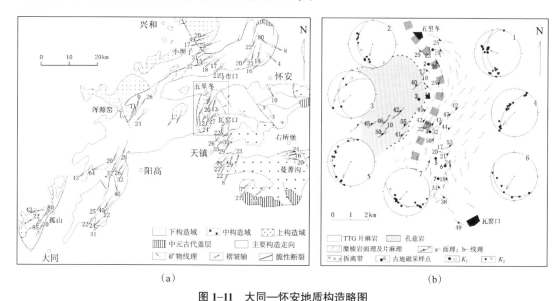

（a）　　　　　　　　　　　　　　　　　（b）

图 1-11　大同—怀安地质构造略图

（a）五里冬—瓦窑口地区构造组构与磁组构的关系；（b）大同—怀安麻粒岩地体的线理指向

由于沉积盖层的磁化率普遍较低（一般小于 500×10^{-6} SI 单位），在变形相对弱（磁化率各向异性相对较小）的情况下基本上可以看作是无磁性的，因此，引起航磁异常的主要原因取决于地表附近结晶基底岩石磁化率各向异性的程度。华北地台的结晶基底由太古—古元古代的中高级变质岩组成。区域上表现为新太古代末 NW—NWW 走向的线性紧闭褶皱带，被古元古代 NE—NNE 走向左行韧性剪切带改造的基本格局（图 1-12（a）；张家声，1983，1988，1992）。大多数古元古代的沉积和造山作用受到这一组韧性剪切带的控制（马杏垣等，1986），使华北古元古代活动带和相邻的太古代岩石发育了强烈的 NE—SW 向构造组构。上述 NW 走向的新太古代构造组构和古元古代 NE 向构造组构，分别导致相应岩石中互不相同的磁化率的各向异性，并各自引起了显著的航磁异常。华北中部地区的视磁化率填图和航磁异常的垂向导数处理结果，证明正航磁异常区并不一定与大面积出露的基底岩石分布范围相对应，而是清楚地显示了正负相间的"北东成带，北西成串"的分布规律（图 1-12（b）），与前述结晶基底的基本构造格局完全一致。此外，关于鄂尔多斯结晶基底航磁异常的独立解释和地质证据（张抗，1982），支持了上述对航磁异常成因的理解。

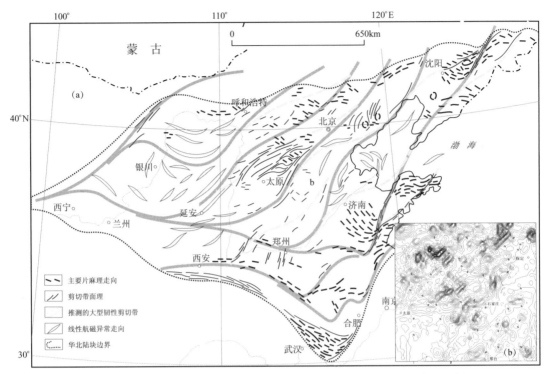

图1-12　华北陆块古元古代末构造略图（a），华北中部航磁异常的构造样式（b）
等值线间距 20 nT

在地壳尺度上，相对于太古代残留或断续的北西走向航磁异常干扰样式来说，古元古代北东向左行韧性剪切带引起的航磁异常要强大得多。中国中西部几条地壳尺度的弧形航磁异常带反映了古元古代左行韧性剪切（牵引）改造及古元古代活动带的构造形迹（图1-13）。其中被地台盖层覆盖的大同—环县线性航磁异常带的南西段，经勘探证明与该地区下元古界的吕梁群、岚河群、野鸡山群吻合（张抗，1982），说明这些巨大的弧形航磁异常带的成因是所有卷入古元古代韧性剪切带改造的太古代基底（北东段）和古元古代活动带（南西段）岩石中，区域一致的构造组构引起其中磁化率各向异性的综合体现，与单一岩石的磁化率没有直接联系。

除了上述航磁异常的"X"形（北东成带，北西成串）和弧形构造样式以外，根据对上述航磁异常成因的理解，中国1∶400万航磁异常图（AGS，1989）还反映了另外三种基本的构造样式，包括与显生宙造山带一致的低平正负异常带、面状的负异常域和孤立的正高异常区。关于造山带航磁异常的成因，除了其中存在平行造山带走向的构造组构可以引起磁化率各向异性以外，受造山期应力作用的影响，同造山侵位的岩浆岩沿应力方向磁化率减小也是原因之一（郝锦绮等，1989；贺绍英等，1994）。但造山带的航磁异常带表现为相对较宽，走向平直，且正负航磁异常值均不太高的特点。长波和中波航磁异常（图1-14（a），图1-15（a））中的天山和祁连造山带即反映了这种特征。面性的宽阔

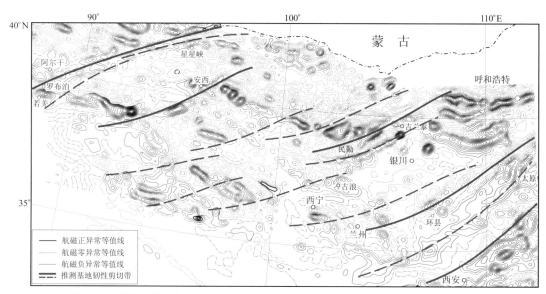

图 1-13　华北—塔里木结晶基底之间（阿拉善地区）大型韧性剪切带的航磁异常特征

等值线间距 20 nT

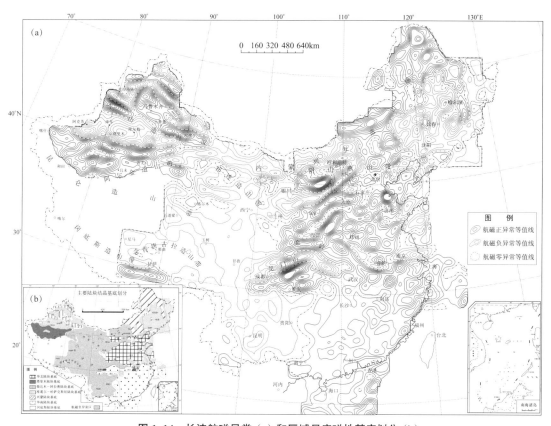

图 1-14　长波航磁异常（a）和区域尺度磁性基底划分（b）

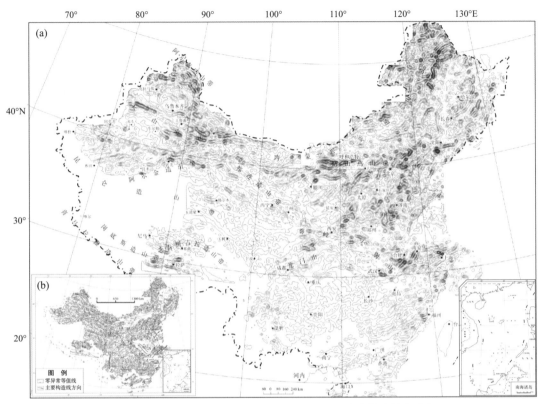

图 1-15　中波航磁异常（a）和区域尺度线性异常的构造样式（b）

航磁正异常等值线　　航磁负异常等值线　　航磁异常零等值线

负异常域，主要对应于浅变质的副变质岩区（如塔北和华南的中晚元古代基底）或弱变形的沉积盖层（鄂尔多斯中部和阿拉善地区等）。而把孤立的环形高磁异常区解释为岩性单一、磁化率极高的磁铁矿或基性—超基性岩体似乎是合理的。

1.5.3　区域和线性航磁异常的性质与构造分析

基于上述对航磁异常成因的分析和理解，认为航磁异常的成因至少可以分解成两个主要方面：一是与平均岩石磁性有关的区域异常；二是由于构造作用产生的线性异常。前者代表大范围内岩石磁化强度的平均值，因此反映区域岩石类型及其组合关系的差异，后者则可能分别对应于大型韧性剪切带、晚期断裂带、造山带，以及块体边界等。

航磁异常是现今地壳岩石磁性特征的反映，是关于岩性、构造，甚至形成时代和演化历史记录的综合体现。通过滤波的方法，在不同波段上解析不同的内容，可能是提取不同信息的方法之一。长波航磁异常一般不考虑它们所代表的具体岩石组合类型和形成时代的差别，从而避开了因详细的地质构造或岩石学研究而引起的争论，而这些具体争论对于分析中新生代盆地的形成改造来说，并不十分重要。相对来说，中波航磁异常更好地反映了区域尺度的构造样式，而短波异常则适合于大比例尺的构造—岩石解释。

航磁异常的样式大体上可以分为区域异常和线性异常两种。无论是区域异常还是线性异常的成因都有复杂的内在联系，目前还没有关于这种复杂联系的定量关系表达方式或有效的统计分析方法，因此只能对它们进行定性的描述和分析。尽管如此，这对于恢复大部分被覆盖了的结晶基底构造，因而也是分析盆地的基底构造，具有重要意义。

1.5.3.1　区域航磁异常的性质

用前述滤波法屏蔽局部异常的干扰后，长波航磁异常（图 1-14）展现了居里面以上地壳岩石平均磁化率的区域分布。结合已知露头岩石的磁性特征，认为波长超过 120km 的大面积分布的区域正异常，基本上代表了地壳中残存变质结晶基底岩石组合，而负异常区则对应于基本未变质的沉积岩区。尽管花岗质（中酸性）岩浆岩体的磁化率总体上介于变质结晶基底岩石和沉积岩之间，但中国东部大范围出露的中生代后造山（基本未变形）花岗质侵入岩体，在长波异常图上或者没有产生显著的影响（如东北地区的东部），或者对正航磁异常有轻微的叠加增强作用。此外，不同时代的基性、超基性侵入岩等磁化率较高的岩石，由于规模较小，分布零散，一般也没有改变长波航磁异常的区域分布样式。但在中西部的造山带中，上述同造山侵位的中—酸性和基性、超基性岩浆岩体，由于造山期存在的挤压应力，使它们在获得磁性的同时就具有与造山带方向一致的磁化率各向异性，因此显然加强了造山带的航磁异常。

从整体上看，长波航磁异常的分布特征把中国大陆清楚地划分为东带、西带和中带三大部分。东带和西带均以正异常占主导地位，但内部结构又不一样；中带则以负异常为主，存在局部正异常。这一大框架正确体现了中新生代以来中国大陆构造变动的总体结果。中带北部在古生代褶皱带产生的区域负异常背景上，阿拉善—柴达木地块的结晶基底断续显露得到证明；中带南部的区域负异常总体上体现了青藏高原以印支褶皱基底为主体的轮廓，拉萨正异常区反映了由于岛弧火山作用而得到增强的冈底斯地体的结晶基底。在东带和中带之间，恰好是典型的南北地震构造带之所在；而中带与西带之间，则以长期活动的阿尔金断裂带为界。

1.5.3.2　主要陆块结晶基底的性质和构造分析

在上述一级单元的框架下，根据长波航磁正异常的分布、性质和内部结构特征，中国大陆的结晶基底的航磁异常特征大体上又可以分为三种类型。第一类以华北、塔南和上扬子地块为代表，表现为整体呈面型分布异常值普遍较高的航磁正异常区，对应于高级变质的早前寒武纪结晶基底；第二类以下扬子地块为代表，表现为面型分布异常值较低的正异常区，对应于中—低级变质的中—新元古代褶皱基底；第三类以天山为代表，表现为宽的长条状正高异常带，对应于被造山带改造的变质结晶基底和同造山侵位的岩浆岩体。

根据与上述正航磁异常分布相关的露头岩石特征和对我国结晶基底构造演化的理解，

把基底进一步划分为 7 个块体（表 1-2，图 1-14 (b)），分列如下。

（1）华北陆块基底。

包括鄂尔多斯盆地北部大同—环线线性航磁异常梯度带以西的阴山地体，郯庐断裂带以东至东部邻近海域的部分，以及后来拼贴上来的秦岭、大别地体等。由于这一地区结晶基底露头分布较广且研究程度较高，其结晶基底的航磁异常实际上包含了两套叠加的构造信息。一是早前寒武纪阶段（中元古代以前）的形成改造和第一次抬升过程形成的、以 NE—SW 向弧形牵引和"X"形航磁异常构造样式为主的构造组合；二是中新生代阶段伸展塌陷的卸载抬升形成的"盆—山"构造格局。这些构造信息可以通过中波和短波航磁异常图像加以解析，而长波异常勾画了这一陆块基底的整体面貌。

（2）塔里木陆块基底。

根据在西昆仑和阿尔金山北麓出露的高级变质岩石，以及航磁长波异常特征，塔里木盆地的基底显然只存在于北纬 40° 以南的地区，但其组成、性质和构造样式与华北陆块的早期特征一致，后期改造主要表现为整体挤压凹陷。

（3）柴达木—阿拉善陆块基底。

地质构造、岩石和同位素年代学的研究结果表明，柴达木—阿拉善地区出露的变质结晶基底主要为古元古代的中高级变质岩。这套岩石被与华北陆块完全一样的中元古代以后的沉积盖层所不整合覆盖。根据对华北早前寒武纪构造解析得到的演化历史的认识，处在吉兰泰—民勤、古浪—鄂陵和阿尔金北东—南西向弧形剪切牵引带（图 1-14）之间的柴达木—阿拉善地体，应该是华北—塔南—扬子太古代超陆块在早元古代阶段发生韧

表 1-2　依据长波航磁异常的基底陆块划分

名　称	组成及范围	航磁异常特征	出露情况
华北陆块	华北克拉通主体，郯庐断裂以东海域和秦岭—大别地体等	以面型正高异常为主，北东向线性异常和"X"形异常组合	结晶基底露头分布较广且研究程度较高
塔里木陆块	塔里木盆地北纬 40° 以南、阿尔金山	北东向正、负相间的高异常条带，与华北陆块基底一致	根据在西昆仑和阿尔金山北麓出露的高级变质岩石
柴达木—阿拉善陆块	吉兰泰—民勤和阿尔金弧形剪切带之间，东昆仑以北	在整体低平负异常背景上存在零散的低至中等强度的正异常体	柴达木盆地边缘、祁连山和阿拉善地区出露的古元古代中、高级变质岩
准噶尔—哈萨克斯坦陆块	包括库鲁克塔格地区的天山、北山、阿尔泰等地	被负异常分割的宽带状正高异常	库鲁克塔格、北山等地出露的早前寒武纪变质岩石
兴—蒙陆块	整个东北地区和内蒙古东部	彼此相邻的大规模面型正高航磁异常和负高异常	结晶基底岩石出露少，研究程度较差，争论较多
华南陆块	整个华南地区，包括川中和华夏陆块	以低平的面型正异常为主，川中为正高异常，华夏正异常较高	中—末元古代中低级变质的"板溪群"及其相关岩系普遍出露
冈底斯陆块	雅鲁藏布江以北，但向北至西藏中部嘉黎断裂带以南	近东西走向的宽带状正高航磁异常特征明显	念青唐古拉群片麻岩，雅鲁藏布江缝合带蛇绿岩和变质岩，冈底斯火山岩

性裂解，并形成与五台山类似的海槽沉积和褶皱回返的产物。柴达木—阿拉善陆块基底形成以后经历了中元古代裂陷、元古代末—早古生代造山作用改造，以及印支和喜马拉雅等造山作用的影响，目前表现为残存的基底岩块。

（4）准噶尔—哈萨克斯坦陆块基底。

作为独立的早前寒武纪陆块，准噶尔—哈萨克斯坦陆块基底的岩石组成和演化历史与华北不同，但可以肯定存在早前寒武纪高级变质的结晶基底。而在航磁长波异常图上，这一结晶基底已强烈卷入古生代造山带中。值得指出的是，以往从地质证据上把库鲁克塔格地区出露的前寒武纪变质结晶岩石当作塔里木盆地的结晶基底，并据此认为塔北基底比塔南基底更老的说法，显然不能得到航磁异常区域分布特征的支持。因为在长波航磁异常图上，整个天山以南，大约北纬40°以北的塔北地区，表现为大范围的低平负异常区，说明塔北地区居里面以上的地壳中不存在大型的磁化率较高的变质结晶岩石。

（5）兴—蒙陆块基底。

兴—蒙及整个东北地区的结晶基底目前地质构造和岩石学研究程度较差，因而是争论较多的地区。只能根据目前已知的地质—构造背景资料对长波航磁异常的地质构造解释中不十分清楚的五个问题进行简短讨论。

①长波航磁正异常在西部大兴安岭地区呈大面积展布，与兴—蒙造山带的走向大体一致，说明兴—蒙造山带可能与天山造山带相似，存在被造山作用改造的变质结晶基底，但目前该地区还没有见到有关结晶基底露头岩石的报道。

②在松辽盆地以东，老爷岭、张广才岭地区均有零星出露的前寒武纪变质岩，但这一地区在长波航磁异常等值线图上却表现为大面积的负异常区，这是否意味着这一地区不存在完整的变质结晶基底？

③松辽盆地以其独特的整体长波负异常为背景，这与全国几乎所有大型中新生代盆地的航磁异常特征都不相同，是否意味着松辽盆地形成于古生代褶皱基底之上？

④即使在长波异常图上，三个孤立的、呈南北向贯穿造山带和盆地的异常条带仍然清晰可见。东侧和西侧的南北向条带分别表现为紧邻130°和120°经度线的正异常带，中部的南北向条带则表现为断续延伸的正负异常相间带。目前没有已知的地质构造解释与之对应，根据它们穿越了两个性质不同的中生代构造单元的情况看，更可能是晚近构造作用的体现，但三者可能有着完全不同的成因。

⑤无论地质构造证据还是长波航磁异常图像，华北陆块与其北缘的兴蒙印支—燕山造山带之间，都有一条明显的分界线。在长波航磁异常图上这一边界总体上表现为近东西走向的区域正、负异常的分界，唯独在辽西建平以北地区，二者被上述西侧的南北向条带连为一体，这是否为一种形式的立交构造？

总之，上述关于东北地区长波航磁异常样式及其成因的讨论，仅仅涉及地质—构造解释中几个粗浅的问题，目前关于我国东北地区结晶基底的性质、组成和基本构造格架，还是一个需要深入研究的问题。随着地质—构造研究和油气勘探成果的积累，上述问题将会有明确的解答。

（6）华南陆块基底。

以整体低平的正异常为特征区别于华北陆块的基底，但西部四川盆地下面的结晶基底可能与华北和塔南类似，而东部目前华夏陆块所在的地区航磁正异常程度也变得相对较高。华南地区上述面性分布的低平航磁正异常，无疑与该地区普遍存在的中、晚元古代低级变质的"板溪群"及其相关岩系（表1-2）有关。这套浅变质岩系被认为是中、晚元古代阶段（前晋宁期）华北—塔南—扬子超陆块上在裂陷海槽基础上发育的活动大陆边缘沉积。尽管最近在赣东北地区的相当岩系中发现了含有二叠纪放射虫的深海相硅质软泥，从而引发了其时代归属的争议。但露头观察到的现象表明，板溪群中所夹的含有二叠纪放射虫的硅质岩层，可能是晚古生代俯冲板块边缘的"混杂岩"。从整体上看，华南陆块上中、晚元古代浅变质结晶基底是普遍存在的。

（7）冈底斯陆块基底。

拉萨及其以南地区以近东西走向的正高航磁异常特征明显区别于藏北羌塘地区。至少有三种因素引起这一东西向条带状正高航磁异常，包括：

①西藏中部的野外调查（SSB，1992）表明，沿当雄—南木林断裂西侧出露有念青唐古拉群前寒武纪片麻岩，并获得过1770Ma（锆石）和1648Ma（Sm-Nd模式年龄）测年结果；

②沿雅鲁藏布江缝合带存在大规模晚白垩—始新世的构造混杂岩，包括由基性、超基性岩组成的蛇绿岩带和与碰撞俯冲有关的高压低温变质岩带。有关这一地区的磁性岩石学研究表明，不同类型的基性、超基性岩普遍具有较高的剩余磁化率和感应磁化率（图1-15）；

③沿冈底斯陆块发育了大量同构造的岛弧型火山岩。

上述情况表明，拉萨及其以南的正航磁异常显然是由于后期板块边界的构造和岩浆作用而大大加强了，处在班公湖—怒江缝合线和雅鲁藏布江缝合线之间的冈底斯陆块，可能存在一个比正航磁异常范围更宽的，由前寒武纪变质岩组成的结晶基底。

1.5.3.3 线性航磁异常的性质和分类

中波航磁异常展现了20～120km波长范围区域尺度的异常分布特征，突出了线性异常的构造样式。在全国中波航磁异常图（图1-15(a)）上，根据线性航磁异常展布的长度，可以大体分成不同的级别，其中一二级线性航磁异常的分布和组合特征（图1-15(b)），与我国的主要构造带基本吻合，说明线性航磁异常具有明显的构造含义。根据线性航磁异常的分布及其与已知地质—构造的相关性，又可以把我国线性航磁异常分为五种类型（表1-3），包括：①造山带产生的航磁异常条带；②大型走滑韧性剪切带引起的弧形线性

表 1-3　中波和中短波航磁异常的线性构造解释

航磁异常性质	构造联系	航磁异常成因	实例
区域宽的正异常条带（中波）	造山带	造山过程持续的挤压使参与造山的物质产生与造山带走向一致的磁化率各向异性	阿尔泰、天山、内蒙古—兴安、祁连—秦岭—大别、巴颜喀拉、念青唐古拉造山带等
区域弧形线性异常带（中波）	韧性剪切带	韧性剪切带透入性的矿物组构和一致的磁化率各向异性对现代地球磁场的强烈干扰	古郯庐、太行山前、大同—环县、吉兰泰—民勤、阿尔金等韧性剪切带
区域线性异常梯度带（中波）	地体边界	由两侧地体磁化率差异产生	川中地块与三江褶皱带之间、华北地块与印支—燕山褶皱带之间、阿尔金断裂两侧等
斜向交错线性异常（中短波）	结晶基底内部结构构造	与结晶基底岩性层的排列和早期韧性剪切带有关	华北陆块基底中北东成带、北西成串的线性构造
纬经向线性异常（中短波）	晚期经向和纬向构造	相对弱小但特点显著。与大型中新生代盆地内部的后期构造有关	塔里木中部的经向带、柴达木和鄂尔多斯中部的纬向带、松辽和华北中部的经—纬向带

异常带；③不同性质地体边界上的线性航磁异常梯度带；④与结晶基底内部结构—构造有关的线性异常；⑤与晚期经向和纬向构造有关的局部线性航磁异常。以下分别加以描述。

（1）与造山带有关的航磁异常条带。

前面提到，由于造山过程存在持续的挤压应力作用，参与造山的物质，包括不同程度褶皱变质的沉积岩、同造山侵位的岩浆岩和卷入造山作用的结晶基底等，都将产生与造山带走向一致的磁化率各向异性（郝锦绮等，1989）。尽管这种情况下个别岩体磁化率的各向异性程度并不很高，但由于它们一致的矢量特征和叠加效果，可以在现代地球磁场中形成中等强度、相对宽缓的航磁异常条带。这些条带包括：阿尔泰造山带、天山造山带、内蒙古—兴安造山带、祁连—贺兰—秦岭—大别造山带，以及巴颜喀拉和念青唐古拉造山带等。

此外，特别要加以讨论的是横亘中国大陆，从华北克拉通北缘，经柴达木—阿拉善地体的北缘，至塔里木盆地中部断续延伸的正高航磁异常带（图 1-15（b））。尽管它们在不同地段受到了不同程度的后期改造，包括早期北东向左行位移和晚期北西向错断，其整体上仍然断续相连，其航磁异常的性质和强度始终相似，异常值变化在 500～1000nT 之间，显著高于区域正航磁异常的背景值。这些特征表明，它们可能曾经是一个统一的结晶基底形成的早期挤压边界，对应于碰撞或造山带中的产物。

（2）大型走滑韧性剪切带引起的弧形线性异常带。

前文详细分析了韧性剪切作用使卷入其中的不同岩石形成了透入性的矿物形态组构，并因此产生与构造组构一致的磁化率各向异性组构的原理和实例。基于对卷入同一韧性剪切带中不同岩石磁化率各向异性矢量的叠加效果，大型韧性剪切带总体上对现代地球磁场产生了十分强烈的干扰作用，形成区域尺度的线性航磁异常。不可否认，在造山带中也会存在逆冲、滑脱，甚至斜滑、斜冲性质的韧性剪切带，但大型走滑韧性剪切带产生的线性航磁异常不仅比造山带范围窄、梯度大，而且大多切过造山带走向，并且由于韧性位移过程的牵引作用，而呈弧形或"S"形（左行）展布（图 1-15）。结合已经取得的地质—构造研究成果，认为中国大陆发育了一组呈 NE—SW 向延伸，轻微向 SE 突出的大型弧形韧性剪切带。除了华北内部的华甸—郯城（古郯庐）剪切带和太行山前剪切带以外，还包括更西的大同—环县、吉兰泰—民勤、古浪—鄂陵、安西—若羌、罗布泊—于田和星星峡—阿尔干—喀什、阿尔金等韧性剪切带。地质证据表明，这一组大型韧性剪切带形成于古元古代早期（张家声，1983，1988；周建波等，1998），但大多被后期近地表条件下的脆性断裂所追踪和叠加。

（3）不同性质地体边界上的线性航磁异常梯度带。

最突出的例子是川滇地块与三江褶皱带之间，以及华北地块与其北面的印支—燕山褶皱带之间的边界。晚期的阿尔金断裂和秦岭—大别南缘断裂也都形成这种类型的线性航磁异常带。这类线性异常的主要标志是两侧航磁异常的样式和展布特征存在明显不同。

（4）与结晶基底内部结构-构造有关的线性异常。

这类线性航磁异常大多出现在被造山带和（或）大型韧性剪切带切割的基底岩块之中，与结晶基底形成过程的原始构造有关，并且由于后期的韧性或脆性断裂作用改造，往往表现为沿一定方向断续或串珠状延伸的线性异常（详见上文）。

（5）与晚期经向和纬向构造有关的局部线性航磁异常。

这一类型的线性构造主要反映在短波航磁异常图上，尽管它们相对较小且弱，但特点显著。普遍表现为正、负相间的低平异常沿经向和纬向呈线性排列。其分布范围大多局限于大型中新生代盆地单元内部，如塔里木盆地的短波异常图中部；但也见到跨单元断续延伸的宏伟现象，例如，松辽盆地中相交于大庆长垣的近南北和近东西向航磁异常、华北平原石家庄—济南之间的近南北向和郑州以北近东西向的线性异常带、准噶尔盆地和塔里木盆地中北部的近南北向线性异常带，以及柴达木盆地和鄂尔多斯盆地中部的近东西向线性航磁异常带等。其中横过格尔木—西宁—郑州北—东海海域、银川—太原北—渤海湾南部，以及华南地区贵阳—福州的近东西向线性航磁异常似乎构成了更加宏伟的纬向构造系。其成因和相关地质—构造的性质尚需做进一步的深入研究。

1.5.3.4 中、新生代盆—山联系和主要盆地基底构造的航磁异常解释

（1）在中、新生代盆—山关系框架中的盆地成因和分类。

大陆动力学的研究成果表明，在造山带的形成演化过程中，伴随着不同类型盆地的形成和发展。因此，理解盆—山关系研究中的三个基本概念是十分重要的。首先，盆—山关系研究的基本前提是确定二者的形成演化过程受到同一个应力场的控制，也就是说，二者是地壳在同一应力作用下以不同方式发生变动的结果。这一限定对于研究中国大陆

尺度的中、新生代盆—山关系特别有效。因为中新生代以来的大陆构造变动具有全球板块构造运动限定的时间框架和区域构造应力场背景。其次，造山带演化应该包括一个完整的大陆动力学过程，即在挤压造山使地壳局部缩短加厚的同时和以后，重力均衡调整产生的伸展塌陷又使加厚的地壳重新恢复到正常厚度（平均 30km）这样一个完整的过程。因此，区域构造应力和重力的彼此消长关系，对于盆山耦合关系的理解具有重要的意义。这样，与完整的造山演化过程相对应的盆地形成，可以大体上分为性质不同的三个阶段：①造山过程中在邻近地带发育的、与造山带平行的挤压凹陷盆地；②造山作用高峰时期由于造山带物质的侧向挤出而派生的、在造山带内部并与造山带走向垂直的断陷盆地；③后造山阶段重力均衡引起的、伸展方向与造山带垂直的伸展塌陷盆地。第三，在造山带方向与区域挤压应力方向斜交（走滑造山）（刘和甫等，1999）的情况下，上述三个阶段盆地形成的机制、展布方向和性质会发生相应的改变，形成与造山带斜交的雁列状挤压凹陷盆地和（或）拉分盆地等，从而使盆山关系变得更加复杂。

　　根据我国有关中新生代以来的造山带和相关盆地形成演化的地质—地球物理研究成果，并结合对长波和中波航磁异常的构造解释，认为中国中新生代以来的盆—山构造格局表现为空间上西、中、东三个性质不同的耦合域（图 1-16，图 1-17）：西部以发育同造山的挤压凹陷和走滑压陷盆地为主；东部以发育后造山（或称加厚以后）的伸展塌陷

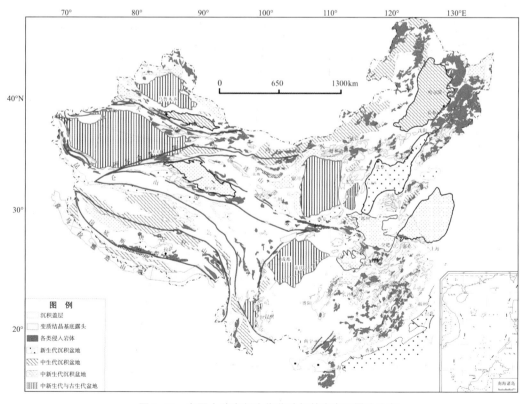

图 1-16　中国大陆中新生代盆地与基底岩石露头分布

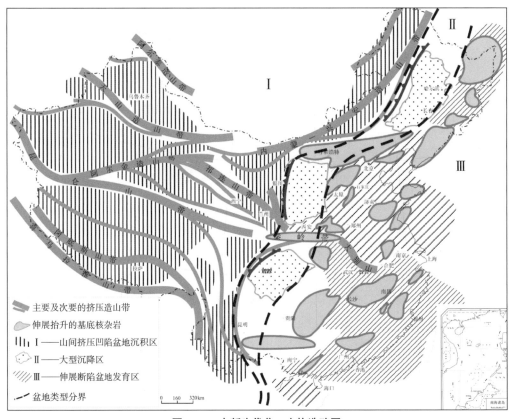

图 1-17　中新生代盆—山构造略图

盆地为主；二者之间为大型转换凹陷发育的地带（图 1-16，图 1-17）。这一基本格局体现了在印度、西太平洋和欧亚板块相互作用下，盆—山关系发育的不同阶段。

中国西部盆—山耦合关系的性质主要受到特提斯洋闭合和青藏高原挤压隆起的控制。随着中生代印支和燕山期冈底斯—念青唐古拉山、可可西里—巴颜喀拉和羌塘地体的褶皱隆起，阿尔泰山、天山、昆仑等老的加里东、海西褶皱带重新进入挤压隆升状态。整个中新生代时期，在这些造山带之间形成了新的挤压凹陷盆地，包括羌塘新生代凹陷，以及准噶尔、塔里木、柴达木和土哈等大中型中新生代挤压凹陷盆地。与此同时，由于沿阿尔金山的压扭性走滑造山作用，在其两侧的塔里木和柴达木盆地中叠加了一系列斜向的、盆地内部的小型隆起凹陷。在更大的范围内，青藏高原的隆升主要是印度板块和欧亚板块相互作用的结果，因此不可否认欧亚大陆向南的推挤作用，内蒙古—兴安造山带及其相关的压陷盆地也应属于同一类型。

中国东部中新生代盆地形成的动力学背景与西部恰好相反。当中生代早期中国西部特提斯洋还处在接受沉积的下降阶段时，中国东部开始出现了加厚大陆地壳上的断陷作用；沉积地层学的研究表明，进入三叠纪以后除了鄂尔多斯以外，中国东部大部分地区处于隆升状态（王鸿祯，1985）；山西高原的加厚隆升也是发生在三叠纪以后；与此同时，华北北缘进入燕山期陆内造山阶段（宋鸿林，1999）。至侏罗—白垩纪时期，以山西北部和沿郯庐裂谷系中发育的小规模陆相火山岩和碎屑岩为代表的堆积，指示加厚大陆地壳上的断陷作用开始发动。至第三纪以后，以华北为代表的大规模新生代伸展塌陷盆地开始广泛发育。另一方面，关于变质核杂岩的最新研究成果表明，华北云蒙山、房山、泰山、阜平、赞皇、中条山，小秦岭、登封、桐柏、亚干等地，以及华南幕阜山、香花岭、洪镇等地出露的变质结晶基底，绝大多数是中生代以来形成的变质核杂岩（宋鸿林，1995），代表加厚大陆地壳伸展塌陷和卸载抬升，或热隆作用的产物。变质核杂岩与同时形成的伸展盆地一起，构成典型的盆—岭构造。从地壳演化阶段和盆地发育程度来看，华北的盆—岭构造要比华南发育得更加成熟一些。

在西部挤压凹陷和东部伸展塌陷两个截然不同的盆—山格局之间，四川盆地和鄂尔多斯盆地的赫然出现绝不是偶然的。这两个盆地不仅形态和规模类似，而且确切地说它们现在的盆地属性都是中生代以来才开始形成的。它们在古生代的发育历史、盆地原型、构造背景和应力场条件都有许多不清楚的地方，因此是否属于古生代盆地尚有争议。更重要的是它们与造山带的关系也都不明确，既不属于典型的同造山挤压凹陷盆地，也不是伸展塌陷盆地。此外，它们还具有另一个类似的特点，即西侧都是具有挤压推覆性质的边界，东侧则是过渡型边界。在成因机制不确定的情况下，我们暂时称之为转换凹陷盆地。松辽盆地的许多特征与它们类似，由于目前缺乏足够的资料以确定松辽盆地的基底构造性质，暂且也将它归于此类。

综上所述，中生代以来，中国西部形成的挤压凹陷型盆—山格局和东部的伸展塌陷型盆—山格局，分别是在印度板块—欧亚板块和西太平洋板块—欧亚板块的相互作用下发展起来的。而二者之间的转换凹陷盆地则可能是复杂"三角关系"的产物。

（2）中国中西部主要盆地基底构造的性质。

我国中新生代以来的盆地基本上为第四系所覆盖，尽管根据其周边造山带（主要为西部）和变质核杂岩（主要为东部）中出露的岩石地层单元和近年来在盆地内部的石油勘探资料，以及有限的穿过盆地的地震勘探剖面，可以大致对盆地内部的基底构造进行推断和分析，但由于钻探资料只能对应于某些点，而地震反射剖面又局限于几条线，因此缺乏对盆地基底构造整体面貌的了解。航磁异常资料不仅被认为可以比较有效地用来解释变质结晶基底的构造特征，而且由于它覆盖了整个盆地范围，更有利于进行全面的分析讨论航磁异常的成因和它们的岩石—构造联系。

采用对原始航磁数据进行多频段滤波的方法，在前面关于中、长波航磁异常分析的基础上，对盆地范围的短波和中短波航磁异常特征进行比较与分析，某些盆地还参照了航磁异常的原始数据、视磁化率强度、方向导数等专门图件。此外，通过磁性界面反演和居里面深度计算，对结晶基底的深度分布进行了讨论。根据结晶基底构造变动的特点，我国中西部六大油气盆地可以大体上分为三种类型，下面分别加以描述。

①塔里木盆地。

塔里木盆地为第四系所覆盖，其原始航磁异常和长波航磁异常都清楚地反映了北纬40°线南、北的差别。北部为大面积的区域低平负异常，南部则表现为异常值较高的 NE 向正负相间的宽条带（图 1-18（a））。二者之间（大约 38° ～ 40° N 之间）为串珠状的东西向极高正异常带，反映了地壳结构的显著差异。根据其周边造山带中出露的岩石地层单元的性质，认为塔里木盆地 40° N 以南存在与华北类似的太古—古元古代高级变质结晶基底，其内部结构主要是早前寒武纪阶段造成的。在西昆仑北坡和阿尔金山北麓等地出露的古元古代和太古代变质岩（表 1-3）代表了塔南的基底构成。如前所述，塔北地区在中—末元古代阶段发育了与华南类似的浅变质大陆边缘沉积，而这种类型的岩石在华南地区表现为典型的区域低平正异常。推断塔北地区的区域低平负异常是由于该地区厚大的古生代地层所引起的。盆地北缘库鲁克塔格地区出露的高级变质岩也表现为正高航磁异常，但不论从它们与南天山逆冲断层的关系，还是与塔北航磁异常特征的不协调关系来看，它们都不是塔北基底的反映。根据中波航磁异常反演得到的磁性界面埋深情况（图 1-18（b）），不仅很好地对应了上述露头岩石的分布，而且为塔南、塔北基底性质的解释提供了依据。

塔里木盆地的原始航磁异常代表较大范围内结晶基底平均磁化强度的综合效应，体现了结晶基底现今的构造状况。除了结晶基底内部的早期构造线，其整体面貌应该是后期改造的结果。由于塔里木和柴达木地块同处在被古生代海槽分开的"联合古陆"的北侧边缘，塔里木"古生代盆地"的原型并不清楚，根据古生代沉积在该处基本上呈面型分布的特点，推测盆地范围古生代沉积过程基本上处在"古特提斯"的大陆边缘位置，盆地基底没有因此而产生强烈的构造变动。因此，结晶基底被改造的特征应该是中生代以后形成的，主要是受到南部从"新特提斯洋"开合到青藏高原挤压隆起的影响。这样，塔里木结晶基底现今的构造框架，反映了塔里木中新生代盆地的基本构造轮廓。根据原始航磁异常的分布样式，塔里木盆地的主体是由两排近东西走向的隆起和凹陷组成的。

上述原始和长波航磁异常代表了 120km 以上尺度的影响因素，而中短波和短波航磁异常由于屏蔽了区域异常背景，可能对数十千米尺度的构造解释更有意义。塔里木盆地中短波航磁异常的样式，显现了塔南和塔北原来的背景上都叠加了一组大体呈北西向延伸的构造。可能包括断裂和次级隆起、凹陷。推测北西—南东向的次级断裂、隆起和凹陷的成因，可能与塔里木盆地同沉积过程中，沿阿尔金断裂发生了大幅度的左行走滑位移有关，在变形序列上与东侧柴达木盆地相对应。塔里木盆地的短波航磁异常突出了局部的构造影响，但其组合和整体展布样式仍然受中短波样式的控制。值得注意的是，短波异常图上塔南中部显著的南北向构造是其他波长的航磁图件所没有的，可能代表后期的浅层构造。

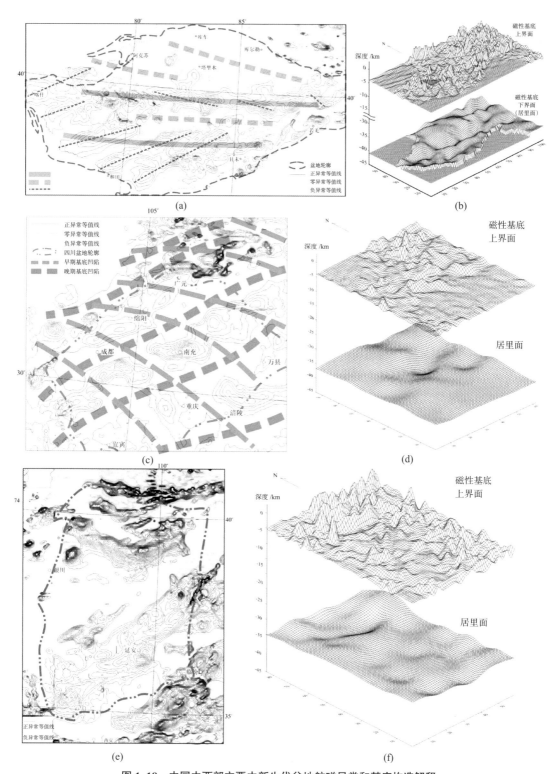

图 1-18　中国中西部主要中新生代盆地航磁异常和基底构造解释

（a）、(b) 塔里木原始航磁异常等值线图（间距 50nT）及盆地磁性基底埋深；(c)、(d) 四川盆地两期基底凹陷的干扰样式
及盆地磁性基底的深度分布；(e)、(f) 鄂尔多斯原始航磁异常等值线图（间距 25nT）及盆地磁性基底埋深

根据中波异常反演的磁性界面与长波异常计算居里面埋深等值线，不仅给出了塔里木盆地磁性基底的厚度和深度分布（图1-18（b）），而且根据居里面起伏，可以大体上认为塔北磁性基底较塔南厚度小，居里面较浅，因而塔北较塔南的温度梯度高。

②柴达木盆地。

柴达木盆地发育在华北—塔南—扬子超陆块的柴达木—阿拉善古元古代变质褶皱基底之上，柴达木—阿拉善褶皱基底在中新生代以前和以后的改造历史几乎与塔里木地区类似。中生代以来，受新特提斯和喜马拉雅造山带的影响，早期形成了规模巨大的近东西向一级构造单元，一级隆起—凹陷的展布超过了柴达木盆地的范围。短波异常反演得到该地区视磁化率强度等值线图，突出了与盆地有关的构造引起的航磁异常。整体走向北西—南东的柴达木盆地，是在上述近东西向隆—凹格局的背景上，随着沿阿尔金断裂的左行位移加剧，在盆地的北东和南西边界产生面向盆地的挤压逆冲断层，并使盆地基底进一步凹陷形成的。因此柴达木盆地本身是整个中新生代盆地演化过程中稍晚形成的二级构造单元。与塔里木盆地不同的是，柴达木盆地内部构造相对简单，表现为单一的主体凹陷。柴达木盆地的磁性界面和居里面的深度分布特征与上述叠加的构造格局一致，说明一级和二级构造组合是该地区现今地壳结构的主体。柴达木盆地范围居里面隆起，盆地内部低温梯度相对较高。

中新生代阶段，塔里木盆地和柴达木盆地同处在既古老又年轻的天山—祁连、昆仑山和阿尔金山之间，由于近东西向的天山—祁连和昆仑造山带的持续挤压抬升，造成了二者之间近东西走向的一级挤压凹陷型盆地原型，在盆地发育过程中，受阿尔金左行走滑造山作用的影响，叠加了大致北西向斜列的次级压扭型盆地和断裂。塔里木和柴达木盆地均发育在华北—塔南—扬子前寒武纪超陆块上，又同时濒临新特提斯洋和青藏高原，盆地的形成演化经历了类似的过程。

③准噶尔盆地和土哈盆地。

准噶尔盆地和土哈盆地均位于准噶尔—哈萨克斯坦陆块之上，具有太古—古元古代高级变质的结晶基底。在长波航磁异常等值线图上，尽管二者分别表现为独立的正高航磁异常域，但整体上又连为一体，被以古生代为主的造山带的宽负异常条带所围限，说明它们具有同一个磁性基底。

准噶尔盆地的基底构造：如前所述，准噶尔—哈萨克斯坦陆块自元古代末期以来反复受到裂陷和造山作用的影响与改造，准噶尔盆地及土哈盆地的结晶基底结构因而更加复杂。在更大范围的中波航磁异常图上，上述两个盆地结晶基底的构造格局与天山和阿尔泰—兴蒙造山带的展布密切相关，表现为在一组平行造山带走向的主体构造背景上，叠加了两组分别向北东（准噶尔）和南西（土哈）收敛的帚状构造。这一基本格局在盆地的中短波航磁异常等值线图上得以重现。

准噶尔盆地正负航磁异常的总体分布特征，表明准噶尔盆地中部为一个被宽的造山带负异常带围限的基底断块，而正高异常则表现为一个向南东倾斜的"T"形。在基底断块内部，航磁异常样式的分布和排列样式，仍然反映了两期隆—凹的构造叠加效果。这一航磁异常的样式被解释为盆地中部存在着一个 NW—SE 向的基底主体隆起（中轴构造），被一组呈北东—南西向排列的构造所叠加和改造，在基底中形成新的穿—盆格局。后者具有左旋扭动的性质，它们对中轴构造的影响似乎有向东南加强的趋势。中波航磁异常样式和分布特征还表明准噶尔盆地中部大体在乌鲁木齐—石河子—克拉马依之间为基底隆起区，而主要的基底凹陷似乎应该出现在中轴隆起的东北部。

中短波航磁异常显示盆地的中轴带及其以北地区变成了一个连续的、近似矩形的正异常域，而原来中波异常图上中轴构造中段北侧的负异常背景消失了，与此同时中轴构造以南的石河子—乌鲁木齐之间则出现了一个较大的负异常域。这两个变化正好发生在中轴构造中段的北东和南西两侧，处在 NW—SE 向构造与 NE—SW 向构造交叉干扰的中心，同时也是盆地的中心部位。因此，这一航磁异常性质的改变，显然是两期构造作用对结晶基底进行改造和叠加的结果。

土哈盆地的基底构造：土哈盆地结晶基底的性质与准噶尔盆地类似，但由于靠近天山造山带，因而经受了更加强烈的变形改造。从长波航磁异常图中可以看出，土哈盆地的中南部为一个近东西走向呈串珠状分布的正高异常区，代表盆地结晶基底的主体。

中长波航磁异常提供两个重要的基底构造信息。首先，土哈盆地的结晶基底中存在一组占主导地位的、北东走向具走滑性质的剪切带，它们将结晶基底中近东西走向的航磁异常条带和结晶基底的南北边界一致左行错开。根据结晶基底内部条带状航磁异常样式的变化规律分析，可能还存在一组与之共轭的北西走向的右行剪切带，但显然处于次要地位。这两组异常的叠加干扰效应，意味着基底中可能存在着由隆起和凹陷交错分布的"穿—盆"构造格局。

四川盆地和鄂尔多斯盆地。

四川盆地和鄂尔多斯盆地的结晶基底基本上被后期沉积所覆盖，根据它们的航磁异常特征和邻近造山带中出露岩石的研究成果，推测它们均存在高级变质的结晶基底，在早前寒武纪阶段同属华北—塔南—扬子超陆块，但二者中元古代以后的演化历史有所不同。在早前寒武纪变质结晶基底之上，中晚元古代阶段四川盆地发育了华南类型大陆边缘性质的浅变质褶皱基底，而鄂尔多斯则发育了华北类型基本未变质的准盖层沉积。古生代阶段二者均处在分裂的"联合古陆"的边缘，沉积性质类似。除四川盆地的中晚元古代褶皱基底具有低平的正航磁异常特征外，上述中元古代以后的地层都为弱磁性，因此四川盆地和鄂尔多斯盆地的航磁异常，基本上是变质结晶基底经受后期改造所形成的构造格局的反映。

四川盆地的基底构造：四川盆地的原始航磁异常清楚地反映了强大的北东向和相对弱小的北西向两组异常（图 1-18（c）），代表 120km 以上范围结晶基底和变质褶皱基底岩石平均磁化率特征。中短波航磁异常避免了大范围的综合效应，更精细地突出了区域尺度（小于120km）的地壳结构和构造。其中正负异常区呈串珠状或孤岛状分布，但仍然表现为北东和北西—北西西走向两组异常条带有规律的重叠交错，形成典型的穹—盆构造。这一组穹—盆构造样式在根据中波异常反演的磁性上界面埋深图中（图1-18（d））也有清楚地反映，它们应该与四川古生代—中新生代盆地的基底一致。其中两组负异常叠加部位很可能是盆中之深盆，正负异常叠加之处可能是盆中之浅盆，而两组正异常叠加之处，则很有可能形成储油构造。此外，根据长波异常反演得到的四川盆地居里面深度分布情况（图1-18（d）），盆地北部居里面上隆，与磁性上界面起伏一致，说明该地区低温梯度较大；而盆地中心和东南部居里面明显下凹，与磁性上界面起伏呈镜像对称关系，说明这些地区的地温梯度相对较小。

根据对四川盆地结晶基底的性质及演化历史过程的分析，认为四川盆地的结晶—褶皱基底中北西—北西西走向构造线的形成与华南陆块和华北陆块早期的对接碰撞有关，可能对盆地的沉积分布具有控制意义；而北东走向构造线的形成与青藏高原第四纪以来通过龙门山冲断层带向东的推挤作用有关，形成较晚，更具改造意义。

鄂尔多斯盆地的基底构造：鄂尔多斯盆地发育在华北克拉通之上，航磁异常主要反映早前寒武纪（太古—古元古代）高级变质结晶基底的构造面貌。其周边地区有较多关于出露结晶基底岩石的地质构造研究成果，可以用来解释盆地覆盖区下面结晶基底的性质和构造格局。其中对结晶基底构造格局产生最重要影响的构造是呈北东—南西向斜穿盆地基底中部的左行韧性剪切带（图1-18（e））。在发表的1：400万航磁异常图（AGS，1989）中表现为地壳尺度的航磁异常梯度带，即著名的大同—环县线性异常带。在长波航磁异常图中，鄂尔多斯盆地的结晶基底就基本上以这条剪切带为界分为西北和东南两大块。在一定意义上，鄂尔多斯盆地的西北和东南边界也是由与之性质相同的狼山—吉兰泰和中条山基底韧性剪切带（马杏垣等，1987）所限制的。

原始和中短波航磁异常的分布特征尽管仍然显示了上述左行韧性剪切牵引的样式，但突出了一些更为复杂的基底构造内容，主要包括一组北西—北北西向构造和一组近东西向构造。其中北西—北北西向构造的成因和区域联系目前还不十分清楚，但不可否认它们对结晶基底中的早期韧性剪切带构造有重要的影响，以致在反映大背景的长波航磁异常图中也能发现它们的踪迹。详细解析原始和中短波航磁异常图，可以发现一组大量存在的、规模不大的近东西向构造集中发育在盆地的南北两端，可能跟北部的内蒙古—兴安（或阴山—燕山）造山带和南部的秦岭造山带的中生代活动有关。但横贯盆地中部穿越延安附近的近东西向构造却使该地带的早期基底构造格局发生了重大改变，几乎所有的北东向韧性剪切和北西向的构造线都发生了左行扭曲，而在盆地的南北两端，沿近东西向构造的扭错现象则不明显。根据更大范围的构造分析，鄂尔多斯盆地中部的近东西向构造及其左行扭错很可能跟四川盆地晚期与北东向龙门山断层的右旋斜冲（马宗晋等，

1998）类似，是青藏高原向东推挤作用的远程效应造成的。从整体上看，鄂尔多斯盆地的基底主体上由于早期北东向韧性剪切和后期北西向构造的叠加作用，形成了不规则的"穹—盆"样式。除了中部以外，近东西向构造没有造成重大的干扰效果。反演结果的磁性基底顶界面埋深（图 1-18（f））与上述"穹—盆"格局基本一致。

1.5.4　结论和讨论

1.5.4.1　结论

根据地质历史时期的板块构造证据，划分出随时间变化的"始板块""古板块"和"现代板块"构造体制。中国大陆的"始板块"构造体制中至少包括哈萨克斯坦—准噶尔陆块、华北—塔南—扬子超陆块以及阿尔泰、松—辽、华夏、冈底斯、喜马拉雅等地体。以华北—塔南—扬子前寒武纪超陆块为例，对它们的结构构造及在"古板块"和"新板块"构造体制中经受的改造进行了恢复。

对航磁异常成因进行专门的磁性岩石学研究，结果表明，不同磁性岩石的混杂交错是造成填图或更小尺度航磁异常对应效果不肯定的主要原因。而同一期构造产生区域一致的磁化率各向异性矢量特征是有效地干扰现代地球磁场的重要原因。结合华北等已知露头区航磁异常特征的对比分析，识别出五种基本类型航磁异常的构造成因。

对航磁异常数据进行各种处理得到了不同波长的异常分布样式，以及磁性基底上界面和居里面的深度分布。在讨论了与岩石平均磁化强度有关的区域异常和与岩石磁化率各向异性有关的线性异常成因联系的基础上，根据不同波长航磁异常的特征，对中国大陆的变质结晶基底进行了地质—构造解释。长波航磁异常的分布特征把中国大陆清楚地划分为东、西、中三大部分。东带和西带均以正异常占主导地位，但内部结构又不一样；中带以负异常为主，存在局部正异常。这一框架体现了中生代以来中国大陆构造变动的总体面貌。其中的航磁正异常又可分为三种类型：第一类以华北、塔南和上扬子地块为代表，表现为整体呈面型分布的航磁正高异常区，对应于高级变质的早前寒武纪结晶基底；第二类以下扬子地块为代表，表现为面型分布的低平正异常区，对应于中—低级变质的中—新元古代褶皱基底；第三类以天山为代表，表现为宽的长条状正高异常带，对应于被造山带改造的变质结晶基底和同造山侵位的岩浆岩体。根据上述长波正航磁异常的性质和分布特征，进一步划分出华北、塔里木、柴达木—阿拉善、准噶尔—哈萨克斯坦、兴—蒙、华南和冈底斯等 7 个彼此独立的大陆地壳中残存的结晶基底。中波航磁异常突出了区域尺度线性异常的构造样式。根据它们与已知地质—构造的相关性，具体分为：①造山带产生的航磁异常条带；②大型走滑韧性剪切带引起的弧形线性异常带；③不同性质地体边界上的线性航磁异常梯度带；④与结晶基底内部结构－构造有关的线性异常；⑤与晚期经向和纬向构造有关的局部线性航磁异常，并结合具体对象分别进行了成因描述。

根据长波和中波异常的构造解释，把我国中生代以来的盆—山构造格局分为西、中、东三个性质不同的盆—山耦合域：西部以发育同造山的挤压凹陷和走滑压陷盆地为主，盆—山耦合关系的性质主要受到中新生代特提斯洋闭合和青藏高原挤压隆起的控制；东部以发育伸展塌陷盆地为主，意味着加厚后大陆地壳的伸展塌陷和下地壳的卸载抬升广泛发生；在西部挤压凹陷和东部伸展塌陷两个截然不同的盆—山格局之间，四川盆地、鄂尔多斯盆地和松辽盆地具有特定的大地构造及动力学意义，其成因可能与上述东、西两个动力学性质完全不同的构造体制发生转换有关。根据对我国中西部六大盆地的航磁异常和盆底周边出露的基底岩石—构造特征，它们在中新生代的基底构造变动归纳为三种类型：①塔里木盆地和柴达木盆地的基底性质不同，但中新生代阶段同处在既古老又年轻的天山—祁连、昆仑山之间，早期发育了近东西走向的挤压凹陷，形成塔里木盆地的原型；晚期随着阿尔金断裂左行走滑造山作用的加强，叠加了大致北西走向斜列的压扭型隆起—凹陷和断裂，导致柴达木盆地成型。②准噶尔盆地和土哈盆地位于同一陆块之上，尽管二者分别表现为独立的正高航磁异常域，但结晶基底性质相同，其构造变动与天山和阿尔泰—兴蒙造山带的构造活动密切相关，表现为在一组平行造山带走向的主体构造背景上叠加了两组分别向北东和南西收敛的帚状构造，形成两期隆—凹叠加的构造样式，但不同盆地基底构造变动的强度和具体构造样式有所不同。③四川盆地和鄂尔多斯盆地的结晶基底都受到两期主要的变形改造与构造叠加。四川盆地基底中的正负异常沿一定方向呈串珠状或孤岛状分布，表现为北东和北西走向两组异常条带有规律的重叠交错，形成典型的穹—盆结构。而鄂尔多斯盆地的基底则在北东—南西向斜穿盆地基底中部的左行韧性剪切带的背景上叠加了一组北西—北北西向构造和一组近东西向构造，对结晶基底中的早期构造格局产生了重大影响。鄂尔多斯盆地和四川盆地的基底构造变动反映了青藏高原向东推挤的远程效应。

1.5.4.2 讨论

变形岩石磁化率各向异性是探讨航磁异常成因和进行构造解释的重要参数。所有岩石无论其磁化率高低，只有在受到相同构造作用产生了区域一致的磁化率各向异性时，才有可能增强它们在现今地球磁场的干扰效应。航磁异常的构造样式，主要是区域岩石磁化率各向异性矢量与地球磁场关系的综合体现。结晶基底中单一岩石的平均磁化率强度存在着较大的差异，由复杂岩石组成的结晶基底的总体磁场效应，在航磁异常图中通常没有明确一致的表现。

依据关于航磁异常的构造解释和迄今已知的地质证据，得到了关于华北—塔南—扬子超陆块形成演化的推论。但扬子地体被逐渐向南东推移的历程，可能不仅仅是特提斯洋盆扩张的结果。随着中生代末特提斯洋的闭合，青藏高原演化过程中不同阶段的运动形式，特别是一期高原物质向东挤出的运动学（马宗晋等，1998），对于扬子地体最终被推挤到现在的位置，无疑也起到了一定的作用。

利用高级变质岩磁性岩石学研究结果，分析了航磁异常的成因及其构造解释。变质结晶基底在现代地球磁场中的总体感磁效应与单一岩性的磁化率无关。典型地区大比例尺构造组构填图结果与岩石磁组构的对照分析，证明磁线理和构造线理具有一致的矢量特征。强烈韧性剪切导致岩石中区域一致的矿物定向和磁化率各向异性是干扰现代地球磁场、产生特定航磁异常分布格局的主要因素。对五种基本的区域尺度的构造—航磁异常样式的成因进行了分析。华北地区的视磁化率填图和航磁异常的垂向导数处理结果，显示该地区航磁异常的分布样式与结晶基底的基本构造格架完全一致。

结晶基底是地壳上部最强硬的岩石地层单元，其构造变动的性质对研究大陆地震构造格局及变形机制具有重要意义。

第 2 章　大陆地震构造

2.1　引言

　　亚洲大陆中部自喜马拉雅碰撞带东西构造结向北至俄罗斯贝加尔裂谷的三角形区域（20°～55°N，75°～110°E），是全球大陆内部 5.0 级以上地震集中发生的地区之一（图 2-1）（Vergnolle et al.，2007）。这一地区的地质构造和地球物理数据给出了三个时间尺度与地震活动密切相关的重要信息，包括：①百年尺度：1900 年以来的地震记录（含历史地震记载与仪器记录）、卫星遥感影像解译，以及近 20 年来的 GPS 观测结果等，以海量数据反映了该历史阶段的地震活动与正在进行的地壳变形。②百万年尺度：地形地貌改变、重力均衡调整、岩石温度传导等物理过程，历经百万年时间。大三角地区内，青藏高原、蒙古西部高原、阿尔泰—萨彦山地等处地壳增厚和隆升地貌，以及广泛的断层、褶皱及地震活动，是印度—欧亚板块发生碰撞以来（约 5.2 Ma）持续发生的陆内扩散或分布性变形的结果，显示了这一地区地震发生的动力环境。③地质历史尺度：不同地质历史时期、不同性质的先存岩石—构造单元（前寒武纪结晶基底，不同时期的造山带，不同规模的中新生代盆地等），错综复杂的新老断裂及其组合，是多数地震集中分布的构造带，它们在现今构造应力场中的变形响应方式和程度与地震成核及触发直接相关。

　　源自印度洋中脊的欧文转换断层经恰曼断裂登陆欧亚板块，在帕米尔地区形成喜马拉雅西构造结的同时，将 NE 向的左行剪切位移分成内外两支向大陆内部传递：外带自帕米尔西经南天山到阿尔泰山，第次改变一组先存的 NNW 向右行走滑断裂组合的受力状态，产生不同程度的左行斜冲位移，至少诱发了 7 次以上 8.0 级地震；内带通过塔里木地块和柴达木地块之间阿尔金断裂系向蒙古中东部延伸；而源自印度洋底 90° 线转换断层的走滑位移，经缅甸实皆等断裂向欧亚大陆延伸，在形成喜马拉雅东构造结之后，受到大陆内部强硬地体和西太平洋板块俯冲的联合阻抗，地震活动的构造联系具有明显的分段性。沿滇西、龙门山、鄂尔多斯西缘等断层系，形成总体近 SN 向的地震构造带，至少 5 次 8 级地震与东边界的构造变动有关。夹持于欧文转换断层—恰曼断裂（西）和 90° 线转换断层—实皆断裂（东）之间的印度次大陆向北推挤的速度显然滞后于

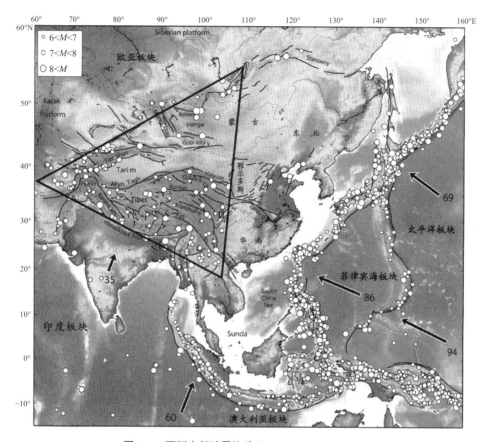

图 2-1　亚洲中部地震构造（Vergnolle et al.，2007）

东西两侧，但持续的位移积累在导致高原隆升的同时，喜马拉雅碰撞带及其北侧一系列近 EW 走向的先存冲断层逐渐增加侧向走滑位移，实现了高原物质向西东两侧挤出。亚洲中部三角形强震构造域总体上表现为南边界推动、西边界从动和东边界被动的动力学特点。在上述边界条件约束下，亚洲中部强震构造域内部先存断裂分别发生挤压或拉张性质的剪切转换，是现今地震活动的主要构造联系。2008 年 5 月 12 日发生在四川汶川的 $M_S8.0$ 地震，位于这个强震构造域的东缘中段，即青藏高原东部边缘的龙门山断裂带上（图 2-1）。

2.2　亚洲中部地震构造的特征和动力环境

2.2.1　概况

　　亚洲大陆中部自喜马拉雅东西构造结，往东北方向至俄罗斯贝加尔湖（20°～55° N，75°～110° E），总面积约 $7.6 \times 10^6 \mathrm{km}^2$ 的大三角形区域（以下简称大三角）（图 2-1，图 2-2（a）、（b）），主要包括中国大陆西部、蒙古国西部以及俄罗斯的贝加尔地区。这一地区的总体动力环境可概括如下：西南边，印度－欧亚大陆汇聚－碰撞带是推土机式的主动驱动边界，对其东北方向的广大陆内地区产生以水平向挤压为特征的 NE 向构造应力；东边，自蒙古向南，经鄂尔多斯、华南西侧到印支半岛，是陆内相对稳定的构造块体，构成对西边青藏高原向东移动的阻挡；西北边，从帕米尔到贝加尔湖，则是受到西伯利亚块体阻挡，显示为地壳变形与地震的终止性边界。

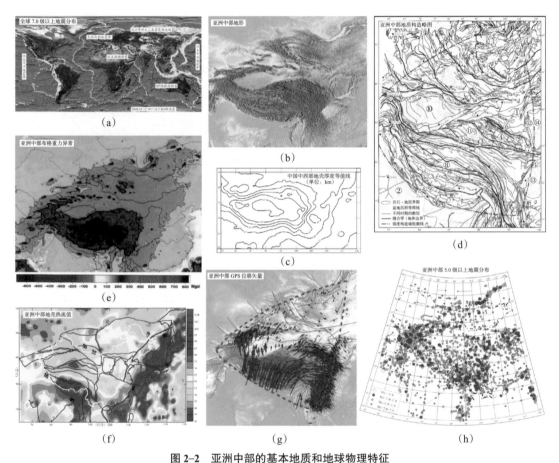

图 2-2　亚洲中部的基本地质和地球物理特征
（a）全球 7.0 级以上地震分布；（b）亚洲中部地形；（c）略；（d）亚洲中部地质构造略图：
①塔南—阿拉善—华北；②印度；③柴达木—上扬子；④秦岭—祁连；⑤昆仑；⑥祁连；⑦秦岭；⑧特提斯断带；⑨喜马拉雅断带；⑩塔里木；⑪柴达木；⑫银川；⑬四川；⑭鄂尔多斯盆地。（e）~（g）略

2.2.2　地质和地球物理特征

亚洲中部强震构造域的地质构造和地球物理数据至少给出了三个时间尺度、与地震构造相关的重要信息，包括：①地质历史尺度。形成于不同地质历史时期、不同性质的岩石—构造单元（图 2-2（d））。这些地质块体先后经历了多期重要的构造变动事件，包括：加里东—海西构造变动使前特提斯地体逐渐调整为近东西走向；印支运动形成了松潘甘孜、羌塘等前泥盆纪变质岩系为基底的新生陆壳；60Ma 前后印度洋海底扩张，新特

提斯洋开始消亡，45 ～ 50Ma 前后沿雅鲁藏布江发生陆—陆碰撞，雅鲁藏布江蛇绿岩缝合带、高喜马拉雅岩浆带和冈底斯岛弧火山岩带开始形成；以及 5 Ma 以来，特提斯造山带 SN 缩短，扬子陆块向东退出，青藏高原开始隆升，沿阿尔金等 NE 向左行走滑断层位移及其侧向运动转换，使先存东西向地体条带进一步发生了不同程度的顺时针转动等。这些重大的构造变动产生了大量错综复杂的新老断裂组合，形成了大三角域地震活动发生的地质构造背景。②百万年尺度：大三角地区地形地貌改变、重力均衡调整、岩石圈热状态（图 2–2（c）～（f））等，都体现了百万年时间尺度上的物理过程。由青藏高原、蒙古西部高原、阿尔泰—萨彦山地等地区的隆升地貌，反映了自印度—欧亚板块发生碰撞以来（约 5.2 Ma）持续进行的陆内变形扩散效应。根据重力均衡理论，正常地壳厚度一般为 30km 左右，而青藏高原地壳厚度达 65km，显然是来自喜马拉雅的水平挤压力和上地幔浮力共同作用的结果，这与 GPS 观测到的印度板块持续向北移动相符合。假如这一水平推力消失，地壳通过均衡调整回到正常厚度至少也需要 5 ～ 10 Ma。尽管大尺度的地球物理异常与地震没有直接的成因联系，但强大的地壳应力以及与地温梯度密切相关的岩石物理性质和地壳内岩石脆—韧转换等因素，无疑是地震发生的物理条件。③百年尺度：1900 年以来的仪器地震记录和历史地震、活动断层研究，以及近 20 年来的 GPS 重复观测结果（图 2–2（g），（h）），均以海量数据描绘了这一历史阶段的地震活动与地壳变形。上述彼此相关的信息资源，为从整体上深入探讨大三角地震活动规律，建立地震构造格局提供了依据。

2.2.3　边界性质及动力学

在更大空间尺度上，亚洲中部大三角区域的构造变形与地震活动是欧亚板块对印度板块向北推挤和太平洋板块向西俯冲联合作用的响应，它集中分布在喜马拉雅碰撞带东西构造结和贝加尔裂谷三点之间的三角形范围。中南部的边界主要体现为先存断裂复活，地震活动大多与挤压或挤压转换剪切运动有关。向北边界逐渐模糊，地震构造体现为与主运动方向高角度相交的先存北西向（西边界中北段）或北东向（东边界北段）断裂的重新改造。南边界是以喜马拉雅碰撞带为代表的宽变形带，包括一系列近东西走向的断层组合，早期以逆冲运动为主，晚期转换为右行（羌塘地体以南）或左行（羌塘地体以北）走滑或斜冲位移（Tapponnier et al., 1979；马宗晋等，1998；张家声等，2003；沈军等，2001）。东边界的地震构造性质具有明显的分段性，南段以鲜水河断裂为界，由一系列近 SN 走向的压扭性断裂组成；中段分成南北两个部分，南部为龙门山冲断层组合，构成阻挡高原物质向东挤出的屏障；北部为鄂尔多斯西缘断层组合，包括其南端的西秦岭地震构造结和北端的固原—河套地震构造结；北段自南向北分为杭爱地震构造和贝加尔地震构造。总体上看，东边界北段的新构造变动和地震构造以剪切拉分与裂陷沉降为主，地震活动相对较弱；西边界的新构造活动自帕米尔向北，包括兴都库什、西天山、阿尔泰、萨彦岭、斯坦诺夫等活动造山带，按地震构造性质分为五类，表现为一系列显生宙挤压转换造山带作用（图 2–3，Cunningham，2005）。西边界南部受欧亚大陆向南俯冲影响，形成一系列 NE 走向冲断层。这些冲断层被年轻造山带内部沿先存冲断层发生右行走滑位移的新构造活动所分割，二者之间表现为剪切转换或联合冲断（link thrust）的构造关系。在蒙古阿尔泰至贝加尔湖之间，则出现一组受近东西走向的左行走滑断裂控制的 NNE 向拉分断陷。

亚洲中部强震构造域是现今地壳应力集中的部位。印度洋脊的欧文转换断层（西）和 90° 线转换断层（东）夹持印度次大陆向北推挤，在产生青藏高原东西构造结的同时，形成了一个由多组弥散的宽变形带组成、指向欧亚大陆腹地的三角形强应变域和强震频发区。因此，亚洲中部强震构造域的力源实际上来自印度洋中脊的扩张。其南边界是著名的喜马拉雅碰撞带，通过一组北倾的冲断层和碰撞构造实现印度次大陆向北俯冲，伴随 7 级以上地震发生。西边界因欧文转换断层经恰曼断裂登陆欧亚板块，在形成并跨越帕米尔高原之后，分成内外两条宽变形带向 NE 延伸：内带起自帕米尔高原东侧，在塔里木盆地下面显示一系列 NE 走向的左行切错构造，向东经阿尔金、弱水、宗巴彦等左行走滑断裂到蒙古高原东侧，地震活动不十分强烈，7 级以上地震主要发生在这些断裂的两侧；外带代表亚洲中部三角形强震构造域的西边界，自帕米尔经南天山到阿尔泰山，

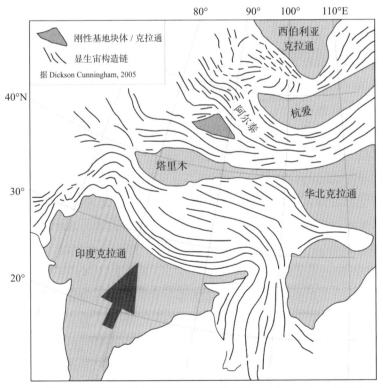

图 2–3　蒙古阿尔泰地区活动的挤压转换造山（Cunningham，2005）

在萨彦岭地区逐渐减弱并被贝加拉分断陷所代替。地震构造在南天山西北侧由一组向南（东南）俯冲断层及其上盘岩石中的反冲断层组成；向北表现为一组跨越 NW 向年轻造山带，NE 向断续延伸的剪切转换成因的冲断层。沿西边界外带的新构造活动至少诱发了 7 次以上 8.0 级地震。东边界为 90° 线转换断层（Minster et al., 1978）经缅甸时皆等断裂登陆后，在我国境内形成总体 SN 向延伸的地震构造带（南北地震带），至少 5 次 8 级地震与东边界的构造变动有关。在全球板块运动框架下，亚洲中部三角形强震构造域总体上表现为南边界推动、西边界从动和东边界被动的动力学特点。在上述边界条件约束下，内部不同程度的挤压（trans pressional）或拉张（trans tensional）剪切转换变形是地震活动主要动力机制。

2.2.4　新构造和变形运动学

早期研究表明，亚洲中部楔状变形体内正在发生的与地震活动有关的构造变动大多承袭了先存的断裂构造格局，通过改变其运动方式以适应新的应力状态。大约 3Ma 以来，在印度大陆持续向北推挤下，青藏高原内部主要近东西走向断层的运动性质分别由逆冲推覆转变为右行（羌塘地体以南的高喜马拉雅地体北缘断层、雅鲁藏布江断裂、喀喇昆仑—嘉黎断裂）和左行（羌塘地体以北的金沙江—鲜水河断裂、东昆仑南缘断裂、祁连—海原断裂）走滑运动，实现了青藏高原由 SN 挤压缩短和地壳加厚向地壳物质朝东挤出的运动格局的改变（马宗晋等，1998）。川滇地区近 SN 向断裂的运动学由早期的左行走滑为主逐渐转变为 5Ma 年以来右行走滑（张家声等，2003）。高原内部的羌塘和柴达木地体通过内部两组共轭断裂、拉萨—冈底斯地体通过 SN 向的拉张断陷，参与了整体的 EW 向伸展。在青藏高原西侧，印度板块向北的推挤被转换成 NW—SE 向挤压缩短，迫使西南天山—阿尔泰等一系列 NW 走向的年轻造山带中的同造山冲断层普遍以右旋走滑和剪切转换的运动方式，吸收该地区向 NW—SE 向的挤压变形（Cunningham, 2005）。青藏高原物质分别向东西两侧挤出的现象主要发生在大三角强震构造域东西边界的中段和南段。在青藏高原以北，大三角地震构造域内带顶端的阿拉善地区和鄂尔多斯西缘，新构造变动相对较弱，表现为沿早期 NE 走向的雅布赖—巴彦乌拉山前断裂的张扭性断层，以及深度超过 7000m 的银川地堑。

GPS 观测数据清楚地显示了近十年来的地壳运动特征，位移矢量主体指向大三角定点——贝加尔裂谷区，从青藏高原中部向北略微向 NE 偏转（图 2-2（h））。青藏高原两侧出现不同程度的地壳物质向外挤出的现象，即东侧通过龙门山西倾的冲断层组合向东挤出，西侧通过南天山西侧东倾的冲断层组合向西挤出。整体上构成印度次大陆向北挤入欧亚大陆的楔状变形效应。GPS 位移矢量等值线图不仅清楚地勾画了亚洲中部大三角强震构造域相对周边更加强烈的变形状态，而且显示了局部的位移"扰动"现象，从而为确定大三角地震构造格局的运动参数提供了重要帮助（图 2-4）。

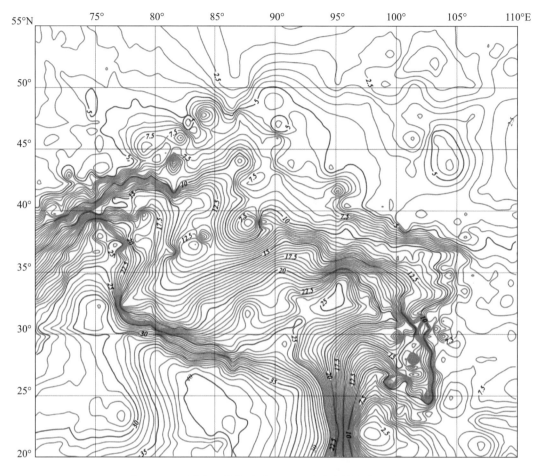

图 2-4 亚洲中部强震构造域 GPS 位移速率等值线图（mm/a）

2.2.5 三维地震分布

亚洲中部地震活动频繁，根据全球地震记录（含历史地震），在 $10° \sim 60°$ N，$50° \sim 120°$ E 范围内共发生 5.0 级以上地震 4887 次，其中 $5.0 \sim 5.9$ 级地震 2879 次，$6.0 \sim 6.9$ 级地震 1645 次，$7.0 \sim 7.9$ 级地震 324 次，8.0 级以上地震 39 次。除华北和台湾等地区外，主要集中在上述三角形地域（图 2-2（g））。不同震级地震的空间分布与地震断层的分形结构有关，大三角域的地震活动主要与其三条边界附近的地震断层有关。3.0 级以上地震的发生频率符合 Gutenberg-Richter 定律（图 2-5），震级及其地震数的双对数（指数）曲线为一条直线，发生地震的次数与震级大小服从幂定律分布，说明这一地区的地震活动处于自组织临界态（self-organized criticality）。

根据 2447 个有震源深度的地震记录，亚洲中部的地震以浅源地震为主，主要发生在 30km 深度以上的地壳层次。向南逐渐变深，在喜马拉雅地带发生在 $30 \sim 50$km（图 2-6）。深度大于 70km 的深源地震集中在喜马拉雅东西构造结附近，在帕米尔地区深

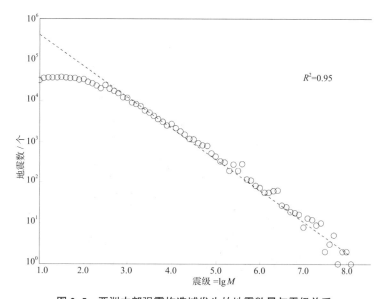

图 2-5　亚洲中部强震构造域发生的地震数量与震级关系

点线是 Gutenberg-Richter 律：$\lg N = a - bM$，$R^2 = 0.95$。震级 <3.0 的小震因观测定位问题未包括在内

达 360km，与发生在该处的斜向剪切作用有关。浅源地震的震源深度分布特征大体上与大三角域的地壳厚度和地温梯度变化相一致，意味着地震活动主要发生在地壳岩石变形行为的韧—脆转换带附近，以及其上部的脆性岩层中。震源机制解表明，这些地震大多数为逆断层或走滑断层运动，水平向的最大主应力和最小主应力占优势（图 2-7），反映板块边界水平向挤压力及其向亚洲大陆内部的扩散效应。

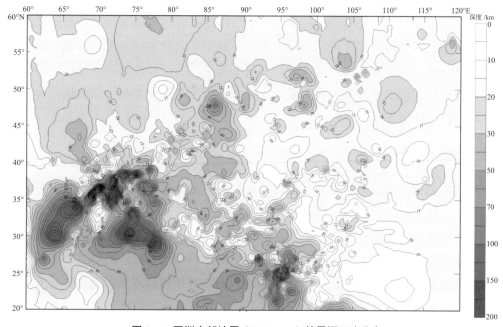

图 2-6　亚洲中部地震（$M_S \geqslant 5.0$）的震源深度分布

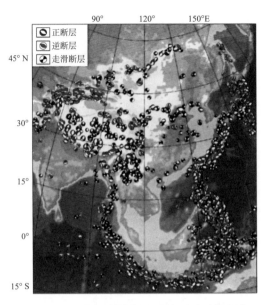

图 2-7　亚洲东部地震震源机制解分布（许忠淮，2001）

2.3　数据资源和地震构造数值化

地震构造研究的目的是为了查明地震活动的地质环境、时空分布规律及其物理机制，为探索科学地震预测提供依据。地壳岩石组成和结构构造是地震孕育发生的内部物质条件，而现今地壳活动变形及其显示的应力状态则是触发地震的外部因素。地震的孕育和触发本身存在很多的不可知内容，传统地质学非定量的描述与地震预测的量化要求之间也是相矛盾的，因此地震构造研究应向定量化方向发展。尽管目前还不可能对单一断层地震行为进行精细研究和预测，但可以对大尺度范围的断层和地壳变形特征进行统计性的分析，并研究它们与地震的内在联系。这里以中国中西部及亚洲中部为例，说明如何对地震构造做定量化分析。

2.3.1　数据资源

物理学家认为，在自组织临界状态（SOC）下，要确定任何一个单独的小震是否会引起大震，有赖于较大空间范围内精细物理条件的了解，而不是仅限于断层附近。否则地震破裂敏感的非线性依赖，将严重限制地震的可预测性（Geller et al.，1997）。随着科学技术的快速发展，大量、精细、与地震相关的多学科数据资源正在迅速积累。我国是一个大陆浅源地震频发的国家，中国中西部是亚洲中部强震构造域的主体，目前已经拥有不同比例尺的数字化地质、地球物理图件数据、不断优化的数字地震记录和覆盖大陆的 GPS 观测台网，是深入研究地震与地质灾害规律的基础平台。上述数据资源的利用和二次开发，并通过与周边国家，尤其是蒙古及俄罗斯的合作交流，为开展亚洲中部地震构造的整体研究提供了实际可能性。目前可用的数值化数据资源如下。

2.3.1.1　断层数据库

中国 1999 年以来开展的 1∶25 万地质填图大多已经完成并提交了数值化成果（图 2-8）。目前共计完成 1∶20 万区域地质填图 1163 幅，覆盖国土面积约 670 万 km²，占中国陆域国土面积的 70%。国土资源大调查以来，中国地质调查局共完成 1∶25 万区域地质填图（含实测和修测）494 万 km²，完成 1∶25 万区域地质填图数据库建设 365 幅，占中国陆域国土面积的 52%（部分为原有 1∶20 万基础上的修测）。目前已完成全部图幅的空间数据库建设工作。此外，全国共完成 1∶5 万区域地质填图成果 5200 余幅，覆盖 213 万 km²，占中国陆域国土面积的 22%。其中，地质大调查新近完成 1∶5 万区域地质填图 675 幅，覆盖约 30 万 km²。目前已有 2700 幅 1∶5 万地质图完成空间数据库建设。我国在上述实际填图成果基础上，整理编制了全国 1∶50 万、1∶100 万、1∶250 万和 1∶500 万区域地质图，并建立了相应的数据库。我国 1∶20 万区域地质填图与 1∶25 万区域地质填图已经全面覆盖整个国土陆域面积。本项目将主要提取上述数字化

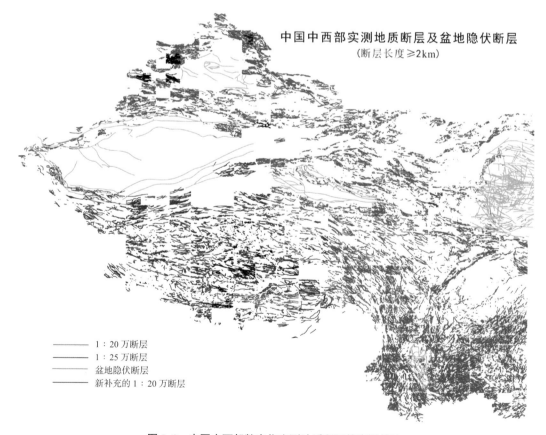

图 2-8　中国中西部数字化实测地质断层的资源状况

地质图的断裂构造图层及其属性表，形成系统完整的断裂构造数据库，并将它应用于地震研究。

2.3.1.2　GPS 数据库

自 20 世纪 90 年代以来，以 GPS（全球卫星定位系统）为代表的空间对地观测技术的全面发展，从根本上突破了传统大地测量的局限性，为大范围、高精度、全天候的三维地壳运动观测提供了革命性的技术手段。和传统方法相比，不仅观测效率提高了数十倍，而且精度也提高了近三个数量级，使上千千米长的基线观测精度达亚厘米量级。这样的精度足以监测地壳运动的微小变化。尤其重要的是，与传统大地测量方法相比，GPS 在不同区域或不同时期的观测结果均可纳入全球统一的参考框架（如 ITRF2000），从而能够定量描述任何相邻或非相邻构造区域之间的相对运动，为建立地壳形变和活动构造的运动学模式及探索动力学机制提供了至关重要的定量约束。

我国在"九五"至"十一五"期间，由中国地震局牵头，联合总参测绘局、中国科学院、国家测绘局、中国气象局和教育部等部门，共同实施了国家重大科学工程"中国地壳运动观测网络"的一期和二期，在中国大陆及其周边建成了 260 个 GPS 连续观测基准站（一期 27 站，二期 233 站）、56 个每年观测的基本站和 2000 个不定期复测的区域站（一期 1000 站，二期 1000 站），各类 GPS 观测台已经形成覆盖中国大陆的观测网（图 2–9）。基于目前已有的多期 GPS 观测资料，已获得了中国大陆高精度、高分辨率的

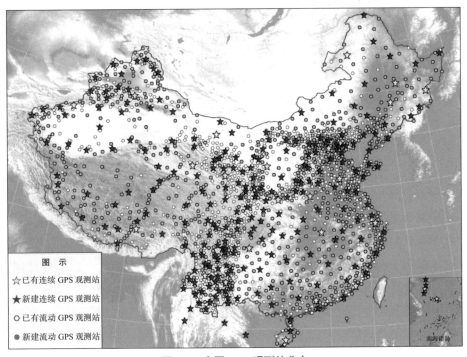

图 2–9　中国 GPS 观测站分布

现今地壳运动图像和地壳应变率图像。

2.3.1.3 地震数据库

近年来，中国大陆范围的地震记录不断得到更新。根据定位方法和观测台站的数量，大体可以分为历时三个阶段，其基本特征是：1900 年以前的地震记录根据宏观震害描述估计震中位置，历史强震目录可以上溯到公元前 23 世纪；1900—1969 年期间的地震尽管都是仪器记录的，但震源数据多数引自《国际地震中心记录汇编》；1970 年以后随着我国地震观测台网建设进步，地震记录质量得到极大的改善。上述地震记录的震中精度分为五类：1 类 ≤ 10km，2 类 ≤ 25km，3 类 ≤ 50km，4 类 ≤ 100km，5 类 ≥ 100km。1970 年以后的地震定位精度大多能够达到 1、2 类标准。而且，近年来已利用计算机技术对这些记录数据做了数字化处理，建立了可调用的数据库。

此外，其他经过开发和整理的数据资源还包括：卫星遥感影像及断裂构造解读；露头岩石及地壳性质数据库；盆地及平原覆盖区的隐伏断裂数据库；中国大陆地壳平均磁化强度数据库；中国大陆平均地壳岩石密度数据库；中国大陆地热及地温梯度数据库。

其中，盆地及平原覆盖区的隐伏断裂都将数字化并与 1∶20 万断裂配准后，补充到 1∶20 万数字化实测断裂数据库中；而地壳岩石磁性、密度和露头岩石性质等数据，可以用来推断地壳的平均岩石组成，为估算完整岩石的物理力学性质和破裂强度提供依据。

2.3.2 基本技术途径

地震是岩石发生突然破裂、释放周围岩石中长期位移（应变能）积累的结果。地震与地壳岩石中先存断裂的关系十分复杂，可以是先存断层面上的黏滑行为，也可以是先存断层面上的持续蠕滑，触发远距离断层的某处岩石破裂。前者与地震直接相关，但在地震发生前断层可能处于闭锁状态，没有显著的运动（即滑动速率很小）。后者也许有明显的断层位移，但与发生的地震没有直接联系。地震不论大小，都可能是由前一个地震触发（初始应力扰动）的，与相邻断层的状态（锁闭抑或活动）没有必然联系。根据某一条断层的活动状况预测地震十分困难。不仅要查明一条断层在地表和深部的真实位移十分困难，而且面对亚洲中部浩若烟海的无数地壳岩石破裂，更是不可能实现的任务。尽管如此，地震与断层的成因关联是客观存在的。地壳断裂一旦形成，即成为岩石中不可愈合的"伤痕"。宽变形带中密集的断裂组合及断层物质的细粒化，使它们成为地壳岩石中"伺机（地壳应力状态变化）而动"的弱化带，成为地震孕育的重要场所。因此，地震构造研究（图 2-10）依然从地震与地壳岩石中的先存断裂的联系出发，一方面基于地震相关的多学科数值化资源，利用地理信息系统的强大功能，获取研究区地震构造的整体性状；另一方面深入开展典型地震构造研究，包括亚洲中部强震构造域三个边界的性

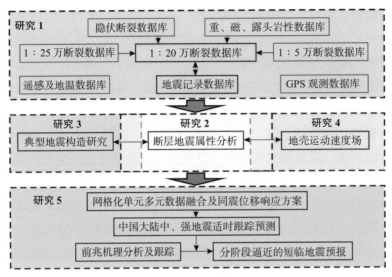

图 2-10　中国大陆实测断裂的百年地震属性及地震跟踪预测工作流程

质，以及某些典型地震构造区、带和地震构造结的专题研究。在建立亚洲中部地震构造格局的同时，深入理解这一地区地震活动的时空规律，探索地震预测的新途径。

2.3.2.1　查明实测断层的"百年"地震属性

研究区域尺度上频繁地震活动与特定地震断裂组合之间相对独立的复杂联系。根据实测地质断层的性质和产状，以及精确定位的地震记录，断层的地震特性是可以用统计方法描述的。然而，鉴于地震记录的局限性，不可能追索一条断裂的全部地震活动历史。利用 1900 年以来的数值化地震记录和新近完成的数值化实测断裂数据库，开展了实测断裂的地震相关性研究。包括确定每一条实测断层 110 年以来的地震属性（即地震活动的时空分布特征及其与断层的联系）：已发生地震的个数和震源深度、按震级加权平均的能量释放水平、地震沿断层跃迁的趋势、地震发生的频率及断层的地震临界态势等，区分地震断层和"休眠"断层。

关于地质断层"百年"地震属性方案的可行性，无疑会受到时间尺度的挑战。理论上，尽管地质断层的全部地震活动历史是对其地震属性进行评价的重要依据，但依然存在以下问题：其一，断层的地震活动联系，因受不同地质历史阶段区域应力条件变化的制约，对于形成时间较长久的断层来说，其地震属性必然具有阶段性，而不存在一成不变的地震属性；其二，在同一构造阶段、受同一区域应力持续作用，例如中国中西部大约 5Ma 以来（主要是 2.48Ma 以来，马宗晋等，2001）受印度次大陆持续推挤的应力条件，所有先存的地质断层都将在被迫调整其位移状态的过程中诱发地震，并逐渐形成自身在这一特定阶段的地震属性；其三，在特定的地质构造阶段，如果区域应力条件没有发生显著改变，断层的地震属性只会逐渐走向稳定，因而地质断层的地震属性具有继承性特征。在所有地质断层的完整地震属性实际上不可查清、不可穷尽的情况下，根据可靠的地震记录，评价断层的"百年"地震属性是现实的选择，有助于对未来数月、数年，或数十年地震危险性做出接近真实的评价。

2.3.2.2　建立数值化、多学科融合的地震信息网络

采用网格化技术插值分配各类数据。结合其他地震相关的海量数据资源，以及关于区域和典型地震构造的研究成果，建立地震敏感的网格化信息平台。在 20km×20km 网格内（图 2-11）开展多学科的数据的融合、交叉和多重计算。统计地壳破裂密度与地震活动的关系；区分强烈地震活动的区、带、结和相对稳定地块；评价地震活动的临界状态；分析地震活动沿地震断层和特定地震构造中的时空迁移规律；观察同震位移响应对 GPS 速度场的扰动效果。为建立不同性质的地震构造、研究地震活动规律、探索地震预报理论提供依据。更加重要的是，通过求取所有网格对即时地震同震位移的响应系数，预测未来地震发生的潜在危险区，实现地震"成核"与"触发"之间的动态连接，探索数字地震跟踪预测的新途径。

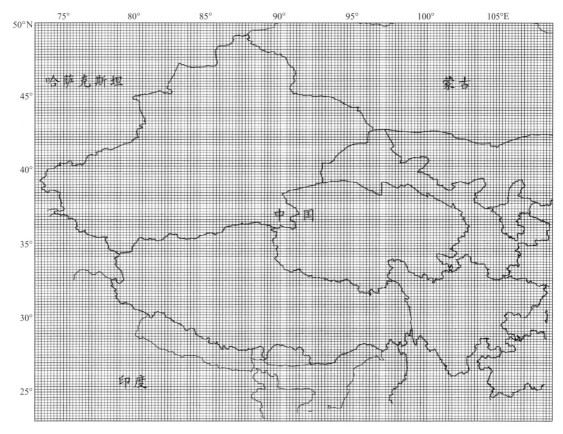

图 2-11　覆盖亚洲中部强震构造域的 20km×20km 网格示意图

2.3.2.3 典型地震构造

典型地震构造调查和研究是对上述数值化地震构造统计分析结果的重要支撑和补充，是建立亚洲中部地震构造格局不可或缺的依据。根据地震活动宏观规律，对以下地震构造开展了深入研究。

（1）查明亚洲中部强震构造域东西边界的地震构造性质。尽管亚洲中部 5.0 级以上地震分布展现出一个三角形的地震构造域，但其东西两侧的边界的定位和地震构造性质并不明确。

（2）开展典型地震构造区（如松潘—甘孜等）、地震构造带（如分段的南北地震带）和地震构造结（彼此交叉或缠绕的断裂组合，如帕米尔、汉中—宝鸡等）的野外地质调查，通过三维地震投影和统计分析，结合地震断层的几何学参数，建立三维的地震构造模型；结合现今地壳变形参数，评价它们的地震趋势。

（3）在补充完善遥感影像的活动断裂解译数据的基础上，参考有关中国活动构造的研究成果，以及不同比例尺地质填图成果中有关新构造活动的调查数据，适当补充野外考察，建立并配准全国范围实测活动断裂数据库。开展活动断裂及活动构造与地震活动关系的研究，包括研究实测活动断裂的构造几何学、活动性质、活动时代、活动速率或闭锁状态，分析它们与地震活动的关系；查明活动地块边界带或地震带的结构、活动性质、运动方式、活动强度、深部构造背景及与地震活动的时空联系。结合 GPS 观测获得的现今地壳运动学约束，计算分析各活动地震区带的应力作用方式和应变能积累状态，进行地震危险性分析。

2.3.2.4 综合研究

基于近 700 幅 1∶20 万数字化实测断裂构造、1900 年以来的 18875 条 $M_S \geqslant 3.0$ 数字地震记录和最近十年来约 1640 个不同规格 GPS 台站的观测数据，以及覆盖研究范围的 ETM/TM、DEM 卫星遥感影像，同时汇集地质、岩石、热重磁地球物理等各类地震相关参数，建立亚洲中部可拓展的多元（多学科）数据融合的计算机工作平台，实现多种应用软件的联机工作。这些工作分为以下五个方面：

（1）根据实测地质断层的性质和几何学，设定断层活动可能直接导致地震发生的范围。根据地震记录，统计每一条断层的地震活动，识别"百年"地震断层与休眠断层；分时段统计断层的地震活动状况，开展断层地震属性及其时空变迁规律等内容的综合研究。

（2）将所有原始数据插值分配到统一的 20km×20km 的网格中，开展区域地震构造分析。网格化单元的信息包括：断裂发育（断层性质、产状、条数和长度等），地震活动（震中位置、震源深度、震级大小、地震次数等），GPS 位移矢量，以及地表岩石组成、平均地壳岩石密度、平均磁化率、地温梯度等。

（3）通过交叉和多重计算，获取所有统计单元的：①地壳破裂程度；②地震活动记录及地震能量释放；③地壳破裂程度与地震活动的相关性；④地震临界状态；⑤地壳岩石变形的韧脆转换深度等。

（4）根据网格化单元数据，进行区域地震构造分析。①建立不同性质断裂组成的宽变形带及其地震活动联系，分析典型地震构造（区、带、结）在亚洲中部地震构造格局中的意义和作用；②建立震源同震位移传递和响应网络，实现地震活动适时跟踪。包括点（网格化单元）、线（断层）、面（区域）多元数据融合、交叉计算、信息提取和地震响应，探索从"即时同震位移 → 同震位移响应网络 → 未来地震可能位置"动态逼近的预测预报方案；③以 2008 年 5 月 12 日汶川 8.0 级地震为例，计算其同震位移在松潘—甘孜地震构造区传递对震前 GPS 速度场的影响，揭示汶川地震前后地壳变形动态。

（5）根据以上多重计算数据，结合典型地震构造的专题研究成果，编制完成亚洲中部强震构造域的系列图件，包括：地震构造格局图；亚洲中部 5 级以上地震分布图；震源深度等值线图；地震活动频度等值线图；地壳破裂密度等值线图；"百年"地震断层分布图；破裂空区与地震空区关系图；GPS 位移速率矢量图；中国中西部中新生代盆地厚度图等，以及与汶川 8.0 级地震有关的系列图组。通过开展上述综合研究、编图和典型地震构造分析，加深了对亚洲中部强震构造域地震属性的理解，初步建立了亚洲中部强震构造域地震构造分区模型。

2.4　亚洲中部地震构造格局模型

地震发生在地壳岩石中，建立亚洲中部地震构造格局，需要对断裂与地震关系的深刻理解，特别是地壳中先存断裂在现今应力条件下的响应。研究主要针对所有实际观测到的岩石破裂，而不考虑它们形成的地质历史时期和相关变形事件的性质。大量的精细研究表明，断层个体的三维几何学和物理力学特征，以及它们之间的相互作用其实非常复杂。地震通常发生在相当复杂的断层系内，其机制很难精确预测，任何地方都有可能是地震的起始点或终结点（Chui，2009）。关于地震与断层关系的复杂性和多样性仍然存在较大的争议。宽变形带（broad deformation zone）的概念（Gordon et al.，1992），已广泛地被地质和地球物理学家用来描述与解释发生在板块边界或大陆内部的不同性质变形。虽然关于地震与断裂的成因关系仍有争论，但并不妨碍利用已知地震记录评价所有实测断裂的地震属性，识别地震断层与休眠断层，建立亚洲中地震构造格局模型。

2.4.1　地震成核—震源过程的研究

对震源过程的直接观察来自不同类型"化石地震（fossil earthquake）"的野外和实验

研究，地质学家根据剥蚀抬升而暴露地表的断裂构造及断层岩石产物（主要是指地震断裂过程摩擦熔融成因的假玄武玻璃 pseudotachylyte 结构、化学成分和熔融程度的多样性等）的野外调查，探索地质历史上曾经发生地震的震源过程。包括：地震断层的性质、震源破裂的规模和几何学、震源附近的构造环境、介质特征和温压条件，以及可能的地震触发机制等；并据此通过实验还原部分震源参数，包括地震发生时的断层滑动速率、持续滑动时间、摩擦增温和熔融产物形成的物理和化学条件等。相继提出的大陆浅源地震成因模型（图 2-12a）包括：弹性回跳（Reid，1911）、脆—韧转换（Sibson，1977，1983）、应变硬化（Passchier，1982）、障碍 – 干扰（Sibson，1980）、二相变形（张家声，1987）、塑性不稳定（Hobbs，1986，1988）、速度弱化（Tse，1998）、断层阀门（Sibson，1992，1993）等。此外，根据对网脉状微角砾岩（stockwork microbreccia）的野外观测和分析测试证据，新近提出了原地固态非晶质化（张家声等，2005）的地震成因理论模型。上述地震成因模型基于真实的野外观测和实验模拟，不仅提供了理解震源过程的依据，而且在一定程度上揭示了发生在 8～12km 及其以上深度范围地震活动的断裂构造联系。Sibson（1977）根据在苏格兰 Moine 冲断层的观察发现，地震成因的假玄武玻璃大多产出在承受主要断层位移的韧性剪切带外侧附近的完整围岩中；而 Passchier（1982）在法国比利牛斯山观察到的地震成因的假玄武玻璃，则出现在伴随抬升冷却的活动剪切带的内部；我们所观察到的网脉状微角砾岩尽管存在千米尺度的影响范围，但没有发现它们与已知断裂的直接联系，推测受制于区域断裂框架。因此，地震究竟是由于活动断裂带附近的新生断裂作用，还是沿先存断裂的局部地段因应变变化、岩石组分改变，或流体参与等原因突发快速位移，抑或二者兼而有之？目前还没有定论。但地震与地壳岩石中的断裂痕迹之间无疑有着密切的空间关系。

　　震源深度统计表明，大陆浅源地震主要发生在 8～12km 地壳层次，这已经被大多数地震学家所接受。而 20 世纪 80 年代以来的大量地质和实验研究成果加深了对地壳这一层段地震成因和震源过程的理解。但由于地震地质研究倾向于在第四纪地层中寻找断裂活动的证据，习惯于用浅部脆性岩石的弹性回跳理论解释地震过程，地震预测的应用研究往往忽视地壳较深层次地震成核过程的特殊性。按照正常的地温梯度（30℃/km），8～12km 深度被解释为大陆地壳占主导地位的长英质岩石（由石英形成岩应力支撑）变形行为发生脆—韧转换的深度区间，表现为准塑性（Quasi-plastic）变形向弹性摩擦（Elastic-fractional）行为的过渡（图 2-12（b））。除非出现外部条件的突然改变，同类岩石的这种转换应该是连续发生的。也就是说，脆—韧转换本身不是地震发生的直接原因。实际上，不仅由于地壳岩石组分存在不同尺度的不均一性，而且环境温度也会因地而异，加上局部可能存在的流体参与等因素，地震多发层段的厚度和深度是起伏、因地而异的，其中发生的"二相变形"（张家声，1987）才是引起地震成核的主要原因。如何在地震预测方案中考虑多发地震层段的地震成因机制，将岩石组分差异和温度梯度变化加入到地

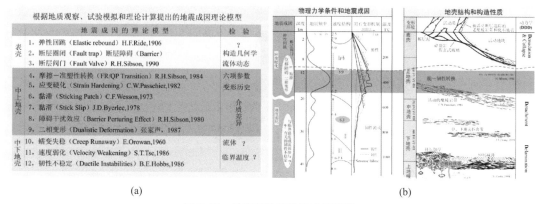

图 2-12　地壳结构和地震成因模型

震预测的约束条件中，是地震预报研究应该予以重视的问题。深浅关系的最大误区是不理解地震多发层的地震成因机制。脆—韧转换只是一个理想化模型，局部存在的温度扰动，不同尺度、具有不同应力支撑的介质的不均匀性，韧性剪切自身的应变不稳定性、应变速率的变化和流体的参与等，都有可能形成地震成核的条件。

2.4.2　亚洲中部地壳断裂

研究区的大陆地壳被不同时期和不同规模的断裂所切割。根据 1∶20 万比例尺的填图结果，中国中西部的实测断裂约 79526 条，蒙古和俄罗斯的萨彦—贝加尔地区的不完全统计为 1246 条，总计约 80000 条。其中长度大于 20km 的断裂 33543 条（图 2-13），尽管这些断裂具有复杂的组合关系和活动历史，但整体上具有一定的空间分布规律及密集度，因此可以看作是地壳中先存的宽变形带。单位面积（20km×20km）内破裂条数和累计破裂长度的统计结果表明，在 400km² 范围内，破裂条数为 0 ～ 23 条，单位面积中破裂累计长度最大达到 245.2km。地壳破裂密度与已知的大陆内部变形带基本一致。

2.4.3　地震断层及断层的地震属性

著名构造物理学家、俄罗斯科学院西伯利亚分院的 Sherman 教授长期从事断裂构造研究。他在多次修正和实验模拟了贝加尔地区断裂构造发育特征的基础上，总结了地壳断裂发育密度、断裂切割深度与断裂沿走向的延伸长度之间制约关系的统计规律性，以及断层活动对两侧围岩影响范围的经验公式（Sherman S.I., 1972, 1977）。结合地震活动分析，指出地震活动规律并非千篇一律，而是与区域动力学状态、地壳岩石组成和断裂发育程度有关（Sherman, 2005）。新近的研究一方面详细解读了贝加尔地区所有已知断裂（包括活动的和不活动的）的地震性（详见本章第 2.2 节），不仅对有地震活动记录的断层进行地震频率评价，而且通过揭示地震沿高频地震断层迁移的趋势，识别了断层的地

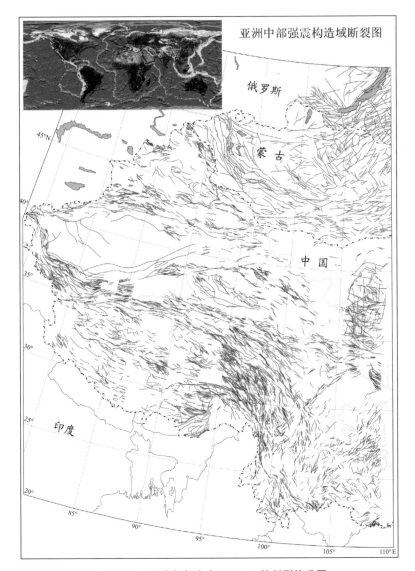

图 2-13　亚洲中部长度大于 30km 的断裂构造图

震属性；同时通过对地震活动的分时段统计，揭示了地震随时间从一条断层跳到另一条断层的空间图像（图 2-14）。另一方面他们借助 Global Mapper、MapGIS 和 ArcGIS 等计算机软件工具，建立了 Altai-Sayan 地区地壳断裂构造的二维和三维地震构造模型，模拟计算了该地区地壳变形及其与地震活动的关系。Sherman 研究工作的重要特点是不必区分活动与不活动的断层，直接确定断层的地震性，为理解地震活动的断裂构造联系提供了一个直截了当的原则。遗憾的是，由于 Sherman 的工作没有充分利用实测断层的几何学（断层倾向和倾角）数据，致使地震相关性统计过程将断层两侧等间距范围的地震全部纳入其中，这对于走滑断层来说是合理的，但对于断层面向一侧倾伏的逆断层和正断层来说，就不完全合适了。

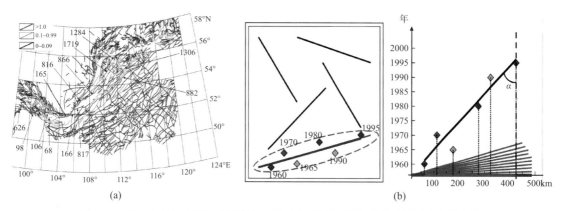

图 2-14 贝加尔地区实测断层及其地震性（a）；沿地震断层走向地震迁移规律（b）

分析表明，地震活动频率与单位面积的地壳破裂密度和（或）破裂累计长度（图 2-15）具有一定的统计相关性。当统计单元为 $100km^2$（$10km \times 10km$）时，地震活动在破裂密度为 20 条和（或）破裂累计长度为 3～4km 时频发；当统计单元为 $400km^2$（$20km \times 20km$）时，单元内存在 5 条和（或）破裂累计长度达到 40km 时，地震发生的频

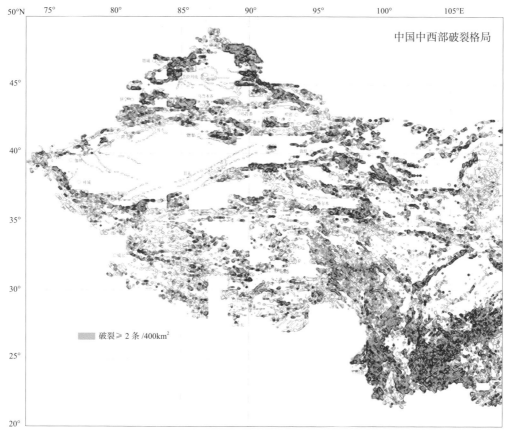

图 2-15 中国中西部地壳破裂密度等值线

率最高。不考虑统计单元大小，当破裂密度大于上述值，地震明显减少。尽管按单位面积的断层数量与地震的相关性分析，不涉及单一断层的地震属性，但却反映了区域地壳破裂程度与地震活动频率之间具有一定的相关性（图 2-16）。

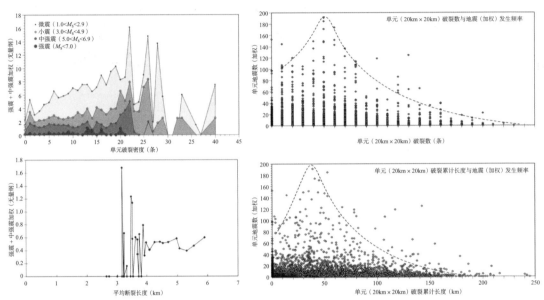

图 2-16　单位面积（左：10km×10km；右：20km×20km）地壳破裂密度（上）和累加长度（下）与地震发生频率的关系

研究区的实测断裂被归并为逆冲、走滑、正断和性质不明四类。根据地壳断裂形成的物理规律（Sherman，2005）和每一条断层的几何参数，可以合理地给出每条断裂活动的影响范围（图 2-17），并设定在这个范围内发生的地震与该断裂有关。对所计入地震的

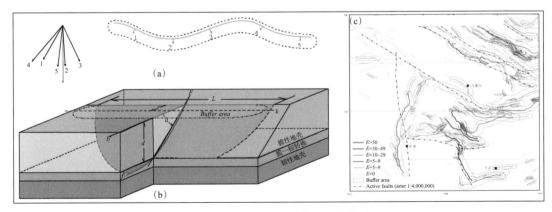

图 2-17　倾向断层影响范围三维模型

（a）实测断层倾向数据选取；（b）断层倾角数据选取的三维模型：L——地表断裂长度，α——断层倾角，b——断层倾向，d——脆韧转换深度，r——断层影响半径（Buffer radius），k——根据断层产状偏移的 Buffer 中心线，F——理想断层倾向延伸，f——实际可能的断层倾向延伸；（c）松潘——平武地区实测断层的地震统计范围

数量、震级和时间进行分析，则有可能评价该断层的地震性。断裂活动影响范围的估算基于以下对地壳断裂形成过程的认识：①断裂向下延伸的深度不应超过断裂长度的一半；②随深度增加的地温梯度使断裂机制由脆性变为韧性；③大部分地震与脆性断裂行为有关，韧性地壳层位上的断裂活动一般认为是无地震的。在正常地温梯度下，长英质地壳脆—韧转换（应力支撑矿物石英的转换温度为 300℃）深度大约为 10km（8 ～ 12km）。

因此，对于长度大于 20km 的断层来说，其影响范围的宽度被设定为断层面向下没入脆—韧转换带的位置与地表出露点之间距离在地表的投影，即

$$r = [d \times (\cos\alpha/\sin\alpha)]/2$$

式中，r 为断层影响范围的半径，α 为断层倾角，d 为长英质地壳的平均脆—韧转换深度。影响范围的位置随断层性质和产状发生偏移，偏移距离等于 r。当断层长度小于 20km 时，断层活动仅发生在脆性地壳内部，其影响范围（宽度）计算方法为 $r = m \times \cos\alpha \times L^n$，其中 m、n 分别为与区域断裂发育密集程度和断裂长度相关的经验参数，m 取值在 0.1 ～ 0.5 之间，n 在 0.5 ～ 0.95 之间（Sherman，1977）。根据研究区断裂发育状况，研究中取 $m=0.25$，$n=0.7$。

统计分析表明，亚洲中部三角形强震构造域内部存在各类断层 80772 条，其中长度大于 20km 的断裂 7790 条（图 2-18）。根据 1900 年以来震级 ≥ 3.0 的 58555 条数字地震记录，对不同震级进行加权后，按照上述方法对所有断裂的地震相关性进行了统计和分析。结果表明，区内存在不同程度的地震断层 3778 条，其余 4012 条为没有发生地震的休眠断层。根据断层相关的地震加权累计，地震断层被进一步分为弱地震断层 3560 条（地震权重 <1 的 1812 条，1< 地震权重 <10 的 1749 条），中强地震断层 198 条（10< 地震权重 <20 的 136 条，20< 地震权重 <40 的 62 条）和强地震断层 19 条（地震权重 ≥ 40）。中强和强地震断层占断层总数的 2.8%。

2.4.4　亚洲中部地震构造格局模型

亚洲中部三角形强震构造域的地震构造性质具体表现为不同地质历史时期形成的、不同性质的断裂构造在印度板块向北推挤的动力学条件下，以新的运动方式发生位移调整的结果。新构造变动的强度由南向北逐渐减弱，呈现出典型的楔状变形效应。典型地震构造研究（见本章第 2.2 节）表明，在持续的南北向挤压变形条件下，亚洲中部强震构造域的大多数地震断层组合具有挤压和伸展的剪切转换的断裂构造模型（图 2-19）。在青藏高原地震构造区，东边界的中南段表现为左（右）行剪切位移产生的横向仰冲断层作用；与此同时，西边界则表现为有先存 NW 向右行走滑位移产生的 NE 向俯冲断层。向北在蒙古和贝加尔地震构造区，东边界大多表现为不同性质的伸展剪切转换地震构造。

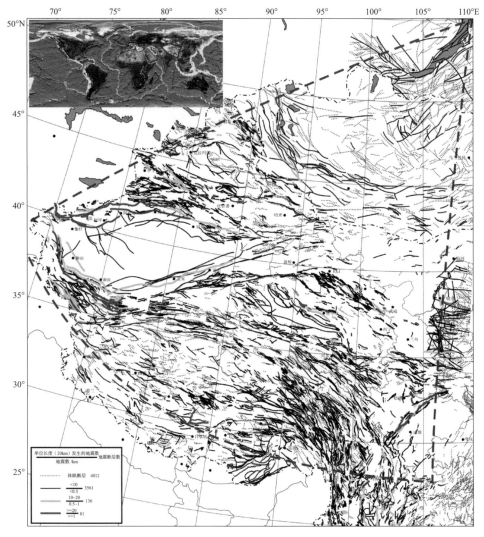

图 2-18 亚洲中部的地震断层

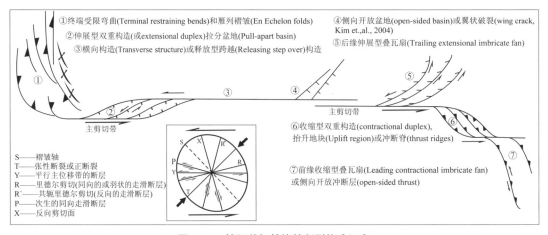

图 2-19 挤压剪切转换的断裂构造组合

2.4.4.1　东边界的地震构造与强震机理

5.0 级以上的地震分布显示，中亚中部强震构造域的东边界大体上在东经 105° 附近呈南北向延伸（图 2-1）。根据地震活动的构造联系，东边界由南向北可以分为南、中、北三段，包括四个各具特征、彼此衔接的地震构造带。其南部和中部的地震构造带与先存的近南北向断裂或地体边缘的现今构造变动有关，而北部则不甚明确。

（1）鲜水河—小江地震构造带。

该带为亚洲中部强震构造域的东边界的南段。自四川盆地西南缘的康定杂岩，青藏高原内部一系列近东西走向断层急剧向南偏转，形成以鲜水河—小江断裂、甘孜—玉树断裂、安宁河断裂、则木河断裂带、大凉山断裂带等为代表，总体呈近南北走向的弧形走滑断裂系。西侧由澜沧—耿马断裂、滇西北断裂、红河断裂带（包括楚雄—建水断裂）和高黎贡山断裂组成右行走滑断裂系统，这些北西或近南北走向的右行走滑断层可能改造了一些早期的北东向逆断层，并将它们归入了自己的走滑运动体系。东侧的鲜水河断裂、小江断裂等则为强烈活动的左旋走滑断裂带。这组近南北向以走滑为主的断裂带，控制了亚洲中部强震构造域东边界南段的地震活动，包括 1833 年嵩明 8 级地震。

（2）岷江—龙门山地震构造带。

该带位于亚洲中部强震构造域的东边界中段的南部，主要由龙门山冲断层带和岷江—虎牙冲断层系组成。前者自康定杂岩向北东延伸，是东部具有前寒武纪变质褶皱基地的上扬子陆块与西部松潘—甘孜—巴颜喀拉地体的挤压拼合带，总体走向 45°，倾向北西，倾角 50° ~ 70°。历史上发生过多次 5 ~ 6 级的中强震，2008 年汶川 8.0 级强烈地震及其余震活动，与其中段的逆冲和 NE 段的右旋斜冲运动有关。后者是沿近东西走向的东昆仑走滑断层和川主寺—黄龙走滑断层的左行位移产生的挤压转换冲断层构造组合，包括 SN 走向的岷江冲断层和虎牙冲断层（详见本章 2.2 节。张家声等，2010），1976 年松潘—平武两次 7.2 级地震与之有关。东西向川主寺—黄龙左行走滑断裂的构造几何学和运动学特征及其与南北向岷江、虎牙冲断层的构造联系，支持一个左行剪切转换构造体制，是青藏高原东北隅典型地震构造样式之一。

（3）鄂尔多斯地震构造带。

该带位于亚洲中部强震构造域的东边界中段的北部。地震构造与西部阿拉善和东部鄂尔多斯两个性质不同的地块边界上的新构造变动有关。受现今应力场驱动，近东西走向的西秦岭断裂带（南部）和狼山—色尔腾山断裂带（北部）均表现为左行剪切位移为主的新构造变动，致使夹持其间的鄂尔多斯地块发生了逆时针方向的刚体转动，从而诱发了鄂尔多斯地块周边的地震活动。其中，发生在鄂尔多斯地块西缘的地震活动与亚洲中部强震构造域的东边界一致，而其南缘和东侧 5.0 级以上的地震活动，因受到跨越不同地质构造单元的西秦岭断裂带的位移影响，进入了华北地震构造区的范围，被认为是分属两个不同动力学体制的地震构造区之间的彼此交叠的现象。因此，亚洲中部强震构造域东边界中段在这一区段的地震构造应以鄂尔多斯西缘地震构造为主，包含西秦岭地震构造结和狼山—河套地震构造结。

①鄂尔多斯西缘地震构造。主要由磴口—固原断裂系和银川地堑系组成。地震活动与先存断裂构造联系相对明确，主要对应于近南北走向的桌子山断裂、黄河断裂、灵武断裂和大小罗山—云雾山断裂，以及贺兰山东西麓断裂带等，沿 106°E 延伸，总体呈近南北走向，与地震带的走向一致，局部被一些近东西走向或 NW—NWW 走向的断裂截切。该地震构造带以发生 5 级以上中强震为特征，历史上曾经发生 3 次 7 级以上地震，包括 1739 年平罗 8.0 级大地震。磴口—固原地震带的震源机制解所得出的主压应力方向为北东，运动方式为右行走滑，与黄河断裂以及银川地堑断裂系具有右行走滑的运动学特征一致。银川地堑地震构造受近南北向的贺兰山东麓断裂（西）和黄河断裂（东），以及近东西走向的宗别立—正谊关断裂控制。近 SN 向断裂除继承喜马拉雅期的逆冲推覆外，多兼有右行走滑特征；东西向断裂带的现代活动以挤压－左行走滑位移为主。上述周边断裂的运动学，决定了银川盆地地震构造具有左列剪切拉分断陷的动力学特征。就像龙门山地震构造带承受西部松潘—甘孜—巴颜喀拉地体传递的向东运动一样，鄂尔多斯西缘地震构造同样面对西部阿拉善楔形地体，但后者的东向运动已经明显减小。

②西秦岭地震构造结。位于鄂尔多斯地块西南缘，是西秦岭北缘断裂与海原断裂尾端的六盘山逆冲断裂、古浪—固原断裂带、中卫—同心断裂带、东昆仑断裂等交会的地方，对应着鄂尔多斯西南缘弧形断裂束。晚更新世以来以左旋走滑为主，强地震活动非常频繁。其中 1654 年天水南大地震，1879 年武都南大地震和 1920 年海原地震都达到 8.0 级以上。此外，在六盘山断裂与马衔山断裂之间、马衔山断裂与西秦岭北缘断裂带之间均有 5.0～7.0 级以上的强震分布；在勉县—略阳断裂带的东段、龙门山断裂的北段也曾发生过 1879 年武都南 8.0 级地震和 2008 年汶川 8.0 级地震。

③狼山—河套地震构造结。位于鄂尔多斯地块东北缘，是 NEE—EW 走向的雅布赖—磴口断裂带与近 EW 走向的狼山—色尔腾山断裂带和近 SN 走向的磴口—固原断裂系交会的地带。雅布赖—磴口断裂带承接西侧阿尔金断层的左行剪切运动，经阿拉善地块北缘向北向东经磴口与鄂尔多斯北缘断裂衔接，以左行挤压扭动为主。历史上曾经发生过数次 6 级以上的中强震。西段震源机制解显示主压应力为北东向，近东西节面为左行走滑；东段的震源机制解得出近东西走向的节面为左行斜冲。狼山—色尔腾山断裂系即河套断陷带，位于阴山隆起与鄂尔多斯隆起之间，总体走向近东西，为具左行伸展特征的正断层系统。1934 年和 1979 年先后在五原发生过 6.25 级和 6.0 级地震，吉兰泰北东 30km 处发生过 6 级地震，但没有 7 级以上强震的记录。849 年的河套大地震可能在 7.0～7.5 级之间。

（4）蒙古—贝加尔地震构造。

亚洲中部三角形强震构造域的新构造变动和地震活动向北逐渐减弱，除最北端的 NE 向贝加尔裂谷地震带以外，从鄂尔多斯地震构造带北缘的狼山—河套地震构造结向北至贝加尔裂谷南端的通京断层带，东边界北段地震活动的断裂构造联系变得模糊不清。地震活动或者表现为近东西向大型走滑断层带地震活动的戛然终止，或者与这些大型走滑断层的尾端构造或侧向构造被激活有关。根据地震分布和断裂最新活动的最新研究成果，由南向北将其划分为杭爱地震构造和贝加尔地震构造。

①杭爱地震构造。包括自蒙古中部高原（杭爱隆起）的东缘往南抵达鄂尔多斯地震构造带北端，跨越北杭爱断层带、杭爱隆起、南杭爱断层带和戈壁—阿尔泰断裂带。与东边界有关的地震活动构造联系具体表现为以下三个特征：

a. 大型近 EW 向左行走滑断层带中强烈地震活动向东终止。北南杭爱断层带向东越过杭爱隆起以后，代之以各自的尾端构造，往东再无直接的强烈地震活动。南部戈壁—阿尔泰断裂带左行走滑的强烈地震活动，向东表现为尾端的左行斜冲和挤压抬升，该位置上数次 5.0 级以上震源机制解为左行斜冲的地震活动，限定了这一位置东边界的构造联系。

b. 蒙古中部高原（杭爱隆起）地震活动相对微弱，其东部自北杭爱断层东端南侧向南沿高原隆起的东缘，表现为近南北走向的地震密集带，除发生 1967 年 Mogd 7.1 级地震之外，历史上还曾经发生过 5.5 级以上的中强震，代表这一地段的东边界。地震活动与南北走向的莫高德右行走滑（局部表现为左阶张破裂）的断裂构造有关。

c. 沿 105° E 线，大体从北纬 42° ～ 52° 微震和中强震都呈近南北方向条带状断续分布，这条南北向的地震带并没有对应着一条连续的断层，但是从遥感图中可以观察到断续的近南北向线性构造。在达兰扎达嘎德等地出现过 6.5 级以上的强烈地震。

上述三类地震活动的断裂构造联系，大体限制了这一地段东边界的地震构造。其中大型走滑断裂尾端的应变积累，以及大型走滑断层之间的张扭性地堑断裂系或斜冲断层作用，是东边界强震发生的重要机制。

②贝加尔地震构造。包括围绕西伯利亚克拉通南缘发育的贝加尔裂谷断裂系和南部夹持于近东西走向的通京断层带与北杭爱断层带之间的 Okay 高原地块及库苏古尔裂谷系。以正断层运动为主，有较小的走滑分量。贝加尔湖地震带的震源机制解以正断层为主。通京断层带的左行剪切位移对激发贝加尔裂谷系的地震构造变动至关重要，向东越过贝加尔裂谷系以后便无明显地震活动。

综上所述，尽管亚洲中部强震构造域东边界的地震构造大体上分成四类，但地震构造属性由南向北是逐渐改变的。总体上表现为：南部鲜水河—小江地震构造带以挤压走滑为主；中部岷江—龙门山地震构造带以挤压剪切转换的冲断层运动为主；北部从宁夏固原以南到贝加尔裂谷，断裂构造和震源机制解表现出较为一致的右行走滑运动。

2.4.4.2 西边界的性质及强震联系

从 5.0 级以上地震分布来看，亚洲中部三角形强震构造域的西北边界大致从帕米尔呈北东向延伸至贝加尔，跨越了帕米尔高原、天山、阿尔泰山、萨彦岭和贝加尔湖等不同性质的地质－构造单元。沿这一边界地形地貌陡变，但不存在连续的地震构造。根据地震活动的断裂构造联系，大体上可以划分为以下五个不同性质的地震构造段：

（1）帕米尔"S"形地震构造带。

主要由 NE 走向的恰曼左行走滑断层，以及被其分割的西侧 N 倾的兴都库什的冲断层地震带和东侧 S 倾的帕米尔冲断层地震带组成，整体上呈"S"形分布。地震活动与上述三条断层之间的挤压转换剪切有关，同时伴随上盘岩石中的反倾冲断层活动。震源深度沿恰曼左行走滑断层最大可达 360km，向东西两侧逐渐变浅。

（2）天山挤压推覆地震构造带。

天山地区的最新构造活动以沿山体走向的冲断层运动为主，被数条大型的北西向右行走滑断裂（如塔拉斯—费尔干纳断裂带和博罗克努—阿齐克库都克断裂）切割。地震活动与上述斜向走滑位移和冲断层运动之间的剪切转换有关。南天山地震构造带延续 S 倾的帕米尔冲断层地震带，总体走向 NE，主冲断层（迈丹断裂带）位于山体 NW，倾向 SE。地震活动主要与主冲断层上盘倾向 NW 的柯坪推覆构造和库车推覆构造有关（见本章第 2.6 节）。更北的地震活动主要与北天山山前推覆构造、博格达弧形推覆构造、吐鲁番盆地中央推覆构造，以及境外天山纳仑盆地内的推覆构造等有关。至少发生过 4 次 8.0 级以上地震。

（3）西准噶尔地震构造带。

在天山构造区与阿尔泰构造区之间的西准噶尔盆地西侧，发育一组斜列的 NE 走向左行斜冲断裂，全长约 320km，包括达尔布特断裂、托里断裂等。航卫片上线性影像非常清晰，第四纪以来活动。总体走向 40°～70°，平面上略呈"S"形展布。主要表现为中强地震活动，见有古地震遗迹。

（4）阿尔泰—萨彦岭地震构造带。

阿尔泰—西蒙古地区为一强震活动区，活动构造以 NW—NNW 向的右旋走滑或斜冲断裂为主，发育近东西向的左旋走滑断裂。前者包括乌兰固木断裂、科布多断裂、富蕴断裂带，杭爱断裂、库奈断层、沙格赛河（萨格萨伊）断裂，以及额尔齐斯断裂、玛因鄂博断裂、布尔根断裂、皮支（塔木奇）断裂、中戈壁（阿尔泰）断裂等，历史上发生过多次 8 级以上地震。

（5）贝加尔裂谷系。

主要的断裂走向 NEE，为左旋正走滑断层。其中贝加尔湖西侧的滨海断裂走向 NE，为左旋走滑铲式正断层。共发生 6.0～6.9 级地震 6 次，7.0～7.9 级地震 5 次。

综上所述，亚洲中部三角形强震构造域西北缘不是单一的板块边界，总体上是其与西北部哈萨克地盾和西伯利亚地台这两个稳定区之间的弥散构造带。期间还包含了若干个独立块体之间的边界，如伊犁地块与塔里木地块之间的南天山，准噶尔地块与伊犁地块之间的北天山等。此外，由于强震构造域内部在青藏、天山、阿尔泰、杭爱等地的新构造活动，表现为相对稳定的整体运动，致使其边界的构造变形十分强烈。上述多种因素导致了这一强震构造域西北缘是一个新构造运动显著增强的宽变形带和分区段的强烈地震活动带。一方面，西边界的地震构造在继承与改造先存构造的同时，其性质从西南向东北逐渐改变，表现为三个彼此交错区段：阿尔泰山以南以转换剪切的逆冲推覆地震构造为主；中段阿尔泰—萨彦岭地区以走滑剪切运动占据主导作用；北段萨彦岭—贝加尔地区则表现出受近东西向左行走滑运动控制的 NE 向拉分断陷作用。另一方面，强震活动跨越不同的地震构造区段沿西北边界迁移，如 1990 年斋桑 7.3 级地震、1992 年的苏萨米尔 7.5 级地震、2003 年的阿尔泰 7.9 级地震等。因此，亚洲中部强震构造域西北边界的地震构造是一个复杂的宽变形带和弥散的新构造变动带。

2.4.4.3　亚洲中部总体地震构造格局

亚洲中部强震构造域的现今变动由南向北逐渐减弱。根据现今构造变动性质和地震断层发育状况，将其分为南、中、北三个地震构造区，包括 8 个地震构造亚区、4 个地震构造结和 5 个主要地震构造带（表 2–1，图 2–20）。

表 2–1　亚洲中部地震构造格局的地震构造单元及其属性

大三角强震构造域地震构造单元		地震构造属性	
二级	三级	主要 / 次要位移的性质	典型地震构造
Ⅰ——青藏地震构造区	Ⅰa——羌塘地震构造	P、X / T	南北缩短、东西伸展、垂向加厚
	Ⅰb——塔里木—柴达木地震构造	Y、S / T	刚体位移 + 挤压右行剪切转换
	Ⅰc——滇西地震构造	P、X	右行（西）和左行（东）剪切
	Ⅰd——松潘—甘孜地震构造	R′/ S	挤压右行剪切转换
Ⅱ——蒙古地震构造区	Ⅱa——蒙古高原地震构造	R′/ X	左行剪切
	Ⅱb——贺兰山地震构造	X / T	拉分断陷—银川地堑
	Ⅱc——东蒙古地震构造	R′/ T	侧向拉分？
	Ⅱd——阿尔泰地震构造	R′/ R	共轭剪切
Ⅲ——萨彦—贝加尔地震构造区	Ⅲa——萨彦地震构造	X、R′/ T	左行剪切对
	Ⅲb——贝加尔地震构造	X、R′/ T	左行剪切对 + 斜向拉分断陷
1——帕米尔地震构造结		挤压左行剪切转换 + 反向俯冲	
2——察隅地震构造结		挤压右行剪切转换	
3——康定地震构造结		挤压左行剪切转换	
4——宝鸡—略阳地震构造结		？	

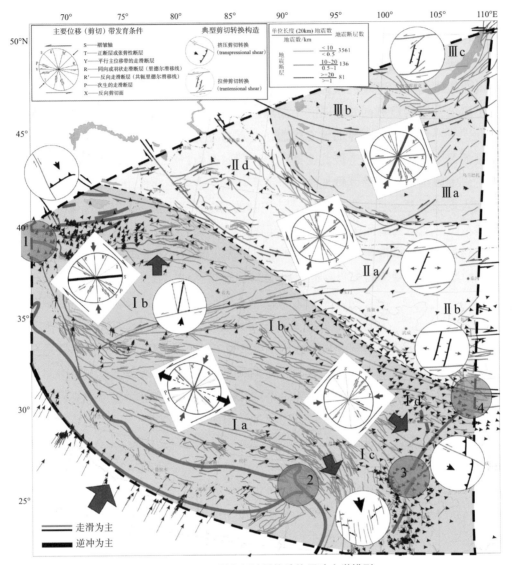

图 2-20 亚洲中部地震构造格局动力学模型

2.5 区域性地震构造

2.5.1 阿尔金断裂带

2.5.1.1 几何学特征

作为青藏高原北部边界，在小比例尺地质图上阿尔金断裂是平直单一的左旋走滑断裂带，实际上它由多条走滑断层所构成（图 2-21），呈左阶排列，主体是阿尔金南缘断裂及北缘断裂。二者在安南坝至阿克塞附近重接，重接段长 295km，呈左阶排列。阿

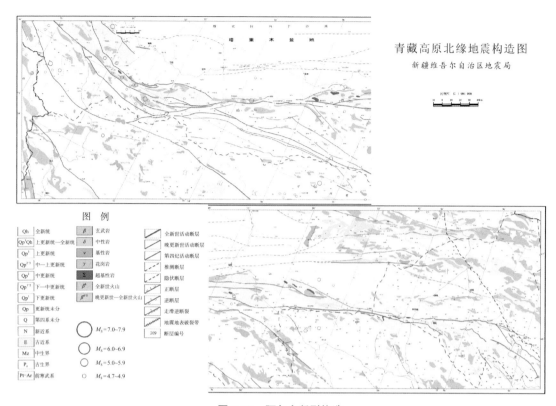

图 2-21　阿尔金断裂构造

尔金断裂带可能西起克什米尔（鲁如魁等，2007），向东扩展至阿拉善南缘（陈文彬等，2006），长达 2100km，东西两端尾部撒开特征明显，断裂带大部分宽 6 ~ 16km，西尾端部分宽达 20km。

　　据断裂的连续性或伴生的拉分型构造盆地或地震活动特征以及发展演化的先后时间顺序，将阿尔金断裂划分成 3 ~ 8 段（表 2-2），在每段中还可划分出次级段。不同作者依据其认识的判据所划分出的段落可能有一些差异，但总体上是相似的。

表 2-2　阿尔金断裂带分段

段数	名称	参考文献
8	郭扎错—硝尔库勒、硝尔库勒—库普阔勒、库普阔勒—叶俄阿勒克萨依、干沟泉—阿卡吐塔格、阿卡吐塔格—青新界山、拉配泉—后塘、芦草湾—巴个峡、巴个峡—宽滩山	国家地震局，阿尔金活动断裂带课题组，1992
5	郭扎错—木扎塔格、阿羌、索尔库里、阿克塞、金塔	柏美祥，1992
3	且末以西、且末—安南坝、安南坝—金塔	伍跃中等，2008
6	苦牙克以西、博斯坦—喀拉米兰河、且末河—瓦石峡、茫崖—索尔库里、安南坝、阿克塞以东	柏美祥等，1992
4	阿克塔格、尤苏巴勒山、安极尔山、野马山—鹰嘴山	

表 2-3 阿尔金断裂不同的左旋走滑位移量及两侧对比的地质标志物（李海兵等，2007）

6种观点	左旋位移量	地质标志	阿尔金断裂西北侧	阿尔金断裂东南侧
①	1200km 1050km	古构造岩浆带 混杂岩带逆冲断裂系	西昆仑加里东期构造岩浆带 康西瓦断裂	祁连山加里东期构造岩浆带 南祁连逆冲断裂
②	500～750km	古构造岩浆带 古构造岩浆带 古地块	西昆仑力西印支构造岩浆弧 西昆仑力西印支构造岩浆带 南塔里木盆地（地块）	东昆仑华力西印支构造岩浆弧 东昆仑华力西印支构造岩浆带 柴达木盆地（地块）
	700km			
	550km	弧形构造带		阿哈提山—赛什腾山弧形构造
③	400km	山脉 榴辉岩高压变质带及地质单元体 古缝合带 古地块	阿尔金山 阿尔金早古生代榴辉岩高压变质带 北山奥陶纪缝合带 敦煌地块	祁连山 柴北缘早古生代榴辉岩高压变质带 内蒙古奥陶纪缝合带 阿拉普地块
	300～500km	古构造岩浆带 古生代地层	西昆仑力西印支构造岩浆带 西昆仑古生代地层	东昆仑华力西印支构造岩浆带 东昆仑古生代地层
	350～400km	古缝合带 构造断裂带 中生代盆地 新生代盆地	红柳沟—拉配泉早古生代缝合带 巴什考贡断裂 目末南侏罗纪盐地湖滨线 塔里木盆地	北祁连—托莱山北早古生代缝合带 黑河—托莱山北昌马断裂 茫崖西侏罗纪盆地湖滨线 柴达木盆地
	250～300km	古生代地层	西昆仑古生代地层	东昆仑古生代地层
④	250km	侏罗纪煤层 塔里木盆地东南断块构造演化	目末侏罗纪煤矿	吐拉东嘎斯库侏罗纪煤矿
⑤	280km 300km	新生代逆冲断裂系 河流	金雁山—索尔库里山逆冲断裂系 车尔臣河	党河南山—野马南山逆冲断裂系 车尔臣河
	75km	新第三纪以来沉积物，地貌	阿克塞县城子山新第三纪以来沉积物，地貌	肃北县城新第三纪以来沉积物，地貌
	90km	第三纪盆地	阿克塞西第三纪盆地	肃北—大别盖第三纪盆地
⑥	>150km			

2.5.1.2　运动学特征

（1）断裂水平活动幅度。

如刀切般的阿尔金断裂带左旋走滑位移量是许多学者关注的重要问题（李海兵等，2007），其量级从 75～1200km（表 2-3），反映了 6 种观点。根据西昆仑库地北超高压变质带蛇绿岩、阿尔金南缘蛇绿岩和柴达木北缘蛇绿岩在年龄、岩石组合及地球化学特征方面的相似点，认为阿尔金断裂带最大累积走滑位移量为 900～1000km，相当于阿尔金断裂带中西段的总位移量。

若北祁连高压变质带与北阿尔金高压变质带相当，则断裂左旋位移在 500km 以上。若柴达木北缘高压变质带与南阿尔金超高压变质带相当，则左旋走滑 400～500km。若北祁连高压变质带与北阿尔金高压变质带相当，康西瓦断裂与东昆仑断裂均属康西瓦—鲸鱼湖板块缝合带，则阿尔金断裂中西段与中东段左旋走滑位移均为 350km。

（2）断裂带活动速率。

从表 2-3、表 2-4 所列阿尔金断裂带不同地段、不同时期的左错及逆冲速率可知：

①断裂带活动速率不均匀，总体上是西边大而东边小。

②水平活动速率是垂直活动速率的 30～40 多倍，在西段该比例更大，从而表明阿尔金断裂自晚第四纪以来虽有逆冲，但明显地以左旋走滑活动为主。

表 2-4　阿尔金断裂带不同地段、不同时期活动速率对比

地点	距今 /ka B.P.	左错速率 / (mm/a)	垂直运动速率 / (mm/a)	参考文献
达拉库岸萨依	4.91 ± 0.39 7.93 ± 0.62	12.2 ± 3 16.1 ± 1.1		王峰等，2004； 徐锡伟等，2003
阿羌牧场	2.06 ± 0.16	12.1 ± 1.9		王峰等，2004
库拉木勒克	6.02 ± 0.47 15.67 ± 1.19	11.6 ± 2.6 9.6 ± 2.6		王峰等，2004
江尕拉萨依	16 ± 1.24		0.33	郑荣章等，2005
车尔臣河	16.6 ± 3.9	9.4（9.3）± 2.3		Eric Cowig，2007
秦布拉克	15	19 ± 4	0.4 ± 0.1	徐锡伟等，2003
约马克其	3.46 ± 0.26 4.73 ± 0.38	8.7 ± 0.7 10.6 ± 3		王峰等，2004
米兰桥	32		1.42 ± 0.3	郑荣章等，2005
乌尊硝	1994—1998GPS	9 ± 5		尹光华等，2002
七个泉子	13.86 ± 1.07 20.18 ± 1.53	2.2 ± 0.5 2.3 ± 0.5		王峰等，2004
安南坝	9.36 ± 0.73	7.5 ± 1.7		陈文彬等，2000
柳城子	72.36 ± 5.28		0.57 ± 0.07	郑荣章等，2005
阿克塞沟	74.15 ± 5.41		0.15 ± 0.05	郑荣章等，2005

地点	距今 /ka B.P.	左错速率 / (mm/a)	垂直运动速率 / (mm/a)	参考文献
阿克塞—红柳峡	Q₄	6		虢顺民等，2001
团结乡	5.31 ± 0.41 12.75 ± 2.15 18.93 ± 1.46		1.81 ± 0.21 0.98 ± 0.18 0.82 ± 0.07	郑荣章等，2005
达勒巴依	47.43 ± 3.51		0.57 ± 0.04	郑荣章等，2005
半果巴	16.6 ± 1.23 35.38 ± 2.58		0.12 ± 0.02 0.52 ± 0.05	郑荣章等，2005
疏勒河西	65.41 ± 4.71		0.13 ± 0.01	郑荣章等，2005
红柳沟	8.99 ± 0.68		0.05 ± 0.01	郑荣章等，2005
阿克塞呼尔布拉克河	6.3 ± 0.15	16.4 ± 2		徐锡伟等，2003
肃北西水尔沟	9.235 ± 0.13	17.3 ± 2.5	0.55 ± 0.2	徐锡伟等，2003
肃北芦草湾	14.693 ± 0.2	11 ± 3.5	0.35	徐锡伟等，2003
石包城东	42	5.5 ± 2		徐锡伟等，2003
昌马扭芽沟	10.06 ± 0.76 28.81 ± 2.25 30	0.92 ± 0.07 3.98 ± 1.29 4.2 ± 1		王峰等，2004
昌马红柳沟	8.99 ± 0.68	2.2 ± 0.1		徐锡伟等，2003
二家台	22.53 ± 1.73 53.26 ± 4.05	5.12 ± 1.66 4.44 ± 0.78		王峰等，2003
巴个峡	13.09 ± 1.01 21.21 ± 1.65 41.66 ± 3.25	2.61 ± 0.2 5.35 ± 1.94 4.71 ± 1.31		王峰等，2003
昌马大坝—宽滩山	2.7	0.9 ～ 2.2		陈柏林等，2008

2.5.1.3 地震及古地震

（1）地震。

自有历史记载以来阿尔金断裂带发生过 3 次 7 级以上地震：

① 2008 年 3 月 21 日于田 7.4 级地震。这是阿尔金断裂带最大的一次地震（尹光华等，2008）。据资料报道，李海兵等（2008）考察发现 NNE—NNW 向地震地表破裂带，长 20km，是张性断裂。

② 1924 年民丰双主震型 7¼ 级地震。双主震型地震发生在 7 月 3 日与 12 日，分别发生在喀拉萨依东西及满达理克东面，震中烈度Ⅸ度。

（2）古地震。

阿尔金断裂自乌尊硝段向东至西水沟（巴个峡）在晚第四纪（25034 ± 397）a B.P. 以来直至 340aB.P.，在 15 个地段均发生过古地震（表 2-5），野外观察到同震形变带，长

表 2-5　阿尔金断裂带古地震参数

地点	破裂带长度 /km	aB.P.	烈度	同震位移 /m
干湖滩	13			
硝尔库勒	93			
牙拉克	33			
开什昆	5.6	2200	IX	
苦牙克	2.5	3100	IX	2，垂直为 0.65
满达里克	15 90	2700 4400	IX	
米特代牙	 55 65	340 1077 ± 80 2900 3800	VII ～ VIII	 10，垂直为 0.8 ～ 1.2 10
吐孜敦	26 55	1011 ± 57 6600	X X	4 ～ 10（6 ？），垂直为 0.6
清水泉	58 80	2270 ± 80 6400 ± 63	X XI	5 10
约马克其	8.6 14	1900 3000	IX ～ X IX ～ X	1 ～ 4
乌尊硝尔	20 52	3500 25034 ± 397	IX ～ X IX ～ XI	4 ～ 5 10
野马滩	30	7000	XI	5.7（4.5 ？）
索尔库里	30 100 40 > 60	1800 2950 3996 ± 191 8600 9600	X XI X ～ XI IX X	6 8 5 ～ 7
库什哈	> 10 30 > 100	960 ± 80 2170 ± 100 4130 ± 310	IX ～ X IX X ～ XI	> 5 6 ～ 7，视垂直断距 1.4
玉勒肯	72	> 1462	X ～ XI	5 ～ 6
阿克塞沟	65 65	13510 ± 180 16400 ± 100	IX IX	15 15
红石拉坡（芦草沟）	7	200 ～ 300	IX	9（ ？）
西水沟（巴个峡）	160 160 160	7080 ± 570 12590 ± 190 18620 ± 500	XI XI XI	7 ～ 10 7 ～ 10 7 ～ 10

2.5 ～ 160km 不等。估计西端干湖滩、硝尔库勒两侧、向阳沟及阿尔日西尚有 5 处古地震形变带。一个地段至少发生过 1 次古地震。在索尔库里发生过 5 次古地震。古地震烈度从 VII ～ VIII 度至 XI 度不等，相当于 6 ～ 8 级地震。VII ～ VIII 度古地震以米特代牙 340a B.P. 为代表，XI 度古地震如清水泉、野马滩、索尔库里、阿克塞及西水沟古地震。古地震强度

大致有西弱东强之表现。这种表现大致同同震位移的大小相当，Ⅸ度古地震同震位移为2m，Ⅹ度古地震同震位移为 4 ~ 10m，以 6m 最为突出。Ⅺ度古地震同震位移在 7 ~ 10m 以上，最大达 15m，如阿克塞沟古地震。古地震强度与破裂带长度大体相应，Ⅸ度古地震地表破裂带长 2.5 ~ 30km，如断裂带西部的古地震，Ⅹ度古地震破裂带长 26 ~ 60km，如断裂中段吐孜敦及清水泉古地震，Ⅺ度古地震破裂带长 30 ~ 160m，如东段西水沟（巴个峡）古地震。

Ⅸ度（7 级）以上古地震共 31 次，最早在 25000a B.P.，从而估计断裂带约在 800 年左右就会发生一次Ⅸ度以上的地震，实际情况是百年之内就有 7 级以上地震发生。Ⅺ度（8 级）以上古地震发生过 13 次，发生于 25000 ~ 2900a B.P.，平均 1150 年就有一次 8 级地震，在西段米特代牙及东端巴个峡 8 级地震原地重复时间为 900 年及 6100 年。

2.5.1.4 青藏高原西北缘其他断裂活动特征

除阿尔金断裂以外，青藏高原西北缘活动构造还包括西昆仑山前及阿尔金山山前的活动构造（表 2-6），与阿尔金断裂有密切关系。

表 2-6 青藏高原北缘其他断裂特征

编号	断裂名称	长度 /km	产状			活动性质	地质证据	最新地质活动时代	与地震的关系
			走向	倾向	倾角				
171	康西瓦	725	NWW	N	60° ~ 70°	左行走滑逆断层	断错水系、河流，断层三角面发育	Q₄	1948 年 6.3 级 1963 年 6.0 级
173	柯岗	600	EW、NW	S 或 N	60° ~ 70°	左行走滑逆断层	错断Ⅱ级阶地堆积物	Q₄	1975 年 6.1 级
170	铁克里克	340	NWW	SW	50° ~ 60°	右行走滑逆断层	错断Ⅳ级阶地	Q₃	（28861±583）~（28044±516）a.B.P. 古地震
175	亚门—柳什	140	70°	S	10° ~ 60°	左行走滑逆断层	断错水系、河流	Q₄	1982 年 11 月 1 日 5.5 级地震；普鲁 4.5km 长古地震形变带
206	和田隐伏	663	70°	S	30° ~ 60°	逆断层		Q	1998 年 5 月 29 日和田 6.2 级
193	车尔臣河隐伏	540				逆冲	断错下更新统	Q₃₋₄	
182	木孜塔格—鲸鱼湖	1600	EW	S	60°	左行走滑逆断层	古地震地表破裂带长达 30m	Q₄	1966 年 10 月 14 日 6.0 级地震；2001 年 11 月 14 日新青 8.1 级地震，古地震地表破裂带长 30km

（1）康西瓦断裂。

Tapponier 等（1979）曾提出康西瓦断裂是阿尔金断裂的一部分；而李海兵等（2008）认为，该断裂是康西瓦—鲸鱼湖板块缝合带之一，是青藏板块与塔里木—中朝板块间的碰撞构造，它们在平面上被阿尔金断裂左错。该断裂从（10.9±0.2）ka（^{10}Be）左旋错动 22～200m，速率为 2～18mm/a，最近一次大震左旋错动约 6m，同震破裂带沿喀拉喀什河河谷分布，长 100km，估算约为 $M_W7.4$ 地震。约 12m 的位错可能是 975～1020 年（AMS^{14}C）以来的两次大地震的同震累积位移，由此估计 $M_W7.4$ 地震的复发周期为 370～500 年。

（2）柯岗断裂。

最南面距康西瓦断裂 25km，部分是昆仑山与塔里木盆地的界线，二者高差 500m。与亚门—柳什（皮什盖—塔勒克勒格）断裂呈左阶排列，阶距 5km，重接距为 50km，断裂走向从近 EW 向，向西渐变为 NW 走向，断层面倾向 S 或 N，倾角 60°～70°，为左行逆断层，与阿尔金断层性质相同，断裂破碎带宽 180～300m，沿断裂发生的 1975 年 4 月 28 日和 6 月 4 日和田双主震型 6.1 级地震，与阿尔金断裂上民丰双主震型地震属同一地震类型。

（3）铁克里克（克孜勒陶—库斯拉普）断裂。

它分为两段，北面为 NW 走向，南面为 EW 走向，为断裂面 W 倾及 S 倾的右行走滑逆断层，长 340km。在杜瓦南断裂断错阶地砾石层及上覆黄土层，断层倾向 176°，倾角 56°，在逆断层活动时，即元古代变质片岩逆冲于二叠系砂岩时有古地震黄土类崩积楔。研究表明，崩积楔年代距今（28861±583）～（28044±566）aB.P.，显示晚更新世晚期断裂活动，但最新活动为正断层，垂直断距约 3m。

（4）和田（隐伏）断裂。

据新疆石油局地质调查处资料，该断裂西起柯克亚，向东位于克里阳与桑株北，经和田南、洛浦南，向东经敦麻扎北，可能与捷子山断裂斜交，略呈近 EW 向，为向南突出的弧形断裂，长约 663km，为隐伏断裂，卫星影像线性明显，实际上为雁行状排列的 4～5 条断层。在和田断裂西端，其南侧有一系列（7个）活动褶皱伴生，如柯克亚、克里阳、桑株、皮亚曼、杜瓦等活动褶皱，它们的成生应与和田断裂活动相关，为 S 倾逆断层，倾角 30°～38°，断层断错上新统及早更新世西域组砾石层下部，断距为 2700m，未切穿西域砾岩，是第四纪活断层，断裂带宽 4.6～10.6km。和田断裂断错桑株背斜北翼，断面倾角下陡（55°）上缓（30°）为铲形或犁式断层，断错古近系 1700m，断错新近系 1400m。断面南侧冲沟切深 5～10m，断裂北侧第四系厚 900m，据人工地震剖面，断裂断开古近系—中新统，断距为 5974～6300m。在喀拉喀什河与玉龙喀什河，和田断裂埋在地下 20～300m 深处，上新统呈阶梯式逆断层分别逆冲于早更新世及中更新世洪积层之上，形成 270m 及 110m 高的两个逆向陡坎，表明断裂在中更新世后有所活动（彭敦复，2005）。

（5）木孜塔格—鲸鱼湖（东昆仑）断裂。

位于康西瓦—鲸鱼湖板块缝合带，走向 EW，形成于 240 ~ 220Ma（三叠纪），为左旋走滑断裂，左错速率为（15±1.5）mm/a（许志琴等，2006），在新疆鲸鱼湖段构成第四纪断陷盆地，上新世—早更新世中心式火山喷发火山口有 7 处，在卫星照片及航空照片上极为醒目。在昆仑山口—达日段将早更新世冰水堆积层错断。在玉珠峰南麓三叠纪板岩向南逆冲在早更新世早期羌塘组之上，冲沟左错 48m，左错青藏公路以东 25km 的冲沟 43 ~ 300m。库赛湖西侧近 50km 的红水沟（35.9°N，92.2°E）I 级阶地左错约 3m，II 级阶地左错约 6m，III、IV 级阶地分别左错 29 ~ 31m 及 63m，III 级阶地年代为 5960ka。2001 年 11 月 14 日沿断裂在新疆与青海交界处发生 8.1 级地震，形成 426km 长的地震地表破裂带（B.Fu and A.LIN，2003），宽数米至数十米，最大同震位移 7.6m，沿东昆仑断裂带有多期地震地表破裂带，长 700km 以上，强震复发周期为 250 ~ 350 年（李海兵等，2008）。该断裂 1971 年 3 月 24 日在青海托索湖发生 6.8 级地震，1963 年在阿拉克湖东发生 7 级地震，1937 年 1 月 7 日在花石峡发生 7.5 级地震，1902 年在阿拉克湖发生 7 级地震（中国地震局，2003）。

（6）青藏高原西北侧地震。

在以往地震文献附录内曾列出 1882 年和田 7 级地震与 1889 年叶城 7 级地震，在苏联 Д.И. 穆什凯托夫 1933 年编制的中亚地震构造图中（尼科诺夫，1977），标出了可能是 1889 年及 1882 年 IX 度地震等震线完整及半完整的烈度圈，这说明青藏高原西北缘与塔里木盆地交界带确实是 7 级地震区。

2.5.1.5　结论

（1）GPS 反映的现代构造运动状况。

据 21 世纪以来 GPS 观测结果，和田以西受印度板块北挤影响，在叶城附近由南向北最大值达 20.3mm/a，往东逐渐变小，且末附近由南向北挤压速率达 11.2mm/a，吐拉附近向 NEE 向挤压速率最小为 7.4mm/a 左右（王晓强等，2007）。

（2）由人工地震剖面探测的深部构造所反映的区域动力学特征。

据阿尔泰—泉水沟地学大断面，青藏板块的康西瓦—鲸鱼湖板块缝合带（岩石圈断裂）与喀喇昆仑活动带的断裂面一般向 NE 倾斜，铁克里克断块的次级断裂均向 SW 倾斜，具推覆构造特征。

（3）阿尔金断裂的意义。

阿尔金断裂作为微板块的界线，呈 NEE 走向，总长约 2100km，界线平直，自早侏罗世以来（178.4Ma）多次脉冲式左旋走滑，累积左旋走滑位移量达 1000km 左右。据自然分段或按形成发展阶段分段可将阿尔金断裂带分成 3 ~ 8 段，主体是阿尔金山南缘断裂与北缘断裂。晚第四纪以来阿尔金断裂带仍以左旋走滑为主，其水平活动是垂直活动量的 30 ～ 40 多倍。自晚第四纪以来，阿尔金断裂带左旋走滑速率不均匀，大致有西大东小的活动趋势，速率为（16.1±1.1）～（4.71±1.31）mm/a。近代发生的最大地震是 2008 年 3 月 21 日于田 7.4 级地震。已鉴定出多次古地震活动，沿断裂计有 20 处古地震形变带，由古地震烈度转换成震级可知，断裂带发生过 7 级以上古地震 31 次，其中 8 级以上古地震 13 次，平均 800 年左右发生 1 次 7 级以上古地震，1150 年左右发生 1 次 8 级古地震。依据 20 处古地震破裂带之间的 15 处未破裂段，按经验公式 $M=3.3+2\lg L$ 估计，它们是今后发生 5.5 级以上地震的危险地段，自西向东为：阿特达木达坂及其南侧、泉水沟、塔木齐、库拉木勒克乡、衣山干、艾斯贵德、乌尊硝、金鸿山东、大通沟北山、柳城子南、疏勒河及宽滩山，其中阿特达木达坂、泉水沟、塔木齐、衣山干、卡让古萨依、乌尊硝、大通沟北山及柳城子南共 8 段可能发生 6.2 ～ 6.8 级地震，阿尔金断裂带东西两端疏勒河及琼木孜塔格西北可能发生 7.2 ～ 7.3 级地震（表 2–7）。

表 2–7　阿尔金断裂带未来古地震危险段统计

地段	长度 /km	推测震级	地段	长度 /km	推测震级
阿特达木达坂	26	6.3	清水泉	14	5.7
琼木孜塔格	74	7.2	库木塔什	15	5.8
泉水沟	34	6.5	乌尊硝	27	6.3
塔木齐	23	6.2	大通沟北山	43	6.7
衣山干	21	6.1	柳城子南	28	6.3
艾斯贵德	16	5.8	疏勒河	80	7.3
卡让古萨依	23	6.2	宽滩山	16	5.8
岔沟泉	10	5.4			

2.5.2　帕米尔构造带

2.5.2.1　主要断裂

主要断裂分布在塔吉克斯坦与阿富汗斯坦境内的帕米尔弧的西翼，分为南帕米尔、中帕米尔和北帕米尔三个带（图 2–22）。南帕米尔断裂（SPF）又称鲁尚—普沙塔断裂，呈向北突出的梯形断裂。中帕米尔断裂（MPF）也为向北突出的弧形断裂，古生界或中生界逆冲在古近系之上，长 600km。北帕米尔断裂（NPF）也称为达尔瓦兹—卡拉库尔断裂，同样为向北突出的弧形断裂，是北帕米尔褶皱系与塔吉克盆地的分界线，古生界、中生界、古近系、中新统逆冲在上新统之上，长 1440km。西侧断层为左旋走滑逆断层，走向 NNE，倾向 SE，倾角 15º ～ 80º，宽几千米，断层左错速率为 10 ～ 15mm/a。

与帕米尔弧西翼三个带对应的中国境内帕米尔弧东翼的三个带应为喀喇昆仑断裂带、

康西瓦断裂带和帕米尔—西昆仑山前断裂带，其中：

喀喇昆仑断裂（KKF）全长约 2000km，为走滑逆断层，北段主要位于阿富汗境内，又称卡拉苏断裂，将不同年代阶地右错 35～70m，新生代右错约 80km；中段在我国新疆和克什米尔之间，南段在西藏阿里地区及印度河谷南。从卡纳套至印度河谷新生界右错 200km（Burtman et al.，1993）。李海兵等（2008）认为喀喇昆仑断裂形成以来累积走滑位移量至少在 280km 以上，第四纪以来最小累积位移量 120km 以上，长期的平均滑移速率为 11mm/a。

康西瓦断裂（KXF）西起塔什库尔干盆地东缘，经辛迪向南东延伸至麻扎、三十里营房，而后向东经康西瓦、慕士山至琼木孜塔格西南被阿尔金断裂斜向截断，全长 1000 余千米，宽约 3～5km，由平行的 3～4 条断层构成叠瓦状逆冲带，走向由 NW 向转为 EW 向，断层面主体向 S 倾斜，倾角 60°～75°，整体呈反"S"形，主弧向 SW 突出。沿断裂带有很宽的糜棱岩化带、角砾岩化带及片理化带，有糜棱岩化带宽 300～500m。晚第四纪以来平均左错速率为 8～12mm/a。沿断裂有第四纪火山岩。在喀拉喀什河谷有 80km 长的地震地表破裂带，估计矩震级为 7.3 级（付碧宏等，2006）。

塔什库尔干活动断裂带（TKF）沿 NNW 走向塔什库尔干张性断陷盆地系发育。盆地系由 5 个断陷盆地首尾相连，长 200km。断裂带由 5 条断裂组成。沿这几条分支断层均发现古地震形变带，其中包括 1895 年塔什库尔干 7.5 级地震的地表形变带。

西昆仑—帕米尔山前断裂带，由多组山前逆断层 - 褶皱构造带组成，主要的一条为卡兹特—阿尔特断裂 - 褶皱带。该带向南过渡为近 SN 向的麻扎断裂（MZF），之后与西昆仑东段近 EW 向的柯岗断裂（KGF）和铁克里克断裂（TKF）相连。卡兹克—阿尔特断裂（KZ—ATF）是乌恰 1985 年 8 月 23 日 7.1 级地震的发震构造。肯别尔特断裂（KBF）位于帕米尔—西昆仑推覆活动构造前缘，长约 220km，为逆走滑断层；1974 年 8 月 11 日在中苏边界发生玛尔坎苏 7.3 级地震。乌合沙鲁（卡巴加特）断裂（WHF）位于南天山山前卡巴加特复背斜北翼，是受印度板块北挤形成的向北突出的弧形断裂，长 140km，该断裂是 1978 年 10 月 8 日和 1987 年 4 月 30 日乌恰两次 6 级地震的发震构造（冯先岳等，1991）。

喜马拉雅主边界断裂又称为主边界逆冲带（MBT），位于印度板块与科希斯坦—雅鲁藏布江板块缝合带之间，为逆冲推覆构造，断层面相当平缓，使断层线在平面上呈向北尖突的弧形，上元古界—下寒武系逆掩于白垩系之上，由 2～3 条逆掩断层构成，长逾 600km。喜马拉雅山南麓多次发生 7～8 级以上大震，1905 年 4 月 4 日在康纳发生 8 级地震，地表破裂带长 300km。喜马拉雅主中央逆冲带（MCT）是喜马拉雅造山带一条主要的北倾低角度韧性逆冲断层，沿此断层，中高级变质岩系所组成的高喜马拉雅构造带逆冲于中低级变质的小喜马拉雅构造带之上，据 Nikonov（1981）研究，这里曾发生过古地震。

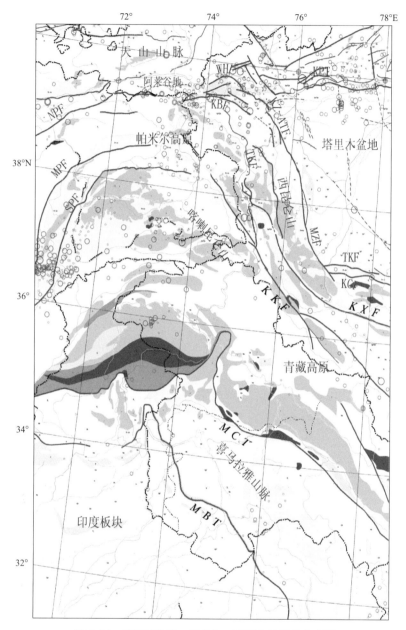

图 2-22　西喜马拉雅—帕米尔—西昆仑地质构造略图

2.5.2.2　应力场

帕米尔东北侧是天山褶皱带、西昆仑造山带和塔里木块体 3 个地质构造单元的交界带。在印度板块和欧亚板块的碰撞和持续汇聚作用下，帕米尔的陆内俯冲与变形作用非常强烈。地质学及地球物理观测数据表明欧亚大陆岩石圈深部向帕米尔俯冲至少有 200km，使帕米尔的地壳比正常的地壳增厚了大约 2 倍。帕米尔构造带则沿其前缘的帕米尔北缘推覆构造带向北仰冲到欧亚大陆的稳定地块之上，南天山也因受到来自印度板块和欧亚板块碰撞的影响，向南仰冲到稳定的塔里木板块北缘之上，该地区现今的缩短速率达到 19 ～ 20mm/a，几乎占去印度板块向北推移速率的一半。由于印度板块由南向北强烈的推挤，在位于印度板块向欧亚板块推挤前缘的帕米尔东北缘，形成了一系列壮观的向北凸出的弧型推覆构造，这些弧形推覆构造在东西两侧由正向逆冲渐变为斜冲 – 走滑的大断裂，东侧显示右旋、西侧为左旋断层特征。帕米尔北缘向北凸出的弧形推覆构造的东侧、北西走向的逆断层与斜切天山 NW 向的塔拉斯—费尔干那深大右旋走滑逆冲断裂带、北西向的西昆仑北缘走滑断裂构造在新疆乌恰地区交会，这里发生的 1985 年乌恰 7.3 级强震破裂机制复杂，显示出上述几条断裂的影响。

上述向北凸出的帕米尔北缘弧形推覆构造带的东段由弧形褶皱 – 逆断裂带及其间的推覆构造构成。频繁发生的中强地震在帕米尔东北缘形成了南北两条极为显著的深、浅源地震带（图 2–23）。其中卡兹克阿尔特弧形活动褶皱 – 逆断裂带自西向南东由近 EW 走向的卡巴加特弧和 NW 走向的乌帕尔两个次级弧形构造构成，是 6 级以上地震频繁发生的场所。2008 年 10 月 5 日新疆乌恰 M_S6.8 地震位于卡兹克阿尔特断裂的中西段，在 1974 年 8 月 11 日乌恰西南 M_S7.4 地震以东 20km 左右，其主要余震沿该断裂呈 NNE 向分布。而 1985 年乌恰 M_S7.3 强震则发生在断裂东端的 NW 走向的乌帕尔弧，这里还发生了 1983 年 2 月 13 日 M_S6.7 地震、1990 年 4 月 17 日疏附 M_S6.4 地震。

独特的构造环境使得帕米尔东北缘成为地球动力学研究的典型地区。利用"十五"以来新建的新疆区域台网中宽频带台站记录的三分量地震波形数据，在时间域反演了乌

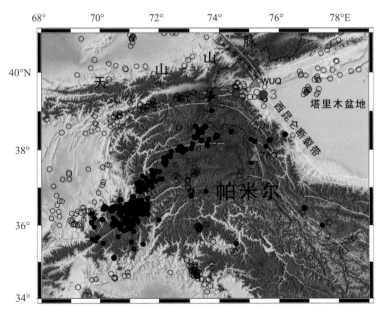

图 2–23 1964—2008 年帕米尔地区 m_b>5 地震震中分布图（据 ISC 地震目录）
黑色实心圆代表深度大于 70km 的地震，空心圆代表深度小于 70km 的地震

恰 $M_S6.8$ 地震震源区及其附近区域 2006 年以来的 52 次 $M_S3.7$ 以上地震的矩张量解。在结合 Harvard 大学的矩张量解基础上，研究了帕米尔东北缘这个典型构造区域近年来的震源机制类型及局部应力场特征。

2.5.2.3　研究方法和数据处理

（1）研究方法。

获取地震的震源机制解是认识地震发震断层及破裂特征的主要手段。地震的震源应力场携带着区域构造应力场及构造运动的信息，因此震源机制解还为构造应力场的研究提供了基础数据。由于中等地震的能量相对较小，通常难以利用远场波形反演地震矩张量解。利用 P 波初动求震源机制解，当近场没有足够的台站分布时，观测所能提供的初动资料数量以及这些初动点在震源球上分布的均匀程度对结果有相当大的影响，因此获得的机制解常常可靠性较差。随着新建的"十五"国家和区域数字地震台网的运行，利用区域震源宽频带记录进行中小地震震源参数的研究，成为近年来一个活跃的研究领域。许多研究表明，由于区域长周期地震波对速度结构的横向变化及密度的非均匀性相对不敏感，如果震源位置比较准确，地震满足震源的同步假设，波形信噪比高，则用区域范围稀疏台站记录的三分量长周期波形就足以反演得到稳定的矩张量解。另外，由 P 波初动得到的机制解仅仅是初始破裂面，由波形反演结果得到的则是整个破裂过程的信息，由于初始破裂方向并不一定与地震的断层错动完全一致，因此矩张量解得到的震源机制结果相对更加完整和可靠。

使用了区域范围长周期体波三分量波形在时间域反演地震矩张量解的程序。该方法目前在南加州台网及全球多个国家台网中运行以提供近实时地震矩张量解，在我国伽师及汶川地震序列研究中也得到了应用。理论地震图的正演计算使用改进的离散波数积分方法。当使用长周期波形资料时，地震满足震源为点源的假设，震源时间函数直接取 δ 函数。每个参加反演的台站可以分别使用不同的地壳速度、密度等。由于部分宽频带台站仪器的自身低频噪音较为显著，长周期滤波后观测波形受到影响，本文使用三分量速度波形进行反演。

具体反演过程是：首先对观测波形进行去均值、去倾校正，反褶积仪器传递函数，将记录变为实际速度值（m/s），再旋转到 Z、R、T 分量。然后对观测资料使用 Butterworth 带通滤波器滤波到需要的长周期频段，以剔除较低频和较高频噪声而不破坏用于矩张量反演的信息。对计算的 Green 函数也滤波到与观测数据同样的频率范围。最后采用迭代拟合相关系数的方法对观测波形和理论波形进行拟合。

对于乌恰 $M_S6.8$ 主震，由于该方法对于 6 级地震要求区域范围的台站在 $0.01 \sim 0.05\text{Hz}$ 幅频响应平坦，能满足条件的仅有喀什台，所以本研究采用传统的 P 波初动方法求解该地震的震源机制解。

采用了一种被广泛使用的确定应力场的反演程序 FMSI，对研究区域的应力场主轴方向和倾角进行了反演。该方法假设断层面上的剪切应力方向与断层的滑动方向一致，然后利用网格搜索方法寻找一组地震的最佳拟合应力张量。每个地震的残差定义为使两个节面上的滑动角与应力模型预测的滑动角一致的最小旋转角。平均残差表示研究区域内的应力张量的非均匀程度，平均残差小于 6° 代表研究区域较均匀的应力条件，而大于 9° 代表应力场有较高的非均匀性。

（2）数据及处理。

2003 年以来，"十五"新疆区域数字地震台网在帕米尔东北缘附近的宽频带数字地震台站有喀什（KSH）、乌恰（WUQ）、阿图什（ATS）、八盘水磨（BPM）、英吉沙（YJS）、叶城（YCH）、塔什库尔干（TAG）。本文利用上述 7 个台站记录的宽频带三分量地震波形数据的长周期波形，反演 2006—2010 年期间，除 2008 年 10 月 5 日 $M_S6.8$ 地震外的 $M_S3.7$ 以上地震的矩张量解。

反演地震矩张量的重要步骤之一是计算格林函数，其计算结果在很大程度上影响反演结果的可靠性，因此速度模型的建立是一件非常基础而关键的工作。计算理论地震图使用了 CRUST 2.0 的 $2° \times 2°$ 分层的速度和密度结构模型。研究中根据各个台站的位置，最终使用了 3 种速度模型：乌恰（WUQ）、喀什（KSH）、阿图什（ATS）使用一种速度模型，英吉沙（YJS）、八盘水磨（BPM）使用一种速度模型，叶城（YCH）、塔什库尔干（TAG）使用一种速度模型。

研究中，受区域台网仪器观测频带的限制，未能反演 2008 年 10 月 5 日 $M_S6.8$ 地震的矩张量解。但从 IRIS 台网的台站及新疆区域台网中，仔细读取了具有清晰初动的 133 个台站的 P 波初动，弥补了新疆台网均分布于震源东侧的缺陷，采用初动方法确定了其机制解。台站分布情况如图 2-24 所示。

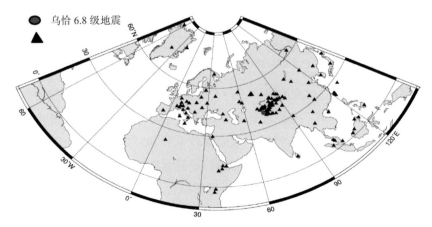

图 2-24　计算乌恰 6.8 级地震震源机制解所用的 133 个地震台站分布图

2.5.2.4 结果及分析

（1）乌恰 M_S6.8 地震震源机制解。

图 2–25（a）为利用 133 个初动数据得到的乌恰 6.8 级地震的震源机制解。Harvard 大学在震后即给出了 2008 年 10 月 5 日 M_S6.8 地震的矩心矩张量解（图 2–25（b））。由图 2–25 可见，哈佛大学的解存在一定的走滑分量，两个结果断层走向和震源应力场的 P、T 轴一致，均表明此次地震是逆断层性质的地震。其中的一个节面与余震分布及发震位置所处的断层几何参数一致，表明是卡兹克阿尔特断裂带中西段发生破裂的结果。根据 6.8 级地震后的余震分布实际发生位置，判断走向 75°、倾角 70°、滑动角 270° 的节面为此次地震的断层面。

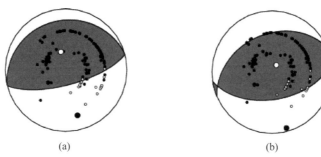

(a) (b)

图 2–25　2008 年 10 月 5 日乌恰 M_S6.8 地震双力偶震源机制解

（a）利用 133 个 P 波初动解；（b）Harvard 矩张量解；图中阴影区为压缩区，实心圈表示 P 波初动向上，空心圈表示 P 波初动向下，大实心圈为 P 轴，大空心圈为 T 轴

（2）地震矩张量解。

研究得到 2006 年以来乌恰 6.8 级地震余震序列及其周缘共 52 次地震的矩张量解，在 52 次地震中，多数解是由两个以上台站记录的三分量速度波形数据反演得到的，理论地震图与观测地震图的相关系数大于 0.7 的有 46 个，占 86.8%；相关系数大于 0.8 的有 32 个，占 60.4%。表 2–8 给出了最佳双力偶分解得到的双力偶机制解，图 2–26 给出了 3 次地震的矩张量解及使用台站的三分量波形拟合情况。全球很多研究机构对地震矩张量进行反演研究，其中哈佛大学在此方面被公认为最权威的研究机构，他们对全球绝大部分 M_W>4.8 地震矩张量做了反演。为了进一步分析本书矩张量反演结果的可靠性，本书选取哈佛大学在该地区和时间段内也做出结果的 8 个地震进行了对比（图 2–27），结果显示本书的计算结果和哈佛大学的结果较为一致，尤其是断层走向和震源应力场的 P、T 轴。

表 2–8　2008 年 10 月 5 日乌恰 6.8 级地震双力偶震源机制解

发震时间（UTC）年 - 月 - 日 时：分	M_W	M_S	深度 / km	节面 I			节面 II			地震矩	备注
				走向	倾角	滑动角	走向	倾角	滑动角		
2008-10-05 15:52:49		6.9	33	255	20	90	75	70	90		本书
2008-10-05 15:52:49	6.7	6.4	27	246	38	78	82	53	99	1.397e+26	哈佛大学

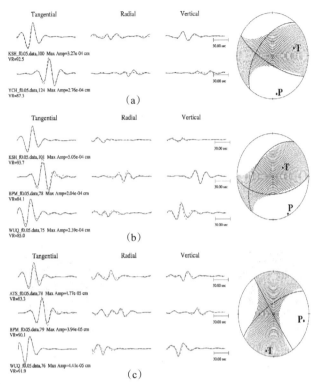

图 2-26　理论波形与实际波形拟合及反演结果（实线为记录波形，虚线为理论波形）
(a) 2008 年 10 月 13 日 M_S5.2；(b) 2008 年 10 月 14 日 M_S5.4；(c) 2009 年 7 月 28 日 M_S4.3

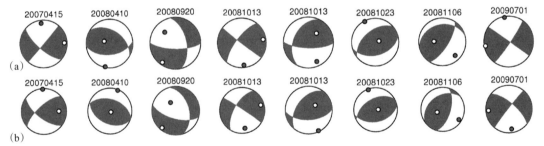

图 2-27　矩张量反演结果与哈佛 CMT 结果对比
(a) 哈佛大学的结果；(b) 本书做出的对应结果

（3）帕米尔弧东北缘震源机制及应力场特征。

图 2-28 为研究区包括乌恰 6.8 级地震在内的 53 次地震震中分布及双力偶震源机制解的下半球投影，图中同时绘出了 P、T 轴。由图可见，本文研究的地震在空间上分为三丛，北面的两丛沿卡兹克阿尔特弧分布，分别位于卡兹克阿尔特断裂的中西段（卡巴加特逆断裂带）及东段前缘的乌帕尔弧段，前者是此次 6.8 级地震及其余震区，后者是 1985 年乌恰 7.3 级地震的震源区；南边的一丛位于中帕米尔中深源地震带的东段。将哈佛大学给出的 1976—2008 年 $M_S \geqslant 5$ 以上 49 个地震的矩张量震源机制解一起进行统计分析，发现 2008 年 10 月 5 日乌恰 6.8 级地震震源附近的地震大都是逆冲和走滑性质，45 个

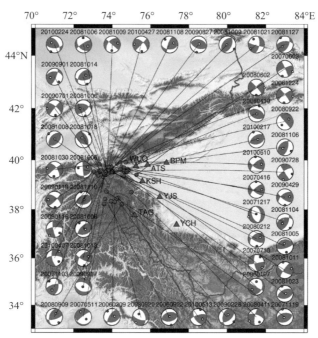

图 2-28　帕米尔附近 53 次地震的震源机制解及台站位置
蓝色三角形为台站位置，机制解上方的数字代表发震时间

机制解中，逆断层占 60%，走滑占 36%；1985 年乌恰 7.3 级地震震源区的地震逆断类型比走滑类型稍多，30 个地震中逆断层占 57%，走滑占 40%；而南部的地震以走滑为主，22 个深震中走滑地震占 54.5%，逆断、正断层各占约 23%。西区断层节面的倾角优势分布于 30°～60° 之间，而东区的则更加直立，优势分布于 60°～90° 之间，显示出沿卡兹克阿尔特弧形断裂中西部到东端部，断面倾角逐渐增大且趋于直立的特征，与地质考察结果基本一致。

把每个地震的 P、T、N 轴用线段绘于图 2-29，线段的方向代表方位角，线段的长短表示倾角，越短表示越直立，越长表示越水平。显然，研究区三丛地震的 P、T、N 轴分布也显示出显著的空间分区特征。西区地震的 P 轴走向 NNW，N 轴较缓，T 轴方向

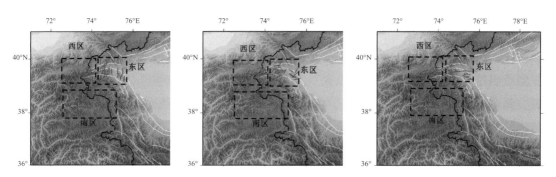

图 2-29　帕米尔附近 P、T、N 轴空间分布
图中红色为本次研究得到的结果，蓝色为哈佛大学 CMT 解的结果，线段长短代表倾角的大小，越短表示越直立

NNE，多数地震的倾角较陡。东区的地震以走滑为主，P 轴走向 NNE，倾角较缓，N 轴倾角较陡，走向 NNW，T 轴走向近 EW，倾角较缓。南区地震的 P 轴走向 NNW，倾角较缓，T 轴走向 NNE，倾角接近水平。

根据上述分区特征，利用 FMSI 方法计算了各区的应力场主轴方向（表 2–9，图 2–30）。从三个区的应力场反演结果可以看出，三个研究区的应力场存在差异，西区与南区的最大主压应力方向基本一致，方向在 N30° W 附近，但南区的最大主压应力存在 31° 的倾角，而西区则基本水平；东区的最大主压应力方向为 N25° E，三个应力轴都有倾角，其中最大主张应力轴与南区一样接近直立。可见西区水平挤压作用最为明显，东区水平挤压和拉张作用基本相当，而南区水平拉张作用强于挤压作用。

表 2–9　帕米尔附近应力场反演结果

区域	地震个数	σ_1		σ_2		σ_3		R	误差
		倾角	方位角	倾角	方位角	倾角	方位角		
西区	41	3	144	44	237	46	50	0.45	7.2
东区	29	22	25	58	155	22	286	0.70	6.1
南区	20	31	332	59	151	1	242	0.65	5.9

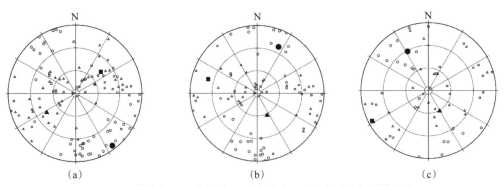

图 2–30　帕米尔西区（a）、东区（b）和南区（c）的应力场反演结果

图中较大的圆形、三角形、方形分别代表最大、中等及最小压应力轴，其中较小的圆形、三角形、方形分别代表 P、N、T 轴投影位置

研究区位于卡兹克阿尔特弧形活动褶皱–断裂带的中东部，是印度板块向欧亚板块推挤的前缘及向北凸出的弧型构造的中间部位，这里断层走向近 EW 向；而东区位于卡兹克阿尔特弧形构造向东的转弯处，这里断层方向由其西部的近 EW 向转为 NW 向。东、西区地震的震源深度大多在 30km 以内。根据矩张量反演结果，东、西区均有近 60% 的地震为逆断层，近 40% 的地震为走滑性质，基本没有正断层地震。西区最大主压应力轴 N36° W，基本水平；东区 N25° E，倾角 22°。可见在帕米尔北缘卡兹克阿尔特弧形活动褶皱–逆断裂带的中、东部，以逆冲推覆活动为主，并有部分走滑类型的地震，基本不存在正断层类型的地震；在帕米尔东北缘的卡兹克阿尔特弧型构造东、西两侧，

局部应力场最大主压应力方向分别为 NNE 向、NW 向。研究区的东区处于西昆仑造山带、天山褶皱带以及塔里木块体的交会部位，构造位置特殊，是帕米尔东北缘弧形断裂带与塔拉斯—费尔干那深大断裂、西昆仑断裂带的交界处，推断该区域在承受印度板块向欧亚板块俯冲作用的同时，也更多地受到了塔里木块体顺时针旋转作用的影响。

南区位于帕米尔陆内俯冲和变形作用强烈、碰撞造成深源地震带的东段，本书分析的地震深度达 150km 左右。这里的地震以走滑错动为主，20 个深震中走滑地震占一半，逆断、正断层各占约 1/4。应力场反演结果一方面表明在统一的近北向推挤力作用下，深源地震区岩石圈深部碰撞俯冲区的应力状态相对复杂，一方面也显示出 NNW 向应力场的北向传递，与其北侧同样位于北向弧形推覆构造顶部的西区应力场最大主压应力方向一致；而南区最大主压应力倾角为 31°，西区则基本水平；综合考虑两区的地震深度，则可以认为最大主压应力轴的方向和倾角反映了由北向南俯冲的欧亚大陆岩石圈向帕米尔俯冲所达到的深度与方向，即在位于中帕米尔的东区，俯冲至 150 ~ 170km 深度，俯冲角度为 60° 左右。

上述得到的应力场方向与中亚地区重复 GPS 测量得到的位移方向一致。研究结果显示出在大尺度的构造运动及动力作用下，局部应力场受所处局部构造影响，尤其是在本节所研究的典型特殊构造部位。

2.5.2.5　三维动力学模型

发生在兴都库什—帕米尔地区的中、深源地震活动，被认为是沿特提斯陆—陆碰撞带正在发生大陆深俯冲作用的结果（Vinnik et al., 1977, 1978; Roecker, 1982; Katok, 1988; Hamburger et al., 1992; Burtman and Molnar, 1993; Fan et al., 1994; Pegler and Das, 1998）。迄今为止，关于该地区的深俯冲作用是如何发生和为什么发生的问题，仍缺少详细研究。该地区中、深源地震的震中沿兴都库什—帕米尔—西南天山呈 WSW—ENE 向分布，在深度为 70km 的平面上展现为 "S" 形（图 2-33）。自 20 世纪 70 年代后期以来，不同作者分别根据 ISS（International Seismological Summary）或 ISC（International Seismological Center）的地震记录，讨论了该地区地震活动的三维分布，并建立了不同的构造模型来解释兴都库什—帕米尔地震带的构造。某些工作曾经设想地震是由于刚性构造层（俯冲岩板）周围岩石中的应力引起的（Vinnik et al., 1977），而另一些则认为是由于先存大洋岩石圈的俯冲作用引起的（Billington et al., 1977）。过去的 20 多年来，关于俯冲岩板的构造几何学一直存在着不同意见。Nowroozi 发表了该地区第一个详细的地震剖面（Nowroozi, 1971），并认为存在两个地震带。其中的一个地震带走向 EW，处于帕米尔下面 70 ~ 175km 深处，另一个地震带走向 NE—SW，位于兴都库什下面 175 ~ 250km 深处。尽管 Billington 等（1997）强调兴都库什和帕米尔下面也许是同一个地震带，但不否认原来存在两个方向相反的俯冲带的可能。然而，Vinnik（1977）根据在 300km 深度上高速带与地震活动带耦合现象，以及该地区存在前寒武纪岩石露头的事实，认为中深源地震代表单一的活动带。微震活动性的研究（Chaterlain et al., 1980; Roecker et al., 1980）也得出了存在两个俯冲带的结论。更晚的地球物理研究倾向于认为兴都库什和帕米尔下面的俯冲带向相反的方向俯冲（Hamburger et al., 1992; Burtman & Molnar, 1993; Fan et al., 1994）。Pegler 根据重新定位的震源数据，提出了改进的单一 "S" 形反向俯冲地震带模型，并指出了其中存在的某些地震空区（Pegler G. and Das S., 1998）。目前的研究围绕它们究竟是一个地震带，还是存在帕米尔和兴都库什两个独立地震带等问题有着不同意见，对该地区中、深源地震成因和区域构造联系还存在争议。

自从 Chopin（1987）根据在西阿尔卑斯发现超高压片麻岩并提出大陆岩石圈深俯冲的概念以来，地质和地球物理学家关于大陆地壳是否可以深俯冲到地幔中的问题一直争论不休。帕米尔、台湾地区、阿尔卑斯西部、东地中海东部、喀尔巴阡山南部等地正在进行的这类深俯冲正在引起极大的重视（Chopin，1987；Roecker et al.，1987；Pavlides，1992），相继提出各种各样的大陆岩石圈深俯冲动力学模型（Beukel，1992；Cloos，1993；Wijbrans et al.，1993；Willett et al.，1993；Ryan et al.，1995；Ellis，1996）。21 世纪初，中国东部苏—鲁地体中超高压片麻岩的成因和抬升机制引起争议（Zheng，2008）。该处中生代超高压榴辉岩暴露地表，有证据表明，这些岩石在抬升前曾经经历了左行走滑剪切改造（Zhao et al.，2003）。根据岩石学、地球化学和同位素地球化学研究成果，大别—苏鲁地体中的超高压变质岩被认为是中生代大陆地壳深俯冲和重结晶作用的产物（Zheng，2008）。

帕米尔地区的新构造被认为是印度板块向北俯冲的结果，该地区地球物理探测结果提供了大陆地壳和岩石圈俯冲到 200km 以下的证据（Vinnik, 1977, 1978; Roecker, 1982；Hamburger et al., 1992; Burtman & Molnar, 1993; Fan et al., 1994 ; Katok, 1988）。通过建立兴都库什—帕米尔—中国西部地震数据库，将该地区的地震分别投影到 42 条不同方向的走廊剖面上，详细地构建了大陆俯冲的三维几何学。结合该地区地震活动时空迁移规律、地表变形构造和地壳速度结构的最新研究成果，对地震带及其地震构造的性质、地震活动的区域构造联系做出了新的解释（图 2–31）。强调恰曼斜向走滑断层对帕米尔和兴都库什地震带的制约作用，沿帕米尔地震带正在发生大陆深俯冲作用是恰曼断层位移牵引的结果，部分下地壳物质被靠近恰曼斜向剪切断层附近的深俯冲作用带到 200km 以下的深度。建立了深俯冲带上盘岩石中多期反冲的构造组合，恢复了后退俯冲作用的演化历史和深部岩石折返机制，讨论了大陆深俯冲的动力学机制。

（1）地震记录和数据处理。

研究地区位于 34°～42° N、69°～82° E 之间的兴都库什—帕米尔—中国西部地区（图 2–32）。为了获得精细的地震活动三维几何学，收集整理了该地区 1975—2003 年期间发生的 30308 次地震记录。在利用 NEIC（USGS）1975—1999 年期间的 6174 次

$M_S \geqslant 3.0$ 地震记录的基础上，对中国新疆地震台网 1975 年 1 月至 2003 年 6 月期间记录的 24134 次地震记录进行了整理和重新定位：包括中国新疆地震台网（XJSN）1975—1999 年记录的 7599 次 $M_S \geqslant 3.0$ 的主震和 1990—1999 年记录的 9277 次 $2.5 \leqslant M_S \leqslant 3.4$ 的微震，以及 2000 年 1 月至 2003 年 7 月期间记录的 7258 次地震。其中部分地震记录是在与邻近三个中亚国家（哈萨克斯坦、吉尔吉斯斯坦和塔吉克斯坦）进行地震数据交换的基础上确定的。根据 NEIC 和 XJSN 地震震源定位方法的不同，对 NEIC 记录和 XJSN 主震记录中重复的地震进行了清除（当二者的深度差别大于 6km 时从 NEIC 中清除，否则从 XJSN 主震记录中清除）。

新疆地震台网由 40 个区域台站和 11 个遥测台站组成，震中定位的精度自 1970 年以来有了很大的改进。在本项研究中，定位精度达到 1、2 类（水平误差小于 5km，垂直误差小于 10km）的 1975—1999 年期间 3364 个主震和 2000 年 1 月至 2003 年 7 月期间发生的 6402 个微震和 7258 个主震记录是直接引用的。1975—1999 年期间的其余地震则用改进了的 BLOC96 程序进行了重新定位。对其中震相和初动方向不清楚，到时误差较大的地震，则在重新查阅新疆和中国地震台网原始记录（地震图）的基础上进行了精确分析和重新定位，使它们震源定位的水平误差小于 5km，垂直误差小于 15km。查重后的有效地震记录总数为 22220 个。

此外，在收集研究地区哈佛大学 243 个 CMT（震源机制矩张量解），以及 USGS 的 17 个震源机制解数据的基础上，利用新疆地震台网和部分全国地震台网资料，采用 P 波初动方向法，计算得到了另外 46 个地震的震源机制解。

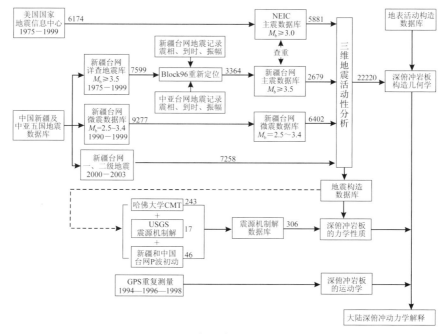

图 2-31　数据来源及处理流程

（2）地震活动性分析。

①地震活动的三维几何学分析。

为了解地震活动的三维分布，对所有地震沿 42 条选定方向（图 2-32）的走廊剖面和不同深度的平面（图 2-33）进行了精确投影。沿选定剖面线两侧各 0.5° 宽约 80km 的垂直走廊中发生的地震的震源定位被投影到中央剖面上。剖面投影程序在对地球曲率引起的定位误差进行校正的同时，将地震震源坐标的经纬度换算成它们在选定剖面上的距离（千米），并给出了相应经纬度，以便在水平和垂直比例尺完全一致的情况下得到接近真实的三维分布图像。投影后地震活动的剖面（图 2-34）和平面分布特征，不仅描绘了根据地震活动性确定的深俯冲岩板的三维几何学，也突显了由特定地震带和地震群所代表的地震构造。306 个地震的震源机制解被用来解释上述地震构造的破裂特征和力学性质，从而有可能对这一地区深俯冲作用的动力学开展讨论。

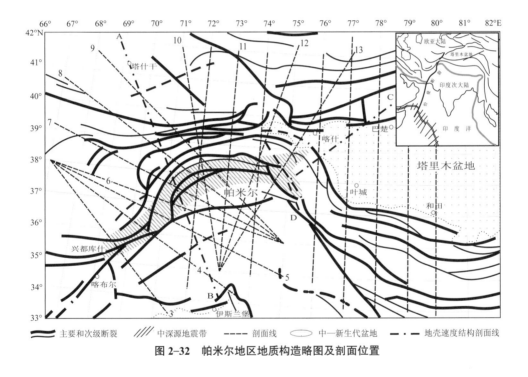

图 2-32　帕米尔地区地质构造略图及剖面位置

②地震活动性随深度的变化。

研究区深度小于 70km 的浅源地震平面投影比较分散，总体表现为内外两组地震带。外地震带沿西南天山呈 NEE 向分布，向 NNW 逐渐减弱（图 2-33（a），A_1—A_3）；内带整体呈向北凸出的弧形，由中段帕米尔高原北缘弧形地震带（图 2-33（a），P）、东南段喀喇昆仑—喜马拉雅 SE 走向地震带（图 2-33（a），K）和西南段兴都库什附近的 NE 走向两条小地震带（图 2-33（a），X_1—X_2）组成。根据这一地区的野外调查，地表宽变形带是特提斯闭合后发生陆—陆碰撞过程形成的（Windley, 1988; Fan et al., 1994; Searle, 1996），内带 SW 段和 NE 段所发生的浅源地震分别与恰曼左行走滑断层位移和沿喀喇昆仑断层的右行走滑位移有关；前者是印度洋底恰曼转换断层登陆欧亚大陆的延伸，在研究区地表表现为一系列左行斜列的 NE 向左行走滑断层组合，与浅源地震弧形内带的 SW 段两条小地震带对应。中段的弧形地震带与帕米尔下面向南倾的冲断层作用有关。外带的地震活动在 70km 以下逐渐消失（图 2–33）。

　　深度大于 70km 的中、深源地震活动，是上述浅源地震弧形内带的中段和南西段向下的延伸，地震活动相对集中的趋势十分明显。在 71 ～ 200km 平面上表现为一个"S"形地震带（图 2–33（b），（c）），分别由 NE 段帕米尔和 SW 段兴都库什两个近东西走向地震带，以及中段呈 NE 走向地震带组成。这一"S"形地震带向东止于喀喇昆仑右行走滑断层，东侧近东西走向的中、深源地震带，是帕米尔浅源地震带（图 2–33（a），P）的下延，在 200km 深度以下很快消失；中段对应于浅源地震内带 SW 段两条小规模 NE 走向地震带（图 2–33（a），X_1—X_2），代表恰曼走滑断层的深部活动；而西南侧较小的 EW 向兴都库什地震带则继续向下延伸。深度大于 200km 以后，地震活动退缩为兴都库什地区略向 SE 凸出的小的弧形带（图 2–33（d）），代表近 EW 向兴都库什地震带与 NE 向恰曼左行走滑断裂的接合部。

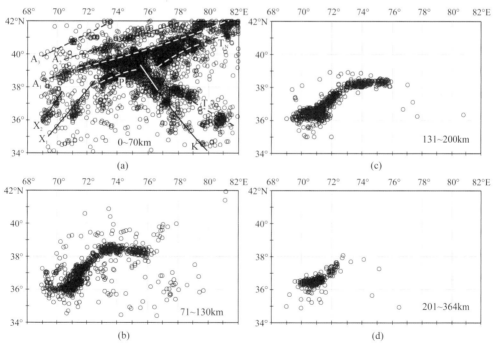

图 2–33　帕米尔地区地震活动的平面投影

　　上述平面投影暗示地震活动在不同地壳层次上的构造联系。浅源地震活动的分布特征，为理解陆—陆碰撞和深俯冲作用引起的地表宽变形带中的基本构造格局提供了重要信息。中、深源地震的 EW 向帕米尔地震带和兴都库什地震带均有向中段 NE 走向地震带收缩的趋势，意味着 NE 走向的恰曼转换断层对它两侧东西走向冲断层的制约作用。

（3）中、深源地震活动的剖面投影、地震构造和俯冲大陆板块的三维几何学。

在与帕米尔地震带高角度相交的走廊剖面上（剖面 10～13，72，74，剖面位置见图 2-32，下同），地震活动投影被限定在一个双地震剪切带（Seismic Shear Zone）及其以上的三角形区域内（图 2-34）。剖面中部一条不连续的主地震剪切带（major seismic shear zone，MSSZ）将帕米尔俯冲大陆岩板分为 5.0 级以上主震发生的上部构造域和少量小震活动的下部构造域。主地震剪切带（MSSZ）被认为是帕米尔俯冲大陆岩板的顶界。下地震剪切带（LSSZ）位于俯冲岩板内部，与主地震剪切带（MSSZ）大体平行。在"S"形中、深源地震带的 NE 段（帕米尔地震带），上述两条地震剪切带均向南倾斜（图 2-34）。

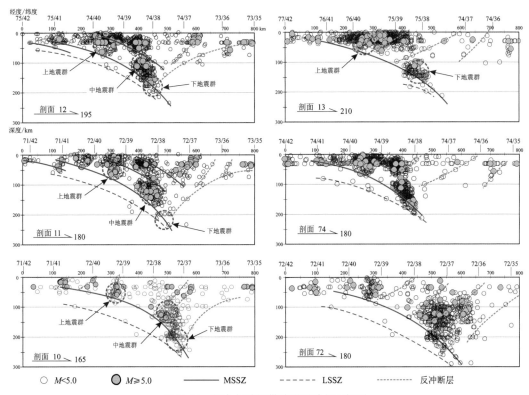

图 2-34　帕米尔地震带地震活动剖面投影

在"S"形中、深源地震带呈 NE 走向的中段，地震活动的剖面投影显示一个强大的、深达 300km 的近直立地震活动带（图 2-35，剖面 5），向 NE 逐渐被 SE 倾的地震带所代替（图 2-35，剖面 6～9）。在横过"S"形中、深源地震带的 SW 段（兴都库什地震带），地震活动逐渐减弱，双地震剪切带似乎倾向 NW（图 2-35，剖面 3～4）。帕米尔深俯冲岩板向西止于 NE 走向的恰曼左行走滑断裂。在恰曼断裂以西兴都库什存在一个小的向 NW 倾覆的地震带（图 2-35，剖面 3），有可能代表恰曼断裂左行位移牵引的构造响应。深俯冲岩板自帕米尔向东继续延伸，但俯冲深度迅速减小，并在越过喀拉昆仑

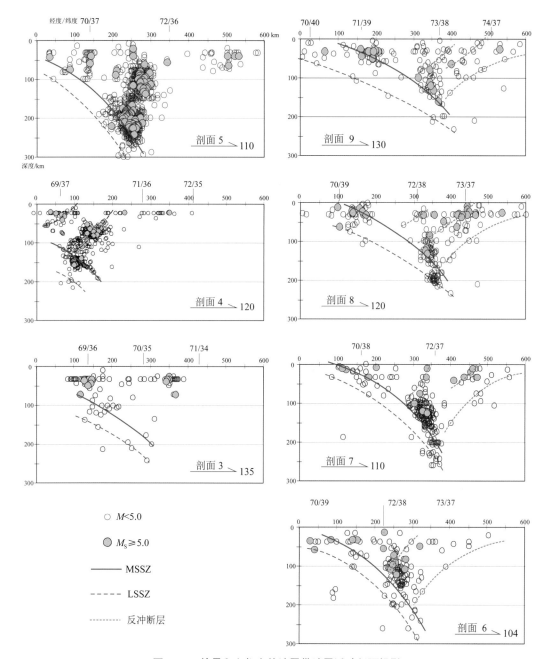

图 2-35　恰曼和兴都库什地震带地震活动剖面投影

右行走滑断裂以后分解为两个独立的、方向相反的俯冲带。一支位于西南天山北侧，另一支位于西昆仑北侧，二者的深度均小于 120km（图 2-36）。

根据主地震剪切带在各个走廊剖面上的投影坐标，帕米尔地区向 S 倾覆的深俯冲岩板呈现为一个上宽下窄、上缓下陡的倒三角形（图 2-37），倾角由缓变陡大致出现在 80 ~ 120km 附近。

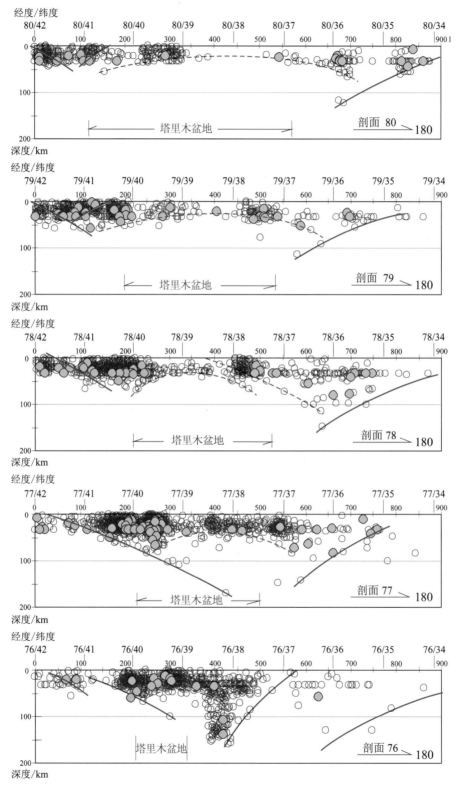

图 2-36　塔里木盆地地震活动性剖面

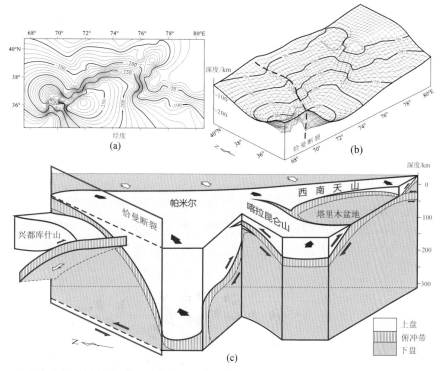

图 2-37　根据上（主）地震剪切带深度的二维（a）和三维（b）分布绘制的深俯冲岩板的构造几何形态（c）

除了上述双地震剪切带之外，帕米尔地震带中大部分 5.0 级以上地震活动（图 2-38）的剖面投影都存在上、中、下三个地震群（图 2-34，图 2-35）。上地震群（uppermost earthquake concentration，UEC）出现在 35（15 ～ 55）km 附近的深度上，沿帕米尔俯冲岩板走向向东连续稳定；但向西穿越恰曼走滑断层后，突然大幅度向南出现在兴都库什地区（图 2-39（a））。说明二者虽然性质相同，但已不属于同一个构造。中地震群（MEC）大体出现在 100（95 ～ 120）km 左右的深度上，下地震群（LEC）主体出现在 200（180 ～ 220）km 附近，但深度变化较大，向东逐渐变浅并与中地震群合并，向西越过恰曼断裂以后消失。以上三个地震群均出现在深俯冲岩板上界面及其邻近的上盘岩石中，可能与这些位置上典型的构造作用性质有关。其中，上地震群对应长英质地壳的脆—韧转换和岩石摩擦行为的差别，存在"二相变形"的地震成因机制（Sibson，1980，1992；张家声，1987）；中地震群与帕米尔深俯冲岩板向下由缓倾变陡的深度大体相当，下地震群基本上出现在深俯冲岩板的最前端。中、下地震群的地震成因，除了与深俯冲岩板不同层段的力学体制有关以外，还可能受到冷（俯冲岩板）—热（原地上地幔）岩石的相互作用（Vinnik，1977），及其诱导的流变失稳（Hobbs，1986；Aki K.，1992；Clarke and Norman，1993）的影响。上、下地震群部分地震的震源机制解分析（图 2-39）表明，几乎所有地震破裂的主应力轴矢量都近于水平，朝向 NNW—SSE（172° ～ 152° / 8° ～ 10°）。但上地震群的主破裂面产状较缓（165° / 33°），下地震群的主破裂面较陡（155° / 60°）。

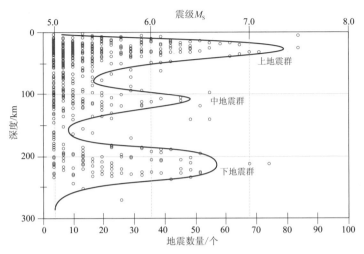

图 2-38　$M_S>5.0$ 地震活动的深度分布

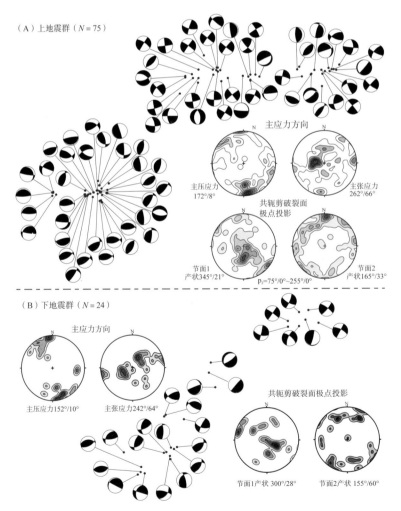

图 2-39　上、下地震群的部分震源机制解及构造要素分析

（4）恰曼断层左行走滑运动与帕米尔地震带的关系。

与上述帕米尔地震带三个沿倾向出现的地震群构造不同，沿恰曼断裂典型的地震活动表现为在深 150km 附近被水平错开的两个地震群（图 2-35，剖面 5），150km 深度以上的地震群几近直立（图 2-35，剖面 5 ～ 9）。已有的震源机制解表明（Pegler and Das, 1998），恰曼断裂带中的地震震源破裂以走滑为主（图 2-40）。而根据目前有限的震源机制解研究成果，在恰曼断层附近的帕米尔地震带中，不同位置的力学和破裂几何学特征不同（图 2-39，图 2-41），上、下地震群的地震以冲断层机制为主，几乎所有的主压应力轴都接近水平，指向 NNW—SSE 向。其中一个共轭剪切破裂面与主地震剪切带（MSSZ）平行（图 2-39（a）、（b），节面 2），被认为与南倾岩板的俯冲运动有关。极点投影表明，尽管上、下地震群中节面 2 剪切破裂面的倾向略有不同，但下地震群中节面 2 的倾角（155°/60°）明显大于上地震群（165°/33°）。这些倾角被用来限制俯冲岩板向下变陡的形态（图 2-37，图 2-41）。上述恰曼转换断层和帕米尔俯冲岩板的震源机制解表明它们具有不同的运动学特征。

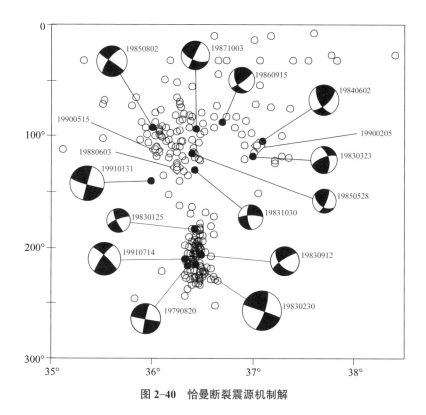

图 2-40　恰曼断裂震源机制解

1975—2003 年期间地震活动的时空联系表明，深度大于 200km 的 5.0 级以上地震主要发生在 NE 走向恰曼地震带的南段（图 2-33）。而深度小于 200km 的中、深源地震活动除了恰曼断裂以外，主要与帕米尔地震带有关。这两个地震带中地震活动在时间上交替

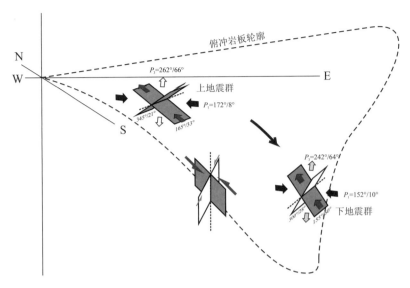

图 2-41　根据上下地震群以及恰曼断层的震源机制解得到的深俯冲岩板共轭剪切破裂走向和应力状态

发生的规律（图 2-42）表明，沿恰曼断裂的走滑位移与帕米尔地震带的深俯冲作用是互动的。尽管存在"鸡和蛋"的争论，但是根据深俯冲作用远离走滑断裂逐渐变浅的事实，合理的解释应该是沿恰曼走滑断裂的左行位移作用拖动了帕米尔地区的大陆深俯冲。

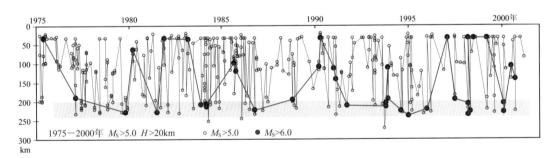

图 2-42　帕米尔附近 1975—2000 年地震活动的时空迁移规律

（5）后退的深俯冲和前进的反冲构造体系。

在横过帕米尔地震带的剖面上，除了上述三个地震群所代表的地震构造以外，深度小于 70km 的地震活动性勾画出一系列与主地震剪切带（MSSZ）倾向相反的次级线性构造带（图 2-34）。地表活动构造调查（Reigber et al., 2001；Nowroozi, 1971；Fan et al., 1994；Hamburger et al., 1992）和遥感图像分析数据（李建华等，2002）表明，它们与一组派生的反冲断层活动有关。这些上盘岩石中的反冲断层位于深俯冲岩板之上，代表帕米尔地区当深部地壳因向南俯冲引起汇聚的同时，上部地壳发生了挤压缩短和加厚抬升（图 2-43，图 2-45）。上盘岩石中的前寒武纪变基底，海西褶皱带，以及特提斯闭合阶段的洋壳残余经抬升剥蚀已出露地表（Vinnik et al., 1977；图 2-43）。帕米尔地区的地表地质构造调查表明，该地区从南向北存在多组由老到新的反冲断裂构造组合（图 2-43，图 2-45）。早期的反冲断层组合，包括南帕米尔地区两条北倾的冲断层及其伴生的中帕米尔地区南倾的反冲断层，它们是向北推移的喜马拉雅主俯冲带西段被改造的残余。它们的走向延伸被东侧喀拉昆仑右行走滑系和西侧恰曼左行走滑断层系所切截，中帕米尔地区的喜马拉雅主俯冲带已变成向南倾覆，并被上述两条走滑断层改造形成向北凸出的弧形。如前所述，最新的反冲构造组合出现在帕米尔以北，总体上呈 NEE 向延伸，受东、西两侧走滑断层位移的影响较小。主俯冲带南倾，与帕米尔地震带一致；次级反冲构造包括西南天山北侧的多条浅源地震带（图 2-33, A_1—A_3）和西南天山南东侧的次级反冲断层。这一组合代表正在进行的大陆深俯冲作用。中亚地区重复 GPS 测量结果（Reigber, et al., 2001）表明，主俯冲带上盘正在向北推移。被不同时期对冲构造限定的冲断层块体继续以不同速率由南向北推移，位移矢量由每年 22mm 递减到几个毫米，逐渐

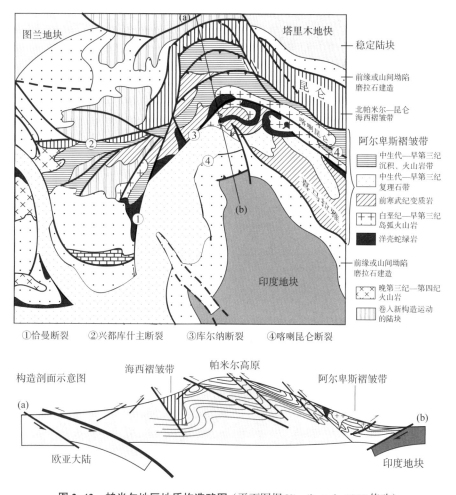

①恰曼断裂　②兴都库什主断裂　③库尔纳断裂　④喀喇昆仑断裂

图 2-43　帕米尔地区地质构造略图（平面图据 Vinnik et al., 1977 修改）

103

被现今活动的俯冲岩板所吸收（图 2–44），或者转变为地壳加厚和高原隆升的垂直运动。这种反冲构造样式向东一直延伸到塔里木盆地南、北两侧（图 2–37），是天山和昆仑—喜马拉雅山仰冲到盆地之上的主要构造方式。上述多期反冲构造的发育历史说明，在递进的陆—陆碰撞过程中，喜马拉雅主俯冲带在恰曼断裂和喀拉昆仑断裂之间的部分被大幅度向北推移。在这个过程中，帕米尔—西南天山之间主要的俯冲方向发生了倒转，并逐渐后退到帕米尔—西南天山之间。与此同时，反冲构造组合使俯冲带上部地壳不断加厚，深部岩石次第折返抬升（图 2–45）。

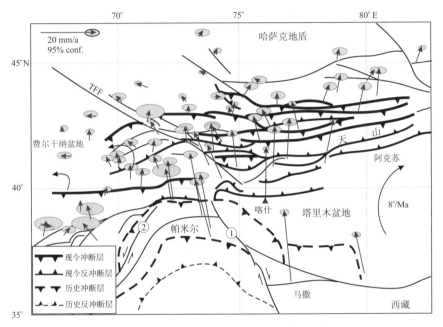

图 2–44　帕米尔地区重复 GPS 测量得到的位移矢量分布（Reigber, et al., 2001）

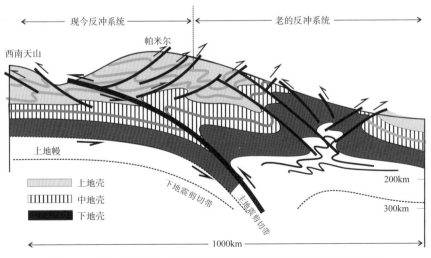

图 2–45　帕米尔地区陆—陆碰撞构造演化及深部岩石折返机制的模型

（6）大陆深俯冲作用。

硅铝质地壳与硅镁质地壳之间显著的密度差异，决定了陆—陆碰撞引发普遍的大陆深俯冲是不可能的。然而，在特定的情况下，当碰撞带被深达岩石圈的走滑断层切错时，撕裂的大陆地壳则有可能被带到更深的地方，因此有可能存在局部的大陆深俯冲。印度洋底恰曼转换断层登陆欧亚大陆以后断续延伸，在帕米尔西部切割深度超过 300km（图 2–35，剖面 5），并引发强烈的地震活动，是帕米尔深俯冲作用得以发生的关键因素。帕米尔地区的人工深地震宽角反射 / 折射剖面（张先康等，2002）和天然地震 P 波三维速度结构的 CT 研究（雷建设等，2002）表明，该地区的地壳—上地幔确实存在深达岩石圈地幔、向 SW（东部）或 SE（中部）方向的逆断层（图 2–46）。部分速度大于 6.6km/s 的下地壳物质与上地幔（速度大于 8.0km/s）一起俯冲到了较大的深度，但平均速度为 6.4 ～ 6.5km/s 的中上地壳则表现为明显的加厚。正如以上所讨论的，帕米尔地震带各种深、浅地震构造的成因联系，为理解大陆深俯冲作用的过程和演化提供了重要的信息，包括：与恰曼断裂持续的左行位移有关的后退的深俯冲和前进的对冲构造体系发育历史；地壳缩短和高原隆升机制；陆—陆碰撞带地表宽变形带的构造样式；深俯冲导致地壳岩石的超高压变质作用和深部岩石的折返过程，以及喜马拉雅西构造结的最终形成等，均都能得到合理的解释。

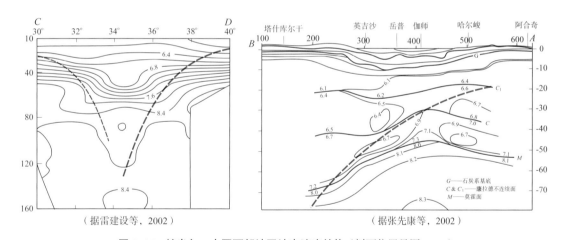

（据雷建设等，2002）　　　　　　　　　　　　（据张先康等，2002）

图 2–46　帕米尔—中国西部地区地壳速度结构（剖面位置见图 2–32）

剖面 AB 中的粗线 G, C, C₁ 和 M 代表速度不连续面。C 是康拉德面，代表花岗质与下伏玄武质地壳之间的速度不连续面；C₁ 的性质还不清楚。C 线上、下闭合的 6.4 和 6.7 环形等值线代表地壳的低速区。AB 和 CD 剖面中的红色断线将地壳不同厚度和速度域分开，从而显示出帕米尔地区的深俯冲

2.5.2.6　讨论和结论

兴都库什—帕米尔—中国西部 1975—2003 年期间的地震活动记录、地表地质构造和地壳速度结构数据证明，沿特提斯陆—陆碰撞带的局部地段正在进行大陆深俯冲作用。尽管硅铝质地壳与硅镁质地壳之间显著的密度差异，决定了陆—陆碰撞引发普遍的大陆深

俯冲是不可能的。但是在特定的情况下，当碰撞带被深达岩石圈的走滑断层切错时，撕裂的大陆地壳则有可能被带到更深的地方，致使帕米尔地区出现并正在进行着大陆深俯冲。帕米尔地区大陆地壳的下部物质与上地幔一起俯冲到200km以下，中、上地壳在较浅的深度上被反冲断层剥离。帕米尔地区的地震活动主要是由于深达岩石圈地幔的恰曼断裂的左行走滑位移及其东部与喀拉昆仑右行走滑断层之间、向南的大陆深俯冲作用引起的（图2-47）。兴都库什深达200km的小规模近EW走向的地震带，与大陆深俯冲没有直接联系。它看起来更像是喜马拉雅俯冲带前期俯冲在最西端的残余，并因恰曼断层的左行走滑运动而得到增强。帕米尔大陆深俯冲作用与恰曼断裂的走滑位移密切相关，后者斜切陆—陆碰撞带，将大陆岩石圈撕裂，并将其东侧的帕米尔岩石圈向下拖动。

帕米尔大陆深俯冲岩板为上宽下窄、上缓（20°～30°）下陡（60°～70°），转变深度在80～120km的楔形体，深度超过200km的走向宽度只有500～600km。本书所确定的与帕米尔深俯冲作用——主地震剪切带（MSSZ）——相关的5个地震构造分别为：下地震剪切带（LSSZ，下地壳与上地幔之间），上地震群（剥离区，15～55km），中地震群（折冲区，95～120km）和下地震群（俯冲带前缘，180～220km）。

主俯冲带与派生反冲断层联合作用提供了陆—陆碰撞带上地壳层次构造作用的主要方式。正是这些发生在深俯冲岩板上盘岩石中的反冲断层作用，吸纳了陆—陆碰撞带中主要的挤压缩短变形，并导致地壳加厚和高原隆升。这样，对于后退的深俯冲和递进的反冲构造体系、地壳缩短与高原隆升机制、深俯冲导致地壳岩石的超高压变质作用、深部岩石的折返过程，以及喜马拉雅西构造结的形成发展等问题，均能得到合理的解释。我们希望，上述地震学研究和由此得到的构造模型，有助于解决关于中国东部大别—苏鲁超高压地体演化的争论。

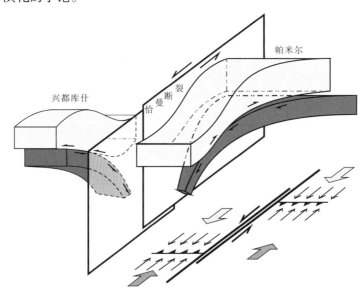

图2-47 陆—陆碰撞带中的走滑转换断层模型

2.5.3　天山构造带

天山包括了中国天山和哈萨克斯坦、吉尔吉斯斯坦及乌兹别克斯坦等中亚天山。习惯上将天山分为南天山、中天山和北天山（图 2-48）。南天山主要指中亚地区的费尔干纳盆地、纳仑盆地、伊塞克湖盆地，以及中国新疆的昭苏盆地、尤尔都斯盆地、焉耆盆地以南的天山；北天山则是伊犁盆地和吐鲁番盆地以北的天山；中天山为喀什河断裂与那拉提断裂之间一系列的盆地和山脉，包括伊犁盆地、昭苏盆地及其之间的乌孙山，以及伊塞克湖盆地、纳仑盆地与周围山脉。

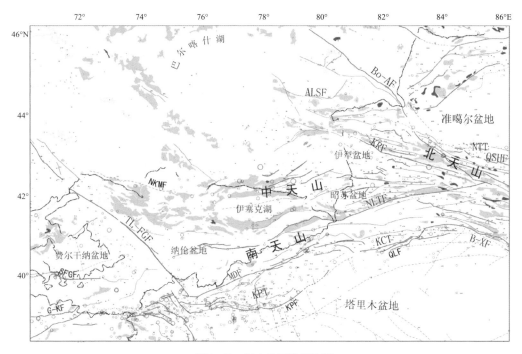

图 2-48　天山地区地质构造

天山地区的最新构造活动以逆冲运动为主，同时发育数条大型的走滑断裂，其中规模最大的为 NW 向的塔拉斯—费尔干纳断裂带（TL—FGF）和博罗克努—阿齐克库都克断裂（Bo-A F.)，它们分别切割北天山和南天山。主要包括南天山山前的柯坪推覆构造、库车推覆构造、北天山山前推覆构造、博格达弧形推覆构造、吐鲁番盆地中央推覆构造，以及境外天山纳仑盆地内的推覆构造，等等。

2.5.3.1　天山活动构造与地震构造分区

天山总体由南天山、北天山和二者所夹持的山间盆地组成，其构造变形特征是水平挤压作用下的地壳缩短，垂向、斜向剪切转换和向两侧盆地的横向扩展，形成了主脉根部的高角度逆断层控制的厚皮推覆构造和前陆盆地内低角度逆掩断裂控制的薄皮推覆构造，以及调节纵向不均匀缩短并传递变形的大型剪切断裂。

（1）南天山。

南天山围绕塔里木盆地北缘呈向北突出的弧形，分为东西两段，东段走向 NWW，西段走向 NEE。

南天山西段山前存在两个大型逆冲推覆构造，西侧为柯坪逆冲推覆构造（冉永康等，2006；宋方敏等，2006；杨晓平等，2006；田勤俭等，2006；Yin, et al., 1998；Burchfiel et al., 1999; Allen et al., 1999；Shen et al., 2001），东侧为库车推覆构造（沈军等，2006）。柯坪推覆构造由多排逆断裂 - 背斜带组成，最外侧为柯坪逆断裂 - 背斜带；库车推覆构造也由多排逆断裂 - 背斜带组成，规模最大的为最外侧的缺勒塔格逆断裂 - 背斜带，其次为拜城盆地的喀桑托开逆断裂 - 背斜带。柯坪推覆构造后缘的迈丹断裂为左旋逆走滑断裂，而库车推覆构造后缘的根部逆断裂在地表迹象不明显。南天山隆升最高的位置位于阿克苏以北柯坪推覆构造和库车推覆构造过渡区后缘的托木尔峰和汗腾格里峰地区；最大海拔达 7000 多米，是天山的最高峰。

库车推覆构造以东的南天山东段总体呈 NWW 走向，山前没有大型逆断裂 - 背斜构造。与山体走向平行的活动断裂主要是逆冲性质，例如北轮台—辛格尔断裂；南天山东段的隆升呈自西向东逐渐降低。山顶面高度由 4000 ~ 5000m 降至 1000 ~ 2000m。

塔拉斯—费尔干纳断裂带（TL—FGF）走向 NW，穿越哈萨克斯坦—吉尔吉斯斯坦—新疆乌恰地区，为右旋走滑断裂，长 900km，该断裂带新生代的右错量达 180 ~ 250km。1946 年 11 月 2 日在察特卡尔发生 7.6 级地震。在 6000 ~ 7000 年前古地震形成的 310km 长形变带，由古地震断层、裂缝、张裂及松散堆积物断坎组成。

别斯潘—南费尔干纳断裂为南天山与费尔干纳盆地的界线，走向近 EW，长 870km。1949 年 7 月 10 日在哈伊特发生 7.6 级地震。南费尔干纳断裂 - 褶曲带为走向 NEE—NE，长 400km，断层剖面上将中更新统错动，古生界逆冲在中更新统之上。1822 年 9 月在费尔干纳发生震中烈度为Ⅶ～Ⅷ度（6.2 级）的地震。

吉萨尔—阔克萨勒（G-KF）与迈丹断裂带（MDF）为南天山与卡拉库姆（图兰）板块的分界断层，西起杜尚别，东至温宿北，走向 NEE，长 1040km，为左旋走滑逆断层，断裂垂直活动速率为 0.3 ~ 0.9mm/a。沿该断裂发生过 1907 年 10 月 21 日杜尚别南 8 级地震、1924 年 9 月 16 日加尔姆 6.3 级地震、1941 年 4 月 20 日加尔姆 6.5 级地震、1943 年 1 月 11 日法伊扎巴 6 级地震、1949 年 7 月 10 日哈伊特 7.6 级地震、1978 年 11 月 1 日乌什 6.9 级地震、2005 年 2 月 15 日乌什 6.3 级地震。中国境内的迈丹断裂带是南天山主脉与柯坪断块之间的分界断裂，由一系列的逆冲断裂组成。

柯坪推覆构造（KPT）东西长 300km，南北宽 60 ~ 140km，在横向上由多排近 EW 走向、平行展布的由北向南逆冲推覆的单斜山或背斜山组成，普昌断裂将柯坪推覆构造分为东西两部分。纵向上普昌断裂以东由五排推覆体组成，普昌断裂以西由 6 排推覆体组成。其中的托特拱拜孜—阿尔帕雷克（依斯拉克—卡拉乌尔）断裂是 1902 年 8¼ 级地震的发震构造。

（2）中天山。

中天山北边是伊犁盆地、尤尔都斯盆地，中国境内北天山以南的天山，境外的哈萨克斯坦和吉尔吉斯斯坦称为北天山；与南天山之间以伊塞克湖盆地、费尔干纳盆地为界。中天山历史上发生过多次强震，包括 8 级地震。

伊犁盆地以南的中天山南部地区有多条近 EW—NEE 向的断裂，南天山与中天山中南部乌拉山之间夹持着昭苏活动盆地；1716 年准噶尔 7.5 级地震可能发生在特克斯河断裂带上。巩留南断裂控制了伊犁盆地南缘，是乌孙山北麓的 EW 向逆断裂，向西延入哈萨克斯坦境内，称为北阿克苏断裂。乌孙山山脊断裂与哈萨克斯坦境内的塔尔迭苏依断裂相连，是近 EW 向南倾逆断裂。特克斯河断裂带为昭苏盆地北部近 EW 向逆断裂带，由多条平行的逆断裂组成，包括科博河断裂、特克斯河断裂和马热勒达什断裂。

那拉提断裂带的主断裂为南天山与中天山的分界，走向 NEE，左旋逆冲运动性质，地貌上形成断裂谷地，断裂两侧高差达 2000m 左右，它曾长期活动，全新世仍有活动迹象。其北侧的哈拉温古泉断裂为那拉提深断裂的一条分支断裂，向西延入哈萨克斯坦境内，可能与著名的尼古拉耶夫线相连，总体走向 NEE，南倾，倾角 60°～80°，左旋逆冲运动性质，晚更新世以来曾有过活动。再向北则为昭苏盆地南缘断裂，为左旋逆断裂，境内长约 250km，向西进入哈萨克斯坦境内，近 EW 走向，倾角 60°～80°，晚更新世以来有过活动。它们构成了高耸的南天山主脉与伊犁断块之间的断裂系统，在深部可能是相连的。

北克明断裂（NKM F）又被称为吉尔吉斯斯坦山脉北缘断裂或北天山山前或契利克—克明断裂，长 810km，走向 NW—NWW—NEE，断裂南倾，倾角 75°，为逆冲断裂，构成吉尔吉斯斯坦山脉与楚河盆地的界线。在比什凯克南面为一组 3 条左列 NWW 走向断层。1770 年在比什凯克西发生 6 级地震，1865 年 3 月 22 日在江布尔发生 6.4 级地震，1885 年 8 月 2 日在别洛奥茨克发生 6.9 级地震。1889 年 7 月 12 日在伊塞克湖北契利克发生 8.3 级地震。1911 年 1 月 3 日克明发生 8.3 级地震，地震断层长 300m，断层陡坎高 30m，为逆断层，垂直断距为 5～12m，左旋水平位移为 1.8～4m（Molnar et al.，1984；A.A. 尼科诺夫，1977）。此外，沿断裂有 4 处古地震，震中烈度为 IX～X 度（相当于 7 级地震）。该断裂是区域中唯一在 12 年内接连发生 2 次 8 级以上地震的断裂。

（3）北天山。

习惯上北天山以乌鲁木齐为界，大致分为东西两段，实际上是由 4 个大型山体组成，自西向东分别为伊犁盆地北缘山地（自南向北由博罗科努山、科古琴山和库松木切克山组成）、依连哈比尔尕山、博格达山以及巴里坤盆地周缘山地（由巴里坤山、巴里坤盆地北山和哈尔里克山组成）。伊犁盆地北缘山地发育弧形的逆冲断裂，南部是近 EW 向的伊犁盆地北缘断裂，表现为右旋走滑逆冲性质；中部的科古琴断裂也具有右旋走滑逆冲性质。依连哈比尔尕山山前是逆冲推覆构造，有 3 ～ 4 排逆断裂 – 背斜构造（邓起东等，2000）；博格达山北缘为向北突出的弧形逆冲推覆构造（汪一鹏等，2001；柏美祥等，1997）；大致呈向南突出的不对称的弧形，主要活动断裂为阜康南断裂，是长度超过200km 的逆冲断裂。巴里坤周缘山地有两组断裂，其中一组自巴里坤盆地南缘延伸至吐鲁番—哈密盆地北缘，NEE 向，具有左旋走滑逆冲性质；另一组 NWW 向断裂则表现为逆冲性质。

阿拉善—楚拉克断裂（AlSF）走向 EW，向东转为 NE 走向，长 300km，为压性断裂，使古生界与更新统呈断层接触。在该位置，1888 年 11 月 29 日发生烈度为Ⅶ～Ⅷ度（6.0 级）的地震。

伊犁盆地北缘断裂、科古琴断裂和库松木切克断裂，是伊犁盆地与准噶尔盆地西南端之间的北天山西段的边缘与内部的主要断裂。伊犁盆地北缘断裂向东与喀什河断裂相连，1812 年沿喀什河断裂发生一次 8 级地震（尹光华，1993）。科古琴断裂位于伊犁盆地北缘断裂以北，也是一条 NWW 向的右旋走滑断裂，沿断层曾发生 1958 年 12 月 21 日6½ 级和 1962 年 8 月 20 日 6.4 级地震。库松木切克断裂为伊犁盆地北部山脉的北缘断裂，为向北突出的弧形，晚更新世和全新世活动，沿断裂发现古地震遗迹。

巴卡纳斯—主准噶尔—博罗科努—阿其克库都克活动断裂带（Bo-AF）：该断裂是准噶尔—北天山褶皱系与天山褶皱系之间的分界断裂，也称天山主干大断裂，该断裂为NW—EW—NE 向延伸，总体呈向南突出的弧形，全长 1400 余千米，新疆境内部分长度1000km。该断裂向西北延入哈萨克斯坦境内阿拉湖西岸，长 200km，称作巴卡纳斯—准噶尔断裂。它的西北段长度有近 100km 的古地震形变带（沈军等，1998），地震震级估计为 7.5 ～ 7.8 级。1944 年 3 月 10 日乌苏 7¼ 级地震就发生在这条断裂带上。

（4）山间盆地。

天山最大的两个山前盆地是伊犁盆地和吐鲁番—哈密盆地，它们均介于南天山与北天山之间。伊犁盆地实际上是复杂的盆山构造；盆地南部是乌孙山和昭苏盆地，存在多条近 EW 向为主的逆冲断裂；北部巩留河与喀什河之间是阿乌拉勒山；两侧都有近 EW 向活动断裂。吐鲁番—哈密盆地包含中央山脉，为总体近 EW 向的逆断裂 – 背斜构造（彭斯震，1995）；是薄皮构造，其根部断裂为博格达山的南缘断裂。天山内部还有多个规模相对较小的山间盆地，如尤尔都斯盆地（由大尤尔都斯盆地和小尤尔都斯盆地组成）、焉耆盆地、柴窝堡盆地、巴里坤盆地等。其中尤尔都斯盆地位于 NWW 向和 NEE 向断裂的交会区，包括 NWW 向的博罗科努—阿其克库都克断裂（沈军等，1998）、焉耆断裂和NEE 向那拉提断裂等。这些断裂都具有一定的走滑分量。焉耆盆地受到 NWW 向走滑断裂影响，其南北边缘和内部的 NWW 向断裂表现出走滑逆断层性质。柴窝堡盆地为乌鲁木齐以南位于博格达山和依连哈比尔尕山之间的压陷盆地，其南缘是近 EW 向的逆冲断裂，盆地底部是低角度的滑脱面（沈军等，2007）。

（5）剪切变形。

除近 SN 向挤压缩短变形之外，天山的走滑剪切运动十分显著，总体表现为 NW 向断裂的右旋走滑和 NEE 走向断裂的左旋走滑。

最显著的 NW 向右旋走滑断裂，是塔拉斯—费尔干纳断裂和博罗科努阿其克库都克断裂。塔拉斯—费尔干纳断裂的长度可达 1000km，最活动段的右旋走滑速率可能达到 10mm/a（Buterman et al., 1993）；博罗科努阿其克库都克断裂长度也可达到 1000km，最活动段的右旋走滑速率可达到 3mm/a 左右（沈军等，2003）。GPS 的观测结果相对小一些（李杰等，2009）。焉耆盆地北缘断裂和穿过焉耆盆地的焉耆断裂具有显著的右旋走滑分量，它们的长度都可达到 500km，与博罗科努—阿其克库都克断裂斜列形成斜切北天山的大型右旋剪切断裂带；其阶区是小尤尔都斯盆地。此外，依连哈比尔尕山山前的准噶尔南缘断裂和伊犁盆地北缘断裂也有一定的右旋走滑分量。

NEE 向断裂包括柯坪推覆构造后缘的迈丹断裂、伊犁断块南缘的那拉提断裂和巴里坤盆地南缘的七角井—洛包泉断裂。据调查，迈丹断裂和那拉提断裂仅具有一定程度的左旋走滑运动，而洛包泉—七角井断裂的左旋走滑运动似乎更加显著（罗福忠等，2002）。

2.5.3.2　构造应力场

天山是新构造运动时期全球最大的内陆造山带。天山的构造应力场，特别是现今构造应力场特征应当能够反映现今构造运动的特点，也可能与地震分布有一定的联系。为此，笔者在对天山各构造区活动构造特征研究成果的基础上，结合天山地区震源机制解和 GPS 测量资料（王晓强等，2007；杨少敏等，2008），对天山地区的构造应力场特征，及其与现今地震活动的关系进行了较为综合的研究。

（1）数据资料。

① GPS。由地形变观测资料求解地壳应变场的方法，首先是建立邻近点间相对形变量与地壳应变张量的线性关系

$$\begin{bmatrix} du_x \\ du_y \end{bmatrix} = \begin{bmatrix} \Delta x_{ij} & \Delta y_{ij} & 0 & \Delta y_{ij} \\ 0 & \Delta x_{ij} & \Delta y_{ij} & -\Delta x_{ij} \end{bmatrix} \begin{bmatrix} \varepsilon_x \\ \varepsilon_y \\ \varepsilon_{xy} \\ \omega \end{bmatrix}$$

式中，du_x 和 du_y 为变形体内两测点间的位移增量，Δx_{ij} 和 Δy_{ij} 分别为两测点间的坐标增量；ε_x，ε_y，ε_{xy} 为应变状态分量，ω 为变形体的转动量。在 GPS 测量中，由于有大量的测点可以利用，所以应变参数的解算可以根据最小二乘法求解。在具体计算中，可以利用

测点运动速率的方差－协方差以及测点离开所求区域的中心点距离进行定权。在上述应变参数被确定后，就可以求出研究区域的最大主应变、最大剪应变等值。

GPS 观测数据包括中国境内新疆和哈萨克斯坦、吉尔吉斯斯坦各自多年 GPS 重复观测成果，利用 MIT 的 GPS 处理软件（GAMIT/GLOBK10.20）对原始观测成果（中国原始文件）及前期处理结果（国外文件）进行再处理，获得了整个天山全境的现今地壳水平位移和应变图像。时间跨度从 1998—2007 年，每年观测一次。在资料处理时，为保证分析结果的可靠性，平差中略去观测期数少于 2 期的流动测站及一些受外界环境干扰较大的点位，共获得 230 个 GPS 站的速度场结果。其中，国内 126 个点，国外 104 个点。

②震源机制解。主压应力水平投影迹线图的编制首先依据震源机制解资料，同时比较 GPS 观测资料，以及所处当地活动构造的分布、产状和运动性质。本文采用了哈佛大学震源机制解资料、新疆地震资料中的 5 级以上地震震源机制解资料和 3.9 ～ 4.9 级地震的震源机制解资料。

迹线应尽可能地与上述资料吻合，并需考虑整体的协调性，即迹线密度、方向变化应符合活动块体分布、运动特点，以及构造应力场均匀渐变的特点。在地震频度较高的西南天山地区，既要考虑大震震源机制解的代表性，也要充分利用丰富的震源机制解所反映出的一致性较好的规律性变化特点。在震源机制解资料较少的地区，需对比和参考小震震源机制解资料。

对震源机制解要进行必要的选择，对与区域构造应力场不一致的震源机制解进行分析；分析其代表性，是属于主发震构造还是属于次生或次级发震构造所发生的地震。在挤压构造区，小震的主张应力方向常常与区域主压应力方向接近，这是由于小震往往是挤压褶皱构造上部派生的张性构造破裂的结果。

在综合利用 GPS 观测的资料时也存在类似的问题，在弱变形区，震源机制解资料与 GPS 形变资料之间存在较大的差异，主要表现在南北天山的东端地区，所以该地区的拟合结果的可靠性较差（图 2-49）。

（2）主压应力水平投影迹线特征。

从综合得到的天山及其邻区现今构造应力场主压应力方向水平投影轨迹图（图 2-50）可看出天山地区总的主压应力方向为近 SN 向，但是应力场的变化显著。主要包括：

①天山以南的塔里木北部基本上呈 NE 向。经过天山之后，至天山北缘，主压应力方向呈扇形散开，自西向东，由 NW 向逐渐转为 NE 向；其轴线大致在 86° E 附近，该线以东逐渐转变为 NE 向，该线以西逐渐转为 NW 向。

②存在几个主压应力方向局部变化较大的部位。变化最大的部位是西南天山柯坪断块。在断块以南主压应力方向为 NE 向，至断块的北部转变为 NW 向；柯坪断块的东部变化幅度最大，向西部逐渐减小。经过西南天山主脉之后，主压应力方向又转向近 SN 向；再经过中天山—伊塞克湖，主压应力方向则又转向 NW 向。

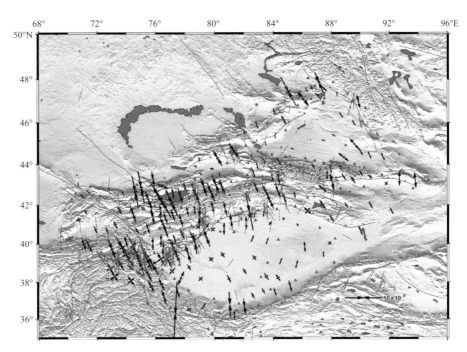

图 2-49　天山震源机制解主压应力水平投影与 GPS 观测资料的主应力张量分布图
红色为哈佛大学震源机制解，紫色为新疆 5 级以上震源机制解，蓝色为新疆 3.9 ~ 4.9 级地震震源机制解，
黑色为 GPS 数据反演获得的主应变张量分布图

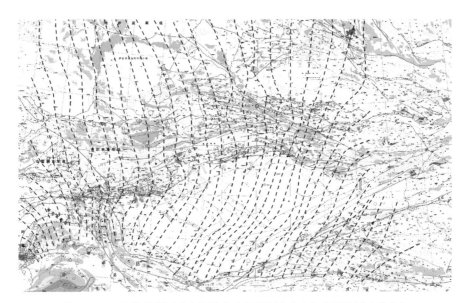

图 2-50　天山及其邻区现今构造应力场主压应力方向水平投影迹线分布

③ 86° E 线以西，主压应力方向的逆时针的变化显示，天山西部地区在承受垂向挤压作用的同时，附加了较为明显的整体左旋剪切作用。但在大型 NW 向断裂附近又具有局部的右旋剪切，如塔拉斯—费尔干纳断裂和博罗科努—阿其克库都克断裂。

另外两个主压应力方向变化较为显著的部位是中天山伊犁楔形断块的东部和北天山西段。前者主压应力方向从塔里木盆地北部的 NE 向经过库车坳陷和南天山主脊后，至伊犁楔形断块南部转为 NW 向；但到伊犁楔形断块北部又转向 NEE 向；再经过北天山西段伊犁盆地北缘山区以后又转回 NW 向。后者的主压应力方向的变化比较散乱。总体上表现为主压应力轴水平投影迹线在经过博罗科努—阿其克库都克断裂和依连哈比尔尕山前推覆构造时发生了局部的扰动。

④在天山东端（吐鲁番以东或 88° E 以东地区）主压应力方向似乎存在自西向东由 NE 向 NEE 向转变。GPS 的主压应力张量分布图显示出 NNE 向至近 SN 向的引张变形，这与数量不多的震源机制解特征基本吻合。显示该地区现今正处于微弱的近 SN 向的引张状态。这与该地区活动构造的总体特征不一致。

（3）天山地震分布与应力场的关系。

图 2-51 显示的地震分布图像与活动构造和地貌特征具有很好的一致性，但也具有局部的变化特点。据笔者的观察，可以看出以下几个特点。

①地震主要分布在盆地和山区的过渡带，包括南北天山山前推覆构造。隆升最大主脉并不是小震分布最密集的地区。

②南北天山的东端地震活动异常平静，包括北天山吉木萨尔以东和南天山库尔勒以东地区，这一方面可能是该地区地震监测能力较弱，小震记录较少；另一方面可能是现今该地区构造活动相对较弱，所处的近 SN 向引张状态，与该地区活动构造的总体特征不一致，不利于活动断裂的活动。

图 2-51　天山区域主压应力水平投影迹线与地震分布

黑色为 1965 年以来仪器记录的 M_S2.0 ～ 4.9 地震，红色为历史上 M_S ≥ 4.7 地震

③天山南北两侧地震活动已近深入盆地腹地，这进一步表明天山的新构造运动已经扩展至两侧盆地。当然，有些小震密集区与采油及采矿有关，如轮南、塔中、克拉玛依、准东和五彩湾等。

④沿大型剪切断裂地震活动也比较集中，如沿博罗科努—阿其克库都克断裂和焉耆断裂小震密集成带。但在上述两个右旋走滑断裂的阶区，即小尤尔都斯盆地地震较为稀少。与此相反，沿 NEE 向的那拉提左旋逆走滑大断裂的地震分布相对较少。

⑤主压应力轴水平投影迹线变化剧烈的地区也是地震分布密集的地区，这一方面由于地震较多，震源机制解资料也比较丰富，另一方面构造应力场的变化表明所处的是应力易于集中和释放的构造活动性较强的特殊部位。

总体上，天山的主压应力轴的方向总体呈伞形撒开状态，西段自塔里木盆地的 NE 向应力场转向 NW 向，东段则由塔里木东部的 NNE 向转向近 NEE 向。震源机制解与 GPS 观测的主应变分布特征基本一致。

（4）构造应力场、活动构造与地震的关系。

从应力场与活动构造和地震分布的对比可以看出，当应力场的方向与活动构造的活动方式一致时，有利于地震的发生；不一致时不利于地震的发生。东天山地区的应力场与构造运动方式明显不同，这可能是该地区地震活动异常平静的原因之一。复杂的应力场变化与复杂的活动构造分布有关，如西南天山至中天山地区活动构造十分发育，地震活动也十分频繁。

（5）局部应力场格局异样与未来地震危险。

对大震前后应力场的研究表明，孕育大震的地区，震前局部应力场具有明显偏离区域应力场的现象；震后局部应力场方向回归区域应力场方向（刁桂苓等，2005；万永革等，2008）。从图 2–51 中可见几个主压应力水平投影迹线分布异常区域，包括柯坪断块的东段、帕米尔弧的北段和天山中段。其中帕米尔弧北段曾于 2008 年 10 月 5 日发生 3 次 6.0 ～ 6.9 级地震，柯坪断块局部异常区的西侧曾发生 1902 年 8.2 级地震，以及 1996 年阿图什 6.9 级地震（罗福忠等，1996；高国英等，1998），1997—1998 年伽师强震群（单新建等，2002）和 2003 年巴楚—伽师 6.8 级地震（张云峰等，2003）；根据刁桂苓等（2005）的研究，阿图什 6.9 级地震之前，该区域存在明显的应力场方向的变化，至 2003 年巴楚—伽师 6.8 地震之后，应力场变化恢复到区域应力场的方向。现在柯坪断块东段附近的引力场方向异常图像应当预示着存在发生其西邻地区类似的地震过程的可能。

天山中段应力场局部变化区是一个多组构造交会的地区，区内历史上无 6 级以上地震记录；但至 20 世纪中期变化区周围曾发生多次 7.0 ～ 8.0 级地震；从其异常图像可以看出，异常区可能是未来中国天山发生 7 级地震危险性较大的区域。

（6）现今构造应力场可能会发生明显的变化。

东天山的活动构造显示曾经存在近 SN 向的挤压作用，形成近 SN 向的逆冲构造，如吐鲁番盆地的背斜带。同时也发现近 EW 向的左旋走滑断裂，如巴里坤盆地南缘的洛包泉—七角井断裂。即在某一时期，东天山东段的应力场方向是近 SN 向的。

南天山主脊北麓的那拉提断裂带控制了天山最大、最高的山体发育，但是，现今地震活动比较微弱，主压应力场方向不利于其发生左旋走滑运动。该断裂的地质地貌显示存在左旋走滑运动。可能在某一时期，主压应力场方向在南天山西段未发生左旋的扭转，而保持 NE 向，驱使那拉提断裂发生左旋走滑运动；即应力场的扭转发生在那拉提断裂带附近，而不是南天山南麓甚至是塔里木盆地的北部。

是否现今的应力场特征不利于某些曾经活动的断裂，甚至是大断裂活动，发生大地震呢？这是一个需要进一步研究的问题。

乌鲁木齐地区位于受近 SN 向主压应力场作用下的北天山山前的盲断层 - 褶皱构造地区，同时又介于北天山依连哈比尔尕山前逆断裂 - 褶皱构造区与博格达弧形逆冲构造带的交会部位，因此乌鲁木齐地区现今构造应力场构造变形样式和构造应力场状态相对比较复杂。

（7）震源机制解与区域应力场特征。

乌鲁木齐所处区域为北天山的中部（42.5° ～ 44.7° N，83.8° ～ 90° E）。新疆地震局（1997）和高国英等（1998）采用双力偶点源模型，利用近台和远台体波或面波 P 波初动分布，以上半球投影方式在乌尔夫网上求解出该区 1944 年以来 M_S ≥ 4.7 地震震源机制解 24 个（图 2–52）。本文为使投影方式统一，将这些震源机制解的节面走向、P 轴和 T 轴方位加 180° 归算到下半球投影上（图 2–52，24 号）；龙海英等（2008）采用新疆近台数字地震体波 P 波初动分布，以下半球投影求解出该区 2000 年以来信度较高的中小地震（M_S3.8 ～ 4.9）震源机制解 25 次（图 2–52，49 号）。

该区域历史上最大地震为 1944 年 3 月 10 日乌苏 7.2 级地震，虽然震级较大，主破裂面为 NW 向、倾角 81°，与发震断层博罗科努—阿齐克库都克断裂 NW 走向、倾角 50° ～ 80° 基本一致，但该地震 P 轴方位 100°，倾角 28°（图 2–52 中 1 号震源机制解），与区域应力场的主压应力方向 N15° ～ 20° E（高国英，1998）明显不一致。1965 年 11 月 13 日乌鲁木齐 6.6 级地震发生在博格达弧形构造带上，地震震源为逆断层错动，主压应力 P 轴方位 203°，俯角 10°，也与区域应力场主压应力方向不一致（图 2–52 中 2 号地震）。

1980 年 11 月 6 日玛纳斯 5.7 级地震（图 2–52，11 号地震）位于清水河子断裂带上，属逆断层错动，主压应力 P 轴方位 6°。区域台网已经建立，震级相对较大，结果比较可靠，能够基本反映该位置构造的应力场特征。1995 年 5 月 2 日乌苏南 5.8 级地震（图 2–52，20 号地震），位于博罗科努—阿齐克库都克断裂附近，属走滑型地震，主压应力 P 轴方位 330°，反映该断裂附近的主压应力方向为 NNW 向。1983 年 3 月 3 日呼图壁 5.0 级地震（图 2–52 中 12 号地震）发生在吐谷鲁断裂的西端，为逆冲型，最大主压应力方向为 N3° E。1983 年 6 月 29 日阜康 5.0 级地震（图 2–52，14 号地震）发生在博格达弧形构造前缘阜康南断裂的东段上，主压应力方位 N3° E。1983 年 12 月 15 日和静 5.0 级地震（图 2–52，15 号地震）发生在博罗科努—阿齐克库都克断裂的东段，为逆冲兼走滑型地震，主压应力方位 NNE 向（212°）；1991 年 6 月 6 日的和静 5.0 级地震发生在博罗科努—阿齐克库都克断裂东段以南，也为逆断层地震，主压应力方位也为 NNE 向（209°）。1996 年 1 月 9 日沙湾 5.2 级地震发生在清水河子断裂附近，也为逆断层地震，主压应力方向为 N8° E。总体上，该区乌苏以东地区 5 级以上地震所反映的区域主压应力方向自乌苏以南至阜康、和静一线由北偏东 6° ～ 8° 渐变为北偏东 29° ～ 32°，呈现有规律的变化。但在乌苏以西地区震源机制解的主压应力方位变化复杂（图 2–52），一致性不好，这与该地区所处的构造环境和状态有关，其原因尚待进一步研究。

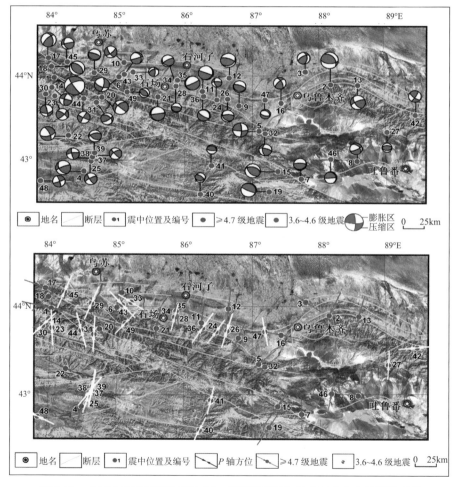

图 2–52　北天山中部震源机制解（上，下半球投影）及 *P* 轴方位水平投影（下）

　　乌苏以东地区 3.8 ～ 4.9 级地震震源机制解的主压应力方向与 5.0 ～ 5.8 级地震的总体特征是一致的，仅有个别震源机制解（图 2–52，8 号、16 号和 42 号地震）*P* 轴方向偏向于近 EW，其中 8 号地震为正断层地震，16 号和 42 号地震为走滑型地震。

龙海英等（2008）采用刁桂苓（1992）和许忠淮（1984）的方法对上述震源机制解的结果进行聚类分析与应力场反演，得到乌鲁木齐所处的北天山中段地区（区域范围为42.57°～44.60° N，83.74°～89.00° E）主压应力轴方位10°，倾角在30°以内，主张应力轴倾角较大，表现出 NS 向水平挤压作用。张红艳、谢富仁等（2006）由乌鲁木齐附近震源机制解资料计算得到的乌鲁木齐地区（其范围为42°～44° 20′ N，86° 30′～89° E）现今构造应力场的最大主应力方向为 N15° E，应力结构为逆断型兼具一定的走滑分量。龙海英等（2007）给出的乌鲁木齐周围地区（43.29°～44.24° N，86.55°～88.09° E，面积3806km²）最大主应力方位20°，倾角较小，可以看出乌鲁木齐是现今构造应力场方向变化较大的地区。

（8）小地震综合断层面解。

乌鲁木齐地区小地震丰富，2000—2007 年以乌鲁木齐地震台为中心，25km 半径范围内 M_S1.0 以上地震就有 138 次，经筛选有清楚 P 波初动资料的地震 80 次。图 2-52 显示出按常规方法定位的中小地震的分布状态，定位精度多为 1 类。

利用许忠淮提供的程序，采用下半球投影计算了乌鲁木齐台站周围 25km 范围小震综合断层面解（图 2-53），结果显示，小震综合断层面解两组破裂面分别为近 EW 向和NS 向，主压应力 P 轴方位 46°。高国英等（1998）计算的 1980—1991 年乌鲁木齐地震台记录到的 20km 范围内小地震综合断层面解的主压应力方位为 40°，表明乌鲁木齐地区处于相对较稳定的区域构造应力场环境。但与中等地震震源机制解资料相比，小地震综合断层面解的主压应力方向明显地偏东 20°～30°。

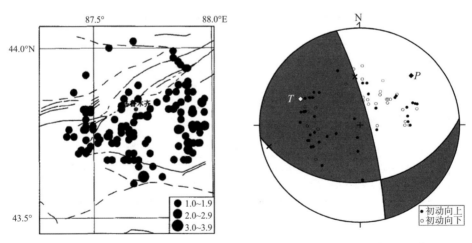

图 2-53　乌鲁木齐台站周围 25km 范围小震震中分布及小震综合断层面解

（9）钻孔应力测量。

李宏等（2007）在乌鲁木齐市区断层附近 12 个钻孔中对主压应力轴的方向进行了测量，碗窑沟断裂东段水平最大主压应力的方向为 N59° E；雅玛里克断裂东段的南侧水平最大主压应力的方向为 N55° E；西山断裂带中段的水平最大主压应力的方向为 N52° E；西山断裂带东段附近的水平最大主压应力的方向为 N28° E。测区内最大水平主压应力方向为 NE—NEE 向（图 2–54），与震源机制解反映的区域构造应力 N15° E 的主压应力方向有近 35° 的偏差，但是与小震综合断层面解的结果只有 10° ～ 15° 的偏差。

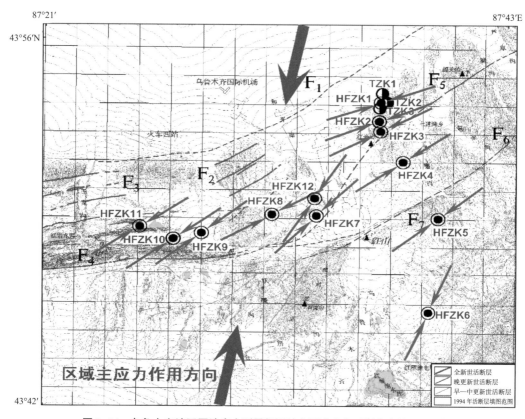

图 2–54 乌鲁木齐地区原地应力测量得到的主压应力向（据李宏等，2010）

2.5.3.3 结论与讨论

上述不同方法得到的构造应力场特征有一定的差别（图 2–55）。这种差别反映了不同方法所得到构造应力场的构造含义不同，即不同构造区域、不同构造深度、不同构造作用时间以及不同的构造运动强度。

区域中强和中小地震的震源机制解显示，虽然天山地区总体受到近 SN 向主压应力场的作用，但是乌鲁木齐所处的北天山中段相对较大区域的主压应力方向为 N10° E 左右，并具有自西向东逐渐偏东的特点，具体到乌鲁木齐周围地区，主压应力场方向为 N15° E 左右。

断层滑动资料所反演的主压应力方向（N2° ～ 17° W）与区域构造应力场的主压应力方向比较接近，而与相对较小范围主压应力方向（N15° E）有一定的偏差。这与地表观

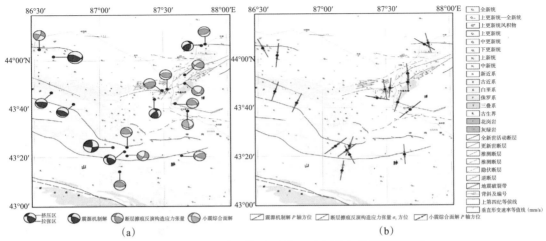

图 2-55 乌鲁木齐地区历史中强地震震源机制解、小震综合断层面解及断层擦痕反演的
构造应力张量（a）和主压应力方向水平投影（b）

察到的断层滑动现象相一致，是由地表活动断裂产生明显滑动的大地震造成的，这种大地震的发生是较大区域构造应变能的释放，受控于较大范围的构造应力场的作用。而中强地震和中小地震的震源机制解主要反映局部构造应力场的特点，当然，这种局部的构造应力场与区域构造应力场之间存在密切的关系。

小震综合断层面解则反映了更加局部的构造应力场，由于采用的是地震台站周围发生的小震和微震资料，震源深度相对较浅（李莹甄，2008），更多地反映了地震台站周围地壳浅部的应力场状态。其主压应力场方向（N40°～46°E）与区域构造应力场的方向具有 25°～30° 的显著差别。

乌鲁木齐钻孔应力测量的深度在百米以内，所测量的是浅部近地表的局部构造应力场，尽管如此，测量范围内各测点的测量结果具有很好的一致性。说明尽管测量深度不深，但是其结果清楚地反映出该区域近地表构造应力场的特点，有意思的是其结果 N55° E 的主压应力方向与小震综合断层面解的 N40°～46° E 主压应力方向仅相差 10°～15°，但与区域构造应力场的方向偏差达到 40° 以上。

乌鲁木齐深部发震构造模型研究表明（沈军，2007），乌鲁木齐正处于北天山山前逆断层 - 褶皱构造区，存在东西两个逆冲推覆构造，西侧为北天山山前逆冲推覆构造，根部位于柴窝堡盆地南缘，前缘为乌鲁木齐的西山断裂 - 褶皱隆起；东侧为博格达推覆构造的西翼，根部大致位于二道沟断裂附近，前缘为阜康南断裂，在乌鲁木齐附近为八钢—石化隐伏断裂。东西两个逆冲推覆构造的前缘在乌鲁木齐市区交会，表现为逆断层 - 褶皱隆起，在褶皱隆起上部既发育逆冲断层，如王家沟断层组（图 2-54 中的 F_3）；也发育正断层，如九家湾断层组（图 2-54 中的 F_4）。说明在逆断层 - 褶皱构造的前缘隆起区存在张性作用，其主压应力方向与区域主压应力方向近垂直，乌鲁木齐开展的钻孔应力测量结果表明，在 NNE 向主压应力的背景中，叠加了浅部与之近垂直的主压应力场，致使浅部主压应力方向偏向 ENE。这也可以解释为何 NEE 向的九家湾断层组表现为正断层性质。

（1）迈丹断裂东段晚第四纪活动特征。

迈丹断裂西北侧为西南天山的中高山带，东南侧为多排低山背斜山岭和盆地，沿断裂线性影像清晰。总长度约 480km，总体走向 NE，倾向 NW，倾角 60°～80°，该断裂控制两侧构造演化和现代地貌发育，有人认为该断裂是一条具有左旋走滑特征的走滑逆断裂。沿断裂可见到古生代地层逆冲到新生代地层之上，在迈丹一带可见到清楚的断层面和破碎带，但山脊、水系无明显的左旋位错。发生在该断裂上的几个地震的震源机制解也表明该断裂现今活动以逆断裂为主。沈军（2001）从断裂两侧地貌面高差判断其第四纪晚期以来的垂直位移速率可达 0.5mm/a 以上。

断裂可分两段，西南段沿迈丹山向北东向延伸，是南天山构造带次级构造东阿赖—卡拉别克切尔隆起与阔克沙勒隆起的分界断裂，构成南天山高山区与中低山的分界线，迈丹断裂西段可能是 1902 年阿图什 8¼ 级地震的发震构造。断裂东段大致沿阔克萨勒山与托什干谷地之间展布，再向东转为近 EW 向，可能与拜城坳陷北部断裂系相交，是南天山主脉与柯坪断块之间的分界断裂，由一系列的逆冲断裂组成，主要有阔克萨勒断裂、大石峡断裂、亚曼苏以及阿合奇北断裂等四条断裂组成。该断裂带为古生界与新生界的分界，控制晚新生代地层，断错河流阶地和戈壁面形成断层陡坎。

①阔克萨勒断裂。

该断裂位于近场区北部。是迈丹断裂带东段的北分支断裂，控制阔克萨勒复背斜东南翼，断裂西起托什干河上游经别迭里河上游，向北东延伸至库玛拉克河博斯塔格山以北至吉尔吉斯斯坦境内，总体走向 NE，全长大于 200km，平面上呈波状展布。断裂由数条 NE 向断裂组成，在近场区有两条，西侧一条，从别迭里附近通过；位于高山区，发育于古生界内；断层倾向 NW，倾角 40°～80°，为一条逆断裂。东侧一条控制了近场区东北侧的凹陷边界，断裂切割下石炭统—中石炭统地层，沿线岩层褶曲、破碎，并在穿越南北向河流阶地时，错断了下更新统、中更新统的砾石层；但是晚更新世晚期以来的地貌面和地层均未发现错动和变形现象；因此认为是晚更新世活动断层。沿断裂有中小地震活动，2005 年 2 月 15 日，在乌什东北苏莆塔西以东地区发生了 6.2 级和 5.2 级地震，震中位于阔克萨勒断裂附近，可能与该断裂活动有关。在沙依拉姆以北的山前地带，可见阔克沙勒断层断错了中更新统台地，垂直错距达 100m 以上（图 2-56），但山前晚更新世中晚期的冲洪积扇未见明显的断错变形。在英阿特附近，断层断错了山前最高一级台地面，垂直断错近百米，在河谷内，可见断层断错了最高一级阶地的砾石层，表现为侏罗纪砂岩向南逆冲到阶地砾石层上，由此判定，该断层属于晚更新世活动断层。

②大石峡断裂（F_5）。

该断裂是迈丹断裂东段分支断裂之一，断层呈近 NE 走向，西起乌什县西北托什干

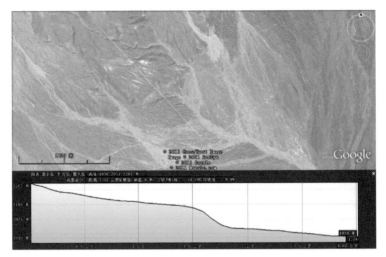

图 2-56　南天山阔克萨勒断层断错中更新统台地

河一级支流别迭里河上游二道卡子以西，向东经乌依布拉克，切过洪积扇后，延伸至大石峡库马拉克河以东，全长约 200km。断层面倾向 NW，倾角 30° ～ 60° 左右。在区域上该断裂属于迈丹断裂带的分支断裂，也是泥盆统灰岩与下更新统西域砾岩的分界断层。

在库河两岸，沿断裂经过之处，泥盆系的岩层倾角陡立、破碎，并出现局部挠曲变形，该特点在库玛拉克河左岸表现尤为明显。在乌依布拉克以东约 2km 处发现该断层天然露头剖面，见第三系上新统的砂泥岩夹砾岩向南逆冲于上更新统的卵砾石之上（图 2-57），使得上更新统地层明显牵引形变，局部倾角可达 45°，形成宽约 20cm 的断层破碎带，断层面产状为 135°∠81°，断层顶部被一套较为年轻的卵砾石覆盖，未见有明显的断错迹象。断层上盘上新统地层岩层陡倾，产状为 136°∠86°。在断层露头附近实测断层陡坎形态（图 2-58），得晚更新世冲洪积扇地表的垂直位错为 2.5m（图 2-59）。

图 2-57　南天山乌什县乌依布拉克以东大石峡断裂

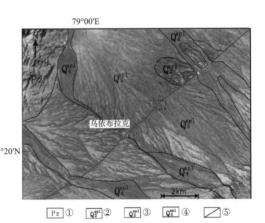

图 2-58　乌什县亚曼苏以北 TM 卫星影像
①古生界；②中更新统；③晚更新统；④全新统；⑤断裂

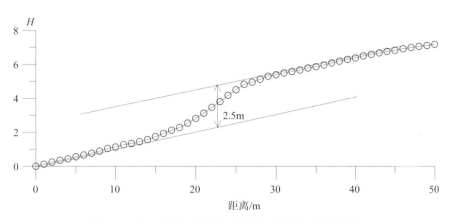

图 2-59　乌什县乌依布拉克以东大石峡断裂陡坎地形剖面

在该断层的东段，早更新世后期活动呈明显减弱的迹象。另外沿断层走向在库河河谷两岸的Ⅰ、Ⅱ级阶地上，未发现有明显的断层断错痕迹，也未见有自晚更新世以来由古地震造成的地表形变现象。说明在该断裂东段晚更新世以来的活动已不明显。在库玛拉克河右岸，断层活动迹象非常清晰，断层断错了山前的冲洪积扇，形成陡坎地貌，晚更新世以来的地貌面也发生了不同程度的断错变形。在河流的Ⅲ级阶地上，也保留有断层活动的痕迹，地表形成南高北低的反坎地貌，陡坎高度约为1m，在河谷内发现了断层剖面，断层倾向 S，倾角约 40°。

③亚曼苏断裂。

该断裂为迈丹断裂带南部山前分支断裂。为上新统—下更新统组成的背斜带的南缘断裂，总长度近 200km，总体走向 NEE，倾向 NW，倾角 40°～50°，平面上略呈"S"形展布。总体呈 NEE 走向，表现为典型的逆冲性质。断裂控制了亚曼苏背斜和萨依拉姆背斜。断裂错断了晚更新世冲洪积扇，在卫星影像遥感图像中，存在明显的线性特征，沿断裂有泉水分布。在别迭里河出山口可见该断裂错断戈壁面和河流高阶地。综合附近地貌面地形及年代测试结果，结合阶地面上跨断层陡坎的探槽研究，判定该级阶地的形成年代为全新世早期（图 2-60，图 2-61，探槽 TC1）。因此，该断裂属于全新世活动断裂（图 2-60）。

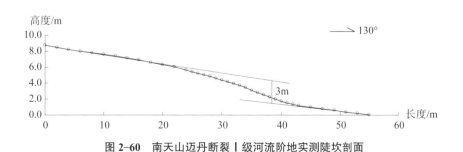

图 2-60　南天山迈丹断裂Ⅰ级河流阶地实测陡坎剖面

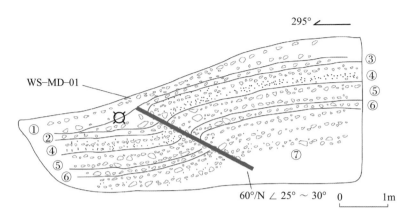

图 2-61 南天山迈丹断裂探槽 TC1 断层剖面
①灰色砂砾石层；②崩积楔；③土黄色砾石层；④土黄色砂砾石层；⑤土黄色砾石层；
⑥灰色砾石层；⑦浅灰色砾石层

探槽 TC2 位于亚曼苏背斜山前冲沟的 Ⅱ 级阶地上，揭露出断层剖面产状为 80°/N∠20°。剖面中下部的砾石层牵引现象非常明显，下部地层与层②之间存在明显的角度不整合，表明自 Ⅱ 级阶地形成以来，断裂有过两次活动（图 2-62，图 2-63）。第一次古地震事件发生在层③沉积后，层②堆积前，断裂错动层③~⑦，层④的测年结果

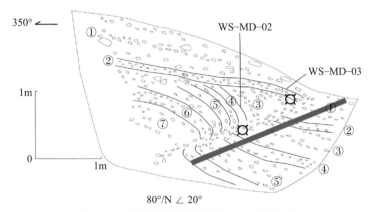

图 2-62 南天山迈丹断裂探槽 TC2 断层剖面
①土黄色砾石层；②灰色粗砂层；③土黄色砾石层；④灰色粗砂层；⑤土黄色砾石层；
⑥灰色砾石层；⑦土黄色砾石层

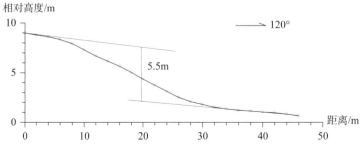

图 2-63 南天山亚曼苏乡北亚曼苏断裂探槽旁实测陡坎剖面

为距今（16.72±1.42）ka，层②的测年结果为距今（13.83±1.17）ka，由此判定该次事件发生在距今（16.72±1.42）ka～（13.83±1.17）ka；第二次古地震事件发生在层②沉积后，断层错动层②，错距约为 0.4m，将地层褶曲部分的变形量恢复后，得到断层的断距为 0.5m 左右，该次事件发生在（13.83±1.17）ka 之后。

探槽 TC3 位于亚曼苏背斜西端依格尔别勒萨依左岸的Ⅱ级阶地上，该级阶地被断层断错，形成高约 5.5m 的断层陡坎（图 2-64）。跨陡坎开挖揭露出断层剖面，断裂由多条次级断面组成，这些断层均为 N 倾的逆断层，断面倾角由北向南逐渐变缓（图 2-64）。根据断层断错地层、位移累计和地层的岩性及沉积特点分析，认为比较确定的有四次古地震（错动）事件。第一次古地震事件发生在阶地砾石层⑤、层⑥堆积后，断裂产生快速错动，断错层⑤和层⑥，并在断层下盘沉积层③，该次事件发生在（34.30±2.91）ka 之前；层③堆积过程中，断裂再次活动，在断裂下盘形成崩积楔，之后层③继续堆积，该次事件发生在（34.30±2.91）ka 之后，WSMD-TL-06 之前，由于 WSMD-TL-06 年龄样品测试结果存在倒置现象，不能准确地限定该次事件的年代上限；层③堆积后，断裂快速错动，断错层③，之后堆积层②、层①，该次事件发生在（21.31±1.81）ka 之后；第四次事件发生在层②、层①沉积后，断裂错动层②和层①，断层通达地表，最后一次事件发生在（17.23±1.46）ka 之后。由于该剖面上采集的部分测年样品测试结果存在倒置现象，即部分测年结果出现"上老下新"的情况，不能准确地限定每次古地震事件的年代，但该剖面上所反映的古地震迹象还是非常清晰的。

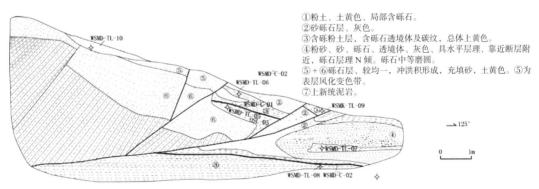

①粉土、土黄色、局部含砾石。
②砂砾石层、灰色。
③含砾粉土层，含砾石透镜体及碳纹，总体上黄色。
④粉砂、砂、砾石、透镜体、灰色，具水平层理、靠近断层附近，砾石层理 N 倾。砾石中等磨圆。
⑤+⑥砾石层，较均一，冲洪积形成，充填砂，土黄色。⑤为表层风化变色带。
⑦上新统泥岩。

图 2-64 南天山亚曼苏乡北亚曼苏断裂探槽（TC3）剖面图

探槽开挖及测年结果表明，亚曼苏断层倾向 NNE，倾角 10°～45°，逆断层性质，断裂断错的最新地层和地貌面为河流的Ⅰ级阶地，该级阶地形成年代为全新世早期，这表明亚曼苏断层属于全新世活动断层。

• 滑动速率的厘定：亚曼苏断层的垂直位移量，主要是通过地表断层陡坎测量和探槽剖面获得的。在山前冲洪积扇和河流的阶地上测量了多条陡坎，其中，河流Ⅰ级阶地上的最大陡坎高度为 3m 左右，Ⅱ级阶地上的陡坎最大高度可达 5.5m；结合测年结果，取

Ⅰ级阶地的年龄为 10ka 左右，Ⅱ级阶地的形成年代为距今 30ka 左右，由此计算得到断裂晚第四纪以来的平均垂直滑动速率约为 0.2 ～ 0.3mm/a。开挖的多个探槽表明，亚曼苏断裂属于低角度的逆冲断裂，主断裂倾角一般在 20°～ 30°，由此计算得到晚第四纪以来亚曼苏断裂所引起的地壳缩短速率为 0.4 ～ 0.8mm/a。

·古地震同震位移的厘定：同震位移是指单个地震期间地震断层或地表破裂带发生的错动量。获得同震位移的途径主要有横跨地震断层沉积层或年轻地貌面的断错、古地震崩积楔的高度、冲沟位移、断层上升盘的构造阶地高度、陡坎剖面的坡折等。由于根据古地震研究来判别同震位移，涉及到古位移的剥蚀、保存条件和古地震不确定性等一系列问题，很难有把握确定所观测到的古位移残余能否代表古地震事件的同震位移。不同性质的断层，如正断层、逆断层和走滑断层的同震位移表现形式亦有很大差异，尤其是逆断层 – 褶皱型地震断层，同震位移有一部分是消耗在同震褶皱上，通常是断层两侧沉积层断错量和断层上盘褶曲变形量的总和。因此，要准确获得古地震同震位移的定量数据具有很大的局限性和不确定性。

亚曼苏断层上开挖的三个探槽剖面观测到的地层断错量和陡坎剖面，得到亚曼苏断层古地震事件的同震位移量为 0.5 ～ 1.3m，平均为 0.9m 左右，这与郭建明（2002）研究得到的该断裂一次地震的垂直位移量为 1m 左右基本一致。

·古地震复发间隔的厘定：利用古地震序列确定古地震复发周期需要系列探槽开挖和大量的测年数据做基础，然后利用年代限定法进行分析确定。由于测年数据有限，且部分测年结果偏差较大，不能准确地获取古地震复发间隔和复发序列，因此不能通过古地震复发序列得到古地震的复发周期。利用断层滑动速率和同震位移计算得到古地震的复发周期也是一种有效的方法。某断裂特征地震之间的平均复发间隔 T，可由该断裂一次地震的同震平均位错量 u 与断层的平均滑动速率 v 之间的比率关系估计（Wallace，1970），即：$T=u/v$。由此，通过上述得到亚曼苏断裂的同震平均垂直位移 0.9m、晚更新世晚期以来的垂直活动速率约为 0.2 ～ 0.3mm/a，推算其古地震复发周期为 3000 ～ 4500a。

④阿合奇北断裂。

该断裂自阿合奇北，托什干河北岸冲洪积台地上，沿断裂发育清楚的断层陡坎，断层错断河流阶地，Q_1 西域砾岩逆冲在 Q_3 冲积砾石层之上（图 2-65）。断层形成新鲜的断层陡坎，并可能错断了全新世地层（图 2-66）。初步判断该断裂为全新世活动断裂。

（2）那拉提断裂晚第四纪活动。

那拉提断裂在区域上是中天山与南天山的界线。断裂西起托木尔峰一带，呈 NEE 向延伸，向西南延入吉尔吉斯斯坦境内，倾向 NW，倾角大于 50°，左旋逆断性质，长度大于 400km。断裂由那拉提北断裂和江布达板断裂为主体组成宽约 10km 的断裂带，断裂两侧石炭纪沉积建造大不相同，北侧为火山岩建造，厚度较大，南侧为碳酸岩盐建造。

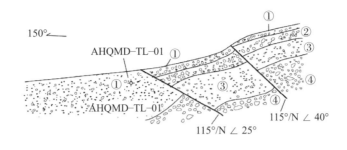

图 2-65 阿合奇西北腾古孜都克沟口阿合奇北断裂露头剖面
①砂砾石层，含黄色粉细砂（表层）；②卵砾石层，含巨砾（最大直径可达 20～40cm）；
③中砾、粗砾，最大砾径 10cm；④巨砾石层，以扁平砾石为主，粒径一般大于 5cm，最大可达 40cm

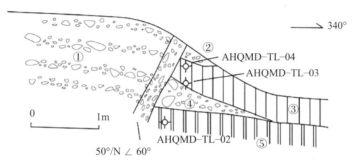

图 2-66 阿合奇西北腾古孜都克沟口反向断层陡坎断裂露头剖面
①灰色砾石层，水平层理，砾石周围分选一般，充填砂；②崩积楔；③土黄色含粉土层，松软（局部含砾）；
④崩积楔：砾石大小混杂，充填粉土；⑤含砾粉土层，土黄色局部含砾

沿断裂有超基性岩分布，南侧有低温高压动力变质兰片岩带，北侧有含硅线石高温低压带，为古板块俯冲带。断裂带具长期活动的特点，控制着石炭系、侏罗系和上第三系沉积，同时错断了前第三系和第三系，为一条左旋逆断裂。第四纪以来断裂有强烈活动，在那拉提两侧地势相对高差达 200m 左右，估计第四纪早期以来的平均垂直滑动速率在 0.2mm/a 以上。大尤都鲁斯盆地西北，江布达板断裂北侧石炭系与海西期花岗岩以 60° 角度向南逆冲在第三系和下更新统西域砾岩上。在巴音布鲁克区政府东北，沿断裂在晚更新世冲积扇上发育长达 10km、高数米的断层崖，在断层的其他地段亦有年轻断层崖分布，它们向西延伸可能与那拉提断裂相连，说明那拉提断裂晚更新世以来有活动。

野外调查表明，那拉提断裂属于晚第四纪以来仍有较强活动的断裂带，断裂断错了山前的冲洪积扇及河流的阶地，形成清晰的陡坎地貌（图 2-67），同时，该断裂还具有一定的走滑分量，在巴音布鲁克东北，穿越断裂的冲沟发生了不同程度的左旋位移（图 2-68），左旋位移量在 20m 左右。

跨断层陡坎测量了 5 个地形剖面，晚更新世山前的冲洪积扇上最大陡坎高度为 5.5m 左右，陡坎上明显存在坡折，表明断裂晚更新世以来有过多次活动，热释光年代样品测试表明该地貌面的年龄为距今 58ka 左右，由此计算得到该断裂晚更新世中晚期以来的平

图 2-67　那拉提断裂山前冲洪积扇阶梯状陡坎

图 2-68　那拉提断裂冲沟左旋位移

图 2-69　那拉提断裂剖面

均垂直滑动速率为 0.1mm/a 左右。开都河右岸废弃沟谷内实测陡坎高度在 1.6m 左右，可能代表了最新一次古地震事件的位错量。

在巴音布鲁克东北公路旁，发现了那拉提断裂剖面，断裂为 N 倾的逆断裂，断裂角度较陡，断裂两侧晚更新统砂砾石层层理明显不一致，断层下盘地层掀斜变形明显（图 2-69）。

在巴音布鲁克东北开都河右岸的阶地上，断裂断错阶地形成明显的断层陡坎，为一条高角度的逆冲断裂，断裂断错晚更新世以来的砂砾石层和上覆的粉土层，测年结果表明该断裂最后一次古地震事件发生在距今（16.65±1.41）～（13.10±1.01）ka，离逝时间为 13ka 左右。

上述证据表明那拉提断裂是一条晚第四纪以来仍然具有很强活动的区域性大断裂，从测量的陡坎形态看，该断裂晚第四纪以来具有多次活动的特点，最新一次活动应该发生在晚更新世末期—全新世早期，该断裂是一条具备发生 7 级地震的构造带。

2.5.4　贝加尔南—蒙古中部构造带

从贝加尔湖南端的通京地区向南至中蒙边界的达兰扎达嘎德地区，发育着一套近 SN 走向的断续延伸的右旋断层，并且同时有 5 级以上的地震记录（Ankhtsetseg et al.，2007），称为通京—达兰扎达嘎德右行断层带。野外调查和遥感图解译表明，这些断层有相当部分实际上是大型走滑断层的尾端构造或侧向构造（图 2-70）。该构造带在地质和地球物理上都没有被证明是一条连续的边界带，但是刁法启等（2009）根据最新的

GPS 数据的研究，认为它是蒙古高原西部的一条弥散的大陆内部边界带，是阿穆尔（Amur）板块的西边界。该"板块边界"有两条高应变率的构造带，一条自贝加尔裂谷沿着通京（Tunka）断层向西南方向延伸到 Hangay 高原西部，另一条自贝加尔裂谷南端向南穿过 Hövsgöl 湖至 Hangay 东部（图 2-70），这两条构造带的最大主拉张应变普遍远高于其他地区，其地震活动性也比周边地区高，拉张方向从贝加尔裂谷区的 NE—SW 向缓慢变为 E—W 向，沿贝加尔裂谷南端 Hövsgöl 湖至 Hangay 高原以东，表现为强烈的剪切及面膨胀状态，而且这两条构造带下方均存在强烈的地幔上升（刁法启等，2009）。通京—达兰扎达嘎德断裂带恰好位于这条边界带的东边缘，其成因机制仍然有待研究。

　　为了便于描述，根据构造组成的差异，将贝加尔南—蒙古中部构造带由北向南分为三段：①贝加尔南—北杭爱构造带；②杭爱东部构造带；③南杭爱—戈壁天山构造带。

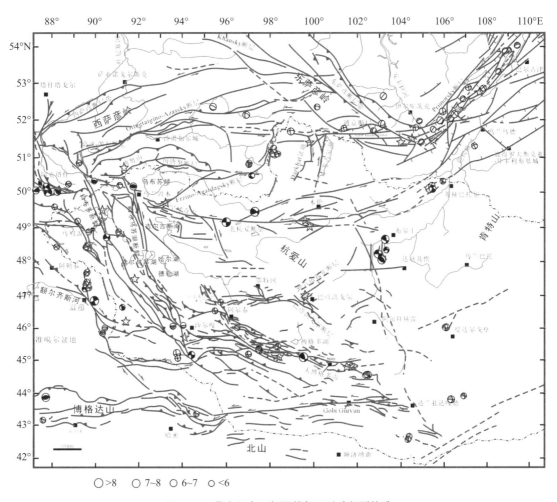

　　　○ >8　　○ 7~8　　○ 6~7　　○ <6

图 2-70　蒙古国中西部及其邻区活动断裂构造

2.5.4.1 贝加尔南—北杭爱构造带

该段的北部为围绕西伯利亚克拉通南缘的贝加尔裂谷断裂系和东萨彦断层带（主萨彦断层），南部是 EW 走向的通京断层带和北杭爱断层带以及夹持于它们中间的库苏古尔裂谷断裂系。

贝加尔裂谷断裂系南端的活动断层主要有三组：NEE 走向、NE 走向、NW 走向，少量近 SN 走向断层（包括 NNW 走向和 NNE 走向），其中 NE 走向的滨海断裂（Primorsky fault）和主萨彦断裂（Major Sayan Fault，东萨彦断裂带的一部分）构成了裂谷的西界和北界，NEE 走向和 NE 走向的断裂主要是正断层，湖北侧的断层多向 SE 倾，南侧断层多向 NW 倾。其中作为北界的滨海断裂为铲形正断层，是地堑地貌的主控断层，有较小的走滑分量。Levi 等（1995）根据断层面的擦痕认为是左行；但 Sherman 等（2004）则根据地形地貌认为是右旋。近期 GPS、地质的研究估计（Radziminovitch et al., 2007），贝加尔盆地 NW—SE 向的伸展速率是 2 ～ 3mm/a。震源机制解表明，大多数 NEE 走向和 NE 走向的断层上的地震具有正断层或左旋走滑，而近 SN 走向的断层和少量 NE 走向的断层则显示出右行走滑的特征（Radziminovitch et al., 2007）。

作为西伯利亚克拉通（地块）西界的东萨彦岭断层带，主要由包括主萨彦断层在内的三条 NW 向断层构成，使得图瓦—蒙古地块向西伯利亚地块逆冲，形成了东萨彦岭隆起。在前贝加尔（贝加尔湖的西北侧），主萨彦断层现在为左行逆冲走滑断层，断层倾向 SW，而在贝加尔湖及其南东则转向 NE 陡倾，震源机制解显示主压应力为 NE—SW 向，主张应力为 NW—SE 向，为走滑机制（Radziminovitch et al., 2007）；然而其南段靠近通京断层的地区及东萨彦岭断层带的前陆地区则出现正断层机制的地震，很可能与该大型断层带的弯曲段或侧向的分支断层应力释放有关。

通京断裂带（Tunka fault）是一系列近 EW 走向的左行走滑断层，从贝加尔湖南端向西断续延伸至沙诺加尔城以西，可能与西萨彦岭南界断层——Ottugtaigino-Azassky 断层相接。尽管通京（Tunka）凹陷与贝加尔盆地一样具有较厚的新生代沉积地层，但目前通京盆地地壳变形主要是剪切挤压状态，NE—SW 向上的挤压应力可能在逐渐增强，位错方式为逆冲和走滑（Radziminovitch et al., 2007）。通京断层作为该盆地的北界断层现今活动性主要表现为左行走滑，在通京岭，可见 NW 走向的破裂面上逆断层运动分量。沿断层带发生的地震震源机制解为左行走滑，主压应力轴指向 NE。1995 年，Mondy M7.0 地震造成沿贝加尔—Mondy 近纬向断层左行位移；Zun-Murino 河口 M5.7 地震发生在同一条断层上，也是左行走滑的机制。2003 年 9 月 17 日，一次 M5.1 地震发生在 Khoitogol 盆地和通京岭之间的边界上。通京断层与其西部的主萨彦断层（Major Sayan Fault）之间关系不清楚，相互之间并不相接，它们在裂谷系中以活动构造的方式独立演化；靠近主萨彦断层，通京断层分散为系列的分支断层，形成"马尾状构造"（Levi, 1995）。近期的研究（Radziminovitch et al., 2007）表明，通京断裂带与主萨彦断层所夹持的 Okay 高原地块由于主边界断层的左行走滑而顺时针旋转。

在通京盆地南西，是三个近 SN 走向的盆地：库苏古尔盆地、达尔哈特盆地和 Terekholsky 盆地（又称 Busingol 盆地）。它们都被 NNE 走向的断层控制，这些断层在近现代以来具有强烈的地震活动性，和通京断裂带一样表现为非常密集的中小地震分布带，震源机制解和地质考察（Radziminovitch et al., 2007）表明这些断层为右行正断层。其中库苏古尔盆地（Hovsgol basin）西侧断层（Hovsgol 断层，向 E 倾的正断层）和达尔哈特盆地东侧断层（向 W 倾的正断层）向南止于北杭爱断层的分支——Tsetserleg 断层。库苏古尔盆地的震源机制解显示南部挤压和北部局部伸展，Radziminovitch 等（2007）认为是由于 SN 向的库苏古尔断层和 EW 向的 Ikhorogol-Mondy 断层（通京断裂带的中央断层）相交部位的 NE 向挤压，使其内部地块被动伸展造成。而西部的 NNE 走向的 Terekholsky 断裂系则在南部被南唐努断裂的东端所切，后者是乌布苏湖的北界断层，近 EW 走向，具有左行逆走滑机制。Terekholsky 断裂系向北切过通京断裂带，其南端虽然止于南唐努断裂带，但向南东方向约 30km 处，仍有近 SN 走向的断层向 NEE 走向的 Tsetserleg 断层延伸，而且沿着这些近 SN 走向的不连续的断裂，出现长度超过 400km 的小震密集带。

贝加尔南—北杭爱段的南界是北杭爱断层带（又称 Bolnay 构造带）。该断层西起于乌布苏南侧的乌苏固木，经罕呼奇山、杭爱山北缘，向东延伸到蒙古中部的布尔干。除了主走滑断层——Bolnay 断层之外，在断层带南北两侧还有多条侧向分支断层和尾端构造。北杭爱断层东西端部的构造样式和运动学特征不同，东部为 NE 向剪切伸展型的雁列式盆地；而西部则形成冲断层，导致 Khirgis-Nur 盆地侏罗纪地层向新生代沉积逆冲。这样的构造样式是与晚第四纪以来区域变形应力矢量的空间分布一致的：东段，走滑的挤压轴为 NE 向，伸展轴 NW 向；中段，包括 Bolnay 位移区，造成挤压、走滑和剪切挤压变形的应力矢量的挤压轴方向是 NE 向；西段，Khirgis-Nur 盆地附近，挤压剪切的应力场最大挤压轴向是 SN 向。北杭爱断层中段，沿纬向带的左行走滑作用造成了 EW 向和 NW 向的伸展，导致形成 SN 向和 NE 向的张裂构造（Parfeevets et al., 2007）。

在北杭爱断层带中，以车车尔勒格断层（Tsetserleg fault，又称 Tsaganul 断层）为代表的 NEE 向尾端断裂带只延伸到贝加尔湖南端，不再往东扩展。尽管有些作者认为 Bolnay 断层可能向东延伸到外贝加尔地区，但在遥感图上，布尔干和苏赫巴托尔之间并没有活动断裂的清楚迹象，而且在苏赫巴托尔西约 50km 的地震群的震源机制为右行走滑，明显不同于北杭爱断裂带左行走滑的特征。跟西部地震活跃不同，包括贝加尔湖和外贝加尔（Burengiin, Buteelein, Hentey 岭、Orkhon-Selenga 凹陷等地）以东地区，地震活动较弱，它们沿山岭或山间谷地分散分布，或偶尔形成震群，总体呈现伸展走滑的特征。有理由推测，苏赫巴托尔至巴尔古津之间的外贝加尔地区的断层运动机制与蒙古西部完全不相同。

断层运动学（包括地质露头和震源机制解）分析表明，蒙古西部处于 NE 向挤压应力场，是印度—亚洲碰撞的远距离效应或板块边界构造应力向大陆内部远程扩散的结果，而在其东边，则逐步转变为贝加尔盆地和外贝加尔地块 NW—SE 向的伸展。GPS 观测显示，蒙古西部地壳移动速率为 2 ～ 3mm/a，自贝加尔向南东则为 4 ～ 6mm/a。包括通京盆地、Hovsgol 区和贝加尔盆地南端，都处于剪切挤压的状态，外贝加尔则为走滑和剪切伸展（Cunningham，2005）。

2.5.4.2　杭爱东部构造带

NW 走向的杭爱山（图 2-70），又称杭爱高原、杭爱穹隆，呈现穹隆形态，是蒙古高原地形最高的地区之一，平均海拔在 2000m 以上，最高处 3535m，被认为是在一个热的上涌地幔之上的动力抬升（dynamic uplift）的结果，局部存在第四纪玄武岩盖层，其最新年龄仅 5000 a（赵凤民，2005）。

杭爱山脉曾被认为只是通过一些分散且随机分布的正断层而发生滑动变形的地方，早期的填图（Baljinnyam et al.，1993；Cunningham，2001）揭示大部分活动正断层都是 NE—SW 向的，NW—SE 向的伸展与区域应变场相适应；然而，一些活动"正断层"表现为 E—W 走向或者 NW—SE 走向，意味着与区域应变场不匹配，于是被解释为地表抬升形成的局部应力造成的结果（Baljinnyam et al.，1993；Cunningham，2001）。但近期研究表明（Bayasgalan et al.，1999；Walker et al.，2007），这些不同方向的活动断层可能与杭爱穹隆两侧大型的走滑断层有关（Walker et al.，2007）。其中，在杭爱穹隆的南部，存在长约 350km EW 走向的左行走滑断层，即南杭爱断层（South Hangay fault），遥感解释和野外考察揭示出它的晚第四纪活动的证据。南杭爱断层的东西两端都发育有 NW 走向的逆断层：西为 Otgon 断层，东部为 Bayan Hongor 断层，是左行走滑断层的典型受限弯曲尾端构造；中段沿 Bayan Bulag 和 Hushuut Nuur 及其两侧分布；向东，除了与 Bayan Hongor 断层相接之外，还可能在东北边与额吉达瓦正断层（NE 走向，倾向 NW）相接，它是应力释放型的尾端构造。先前所发现的倾向滑动断层是更长的走滑断层在弯曲段所形成的次级分段、侧向构造或者尾端构造，共存于与蒙古西部区域应变场一致的左行走滑体系中，而不是由于局部地形抬升引起的应力造成的断层结果。尽管整个杭爱地区缺少 5 级以上的强震记录，但南杭爱走滑断层被认为有潜在大地震危险（Walker et al.，2007）。

北杭爱断层的东端除了在北侧有 NE 向雁列式断层之外，其南侧还有 NW 走向和近SN 走向的活动断层，这些断层在地貌上大多没有明显的活动性，缺少水系错动、断层陡坎等活动证据，但 1967 年莫高德（Mogd）的地震似乎与这些断层有关。1967 年 1 月 5 日和 20 日在蒙古中部莫高德发生了两次 M_W 7.1 和 M_W 6.4 地震，形成了长约 20km 的 SN 走向的右行走滑断层和 NW—SE 走向的逆冲断层（Baljinnyam et al.，1993；Bayasgalan et al., 1999）。其中 SN 向的走滑破裂清楚，且大部分连续，平均水平滑动约 1.5m，最大约 3.2m，还具有垂向分量。在主走滑断层破裂的北部，发现有另外一条 SN 向的破裂带，由不连续的裂缝、破裂组成（垂向错动小于 0.4m），局部表现为左阶张破裂，表明为右行走滑。其他次级破裂发生在谷底。南端的 NW—SE 走向的逆冲断层在与走滑断层连接处显示出最大的垂向运动分量 3.5 ～ 5.0m，向 SE 降低，中部为 2 ～ 3m，SE 端消失。根据遥感图仔细判别可以发现，1967 年莫高德 7.1 级地震的发震断层仅仅是北杭爱断层向南拐弯的尾端构造的一小部分，北杭爱断层的南支在布尔干以西围绕着杭爱隆起的东界向南东发生了弯曲，发散成一系列向南延伸的右行逆冲断层，在莫高德地区这些断层的行迹尤其明显，这些断层统称为莫高德断裂系（图 2-71）。其中，SN 走向的断层表现为右行走滑为主、NW 走向的断层表现为逆冲挤压为主。莫高德断裂系地震非常活跃，除了 1967 年莫高德 7.1 级地震之外，历史上还曾经发生过 5.5 级以上的中强震，现今表现为近 SN 走向的微震密集带。该地震密集带向南终止于近 EW 走向的 Ogii Nuur 断层，它有左行走滑的特征，历史上曾经发生过 5 级以上的中强震。

(a)　　　　　　　　　　　　　　　　　(b)

图 2-71　蒙古莫高德断裂系（北杭爱断层东南端，a）和 1967 年莫高德地震破裂（b，红色线条）的遥感解译

与其边界断层不同，杭爱隆起的地震活动相对微弱，1900 年以来甚至没有发生过一次 4.5 级以上的地震，5 级以上的中强震仅仅出现在北杭爱断裂和南杭爱断裂以及它们的尾端断裂系中。据南北向远震剖面解释，杭爱隆起之下的上地幔具有低速、低密度和

高温的特征，恰好对应着最高的地形，低速的地壳与上地幔的存在可能是地震活动较少的原因。从 S 波的快速转变和 GPS 大地测量推测出的伸展，推测在蒙古高原之下存在地幔物质的上升和扩张，导致地壳的伸展应力，但是上地幔的这种异常究竟是印度—亚洲碰撞的运程效应，或幔柱作用，还是其他动力学成因，仍然没有定论（Mordvinova, et al.，2007）。

2.5.4.3　南杭爱—戈壁天山构造带

该段由一系列大型左行走滑断层带东端的尾部逆冲构造组成。这些近 EW 走向的左行走滑断层带由北向南分别为南杭爱断层带、戈壁—阿尔泰断层带（博格多断层）、戈壁—天山断层带(图 2-70)。

戈壁—阿尔泰断层带，又称博格多断裂带（Bogd fault），西起于蒙古阿尔泰山南段的沙尔嘎，向东经大博格多山延伸到 Gurvan Bogd 山，全长超过 670km，呈 NEE—近 EW 向走势，为左行兼逆冲的大型走滑断层带。东部的 Gurvan Bogd 断裂系对应着博格多左行走滑断层受限弯曲段（restraining bends）。主断层（Bogd 断层）60 ~ 80ka 以来的最大滑移速度大约是 1.2mm/a（Ritz et al., 1995）。Gurvan Bogd 断裂是北部现今的边界逆冲断层，上更新世到全新世的抬升速率是 0.1 ~ 0.2mm/a（Vassallo et al., 2007）。 1957 年的 8.3 级地震发生在博格多断层上，产生了长度大于 250km 的地面破裂和平均（5±2）m 的水平左行走滑错动（Florensov et al., 1966 ; Ritz et al., 1995）。最新的研究表明，蒙古西南部 1957 年 Gobi Altay M8.3 地震与多条断层的同时破裂有关，包括位于博格多断层和南部 25km 的 Gurvan Bulag 逆断层，断层上的古地震研究表明，Gurvan Bulag 和博格多断层上地震破裂复发间隔相似，都为数千年（Prentice et al., 2002）。

戈壁—天山断层带呈近 EW 走向分布在中蒙边界地区，向西与中国新疆的博格达山相接，向东经 Gobi-Gurvan，延伸到达兰扎达嘎德以南的中蒙边界上，终止于东边的蒙古—戈壁断层之北，总长度超过 700km，也是大型左行走滑断层（Cunningham et al., 1996b）。它的中段以走滑为主，东西尾端为强烈挤压抬升的山地。在东部形成三条近平行的 NWW 走向的山体，山体海拔最高达 2825m（而周围戈壁的海拔仅在 1000 ~ 1500m）。西部的逆冲挤压尾端构造导致了夹持于准噶尔盆地和哈密盆地之间的东天山强烈抬升，后者海拔高达 4000m 以上，而盆地强烈沉降，哈密盆地的最低处仅为 141m。Cunningham 等（2003）发现从中天山向天山最东端，占主导的断层运动从逆冲变成左行走滑挤压，相应地，山脉的宽度和平均海拔降低，而且区域上 NNE 向的最大水平主压应力与先存的基底的主压应力方向的角度也在变小，这与近年来 GPS 运动矢量由西向东从 NNE 转为 NEE 是一致的。在戈壁—天山断层带东端，历史上曾经发生数次 5.5 级以上的强震，震源机制解表明为左行斜冲。

尽管相对缺少实地的地质考察，但是依据少量的地质研究结合遥感解译，推测在

Gurvan Bogd 断层和戈壁—天山断层之间还存在着一系列的 NW 走向的活动断层（Lamb et al., 2008）。其中北部的 Shin Jinst 断层和 Modot 断层具有 E—SE 的走向和左行滑动特征，与北部 Gurvan Bogd 山的主要活动断层的产状和运动方向相似。在 Shin Jinst 地区，除了大量 NEE 走向的左行走滑断层，还有少量的 NNW 走向的右行走滑断层。沿这些断层仅有 5.5 级以下的小震和微震记录（Ankhtsetseg et al., 2007）。

2.5.5　阿拉善构造带

戈壁—天山断层带以南，从额济纳旗到巴丹吉林沙漠的广大区域内，既缺少活动断裂的形迹也没有 6 级以上强震的分布。尽管额济纳旗的雅干到阿拉善左旗的乌力吉，从遥感图上能辨认出一系列的 NE 向和近 EW 向的线性构造，但实地的野外考察表明这些线性构造在晚第四纪以来缺少活动的证据，从其几何学分布及其左行的运动学特征看，它们很可能是晚第三纪的蒙古西部戈壁断层在我国境内的延伸部分，它在第四纪以来已经没有明显的活动迹象（Webb et al., 2006）。但有两条 NE 向的地震活动带，其 4 级以下的小震相对弥散，4 ～ 5 级的地震记录有较明显的线性特征，在地质构造上恰好对应着阿拉善北部的两条晚古生带的蛇绿岩带，遥感图也解译出数条缺乏第四纪活动标志的 NE—NEE 走向的断裂（图 2-72）。

在巴丹吉林沙漠的西缘和南缘，包括合黎山、北大山、龙首山和雅布赖山，分布着一套晚第四纪以来活动的左行走滑断裂系：金塔南山断裂、慕少梁南麓断裂、盘头山—羊圈沟断裂、天城—苏亥阿木断裂和阿右旗断裂。这些断裂系总体走向近 EW、向西收敛、向东撒开，组成断裂束，每条断裂长度一般 >100km，控制第四纪盆地，呈 EW 向长条状展布，卫片上线性影像清晰，晚第四纪以来表现出左旋走滑活动的特点，被认为是晚第四纪以来阿尔金左行断裂带的尾端构造（陈文彬等，2006）。天城—苏亥阿木断裂是断裂束中规模最大、断错地貌最为清晰的一条断裂，它西起黑河跑架子山沟，向东经天城、苦水墩、大青山南麓、狼娃山南麓、大车场、红梁，在苏亥阿木以东没于沙漠区，狼娃山以西走向 NWW，往东走向近 EW，呈向南突出的弧形，全长 >210km。该断裂至少由不连续的 6 条次级断层组成，每条次级断层又由更次一级的断层段组成。断裂断错了前震旦系变质岩、海西期花岗岩、闪长岩、下白垩统砂岩及新近系砂岩等地层，断层破碎带宽 5 ～ 10m，最宽 150 ～ 200m；带内有角砾岩、糜棱岩和断层泥等。断裂晚期活动断错了山前洪积台地，沿带地貌上显示为 EW 走向的平直沟谷或断层陡坎，在新洪积扇上形成的断层陡坎，高的为 7 ～ 15m，低坎高 1 ～ 2m。断层左旋活动明显，台地、水系、山脊、阶地有左旋断错地质现象。在大青山西段盘头山南侧的洪积扇上，晚更新世以来的断裂活动形成醒目的线性断层陡坎，一系列冲沟、梁脊、阶地上发生了左旋位错。由于沙漠的覆盖，慕少梁南麓断裂、盘头山—羊圈沟断裂、天城—苏亥阿木断裂的向东延伸状况不清楚，不排除与雅布赖山—巴音希博山断裂带相接的可能性。

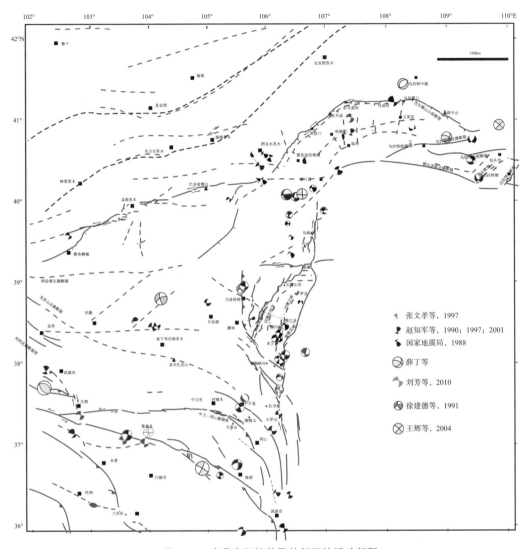

图 2-72 内蒙古阿拉善及其邻区的活动断裂
红色实线为实测断层，红色虚线为推测或隐伏断层；紫蓝色虚线为晚古生代蛇绿岩带。
图例中的震源机制解之后标注引文

2.5.5.1 雅布赖山—巴音希博山断层带

雅布赖山—巴音希博山断层带西起于阿拉善右旗雅布赖山，沿雅布赖山南麓向东经巴音希博山北麓和罕乌拉山的北端，在狼山南边，延伸进入乌兰布和沙漠，总体走向 70°，长度超过 300km。该断层西段地形地貌特征明显，表现为雅布赖山南麓山势挺拔，地形陡峻，山川界线平直；向北东在狼山的西南，经红古尔玉林沟至德斯乌拉一带形迹逐渐不清楚。众多水系沿断裂带呈串珠状分布，例如克布尔海、哈拉毛滩沼地、巴音诺尔公湖等。在阿尔格林台、因德里沟、巴彦希别等地的现代干河床两岸，第四纪更新统洪积物被相对抬升 5m 以上，造成侵蚀阶地，布罗史台、隆和托、踏木斯格等山体南麓山口往往形成悬谷，并有现代洪积裙。1959 年 4 月 22 日凌晨孟根公社西发生 5 级地震，1976 年 9 月 23 日孟根公社——雅布赖盐场一带发生有感地震（宁夏回族自治区地质局，1980）。断层带总体显示出左行挤压的运动学特征，断层面多为向 NW 陡倾，断裂带宽约 7km，包括布罗史台山、隆和托山、踏木斯格山、哈拉乌拉山、阿都丈山、巴彦希别山等隆起的山体，被认为是该断裂的构造透镜体（宁夏回族自治区地质局，1980）。该断层带错断了沿断裂带零星发育的一系列第三系湖盆沉积（渐新世—上新世），在西段——雅布赖山断裂，错断了上更新统沉积。

雅布赖山断裂带中北段，是主走滑断裂，为 NEE 走向的左行走滑断层，南西端和东北端是 NE—NNE 走向的分支走滑断层，为左行兼正断层。雅布赖山断裂带主断层沿雅布赖山南麓延伸，断层面总体向 SE 陡倾，切断晚更新世（Q_3）冲积扇，水系扭动显示左行走滑断层。断层导致北盘的晚古生代灰白色花岗闪长岩和早前寒武纪片麻岩大幅度抬升，形成独特的平顶山地貌。断层泥和断层破碎带总宽度大于 20m；在断层破碎带，测得两组破裂面：断层面 1，152°∠42°，擦痕线理，132°∠41°；断层面 2，150°∠40°，擦痕线理，172°∠38°，南盘左斜冲，与地貌特征不相符，可能为早期的擦痕构造。距山前主断层约 2～5km（向西与山前断层合并，向东散开），有与其近平行的高角度走滑断裂（称南侧分支断层），被 Q_3 覆盖，切断 K_2 和新第三纪地层。在南侧分支断层带中测得三组断层面：①断层面 140°∠73°，擦痕 45°∠15°，右行，存在早期倾向擦痕线理；② 145°∠66°，擦痕 58°∠6°，左行走滑，断层面绿帘石化；③ 150°∠53°，擦痕 220°∠45°，冲断层，断层面碎裂岩化，三组断层面不同的运动学性质表明断层曾经多期活动。基底碎裂岩之上，靠近断层的位置，存在以砖红色砂土胶结的角砾岩，其上分别水平覆盖新近纪砖红色砂岩与晚更新世砂土，说明南侧分支可能在上新世之后停止活动。雅布赖山断裂带主走滑断层向西切雅布赖山，形成显著的峡谷地貌，西端没于巴丹吉林沙漠之中；南西发育有分支断层，走向大体为 NNE—NE 走向，切入晚更新世的冲积扇，使得西盘的包括基底片麻岩、古生代花岗岩类和晚中生代地层大幅度抬升，抬升幅度由北向南减弱。南西分支断层主要沿山前陡崖发育，陡崖之上的片麻岩擦痕面发育早期右行擦痕，而在其西侧的基岩内，有更早期的左行活动证据。雅布赖山东北端也出现 NNE 向断层，切入新近系。雅布赖山断裂带主走滑断层的右行分支断层在南部继续向东延伸，由于局部的左行挤压阶区造成地形隆起，断层切断山前新近系和其上的第四纪冲积扇。最新的研究表明，雅布赖断裂的南西段垂直滑动速率约为 0.11mm/a，主走滑断层的北东段水平滑动速率约为 0.02～0.78mm/a（Yu et al.，2015）。

在巴彦西别山以东，该断裂带大部分被上更新统覆盖，局部被新近系地层覆盖，特别是狼山的西南地区，形迹逐渐不清。红古尔玉林沟以东，徐力斯特乌拉（希力斯台乌拉）至庆格勒图西北的阿拉善村一线，在遥感图上仍然可以辨认出较明显的线性构造，在地形上表现为 NEE 向的隆起，向东消失在乌兰布和沙漠中。线性构造南侧的地层为古元古或太古代片麻岩、下白垩统、始新统和上更新统，北侧为始新统、渐新统、中更新统和全新世的风积和河流冲积层，推测南北侧之间存在走滑断层。前人研究认为在河套断陷带与吉兰泰地堑之间，是一个近EW向的隐伏基底隆起，位置在磴口至徐力斯特乌拉一线（国家地震局"鄂尔多斯周缘活动断裂系"课题组，1988），这个界线恰好向西与雅布赖山—巴音希博山断层带相接，不排除该断层继续向东延伸的可能，构成河套地堑的南界。结合雅布赖山地区的研究，推测该断裂在上新世之前曾经较为活动，形成西起雅布赖山（甚至向西可能延伸到北大山）东至狼山长达数百千米的左行走滑断裂带，第四纪以来活动性明显减弱。

2.5.5.2 狼山—色尔腾山断裂系

即河套断陷带，位于阴山隆起与鄂尔多斯隆起之间，西界为狼山山前断裂，东界是和林格尔断裂，北界为阴山（包括色尔腾山、乌拉山和大青山）山前断裂，南界为鄂尔多斯北缘断裂，东西长约440km，南北宽约40～80km，总体走向近EW，与吉兰泰地堑之间，是位于磴口—徐力斯特乌拉一线近EW向的基底隆起（国家地震局"鄂尔多斯周缘活动断裂系"课题组，1988）。

狼山山前断裂带沿狼山东南麓展布，南起哈腾套海南，北至狼山口，全长160km以上，是控制临河盆地的西北边界断裂带，走向55°，倾向SE，倾角60°～70°。从地貌形态、构造活动特征及下降盘第四系厚度来看，北段比南段活动强烈，例如狼山山体北段海拔可达1800m以上，乌盖西北部最高峰可达2364m，南段山势渐缓，海拔降至1400m；相应地，北段盆地中第四系厚度为1800m以上，而南段沉积厚度逐渐减小；北段第四纪断层发育，山前断层崖、断坎常可见到，认为北段较南段较为活跃（国家地震局"鄂尔多斯周缘活动断裂系"课题组，1988）。野外考察发现，事实上断层崖、断坎一直向南西延伸到敖伦布拉格峡谷沟口第三系地层为基座的阶地之上，清晰可见，向南才逐渐模糊。根据断裂控制晚更新世和全新世冲、洪积扇、错断全新世地层，以及近代迫使黄河以每年上百米的速度向南不断迁移，说明断裂近期仍在强烈活动（孙爱群等，1990）。物探和地质露头考察发现狼山山前断裂以正断层为主，但遥感图上的部分段落显示出较明显的右行特征，例如北段的炭窑口附近。狼山口位于NE向的狼山山前断裂带与近EW向的色尔腾山山前断裂带的转折地段，是狼山山前断裂带第四纪强烈活动的地段（国家地震局"鄂尔多斯周缘活动断裂系"课题组，1988）。从遥感图上看，狼山山前断裂带与近EW向的色尔腾山山前断裂带为相互截切的关系，色尔腾山山前断裂带呈弧形并于狼山山前断裂带；狼山山前断裂带切过色尔腾山山前断裂带断续向北东基岩中延伸，同时造成水系的右行错动，色尔腾山山前断裂带的弧形可能是前者右行剪切造成的。而前人工作发现色尔腾山山前断裂带的局部地段——罕乌拉沟口两侧，断层崖高10～15m，断面具有左旋斜滑性质的擦痕，反映断层带具有左旋拉张运动的特征（国家地震局"鄂尔多斯周缘活动断裂系"课题组，1988），指的应该是色尔腾山山前断裂带弧形与狼山山前断裂带交接的部位。与狼山山前断裂带相平行，狼山扇裙前缘断裂展布于狼山山前扇裙的前缘，距山前 2 ～ 5km 左右，延伸长度达 200km 以上，以高角度 65° ～ 75° 向 SE 向倾斜，断裂南部强烈断陷，使新生代地层厚度增加，而且表现出东部和西部沉降的差异性。以上更新统地层为例，东部断距为 50 ～ 60m，西部增至 110 ～ 200m，因此该断层为有一定特征的枢纽断层（孙爱群等，1990）。

狼山地区沿 NEE 向是一个多地震带，较大的地震有 1973 年狼山南麓的 4.5 级地震，1934 年和 1979 年先后在五原发生的 6.25 级和 6 级地震，吉兰泰北东 30km 处发生过 6 级地震，小地震则更加频繁。但没有 7 级以上强震的记录。

色尔腾山山前断裂位于色尔腾山南麓山前，西起东乌盖沟，与 NE 走向的狼山山前断裂相接，向东近 EW 向经狼山口、乌加河，到乌不浪口之后，转为 300° 左右继续向 SE 延伸，经东风村、大佘太、乌兰忽洞，至台梁附近逐渐消失，全长约 150km，与狼山山前断裂一起控制着河套断陷带的西北边界，是河套断陷带一条重要的边界活动断裂。色尔腾山山前活动断裂以正断层的形式出现（吴卫民等，1996；杨晓平等，2002），根据对遥感图的判别，中东段没有发现明显的水平错动的迹象；西段局部断层陡崖（东乌盖沟口 / 罕乌拉沟口两侧）有左斜滑的擦痕（国家地震局"鄂尔多斯周缘活动断裂系"课题组，1988）。

色尔腾山山前断裂带断面均向盆地内倾斜，总体上为正断层，近 EW—NWW 向展布，倾角由西（39° ～ 60°）向东变陡（64° ～ 77°），控制临河凹陷的北边界；第四纪以来强烈活动，以乌布浪口为界，东西两段地貌、构造差异明显，西段山势陡峭海拔高达 1850m，东段低缓，海拔 1300 ～ 1500m；西段第四纪断层发育，东段不明显，基岩埋深变浅，断裂逐渐消失；所控制的临河凹陷第四系厚度西厚东薄，从 1600 ～ 1800m 向东减小为 200 ～ 420m。推测色尔腾山山前断裂带是狼山断裂带（具有右行斜滑特征）的尾端构造。

色尔腾山山前断裂大致可以分为 4 段（陈立春等，2003），从目前已经获得的运动学数据看，中段（乌句蒙口—得令山）晚第四纪以来垂向位移速度最大 [晚更新世晚期（23 ～ 49kaB.P.）以来平均垂直位移速率为 0.88 ～ 1.83mm/a，全新世中期（约 7.01kaB.P.）以来最小垂直位移速率为 0.89mm/a（杨晓平等，2002）]。西段次之，晚更新世晚期（22.34 ～ 14.45kaB.P.）以来，断裂平均垂直位移速率为 0.48 ～ 0.75mm/a；全新世早中期（8.83 ～ 5.57kaB.P.）以来，断裂平均垂直位移速率为 0.56 ～ 0.88mm/a（陈立春等，2003），中东段（大佘太段）和东段（乌兰忽洞段）很小，距今约 30ka 以来，断裂上升盘的平均抬升速率为：大佘太段 0.19mm/a，乌兰忽洞段 0.20mm/a（陈立春等，2003）。西段的乌加河跨断裂的短水准测量结果表明，1981—1986 年断裂带 SN 向最大垂直位移速率为 0.5m/a，EW 向垂直位移速率 0.4m/a。尽管中段晚第四纪以来的活动速率最快，但通过探槽揭示的古地震研究成果表明，距今 3250 年以来，该断裂段上还没有发生过错断地表的地震事件，杨晓平等（2002）认为该段是色尔腾山前活动断裂带上具备潜在危险的一个活动断裂段。

在色尔腾山前断裂带南侧，与其左行右阶排列的活动断层还有乌拉山北缘断层、乌拉山山前断层、大青山山前断层、鄂尔多斯北缘断层（临河盆地的南界断层）等近EW 走向的断层，以及与这些断层大角度截切或者相交的 NE 向隐伏断层，如包头断层和达拉特断层等。

乌拉山山前断裂带位于乌拉山南麓，西起乌拉特前旗（西山嘴），东至包头昆都仑区北，总体呈近 EW 向，长约 110km，正断层，倾向 S，地表倾角 60°～75°，深部44°～62°，为铲形断层。第四纪以来乌拉山山前断裂以垂直差异运动为主，兼具左旋扭动，晚更新世以来，西段活动较东段强烈（西段，西山嘴—公庙子段，走向 NWW，延伸长约 21km，片麻岩组成的基岩断层崖上覆盖着晚更新世河湖相砂砾石层，断面向 S 陡倾，擦痕显示左旋斜滑，晚更新世以来累计抬升速率为 5mm/a）（国家地震局"鄂尔多斯周缘活动断裂系"课题组，1988）。

大青山山前断裂沿大青山南麓展布，西起包头黄河南岸的昭君坟，向东呈 NEE 走向，延伸到呼和浩特以东，全长约 200km。晚更新世断裂活动表现为正断层和阶状正断层，倾角 45°～70°，两侧地层无明显牵引现象。总体呈正断层，局部 NNW 向断裂具压性且两盘做左旋运动。大多数露头显示主压应力近铅直，局部为 NW—SE 向（包头糖厂北），断层右旋拉张。全新世，大青山山前断裂带在西段东河—莎木佳表现明显，向东规模大大减小。晚更新世平均活动速率 4.6mm/a，早全新世平均活动速率 2.8mm/a，晚全新世个别地点活动速率高于 8mm/a（永富村北），可能与古地震有关（国家地震局"鄂尔多斯周缘活动断裂系"课题组，1988）。前人的研究认为，大青山山前断裂晚更新世以来的活动在空间和时间分布上都是不均匀的，例如呼和浩特段（起于呼和浩特西北郊的乌素图—元山子一带，向东止于奎素东 4km，长 38km），比大青山山前断裂中间几个段落在第四纪以来的累积位移量要小得多，山前台地发育不明显，晚更新世以来的位移速率在中间 4 个段为 4.75～6.46mm/a，呼和浩特段 2.4～3.5mm/a，仅约为前者的 1/2，然而，晚第四纪以来，该区间活动明显，由元山子往东，断层普遍断错山前洪积扇和冲沟二级阶地，断层陡坎分布较为连续，高度在几米至 10m 之间，而且伴随有断错地表的古地震事件发生（冉勇康等，2002）。对于该断层水平滑移速率研究的成果较少，江娃利等（2000）对大青山西端的研究揭示该断层的西端全新世以来的左旋走滑速率为 5mm/a。

鄂尔多斯北缘断裂带是河套断陷带的南界断层，由于库布齐沙漠的覆盖出露较差，仅在瓦窑、城拐子等地见到高达 20～50m 的断层陡坎；在城拐子至白泥窑一带，陡坎由上更新统湖积层组成，见向 N 倾斜的正断层出露，地震勘探资料认为是上新世末形成的正断层，断面向 N 倾斜，倾角 78°，西段断距较大，为 1500～2000m，向东逐渐减小，至黄河附近消失；断层以垂直差异运动为主，晚更新世以来的垂直活动速率约为 0.3mm/a，活动程度远低于河套北侧的断裂（国家地震局"鄂尔多斯周缘活动断裂系"课题组，1988）。

河套断陷带断层面倾角总体向深部变缓，地震勘探查明，狼山、色尔腾山山前断裂带倾角为 40° ～ 60°，乌拉山山前断裂带为 44° ～ 62°，大青山山前断裂带为 44° ～ 60°，均为上陡下缓的铲形断面；断陷带具有左旋剪切拉张的运动特征，局部见张扭性正断层，显示左旋扭动特征，临河盆地在北西方向的水平伸展量达 15km 左右（安平，1985，转引自国家地震局"鄂尔多斯周缘活动断裂系"课题组，1988）；地震断错反映的构造应力场的主压应力轴自西向东由 NE 逐步转为 NEE（国家地震局"鄂尔多斯周缘活动断裂系"课题组，1988）。从断裂分布的几何学特征和运动学配套来看，可以认为狼山—色尔腾山断裂系（河套断陷带）是雅布赖山—巴音希博山断层带的尾部松弛构造：总体具有左行伸展特征的正断层系统。

河套断陷带以浅源中小地震十分活跃为特征，地震强度和频度向北向西增大，与断裂带的活动特征一致，一般较大的地震发生在边界断层与横向断裂的交会处或隐伏凸起的两侧，如 1929 年毕克齐 6.0 级地震和 1979 年五原 6.0 级地震。

2.5.5.3 巴彦乌拉山前断裂

从地理位置上，巴彦乌拉山呈 NNE 走向分布于狼山南西，而且东部为具有较厚新生代沉积的吉兰泰盆地，很容易让人认为狼山东麓活动断裂向南西延伸，与巴彦乌拉山前断裂相接。但是，实际上这两条断裂带所控制的河套断陷带与吉兰泰地堑在活动强度上差别较大（河套断陷带内断层地貌特征显著，而吉兰泰地堑相关的断层地貌特征不明显；吉兰泰盆地第四系的最大厚度仅在 400m 左右，而河套断陷带第四系最大厚度超过 2400m），而且两条断裂带明显被雅布赖山—巴音希博山断层带相隔。敖伦布拉格与庆格勒图之间，存在一个近 EW 向的隆起，有大面积的第三纪红层出露。沿徐力斯特乌拉（希力斯台乌拉）至庆格勒图西北的阿拉善村一线，走滑断层分隔开了南侧的基底片麻岩和北侧的新生代地层，被错动的最新地层为中更新统。

巴彦乌拉山山前主要有由第三系组成的台地，台地以东为第四纪沉积盆地，以西的山区主体为古元古代的灰色片麻岩和花岗片麻岩。山区、台地和盆地之间存在两条断裂：西部的断裂倾向 NW，为逆断层，白垩系或更老的地层以及片麻岩基底向南东逆冲于渐新统之上，局部逆冲到中新统（上新统）之上，野外考察表明这套断裂主体走向 NE—NEE，主体在片麻岩中通过，向 NW 或 SE 陡倾，为左行逆冲断层。而晚期的右行正断层主要形成在山前台地与盆地的边界上，如巴彦乌拉山山前东部断裂断续出露约 40km，倾向 SE，为正断层，错断最新的地层为晚更新世的砂砾石层，上新统垂直断距可达 150m；根据地貌和第四纪沉积厚度分析，北段运动强度较大（国家地震局"鄂尔多斯周缘活动断裂系"课题组，1988）。

遥感图上，有明显的线性构造沿腾格里沙漠的西北边界出现，并经甘肃民勤延伸到武威以西。没有地质证据表明存在 NE 向的活动断层，但 1954 年 7 月 31 日恰好有 7 级地震发生在这条线性带上，震源机制解的研究表明，该线性带（至少其南段）为阿拉善地块南部的边界断层——近 EW 走向的查汉布拉格断层的分支断层（图 2-72）。

2.5.5.4 桌子山—贺兰山断裂系

桌子山—贺兰山断裂系总体呈近 SN 走向，主要包括近 SN 走向的桌子山活动断裂带、NEE 走向的贺兰山东麓断裂、NEE—SN 走向的黄河断裂（银川盆地断裂系）、近 SN—NW 走向的贺兰山西麓断裂带以及近 EW 走向的宗别立—正谊关断裂等断裂。贺兰山东麓断裂和黄河断裂控制了银川盆地，最近的地震剖面勘探表明，银川盆地内的断层成负花状结构，而西边界断层贺兰山东麓断裂具有右行走滑分量，尽管东边界断层黄河断裂并没有明确的地质证据证明存在右行走滑，但向北或向南延伸，桌子山断层和大罗山断层晚第四纪以来有右行走滑的证据，因此认为桌子山—贺兰山断裂系在晚第四纪以来是一套大型的兼具右行走滑特征的伸展断裂系。

桌子山断裂带位于桌子山地区的千里山西麓和岗德尔山东、西两麓，北起磴口南乌兰布拉格沟一带，向南沿千里山西麓经哈让贵乌拉与千里山钢厂东侧，过千里沟后断裂分为东西两支，西支以 SSW 向沿凤凰岭西麓及岗德尔山西麓延伸至三道坎东侧，东支仍大致以原走向经凤凰岭东侧、岗德尔山东麓，至老石旦煤矿西，近 SN 向展布，长度约 76km（邢成起等，1991）。在千里沟以北，该断裂带表现为千里山基岩与第四系之间的平直界线。千里沟北岸 I 级阶地陡壁上出露第四纪断层，为近直立或者高角度向 W 或 E 陡倾，断错了高出沟底约 4m 的阶地砾石层，形成断层陡坎；但 1～2m 的低阶地未被错断，其最新活动时代可能在全新世早期 [（9710±70）/a]（邢成起等，1991）。在千里沟北约 1km 处出露的断层剖面，断面 W 倾，倾角 63°，断层东西两盘分别为奥陶纪灰岩和第三纪砖红色泥岩；该断面之南发育晚更新世早期高台洪积扇，切割该扇面的数条冲沟右行错 12m、20m 和 22m。其中，右错 12m 的冲沟北壁亦出露断层，断面 W 倾，倾角 57°～60°，切割了晚更新世砂砾石层及黄土层。在千里沟南，桌子山断裂分为东西两支。西支沿凤凰岭—岗德尔山西麓展布，在地貌上构成山原分界，与千里沟以北断层相比，其活动强度明显减弱。东支断层北段沿桌子山西麓和凤凰岭与桌子山之间延伸，断层新活动较弱，沿线高约 4～10m 的阶地未被错动。南段沿岗德尔山东麓展布，活动较强。在代兰特拉一带，断层错动山前中更新世高台洪积扇，使断层西侧该洪积扇面发生反倾。在代兰特拉南约 5km 处，断层切过晚更新世晚期山前戈壁，形成低缓的 W 倾反向陡坎，陡坎坡角 3°～7°。再向南，自白云鄂博北至老石旦火车站西，断层在地貌上表现为断续延伸的基岩垄脊，垄脊底宽一般 20～50m 左右，高度约为十几米至四五十米，垄脊的东缘边界十分平直，应为断层所在位置。该断裂带新生代以来，为挤压—右旋走滑的性质（邢成起等，1991）。

2.5.5.5　银川地堑断裂系

银川盆地存在着 NE 向、NW 向和近 EW 向 3 组断裂，其中 NE 向的 4 条断裂为该区的主要断裂，即贺兰山东麓断裂、芦花台—崇岗断裂、银川—姚伏断裂和黄河断裂，组合构成了一个地堑系统。贺兰山东麓断裂走向 NE—SW，倾向 SE，正断层，具有右旋走滑分量，属于晚更新世活动断层。晚更新世以来，沿贺兰山东麓断裂带，插旗口—紫花沟段垂直位移最大（尤其是插旗口与苏峪口之间），该位移最大段与贺兰山最高峰及盆地中第四纪深凹陷在对应的位置上。苏峪口外断层崖全新世以来最大平均位移（垂向）速率为 2.1mm/a，平均位移速率 1.62mm/a；红果子沟断层崖最大平均位移速率 1.12mm/a，平均位移速率 0.88mm/a。尽管在西北轴承厂北、贺兰口南、苏峪口外、红果子沟长城西断点等地获得了贺兰山东麓断裂带右旋水平位移的证据，且这些地点水平位移值为垂直位移值的 2 ～ 4 倍，但是前人根据在大武口北干沟沟口和苏峪口断层崖等地探槽中发现的擦痕产状反映以垂直运动分量为主，红果子沟长城东断点只有明显的垂直位移（没有错动长城），大量的考察点上只能测到垂直位移等现象，总体来说，认为垂直位移更具有普遍意义（国家地震局"鄂尔多斯周缘活动断裂系"课题组，1988）。

芦花台—崇岗断层走向 NE—SW，长约 80km，从银川市老城西约 20km 处（西夏区）通过，是倾向 E 的铲形正断层，从银川西向北，断层断距变大（银川西第三系底面落差为 5km，至黄桥渠西达 3.4km。早第三纪时是断陷湖盆的西界，西盘晚第三纪地层直接覆盖在古生界或更老的地层之上。断层向上消失在中新世地层中，晚第三纪以来活动不明显，该断层晚更新世以来不活动（柴炽章等，2006；赵成彬等，2009；雷启云等，2008）。

银川—姚伏断裂（或称银川—平罗断裂），从黄渠桥南延至银川，走向 NNE，长约 66km，倾向 NE，正断层，从银川东部兴庆区通过，全新世以来还在活动，且存在古地震错动遗迹（赵成彬等，2009）。银川—姚伏主断层略呈锯齿状分布，倾向 NWW，北段倾角 71°，南段倾角 66°，北段全新世中晚期活动，南段晚更新世晚期活动，两段分界位置在银古公路附近；北分支断层倾向 SEE，倾角 70°；南分支断层倾向 NWW，倾角 76°（柴炽章等，2006；王银等，2007）。北段晚更新世末期以来滑动速率为 0.14 ～ 0.05mm/a；南段断层全新世不活动。自北向南断层活动强度呈减弱趋势（雷启云等，2008）。1739 年平罗地震震中位于平罗南 10km 处，极震区的走向和长度恰好与该断裂的地理平面位置一致；史书记载，沿银川—平罗一线地面沉陷、地裂、喷砂冒水最严重，且等震线东密西疏也似与该断裂倾向一致，曾被认为是 1739 年平罗地震的发震断层。但根据近年来对地表破裂带的运动学特征研究，结合地震勘探的成果，贺兰山东麓断层被认为是 1739 年银川—平罗 8 级地震的发震断层或主要控制断层（柴炽章等，2006；方盛明等，2009）。

黄河断裂控制着银川地堑的东界，北起石嘴山惠农区，向南经陶乐县直灵武南，总体呈 NNE 走向，从横城（永宁县东）南转为近 SN 走向。断裂以东为第三系、白垩系或更早地层构成的丘陵或高原，以东为黄河冲积平原；地震勘探表明，断面向 NW 倾斜，浅部倾角 70°，向深变缓，由银川向石嘴山南，垂向断错运动幅度减小（银川东，断裂两侧第三系底面落差 2800m，陶乐 1500m，黄渠桥 800m，石嘴山南 300m）。近期研究表明黄河断裂晚更新世末期有过活动，古地震及其错动遗迹明显（赵成彬等，2009）。

黄河断裂的南段为灵武断裂，古地震活动，近代和现代中强地震活动频繁，是一条晚第四纪活动断层。以红柳湾和太河子沟为界，柴炽章等（2001）将断裂分为北、中、南 3 段。北段由东西两支断层组成，走向 NE。其西支分布在中—晚更新世洪积台面与晚更新世晚期冲洪积台面之间，与中段斜列，阶距 1.1km。东支构成山地和洪积台地的分界，双叉沟以南航片上线性影像极为清晰，以北较为模糊；中段 SN 向延伸，发育在灵武东山西麓，东为基岩山地，西是晚第四纪洪积扇、裙发育区。断裂两侧落差达 300～400m，比南北两段大出 1～2 个数量级；南段东西两侧分别为中—晚更新世波状台地和全新世黄河冲积平原，呈折线状延伸，总体走向 SN。根据对断层最后一次活动时代的研究，北段和中段断层最后一次活动分别在晚更新世晚期或全新世初期，南段最后一次活动在全新世中期。另外，近代弱震和中强地震在南段西侧密集成带，以北稀少（柴炽章等，2001）。断裂北段中部机场探槽（布设在银川河东机场东侧一条被袭夺冲沟北岸的阶地上，此处发育小断层崖），揭示的断层有张性特征，产状为 310°∠67°，断层最后活动发生在（13.20±0.01）ka 之后；断裂中段北部的塌鼻子沟剖面与竹家沟附近揭示的断层产状为 285°∠66° 和 270°∠53°，最晚的断错事件发生在（9.83±0.24）ka 之后；断裂南段中部杜木桥公墓北侧的一个残留 II 级阶地西缘探槽揭示断层产状 301°∠65°，晚期错动事件发生在距今（10.4±0.105）ka 前；南段的太泉湖东岸 I 级阶地前缘的小断崖上的探槽揭示正断层，产状 250°∠65°，错动事件为（5.42±0.042）ka（TL）。灵武 20 世纪后期发生的几次 5 级地震震源深度分布在 10～16km；探槽揭示的古地震为 7～7.5 级（柴炽章等，2001）。

灵武断裂向南可能与罗山东麓断裂相接。罗山东麓断裂位于宁夏回族自治区中部，呈近 SN 走向，断裂以西是大小罗山山脉，以东为下马关—韦州盆地，是青藏块体与鄂尔多斯块体的分界构造之一。罗山东麓断裂在第四纪更新世之前，向北与牛首山断裂连为一体，并与其他几条青藏块体东北缘断裂活动规律一致，其活动表现为自西向东的逆冲（错动晚更新世的马兰黄土）；在 NEE 向的挤压应力长期作用下，青藏块体相对华北块体向北运动，全新世以来，罗山断裂由挤压逆冲转变为右旋走滑，并向北脱离了牛首山断裂而与银川地堑东侧的黄河断裂连为一体（闵伟等，1992；柴炽章等，1999）。大罗山山体北端周家圈东南约 1km 处的山坡上，罗山东麓断裂呈直线状，探槽揭露出两条相邻的断层，东侧正断层向 E 陡倾，80°∠80°，西侧为 W 倾的逆断层，265°∠54°。在大罗山石窑洞东侧洪积台地前缘，罗山东麓断裂在这里分为东西两支，西支位于奥陶系基岩山体的东缘，为断面 W 倾的逆掩断层，错断的最新地层是晚更新世马兰黄土；东支断层为高角度、断面 E 倾的正走滑断层（90°∠76°），是全新世以来的主要活动断裂。小罗山北段王登圈之南，不到 2m 宽的剖面上揭示出 5 条断层，断层皆为陡倾，垂向位移较小（剖面图显示 50cm 以内），最东侧倾向 W（260°∠72°，正断层），最西侧倾向 E（80°∠70°，逆断层），在中央近直立断层（东升西降），西侧有崩积砾石层（覆盖了东侧的两条断层），^{14}C 样品年龄约为 2000 年。罗山东麓断裂最后一次错动事件发生在（2105±175）a B.P.（柴炽章等，1999），近现代以来地震活动稀少。

位于罗山东麓断裂带以东的青龙山—马家滩褶冲带中的断裂构造以 W 倾为主，个别地段表现为 E 倾，据断层错动地层及褶皱倒向等推断，印支期—燕山期断裂运动方向为自西向东推覆为主，局部有自东向西反冲，但断裂规模不大，应属西倾东冲主断裂系统发育过程中产生的背冲断层。喜马拉雅期除继承性的逆冲推覆外，大多兼有右行走滑特征。

EW 向的断层主要分布在银川地堑的北端，在黄渠桥与石嘴山（惠农区）之间分布着 3 条向 S 倾的 EW 向隐伏断层，使得基底在 15km 距离内向南阶梯状断落了 5km，且可能向西发育，断错贺兰山东麓（王全口）的上新统砾岩（国家地震局"鄂尔多斯周缘活动断裂系"课题组，1988）。

宗别立—正谊关断裂是桌子山—贺兰山断裂系最显著的近 EW 向断层，横贯贺兰山北部山区，断裂带总体走向为 EW 向，局部走向变化于 NWW—NEE 之间，断层倾角较大，一般在 60° 以上，倾向时而 S 倾，时而 N 倾，变化比较频繁，为挤压—左旋走滑活动的大断裂，第四纪以来呈明显的左旋走滑活动（邢成起、王彦宾，1991）。根据重磁等物探资料推测，前人认为断裂出贺兰山后向东、向西均有延伸：其西延部分埋没于地下，地貌上无显示；自正谊关沟口南附近以 110° 走向出山后，在石嘴山—乌达谷地中也呈隐伏状态，大约在电厂南 2～3km 处过黄河后又出露地表，沿桌子山脉南端顺二柜沟沟谷向东经过老君山、陶乐煤矿，再向东切过楚伦翁古策沟后，又隐伏于地下，一直可向东延伸至偏关附近，总长度可达 500km 左右（邢成起、王彦宾，1991）。然而，在整个断裂带上，断层新活动只发生在楚伦翁古策沟以西的地段内，尤其是出露地表的两个段落，晚第四纪内活动显著，它们在航卫片及地貌上均有清晰的反映（实地野外考察并没有在贺兰山以东发现该断层的迹象）。第四纪以来，断裂活动导致一系列冲沟水系发生了同步左旋拐折；另据正谊关附近跨断层短基线测量成果，断裂带的现代活动仍以挤压—左旋走滑为主。宗别立—正谊关断裂东段（宗别立—正谊关南甘沟口）的断错地貌较为显著，其最长一组水平错距为 1800～2000m，最小一组错距 0～20m，被认为活动性最强，并且在毛呼都格音沟和葡萄泉子沟发现两处古地震遗迹（在距今约 6000a 左右）；向西、向东明显减弱（邢成起、王彦宾，1991）。

盆地中南部还有一组 NW—NWW 走向的隐伏断层。其中最北一组，发育在银川附近，从黄河东横山长城一线明显的地貌界线向北西经银川，从苏峪口附近进入贺兰山区，表现为偶有中强震发生的小震密集带，以该断层为界，盆地内的近代弱震主要局限在南部。而在稍南部的青铜峡至灵武地区，有两条隐伏的 NW 向活动断层：灵武北隐伏断层和吴忠北隐伏断层，可能与灵武断裂带（灵武东山西麓断层）一起控制着该地区近现代的地震活动。赵卫明等（1992）根据 1988 年灵武 5.5 级地震震源机制解和等烈度线的分布特征及其余震序列的精确定位，认为灵武北隐伏断层倾向 SW，正断层，是 1988 年灵武 5.5 级地震的发震构造。

NW 向的三关口—牛首山东麓断裂带可能是银川盆地的南界断层。这些 NW 向的断裂早期为逆冲断层，牛首山东北麓断裂倾向 SW，倾角 50°～80°，南西盘下古生界逆冲至北东盘中新统红色岩层之上，并错断下更新统砾岩层，断距达 40m；三关口一带压扭性的 NW 向断裂使第三纪地层强烈变动（国家地震局"鄂尔多斯周缘活动断裂系"课题组，1988）；而在第四纪以来转为左行走滑，野外考察表明三关口断裂的晚期擦痕为近水平的左行走滑擦痕。

与上述的 NE 向、NW 向和近 EW 向 3 组断裂的几何分布相一致，银川盆地有 3 个沉降中心，分别位于北部平罗西、中部银川北和南部灵武南。其中银川北沉降中心新生界与第四系厚度分别为 7000m 和 1609m（国家地震局"鄂尔多斯周缘活动断裂系"课题组，1988）。而最近的研究工作（杨卓欣等，2009；方盛明等，2009）通过跨银川断陷盆地（长 68.9km）的高分辨深地震反射探测剖面发现银川基底呈东西浅、中部深的形态，且西陡东缓，最深处大致位于芦花台至西大滩一带，埋深达 7km；芦花台断层 E 倾，倾角较陡，延伸至研究区基底之下；银川—平罗断层倾向 W，是一条超基底的隐伏断层；黄河断层 W 倾，延伸深度超过研究区基底；芦花台断裂、银川断裂分别于 12～12.5km、18～19km 深处交会于贺兰山东麓断裂，贺兰山东麓断裂于 28～29km 深处交会于黄河断裂，黄河断裂为错断 Moho 面的深大断裂，银川地堑为以黄河断裂为主、其他断裂为辅组合而成的负花状构造。芦花台断层、银川—平罗断层、黄河断层在银川盆地内均表现为 NNE 走向的速度差异条带，且断层两侧基底及沉积界面埋深存在显著变化。

有作者认为三关口断裂、牛首山东北麓断裂、大小罗山断裂（罗山东麓断裂）、云雾山断裂等斜列组成三关口—牛首山—云雾山断裂带，北段呈 NNW 向展布，延入腾格里沙漠后形迹不清，向南从大罗山开始转为近 SN 走向，经云雾山，终止于泾源县东，长约 360km，可能与岐山—马召断裂相接，是鄂尔多斯西南边缘弧形断裂束之一（国家地震局"鄂尔多斯周缘活动断裂系"课题组，1988）。但从晚第四纪以来这些断层的运动性质上看，它们并不属于同一条断裂带，牛首山断裂和三关口断裂为左行走滑断层，罗山东麓断裂为右行走滑断层。从遥感图上可以观察到该断裂对大小罗山东麓的水系造成的明显的右行错动，而在小罗山以南地貌上线性迹象不明显，形成断续的断裂向南延伸，固原以南转为 NNW—NW 向的几组断裂，云雾山断裂仅局部观察到水系的右行扭动（如板沟村—板沟—黄洼村），但断层陡坎已经看不清了，没有看到明显的南北向水平位移的证据。因此认为晚第四纪之后，罗山—云雾山断裂可能与黄河断裂一起构成了重要的边界断层，是银川右旋走滑拉分地堑系的主走滑断层之一。三关口—牛首山断裂系仅为分支断层，起着调整地堑两侧正断层运动幅度的作用。

2.5.5.6 贺兰山西麓断裂带

在贺兰山西麓，有两条近 SN 走向的断层：贺兰山西麓断层和巴彦浩特断层，它们具有晚更新世以来活动的证据。其中贺兰山西麓断层位于贺兰山西麓山前陡崖，向西倾滑，并有右行运动分量。巴彦浩特断层为高倾角右行走滑断层，由北向南逐渐转为 NW 走向而且逆冲运动分量增大。该断层在早期可能曾具有左行走滑特征，在断层北段，苏木图形成左行挤压构造，断层的西盘隆起成背斜；然而在背斜轴部，新的断层形成地堑状构造，表现出右行兼具伸展特征。在贺兰山南段，该断层与三关口断层相接，走向变成 NW。后者具有多期活动的特征：早期向南东左斜斜滑，可能曾作为贺兰山东麓正断层系的侧向调整断层；晚期向北斜冲。晚更新世以来，贺兰山西麓 SN 向断层的右行运动和贺兰山东麓 NE 向断裂的正断层运动表明贺兰山地区的区域主压应力轴向可能为北东略偏北。

2.5.5.7 中卫—同心断裂带

中卫—同心断裂带（又称中卫断裂带）是青藏高原隆起区东北缘一系列弧形断裂带系统中的一条构造带，它西起中卫西部甘塘青山石膏矿以西的小洪山（营盘水），向东沿香山、天景山东北麓延伸至同心以南，南端在固原七里营（西王团）与海原断裂带相接，全长约 200km；晚第四纪以来有显著活动，为逆 - 左旋走滑断裂带，其下切深度约 20km，属于基底断裂（闵伟等，2001）。断裂带总体形态呈向 NE 凸出的弧形展布，弧顶位于中卫县红谷梁一带，由若干次级断层按一定排列方式组成，由西向东分别为小洪山—麻黄沟断裂带、香山—天景山断裂带、同心西—七里营断裂带。

最西段为断面向 N 倾的正断层，倾角 60°～ 80°，获得擦痕，侧伏角 45°，左行；甘塘南至冯家堂段为向 N 倾的逆断层；冯家堂至麻黄沟为向 SW 倾的逆断层。断层的活动时代为晚更新世晚期—全新世早中期，全新世以来至少有一次黏滑为主的活动；全新世以来，最新一次活动的水平和垂直位移幅度大体相当，约为 1.5 ～ 1.8m（任利生等，1993）。

香山—天景山断裂带是中卫—同心断裂带的中段，该带西起上茶房庙，向东经大堆堆沟、孟家湾，过黄河再经窑上、碱沟、红谷梁向东到宁夏同心西，全长约 80km，为一条弧形断裂带。研究表明，该段为全带晚第四纪以来最活跃的地段，断裂活动主要以左旋水平运动为主，其中 1709 年中卫南 7½ 级大震就发生在该段，地震形变带主要展布在双井子沟、红谷梁、乱岔沟，向西过黄河，终止于大堆堆沟一带，全长 53km，这次地震破裂几乎贯通中段全带；震中在红谷梁至青驼崖一带，最大左旋水平位移为 5～6m，出现在红谷梁西［实测的地震形变带中的水系和阶地最大位移为 5.5m，出现在青驼崖西，震中可能在青驼崖至碱沟一带（国家地震局"鄂尔多斯周缘活动断裂系"课题组，1988）］。马润勇等（2005）认为，小红山一带最新一次地震地表破裂时间应当是中卫地震引起的，中卫地震地表破裂带从东端的团部拉至西端的小红山一带，总长度约 110km。

东段从双井子至同心西，断裂走向由 NW 向逐渐转为 NNW 甚至近 SN 向，长约 40km。断裂东侧是第四纪清水河断陷盆地；西侧为新生代褶皱隆起的低山。这一段处在中卫—同心活动断裂带东部尾端压缩区，近南北方向的塑性褶皱变形占有重要的地位（闵伟等，1991），断裂活动不很强烈。

中段早更新世末—中更新世初期以来，平均左旋走滑速率为 2.5～3.5mm/a（国家地震局"鄂尔多斯周缘活动断裂系课题组"，1988），全新世平均错动速率为 3.58mm/a（汪一鹏等，1990）。水平位移量在空间分布上由东向西有由强减弱的趋势（聂政等，1993）。1709 年和 1852 年香山—天景山活动断裂带上曾发生的 7.5 级和 6.0 级强震，表明中卫—同心断裂带近代有明显的活动（国家地震局地质研究所等，1990）。NWW 走向的香山—天景山断裂带第四纪时期最大左旋走滑位移总量约为 3.2km，而在其东南端发育了一条 NNW 走向的尾端挤压构造：桃山至同心、陈麻井一带逆断裂和褶皱，导致地壳缩短量大于 2.3km，1709 年 7 级地震正是在走滑段向挤压段转折部位突发破裂的结果（闵伟等，1991）。

2.5.6 青藏高原东北缘构造带

由一系列近 EW 走向的大型左行走滑断层带构成，包括海原断裂带、西秦岭北缘断裂带和东昆仑断裂带等大型断裂带及其次生构造。

2.5.6.1 海原断裂带

海原断裂带是祁连山活动断裂带东段的最东部分，它东起宁夏固原硝口以南，西至甘肃景泰兴泉堡，由一系列倾向不同的次级左旋走滑段组成，总长度约 240km，大体上可分为海原—景泰断裂带和月亮山东麓断裂带。

海原—景泰断裂带西起甘肃景泰兴泉堡，东到宁夏海原曹洼，全长约 170km，自西向东由 11 条次级剪切断层组成，包括米家山北麓断层（走向 110°，倾向 SW，倾角 70°）、哈思山南麓断层（走向 120°～130°，倾向 NE，倾角 30°～70°）、北嶂山北麓断层（走向 100°～110°，倾向 SW，倾角 60°～70°）、黄家洼山南麓断层（走向 110°～120°，倾向 NE，倾角 70°～80°）、西华山和南华山北麓断层（走向 120°～130°，倾向 SW，倾角 60°～70°）等一系列斜列的断层，总体走向 115°～120°，倾向 SW 或 NE，倾角多在 60°～70°，在斜列断层重叠的阶区形成了拉分构造或挤压构造（国家地震局"鄂尔多斯周缘活动断裂系"课题组，1988）。大多数次级断层的全新世滑动速率在 5mm/a 左右（平均速率为 4.53mm/a），中部的南西华山北麓断层和黄家洼山南麓断层全新世平均滑动速率最大，分别为 6.25mm/a 和 5.66mm/a，西端的马厂山北麓断层速率最小，为 2.48mm/a；中部的南西华山北麓断层和黄家洼山南麓断层之间为反错列阶区（左阶），形成断裂带内规模最大的干盐池拉分盆地；而前者与其南东的断层则为右阶错列，走向从 300° 转变为 330°（国家地震局地质研究所等，1990）。

月亮山东麓断裂带北起南华山东南坡，南至固原硝口，长约 55km，总体走向 320°，断面多倾向 SW，倾角 60° ～ 70°。由南华山南东麓至老虎腰岘西南，从老虎腰岘东南至小南川，两条第四纪晚期才形成的断层切割了第四纪砾石层及黄土，与其南部的继承了第三纪断裂的月亮山东麓断层构成左行斜列排列，控制了老虎腰岘盆地和小南川盆地的分布，后者仅有晚更新世地层的沉积；中北段有大量的左旋位移地貌迹象，而月亮山东麓断层则显示出强烈的挤压破损现象，水系左旋位移总趋势是向南东方向减小（国家地震局"鄂尔多斯周缘活动断裂系"课题组，1988）。

海原断裂带全新世以来的古地震活动在时间上表现出不均匀或"分阶段性"的特征，早期相对弱，中晚期强，最短的时间间隔仅为 100 余年，长的 2000 余年；空间上存在主破裂段和次级破裂段两个级别的发震单元（特征破裂的分级性）。西段发震事件相对规律，重复间隔时间长，平均（1941 ± 727）a；中段中晚全新世事件密集，重复间隔时间短，平均为（951 ± 409）a（冉勇康等，1998）。1920 年海原 8.5 级大地震的地表破裂几乎贯穿了整个海原断裂，充分显示了该断裂现今的强烈活动。地震方法研究表明，海原断裂各次级段的全新世滑动速率有所差异，但基本在 3.0 ～ 10.0mm/a 的范围内；海原断裂除明显的左旋走滑外，还有部分倾滑分量（国家地震局地质研究所等，1990；甘卫军等，2005）。

海原断裂向南与近 SN 走向的六盘山断裂带（主干断层为六盘山东麓断层）相接，后者新生代以来以强烈逆冲挤压构造为特征，导致六盘山形成复背斜构造，东翼陡于西翼，接近断层处，岩层直立乃至倒转，断层将下白垩统六盘山群逆冲到始新统之上，断层面舒缓波状，30° ～ 70°；第四纪以来的活动性质可能与第三纪一致，都是挤压逆冲，使得六盘山高出东盘第三系 500 ～ 1600m，造成陡峭的断层崖。野外调查发现，仅在六盘山东麓断层最北端约 10km 的范围内有水系左旋位移的特征，例如硝口南海子峡水库大冲沟，断层面 240° ∠ 45°，断层两侧冲沟皆为 NNE 向，但沿断层线 NNW 向流了 50 多米；从海子峡水库向南，沿断层逆冲分量迅速增强，走滑迹象消失。

六盘山断裂带在泾源县以南转为 NW 走向，从陇县固关附近向南东帚状散开插入渭河盆地最西端，消失于秦岭北麓断裂附近（固关以南又称陇县—宝鸡断裂带），断裂带在固关一带宽度仅为 15km，至渭河一带宽 70km，延伸长度 120 ～ 140km（国家地震局"鄂尔多斯周缘活动断裂系"课题组，1988）。陇县—宝鸡断裂带由 4 条断层组成，自西向东包括：桃园—龟川寺断层、固关—县功断层、千阳—彪角断层和陇县—岐山—马召断层。桃园—龟川寺断层走向 130°～150°，倾向 NE，倾角 70°，挤压性质。固关—县功断层与六盘山东麓断层相接，走向 145°，向 SW 倾，多期活动，沿断层既有显示左旋斜滑运动的斜向擦痕，也有发育在晚第三纪红土和砂砾岩中的小规模正断层和个别逆断层。千阳—彪角断层走向 130°，倾向 NE。陇县—岐山—马召断层在断裂带中规模最大，活动性最明显，北半段显示为扶风黄土塬上的陡崖，西高东低，南半段隐伏在渭河盆地内，倾向 NE。该断层北段导致上第三系强烈挤压变形，中南段显示出断层曾经发生较强的左旋水平位移。第三纪末的喜马拉雅运动导致沿断裂带挤压的同时，某些段落也出现了左旋走滑运动；第四纪以来则以区域性的间歇性隆起为特点，沉积较少，河流阶地级数多，拔河高大、沟谷深切（国家地震局"鄂尔多斯周缘活动断裂系"课题组，1988）。震源机制解表明本区主压应力轴为 NEE 向。

2.5.6.2　西秦岭北缘断裂系

西秦岭北缘断裂系主体走向 NWW，西端与日月山断裂带于临夏南相接，向东经漳县、武山、天水，于宝鸡与渭河断陷带相接。除了由天水断裂、甘谷—武山断裂、漳县断裂及麻锅滩断裂（又称黄香沟段）组成的主干断层即西秦岭北缘断裂带之外，其南北两侧还有 NW 走向和 NE 走向的侧向分支断层，包括马衔山—清水断裂带、礼县—罗家堡断裂带和凤县—太白断裂带等（图 2-73）。

西秦岭北缘断裂带晚更新世以来以左旋走滑为主（袁道阳等，2003；李传友等，2006），自东向西，包括下列次级断裂：天水断裂、甘谷—武山断裂、漳县断裂及麻锅滩断裂，平均水平滑动速率为 2～2.5mm/a，垂直运动速率为 0.4～0.7mm/a，水平活动东强西弱，而垂直活动西强东弱（滕瑞增等，1991）。

总体走向呈 NEE 的渭河断陷带是左行走滑的西秦岭北缘断裂带的侧向开放盆地。盆地的南界是秦岭北麓断裂，向西它与西秦岭北缘断裂带相接，西起宝鸡，经过眉县汤峪、长安丰峪口至蓝田（可能继续向东与伏牛山断层相接），在周至—马召以西呈 NWW 向延伸，在马召以东为近 EW 向，断层面向 N 倾，倾角 60°～80°，第四纪以来的垂直滑动速率为 0.23～1.14mm/a，主断层在花岗岩和中上更新世黄土之间，次级断面上可见垂向擦痕，跨断层短水准形变观测表明断裂有正断层活动，而北侧与其相邻的户县断裂则有左行走滑（国家地震局"鄂尔多斯周缘活动断裂系"课题组，1988）。秦岭北麓断裂向东延入秦岭内部，分为洛南断裂和商丹断裂，均表现出明显的左旋水平位移特征；向西则与西秦岭北缘断裂带相接。秦岭北麓断裂的东段北侧有两条 NE 向的断层：长安—临潼断裂带和华山山前断裂，皆为倾向 NW 的高角度正断层。华山山前断裂西起蓝田流峪口，东经潼关延至灵宝附近，西段为 NE 走向，东段为近 EW 向，长约 100km，为铲式正断层，浅部倾角为 62°～80°。断裂的东段之北为固市凹陷，西南段的北西侧为骊山凸起，南西为强烈隆起的华山。杜峪—石堤峪一带是该断层新活动最强烈的段落，也

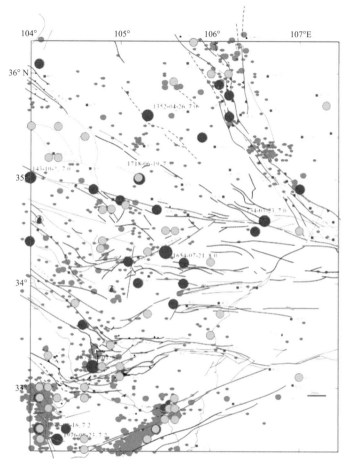

图 2-73　西秦岭北缘活动断裂与地震震中分布

红色实线为已经证实的活动断层，红色虚线为推测断层（没有明显地貌标志），黑线为前第四纪断层。

红色大圈为 6 ～ 8.0 级地震，粉色圈为 5 ～ 5.9 级地震，蓝圈为 4 ～ 4.9 级地震，绿色点为 3 ～ 3.9 级地震

是 1556 年华县 8 级大地震的发震构造。华山山前断裂第四纪垂直差异运动的幅度达
2000m 左右，在晚第四纪以来仍然强烈活动，多处露头显示断层错动中—晚更新统沉积
层，局部在全新世地层也有清楚的断面显示，垂向位移 1 ～ 9m，一般为 5 ～ 7m，擦痕多
数为垂向擦痕或侧伏角接近 90°，没有水平擦痕。长安—临潼断裂带总体走向 35° ～ 45°，
局部为 65° ～ 70°，地表看到的断面倾向 NW，倾角 60° ～ 70°，正断层，垂向擦痕明
显。该断裂带历史上地震活跃，曾发生过 3 次 5.5 级以上的地震。夹于华山山前断裂和
长安—临潼断裂之间的骊山山前断裂为近 EW 走向，断面向 N 倾，晚第四纪断层露头倾
角 45° ～ 80°，多为 55° ～ 70°，错断晚更新世黄土或全新世砾石层。第四纪垂直运动强
度由东向西明显增强，第四纪晚期地层断距在 0.2 ～ 10m 之间，相对华山山前断裂较弱；
断裂以正倾滑活动为主要方式，大约 1/3 的擦面上可见不同程度的左旋走滑分量，即斜向
擦痕，但走滑分量只有垂向分量的 1/10 ～ 1/4（国家地震局"鄂尔多斯周缘活动断裂系"
课题组，1988）。

渭河盆地中央的渭河断裂西起宝鸡，经咸阳、渭南、华县至潼关，向东可延至灵宝盆地，总体近 EW 走向。它主要是依据区域重力、磁力和渭河盆地人工地震反射勘探等资料确定的，横贯渭河盆地中部，盆地内的长度大约为 350km，北侧是下古生界灰岩，南侧是前古生界变质岩系和酸性侵入岩体。西段断裂走向 NWW—NEE，倾向 S，倾角 65°～80°；东段断裂走向 NEE—EW，断面 N 倾，倾角约 70°。对渭河断裂西段新构造环境的分析认为，第四纪以来渭河盆地西部地壳的向东掀斜抬升运动是造成渭河断裂西段出现差异性活动的根本原因（冯希杰等，2003）。盆地的北部有数条 NEE 走向和近 EW 走向的活动断层，由北向南是：乾县—富平断裂、双泉—临猗断裂、口镇—关山断裂、扶风—三原断裂等，皆为向 S 倾的正断层。

马衔山—清水断裂带是西秦岭北缘断裂带北侧的一条分支断层，总体走向为 NW。目前对其北段——马衔山—兴隆山活动断裂系的研究相对详细。马衔山—兴隆山活动断裂系从兰州市南部山区穿过，是晚更新世以来的活动断裂，包括：马衔山北缘断裂、马衔山南缘断裂、兴隆山南缘断裂和兴隆山北缘断裂。马衔山北缘断裂位于断裂系的中央部位，活动性最强，东起定西内官营，经庙湾、羊寨、银山，在七道梁的摩云关与兴隆山南缘断裂交会后，断续经田家沟、湖滩、关山、咸水沟至八盘峡止，全长约 115.5km，总体走向 N60°W，为一条地貌标志较明显的左旋走滑为主兼倾滑的活动断裂。在断裂东端形成了内官营拉张型盆地，在断裂西端的兰州盆地边缘形成了多条次级挤压隆起和逆断裂带，如皋兰山—九洲台隆起和柴家台隆起等。马衔山南缘断裂、兴隆山南缘断裂和兴隆山北缘断裂等其他 3 条断裂均为其伴生的逆断裂，为晚更新世活动断裂。它们在深部均可以归并到马衔山北缘断裂这一主走滑断裂带上，是兰州地区重要的控震断裂（袁道阳等，2002）。晚第四纪新活动以高角度断层为特征，尽管没有断面上擦痕的报道，但左旋走滑的地貌特征明显，中更新世以来最大水平滑动速率 5.53mm/a，晚更新世以来的平均水平滑动速率约为 3.73mm/a（袁道阳等，2002）；向南东地貌形迹变弱，但仍有 SE 向线性构造断续经清水县向宝鸡方向延伸与秦岭北缘断裂相接。沿马衔山—兴隆山活动断裂系多次古地震事件被揭露出来，其中西段的雾宿山成批沟段的古地震事件被认为就是 1125 年兰州 7 级地震（袁道阳等，2002）。

马衔山断裂带在其西段，即兰州市，与庄浪河断裂带相接，而走向也从 NW—NWW 转为 NNW—NW，最新的研究显示该地区的第四纪断层为典型左旋走滑尾端的挤压构造，控制了两山夹一谷的特殊地貌（以皋兰山—白塔山为界，分为东西两个盆地），但这些断层中的大部分在晚更新世之后没有活动的证据，仅仅是南西侧的主干断层——马衔山北缘断层在全新世仍然明显活动，并且可能是 1125 年兰州 7 级地震的发震断层段，估算的全段断裂平均滑动速率为（1.0±0.39）mm/a（袁道阳等，2002）。

庄浪河地区晚新生代以来的构造变形主要以挤压逆断裂－褶皱作用为主，地貌上构成西缓东陡的复式背斜。庄浪河断裂就位于该复式背斜的陡翼边缘，总体呈 NNW 向，大致由两条弧形分叉的逆断裂 – 褶皱带构成，它们在地下深部为逆掩断层活动形成的断裂扩展褶皱。地表所见规模不大、活动性不强的次级断层仅是下部逆断裂往北东方向斜冲活动的地表构造形迹。其新活动造成斜穿该褶皱带的庄浪河Ⅰ～Ⅲ级阶地发生明显的褶皱变形并造成本区的多次中强地震，如 1440 年永登 6.25 级地震、苦水 5.5 级地震和 1995 年永登 5.8 级地震的发生（袁道阳等，2002）。

1995 年永登 5.8 级地震震源机制解表明 P 轴走向 345°（仰角 27°），与本区的 NE—NEE 向的区域构造应力场方向明显不一致（邢成起等，1996），袁道阳等（2002）认为地震的发生应直接与本区的弧形逆断裂 – 褶皱带的新活动有关，属断裂扩展褶皱作用造成的地震，但没有解释与本区的 NE—NEE 向的区域构造应力场方向明显不一致的原因。一种可能性是由于该震源机制仅反映了庄浪河断裂分支断层在近 EW 向破裂带附近的局部应力状态，而主应变沿 NNW 主走滑带向 NNW 方向分解并积累最终导致断层破裂。因此推测该断层早期（第三纪）为马衔山断层带的尾端挤压构造，第四纪，特别是晚第四纪以来可能已经演化为右行走滑断裂带，主走滑带大致沿庄浪河西侧分布，断裂南起河口，往北经苦水、龙泉、大同至永登以北，总体呈 NWl5° 方向展布，长逾100km；两侧有弧形的分支断层和褶皱带（主要在西侧），这些分支断层仍然多为隐伏，地表表现为断层扩展褶皱，而向下则归并到主走滑带上。未来，该断层有可能持续向南发展，切割马衔山断裂带。

热水—日月山断裂带总体走向 N35° W，北起大通河以北的热麦尔曲，向南经热水煤矿，沿大通山、日月山 NNW 向隆起带的东侧延伸至日月山丫口后，东支与拉脊山断裂带斜接（后者向南东于临夏南与西秦岭北缘断裂相接），西支经贵德、东沟、同仁县西，继续向 SSE 延伸，终止于东昆仑断裂带之北（碌曲县和河南县之间）。通常文献所说的热水—日月山断裂带是指热麦尔曲至日月山丫口段的 NNW 向逆 – 右旋走滑活动断裂带，它由 4 条不连续的次级断裂段以右阶羽列组成，阶距 2～3km，在不连续部位形成拉分区；在主断裂两端则形成帚状分叉，长度约 183km（袁道阳等，2003）。断裂活动形成了一系列山脊、冲沟和阶地等右旋断错微地貌。根据阶地年龄，计算得到断裂带全新世以来的平均水平滑动速率为 3.16mm/a，垂直滑动速率为 0.83mm/a（袁道阳等，2003）。

热水—日月山断裂带的北段，即大通河断裂，在大通河以北的热麦尔曲与托勒山北缘左旋走滑断裂带（海原—祁连山断裂带）斜接，在地貌上主要表现为断层崖和断层陡坎，无明显的走滑活动形迹，但其新活动显著，应为全新世活动段。大通河断裂南端在着尕登弄附近与热水断裂呈右阶羽列，阶距 2km，形成了一个小的拉分区。热水断裂在地貌上表现为一系列断层陡崖及断层陡坎，右旋断错阶地、冲沟和山脊等，具逆 – 右旋走滑特性（探槽揭示产状，350° /NE ∠ 45°），断裂南端在茶拉河附近与海晏断裂段呈右阶羽列，阶距 2.5km，也形成一个拉分区。海晏断裂在地貌上表现为明显的断裂谷地，右旋断错的冲沟、山脊、阶地及洪积扇等，同时形成了明显的断层陡坎，为全新世活动的逆－右旋走滑断裂（探槽揭示产状，340°/NE∠37°），南端以克图拉分盆地与日月山断裂段右阶斜接，阶距3.3km。日月山断裂段在地貌上表现为高大的断层陡崖及较低的断层陡坎，偶见右旋断错山脊、冲沟等现象。热水—日月山断裂带早第四纪以前是活动的，以挤压逆冲为主，致使断裂两侧的新近系、第四系发生了明显的挤压变形。热水—日月山断裂带晚第四纪以来为逆冲－右旋走滑。

热水—日月山断裂带穿过日月山丫口的克素尔盆地后，走向变为NWW，分为4条分支断层，NE侧的两支为拉脊山北缘断裂带和拉脊山南缘断裂带，规模大、延伸远，尤其是拉脊山南缘断裂带保存明显断层陡坎和左旋错断山脊、冲沟等微地貌现象；SW侧的两条断裂规模较小、长约20km，新活动性不明显。

拉脊山北缘断裂带，西起日月山丫口的山根村，向东延伸经过拉脊山北缘的青石坡、石壁沿、红崖子、峡门，到临夏的大河家以南终止，全长约230km，自西向东其走向由NW60°渐变为近EW向、NNW向。断面总体倾向SW，倾角45°～55°，以挤压逆冲为主（青石坡以东），局部地段有左旋走滑的形迹。该断裂南侧为高耸的拉脊山脉，海拔4400余米，北侧是西宁—民和盆地，因此是盆山之间的边界断裂，两边地形高差达1700余米。断裂西段以逆左旋走滑活动为主，可见水系同步拐弯和山脊断错现象，断距达几十米至百余米，为晚更新世活动段；断裂东段（青石坡以东）则以垂直升降运动为主，线性特征较差，多呈舒缓的波状，反映了强烈的挤压逆冲特性。在浪营村至红崖子一带，强烈的高山隆起与低缓的盆地凹陷形成鲜明的对照，前第三纪地质体冲覆于第三纪红层之上，同时在第四纪坡洪积物上残存有较宽大的断层陡坎及断裂沟谷等，显示出断裂晚更新世的活动性（袁道阳等，2003）。拉脊山南缘断裂带西起日月山丫口的克素尔村，向东经青阳山、扎巴镇，沿洛忙沟和总洞终止于临夏大河家以南的积石山前，长约220km。该断裂由多条规模不等的次级断层段组成，从西到东其总体走向由近EW向逐渐转为NNW向。该断裂在航卫片上线性影像清晰，西段多形成槽状负地形，控制了第四系松散堆积，断裂东段多为陡壁断崖。西段的青阳山附近，山前的Ⅱ级阶地上形成反坡向断层陡坎，并有多处断层泉出露；Ⅱ级阶地边缘还具有左旋走滑的形迹，断距达120m左右，表明该段断裂在晚更新世晚期仍有活动（袁道阳等，2005）。

拉脊山地区的弱震活动基本沿拉脊山南北缘断裂分布，形成了明显的NWW—NNW向弧形条带，尤其是在拉脊山断裂NE端的弧顶部位，弱震活动密集成带，这里是受NE向区域构造应力挤压最强烈的部位。在远离拉脊山断裂带的南北两侧盆地内地震较少，没有发现地震活动成带分布的现象，说明两侧盆地内部可能不存在规模较大的活动断裂带或隐伏活动断裂（袁道阳等，2005）。

袁道阳等（2005）认为，拉脊山断裂带实际上是介于全新世强烈活动的热水—日月山断裂带（右旋，3.25mm/a）与西秦岭北缘断裂带（左旋2.1～2.8mm/a，滕瑞增，1994）之间的一个大型挤压构造转换带，是在青藏高原向NE向推挤的过程中，由于海原断裂和西秦岭北缘断裂的滑动速率差异，以及受到北侧阿拉善块体和东侧鄂尔多斯刚性块体的阻挡，夹持在 NWW 向和 NNW 向两组断裂带之间的次级块体在 NEE 向区域主压应力作用下，向 SE 向的顺时针旋转和挤出，从而造成走滑断裂的端部形成挤压区或褶皱－逆冲断裂带，来实现走滑断裂带端部的转换平衡。袁道阳等（2005）认为由于拉脊山断裂是调节 NNW 向的热水—日月山右旋走滑断裂带与 NWW 向的西秦岭北缘左旋走滑断裂带之间应力应变关系的一个大型挤压构造区，那里应力易于集中，也容易释放，所以本区的地震活动表现为小震频繁发生，而大震稀少。但也有作者认为，拉脊山断裂带实质是由西秦岭北缘断裂带和热水—日月山断裂带的尾端次级分支断层，一旦主断层（西秦岭北缘断裂带或日月山断裂带）向前贯通，仍然有强震的可能。实际上，尽管地质露头揭示西秦岭北缘断裂向西止于清水与同仁之间，但中小地震的 NWW 向线性分布延伸到了与西支断裂的交界部位，不排除这样的可能性：现在西秦岭北缘断裂已经突破拉脊山断裂带的东端而继续向西发展（张家声等，2014）。

　　礼县罗家堡断裂带是西秦岭北缘断裂南侧一条 NE 走向的侧向分支断层，西起宕昌，经洮坪、礼县、祁山，过罗家堡、平南镇至街子口，长 155km，总体走向 NEE，倾向 SSE，为兼有正倾滑分量的左旋走滑断裂，晚更新世以来的平均水平位错速率为0.95mm/a，平均垂直位移速率为 0.35mm/a，垂直位移速率约为水平位移速率的 1/3（韩竹军等，2001）。该断裂带由一组断裂斜列构成，自西而东共 3 段：宕昌—礼县断裂段，长80km；礼县—罗家堡断裂段，长 40km；天水镇—街子口断裂段，长 35km。礼县—罗家堡段的活动性最为明显、强烈，很可能是 1654 年天水南 8 级地震的发震断裂。在盐关西王城东北有两条被同步左旋错断的冲沟，错距分别为 27m 和 30m。在位错 27m 的冲沟东壁，见到断层错断了晚更新世黄土及全新世坡积层，断层产状 55°/SE67°，断面上擦痕倾向 NE，侧伏角 20°。被断错层的 TL 年龄为距今（42.4±3.3）ka。在两条冲沟之间及两侧都有线状延伸的断层陡坎，空间位置上与冲沟拐弯相对应，垂直断距为 0.6m。观察到的最大水平位错出现在王城东北的一条冲沟东壁，位错量为 5.2m。礼县罗家堡断裂带南西端被 NW 走向的临潭—宕昌断裂带截断。

　　礼县罗家堡断裂带的东边是 EW—NEE 走向的凤县—太白断裂带，它也是西秦岭北缘断裂带的分支断层之一。该断裂带在礼县—成县—凤县地区的线性特征明显，地震活跃。它分为南北两支，北支近 EW 走向，从太白盆地北缘向西延伸，经凤县向西止于礼县和西和之间；南支 NEE 走向，从太白盆地南缘向西延伸，经凤县、两当，至成县后转为NE 走向，止于舟曲断裂的东南，沿断裂带有几个狭长的凹陷盆地，从水系的断错看，应为左旋走滑断层。在凤县—太白断裂带南侧还有一条近 EW 走向的断裂带，即成县—徽县断裂，它东起留坝县北东约 30km，向西经徽县，至成县西约 10km，转为 NNE 走向，总长度超过 90km，是成县盆地的南界。沿凤县—太白断裂带和成县—徽县断裂带曾发生过 5～7 级的地震。

勉县—略阳断裂带，又称康县—略阳断裂带，呈近 EW 走向，为左行走滑断层，是秦岭的南缘断层之一。它东起汉中盆地的北界，向西经勉县、略阳、康县，转为 NE 走向，向南西止于东昆仑断裂带的东端分支断层，即塔藏断裂以北。最新的研究（杜建军等，2013）表明，康县—略阳断裂带在康县以西继续向西延伸，在陇南市（武都）以北转为 NW 走向，与迭部—舟曲断裂带相接；向东在略阳县南以右阶与茶店—勉县活动断裂相接，后者呈 NW 走向，为向 NE 陡倾的左斜冲断层，被 Q$_3$ ～ Q$_4$ 的黄土覆盖，在勉县与 NE 走向的平武—青川断裂相接。在武都熊池坝山内，康县—略阳断裂带的活动导致北坡的基岩左旋逆冲到中上更新统之上。

甘肃文县北部 NEE 向断裂带（卢海峰等，2006）是勉县—略阳断裂带西端的尾部构造，由哈南—稻畦子—毛坡里断裂带（侯康明等，2005）和范家坝—临江断裂组成（冯希杰等，2005）。由于研究程度相对较低，文献中关于该断裂带的各断裂的定名不尽相同，且在断层性质的描述上存在一些矛盾。卢海峰等（2006）认为文县北部 NEE 向断裂带由松柏—何家坝—犁坪断裂东段、石鸡坝—观音坝断裂和石坊—临江断裂组成，都是高倾角向 N（NW）倾或近直立的断层。其中松柏—何家坝—犁坪断裂东段为左旋逆冲，弋家坝山前，断裂明显左旋断错水系冲沟，断错了晚更新世的冲洪积角砾层和静水堆积的黄色黏土层，走向 NE75°，倾向 NW，倾角近 80°，断面内擦痕和陡坎显示为逆冲式断裂。侯康明等（2005）则认为哈南—稻畦子—毛坡里断裂带（大致相当于文县北部 NEE 向断裂带的北部）由 3 条 NEE 向断裂组成，由南向北它们依次为：① 哈南—稻畦子—毛坡里断裂（位置上大体跟松柏—何家坝—犁坪断裂东段一致）；② 安昌河—青山湾—庙坪里断裂（与石鸡坝—观音坝断裂位置大体一致）；③ 八字河—屯寨—固水子断裂。并且认为这 3 条断层在晚更新世晚期以来都是以走滑为主兼有正断层运动。其中哈南—稻畦子—毛坡里断裂是控制堡子坝—月亮坝中新生代断陷盆地的南缘断裂，总体走向 NEE，局部呈 NW 向，倾向 NNW 或 NE 向，倾角近直立，晚更新世晚期以来的运动方式由倾滑改变为走滑兼有倾滑，水平滑动速率为 0.67mm/a。安昌河—青山湾—庙坪里断裂长 60 余千米，是控制堡子坝—月亮坝断陷盆地的北缘断裂。在堡子坝北至八字河之间，由于 NNE 向断裂的改造，该断裂由 NNE 向转为 NE 向并有向西南收敛的趋势。在断裂东段，断层错断了最上层的坡积黄土砾石层，断层走向 N75°～ 80° W，倾向 SW，倾角 60°～ 68°，断面反映出断层有多次断错。该断裂晚第四纪以来活动方式以左旋走滑兼正倾滑为特征。断裂上发生过至少两次以上 7.5 ～ 8.0 级的古地震。八字河—屯寨—固水子断裂为玉坪—固水子、庙坪里—望子关白垩纪断陷盆地之北缘断裂，西起八字河，向东经屯寨、羊完山至固水子以东，全长约 60km，总体走向 NE。在屯寨的芝麻村山坡上，断层破碎带宽 2 ～ 3m，由糜棱岩组成。主断面走向 N38°～ 50° E，为倾向 NW50° 的正断层，在晚更新世以来有过明显活动，断裂水平滑动速率约为 0.4mm/a。同时沿 NEE 向断裂还伴生有一些 NNE 向横向活动断裂：雄黄山—东峪口断裂、望子关—琵琶寺断裂等。NEE 向断裂与 NNE 向断裂相交会的部位可见到多期形成的活动褶皱构造，且部分褶皱形成时代很新，已影响到第四纪新近期的沉积地层。侯康明等（2005）认为哈南—稻畦子—毛坡里断裂带是 1879 年武都南 8.0 级地震的发震构造。而冯希杰等（2005）则认为沿文县东北水坑山北麓 NEE 向的范家坝—临江断裂才是 1879 年武都南地震的发震构造，该断裂主要沿碧口群与泥盆系的交界地带分布，总体走向 NEE，东北段断裂走向弧形，呈 NE 向或 NNE 向。断裂倾向 N（NW），倾角陡，两侧地层破碎明显。范家坝—临江断裂与文县西南的白马—贾昌断裂可能为同一条断裂，因受后期 NW 走向的高峰坝—明镜寺断裂的影响，分成了范家坝—临江和白马—贾昌两条次级断裂。也有作者根据卫星影像判断，认为该断层为张性左旋断层（张家声等，2014）。

2.5.6.3 东昆仑断裂带

东昆仑断裂带是青藏高原北部的一条巨型左旋走滑活动断裂，为青藏高原内部柴达木块体与巴颜喀拉块体之间的边界断裂带（张培震等，2003；徐锡伟等，2007）。它西起青海新疆交界的鲸鱼湖以西，往东经库赛湖、西大滩、东大滩、阿拉克湖和玛沁，向东延至甘肃玛曲以东，总长约 1600km，总体走向 N280° ～ 300° W。该断裂带包含 6 个首尾错列或遥相对应的破裂段：库赛湖断裂、东西大滩断裂、秀沟断裂、阿拉克湖断裂（下大武断裂）、托索湖断裂（花石峡段）及玛沁—玛曲断裂（玛沁段、玛曲段）（江娃利等，2006；胡道功等，2006）。东昆仑断裂带各段在第四纪以来的运动速率并不相同，中更新世以来从西向东左旋走滑速率变小，但自晚更新世之后，东端特别是玛沁段速率显著增加。西段的库赛湖断裂左旋走滑速率 13 ～ 14mm/a（中更新世以来）；东西大滩段晚第四纪时期（10 万年以来）的左旋水平滑动速率为 15mm/a，垂直差异运动速率约为 1.0mm/a；下大武断裂和花石峡断裂降为 4 ～ 5mm/a（中更新世以来）；东端的玛沁断裂中更新世以来左旋水平滑动速率为 9mm/a，尤其全新世末达到 12.6mm/a，玛曲断裂从中更新世末期至晚更新世末期为低速走滑运动，全新世中期的走滑速率上升到 5.4mm/a（任金卫等，1999；李春峰等，2004；田勤俭等，2006）。但也有作者认为东昆仑断裂带各段左旋走滑速率大体一致：西大滩—东大滩段（11.7 ± 1.5）mm/a，花石峡段平均速率约 10 ～（11.5 ± 1.1）mm/a，玛沁段（7.0 ± 0.6）～（12.5 ± 2.5）mm/a（Van Der Woerd et al.，2002；马寅生等，2005），并且认为东昆仑活动断裂带东端玛曲段主要由玛曲、迭部—武都和迭山—舟曲三条左阶斜列的活动断裂组成，晚第四纪的活动性非常强烈，晚更新世晚期以来的平均左旋走滑运动速率达（10.15 ± 0.34）mm/a，与西部各段的运动速率基本相同，东昆仑活动断裂带是与秦岭南缘活动断裂相接的（马寅生等，2005）。

马寅生等（2005）认为玛曲断裂西起玛沁盆地北侧，在玛沁盆地与东昆仑断裂带托索湖—玛沁段左阶斜接，向东经肯定那、西贡周、西科河南岸、唐地、玛曲，沿黑河南岸穿过若尔盖草地向东，直至岷山北端求吉附近，长约 330km。断裂走向 N100° ～ 110° E，倾向 SW，倾角 50°～70°，若尔盖草地以东，断裂走向向南偏转，消失在岷山北端附近，晚更新世晚期至今的平均走滑运动速率为（10.15+0.34）mm/a，垂直运动速率为 0.25mm/a。根据玛曲县城附近的探槽开挖（何文贵等，2006），揭示玛曲断裂主断层面陡立，向 SSW（220°∠70°）或 NNE（20°∠70°～72°）倾斜，剖面上或显示为逆断层或为正断层，但倾向上的位错很小，第四纪运动学特征主要表现为左旋走滑运动。依据两处断错地貌的全站仪实测和测年资料，何文贵等（2006）认为玛曲断裂全新世早期以来的平均水平滑动速率为 6.29～5.71mm/a，全新世晚期以来的平均水平滑动速率为 4.19～4.03mm/a，东昆仑断裂带向东延伸活动性减弱，位移量降低，断裂向东终止和地形上的隆起两者之间具有关联性，反映了青藏高原的活动变形在断裂的端部应力被吸收。

迭部—武都断裂（迭部断裂，白龙江—迭部断裂）位于玛曲活动断裂以北，与玛曲活动断裂南北相距约 20km。它西自哈拉塘，沿代桑曲南侧山前向东，经尕海盆地南缘、郎木寺盆地北缘、热尔、卡坝、多儿、插岗至武都，沿秦岭南缘延伸，向东逐渐与秦岭南缘活动断裂相连，走向 N100°～120° E，倾向 SW，长度达 320km（马寅生等，2005）。在西段，尕海盆地南缘断裂（NWW 走向至近 EW 走向）表现为左旋走滑兼逆冲特征，上盘古生界灰岩逆冲到下盘第四系冲积砂砾层之上，控制了尕海盆地的南界。在热当坝盆地北缘，断裂左旋错断山脊、冲沟，使冲积扇左旋侧移，断裂切割上更新统黄土，形成断层陡坎。袁道阳等（2007）则认为迭部—白龙江断裂，由近于平行的南北两条断裂组成，分别长约 250km（大体西起于迭部西，东至武都南），断裂总体走向 N70° W，倾向 SW 或 NE，倾角 40°～70°，断层性质为逆断（局部正断）并略具左旋，西段基本沿白龙江河谷延伸，属晚更新世活动断裂；中东段主要位于中高山之间，地貌上较明显，可见山脊、水系等左旋位错和清晰的断层三角面、陡坎等，在舟曲县三角坪乡虎家湾村南开挖探槽，获得清晰的断层面，其性质为正断层，产状是 330°/SW∠67°。研究认为迭部—白龙江断裂是公元前 186 年武都 7～7¼级地震的发震构造（马寅生等，2005）。

迭山—舟曲活动断裂（光盖山—迭山断裂）位于迭部北约 25km 处，沿迭山分水岭延伸，与迭部—武都断裂近乎平行，也是一条地震破裂带，在卫星影像上线性的断陷谷地、断层陡坎非常清楚，为左旋走滑断层。关于该断裂，目前已发表的研究成果较少。

在玛曲活动断裂以南玛曲县阿万仓一带，还有一条 NW 向的分支断裂——阿万仓活动断裂，它向北西延伸至西科河羊场附近与玛曲活动断裂相交，向南东方向延伸过黄河，至采日玛一带进入若尔盖草地逐渐消失，长约 180km，总体走向 NW 向，倾向 SW。李陈侠等（2009）通过对东昆仑断裂带玛沁—玛曲段 30 个观测点的地貌测量、年龄测试和计算，得到了从西向东，晚更新世晚期以来的长期水平滑动速率呈梯度下降［玛沁段（9.3±2）mm/a，西贡周断层交会区为（7.4±1）mm/a，玛曲段（4.9±1.3）mm/a］，下降的突变点集中在阿万仓断裂与东昆仑断裂交会区的两端，锐减的滑动速率构造转换到阿万仓断裂的地壳缩短；晚更新世晚期以来的长期垂直滑动速率最大值也出现在交会区［玛沁段为（0.7±0.2）mm/a，西贡周断层交会区为（1.6±0.4）mm/a，玛曲段为（0.25±0.05）mm/a］；反映了东昆仑断裂主要以左旋走滑为主，兼有倾滑分量，在玛沁段西侧的东倾沟表现为逆走滑性质，在玛沁县城以东主要为正倾滑性质；断裂通过西贡周断层交会区后，水平滑动速率锐减了大约4mm/a，主要转换到阿万仓断裂带上的逆冲和左旋走滑。

临潭—宕昌断裂带位于东昆仑断裂带与西秦岭北缘断裂带两条大型左旋走滑断裂带之间，为晚更新世—全新世活动断裂带，新活动特征是具逆走滑性质（郑文俊等，2007），大致可分为3条次级断裂段：①西段合作断裂，北支为早更新世或前第四纪活动断裂，南支最西端为早中更新世活动，东端为晚更新世活动；②中段临潭断裂，北支可能为全新世早期活动，其活动性在整个断裂带中最强，南支为早中更新世—晚更新世早期活动；③东段岷县—宕昌断裂的主支断裂主要部分活动在前第四纪，仅有少量地段呈现出早更新世有过活动，其北缘的两条次级断裂中最北边的一条可能第四纪晚期（全新世）有活动的迹象，沿洮河的一条最新活动时间应为早中更新世，而其最南端的斜接断裂活动时间与主干断裂一致，为第四纪早期或前第四纪。1837年岷县北6级地震就发生在该过渡转换区中的临潭—宕昌断裂带东段的前缘次级断裂上。

郑文俊等（2007）认为东昆仑断裂带与西秦岭北缘断裂带之间存在巨大的岩桥区，它们之间通过多条次级断裂实现构造转换，临潭—宕昌断裂带就是其中的一条。过渡断裂多呈现向NE方向突出的弧形，且在其前缘形成逐渐过渡的规模较小的新的次级断层，位于岩桥过渡区内的这些断裂是在继承原有挤压逆冲构造形迹的基础上逐步发展演化而来的，其新活动特征是具逆走滑性质的。若仅从几何形态看，正如马寅生等（2005）所认为的那样，东昆仑断裂带向东与秦岭南缘断裂带相接，则临潭—宕昌断裂带是一个巨大的撕裂构造；但是考虑到晚更新世以来热水—日月山向南的延伸，不排除临潭—宕昌断裂带以及迭部和迭山断裂带都遭受其影响的可能，在其尾端的挤压应变区显示出逆走滑的构造变形特征；而且也有作者认为东昆仑的左行走滑向南转为阿万仓断裂带或岷山断裂带的挤压变形（李陈侠等，2009），东昆仑断裂带向东的影响受到限制。

2.5.6.4　岷山—龙门山断裂系

（1）龙门山断裂带。

龙门山断裂带南起泸定、天全，向北东延伸经宝兴、灌县、江油、广元进入陕西勉县一带，全长约500km，宽40～50km，主要由4条逆断裂组成，自西北往东南分别为汶川—茂汶断裂（又称龙门山后山断裂）、映秀—北川逆断裂（又称北川断裂、龙门山中央断裂）、灌县—安县逆断裂（又称彭灌断裂、龙门山前山断裂）和龙门山山前隐伏断裂（大邑断裂）。这4条主要断裂总体走向45°，倾向NW，倾角50°～70°。

龙门山断裂带大体以映秀和北川为界，分成三段。其中汶川—茂汶断裂由青川—平武断裂、汶川—茂汶断裂和耿达—陇东断裂组成；映秀—北川断裂由北川—茶坝—林庵寺断裂、映秀—北川断裂和盐井—五龙断裂组成；灌县—安县断裂由北东段的马角坝断裂、中段的灌县—江油断裂、西南段的大川—双石断裂组成（由于未出露地表，山前隐伏断层没有分段）（唐荣昌等，1991）。在 2008 年汶川大地震之前，大多数作者认为中段为逆冲兼右旋走滑，全新世活动强烈；南段的山前断裂和中央断裂有晚更新世活动的证据（逆冲，垂向擦痕，杨晓平等，1999）；北段以右旋走滑为主，晚更新世以来的构造活动形迹不明显。

李勇等（2006）认为在晚新生代时期龙门山构造带仅具有微弱的构造缩短作用（逆冲速率值小于 1.1mm/a），以右行走滑作用为主（走滑速率值小于 1.46mm/a），自北西向南东 4 条主干断裂的最大逆冲分量滑动速率具有变小的趋势，而走滑分量的滑动速率则具有逐渐变大的趋势，显示了从龙门山的后山带至前山带主干断裂的走滑作用越来越强，推测现今的龙门山及其前缘盆地不完全是由于构造缩短作用形成的，而主要是走滑作用和剥蚀卸载作用的产物。但是因为对各条断层速率估算是根据不同的测年方法，而且测点相对分散零星，同一条断裂带邻近的测点之间的速率相差较大，例如北川断裂（龙门山主中央断裂）北段北川擂鼓晚更新世以来的平均垂直滑动速率为 1.1mm/a，右行水平滑动速率为 0.96mm/a；中段彭州白水镇北 2km，右行水平错动速率 0.18mm/a，垂向错动速率 0.079mm/a，而同时是彭州白水镇中段的胥家沟一带，右行水平滑动速率 0.82 ～ 1.32mm/a。这种现象既可能与定年的误差有关，也可能与不同时间段龙门山断裂带的活动性差别较大有关。

其他有关断层滑动速率的数据也表明龙门山断裂是一条右旋逆断层：汶川—茂县断裂自晚更新世以来断层的右旋速率 0.8 ～ 1.4mm/a，全新世垂直滑动速率 0.5mm/a（唐荣昌等，1993；马保起等，2005）；北川断裂自晚更新世以来断层的右旋速率 1mm/a，垂直滑动速率 0.6 ～ 1mm/a（马保起等，2005；Densmore et al.，2007；赵小麟等，1994）；彭灌断裂自晚更新世以来断层垂直滑动速率 0.2mm/a（马保起等，2005）。总的来说，龙门山断裂晚更新世以来似乎平均活动速率很低，而且跨断层带的 GPS 矢量变化也不大，似乎活动性不强，特别是其北段。

2008 年 5 月 12 日的汶川大地震改变了人们对龙门山断裂带的一些看法。地震导致了中央断裂中段的破裂并向北东青川方向斜向贯通延伸，前山断裂中段（汉旺破裂带）部分贯通。尽管北川县曲山镇沙坝村一组附近是整个破裂带断裂陡坎高度最大的区段（最大垂直位移为 11 ～ 12m，最大右旋水平位移量 12 ～ 15m，最大斜向滑移量为 14 ～ 17m），但中央破裂带和前山破裂带的平均位移在同一个量级：映秀—北川破裂带垂直位移量平均 2 ～ 4m，水平位移量平均 1 ～ 3m；汉旺破裂带垂直位移量平均 1 ～ 2m（最大 4m）；映秀—北川破裂带以逆冲运动伴随右旋走滑，汉旺破裂带近于纯逆冲；映秀地表破裂带（微观震中附近）表现为纯逆冲，向北转为逆冲＋右旋走滑（深溪沟地表破裂带、虹口—八角庙破裂带），并且在断面上观察到了两组擦痕，早期高倾角，晚期低倾角；而在平通以北的北川断裂，只观察到了一期擦痕，地表破裂表现为右旋逆冲（擦痕倾角 25°～35°），从地表破裂推测存在两次事件叠加，第一次事件为映秀—平通断裂和安县—灌县断裂逆冲作用，第二次事件为北川断裂走滑作用。2008 年汶川大地震除了产生 NE 向的映秀—北川破裂带和汉旺破裂带之外，还产生了 NW 走向的小鱼洞断裂，表现为向 NE 左行斜冲（倾角 35°），被认为是映秀—北川破裂带南段的次级分段（虹口段和龙门山段）界线。

　　于贵华等（2010）综合地表破裂及余震震源机制解，认为发震断层倾角从南向北有逐渐增大的趋势，虹口段与龙门山段主要以逆冲运动为主，伴有少量的右旋走滑运动，南坝和茶坪段同时兼有右旋走滑和垂直分量，两者相当，向 NE 水平位移量增加；在以逆冲为主的南段（映秀地表破裂段）和以斜滑运动为主的北段（北川地表破裂段）之间存在一个几乎看不到地表破裂的挤压阶区：10km 长、7km 宽的高川阶区。以高川挤压阶区为界，汶川地震地表破裂带可以划分为两个一级破裂段，分别为 112km 长的映秀破裂段和 118km 长的北川破裂段，从而将 M_W7.9 的主震分解成两个不同的地震事件：映秀 M_W7.8 和北川 M_W7.6，两者破裂特征明显不同；而映秀破裂段再以小鱼洞破裂带为界，划分为虹口与龙门两个次级破裂段（45km 和 67km），北川破裂段以宽 6km 的挤压弯曲为界，被划分为茶坪和南坝两个次级破裂段（22km 和 96km），分别对应 M_W7.5、M_W7.7、M_W7.0 及 M_W7.5 等 4 个次级事件。钱琦和韩竹军（2010）根据地表破裂数据结合震前和余震资料，通过库仑应力变化分布的计算，推测小鱼洞断裂不仅是逆冲断裂系中的剪切断层，而且是地震破裂过程中的起始破裂段。

　　汶川地震在小鱼洞西北还存在大量的余震，呈 NW 带状分布，超出了北川—映秀破裂带范围，延伸到后山断裂以西（大于 M_L3.0 的余震止于理县的南东，震源机制解表现为左行走滑和正断兼少量左行）（易桂喜等，2010）。从遥感图上（图 2-74）可见，沿班玛—黑水—茂县存在 NWW 向线性带，与前人推测的 NWW 走向至近 EW 走向的阿坝—黑水—较场隐伏断裂大体位置一致，该线性带以北的红原—若尔盖地区为高原盆地地貌，以南是水系较多的强烈侵蚀的山地。该断裂的东部南侧有两条 NW 走向的线性构造带与之相接，西边的一条为抚边河断裂，已经被证实为左行走滑活动断层。东边的一条从理县沿 317 国道与 NW 向的线性带交会于班玛—黑水—茂县线性带（图 2-74），在其中段，在马尔康幅地质图上标出了长度大于 50km 的 NW 向断层——米亚罗逆断层（十八拐弯以北，北段断层走向呈 325° 方向展布，断面倾向 NE，倾角 40°～45°；南段米亚罗至夹壁，呈 310° 方向展布，断面倾向 SW，倾角 48°～52°，左斜冲），并且地震监测记录到微震沿断层发生（1∶20 万马尔康幅区域地质调查报告）。从遥感图可以看出米亚罗断层向南东继续延伸且从理县县城通过，线性构造较为显著（图 2-75），尤其是在营盘街村

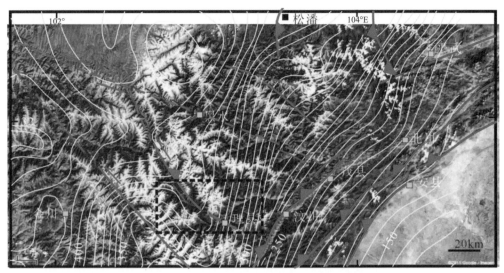

图 2-74　龙门山西侧，班玛—黑水—茂县 NWW 向线性带遥感解译

北（图 2-76），为左行断层；SE 向大体沿新元古代（晋宁期）的雪隆包花岗岩南缘分布
（图 2-76）。尽管目前仍然缺少证据证明米亚罗断裂与小鱼洞断裂属于同一断裂带，但
可以推测汶川地震之所以形成从映秀附近向 NE 传播的单向破裂，与切过龙门山断裂的
NW 走向断层有关。

　　红色实线为实测断层（唐昌荣等，1991；龚宇等，1995；1∶20 万马尔康幅区域地
质调查报告），虚线为遥感解译推测断层。黄线为重力布格异常梯度线（龚宇等，1995）。
黑框为图 2-75 位置。

图 2-75　龙门山西侧米亚罗 NW 向断裂遥感解译

图 2-76　龙门山西侧米亚罗断裂东端遥感解译

汶川地震的余震在 NE 向也切过了震前所认定的龙门山断裂带的范围（切过 NEE 走向的平武—青川断裂），在青川北东约 50km，仍有大量余震发生；尽管地表破裂带终止于青川县以南，但深部破裂仍可能继续向 NE 延伸。

在汶川地震之后，对于前人认为晚更新世以来不活动的龙门山北段，特别是平武—青川断裂，展开了一些新的研究。根据地面地质调查并结合浅层地震勘探和高密度电法勘探，李大虎等（2010）发现平武—青川断裂的主干断层从青川县城区通过，总体走向 NEE，南侧有两条 NE 向的次级分支断层，视倾角 40° ~ 60°，均属逆断层；主干断层和中支断裂错到浅地表 2m 以下卵石层，应为活动断层。刘根亮等（2009）根据对青川乔庄镇（县城）地区的青川—平武断层的野外考察，认为其具有中强震孕震能力。张家声等（2014）根据平武附近的地形图、遥感图结合 1:20 万地质图，认为青川断裂南段延伸到平武县古城镇以西，在古城镇南 NEE 走向的断层地貌特征明显，对涪江及其支流最新的错动为右行错动，但可能存在早期的左行走滑。马寅生等（973 项目年终报告会发言，2010）

对青川—平武断裂断层带东北段的研究发现，宁强青木川断层切割了 T_2 阶地，该阶地上的棕红色黏土年龄是（36±2.5）ka，证明是晚更新世以来的活动痕迹；青川断裂在勉县附近与康县—略阳断裂带（包括汉中盆地北缘断裂）相接，后者盆地南缘的地震活动较强烈，在历史上发生过多次 5～6 级的中强震。樊春等（2008）认为青川断裂在晚新生代以来是强烈的右行走滑断层，水系位错显示其最小走滑量为 17km，断裂的走滑位移在尾端发生构造变换，南西端的轿子顶穹隆是叠加构造，吸收了青川断裂的部分位移量，断裂北东端的汉中盆地则是处于伸展应力环境下的断陷盆地，吸收了其大部分位移量。而张岳桥等（2010）重新确定了龙门山断裂带西南段主要活动断裂的分布特征及其晚第四纪活动特征，发现后龙门山断裂带——五龙—冷碛镇断裂是一条晚更新世活动的右旋走滑断裂，没有明显的挤压逆冲活动形迹；中央断裂带——双石—西岭断裂也具有右旋走滑活动特征，但其活动性相对较弱；龙门山断裂带西南段全新世没有明显的活动形迹；现今以中小地震为主，地震震源机制解显示以走滑应力机制占主导，与现今应力测量确定的逆冲应力状态不一致。

（2）岷江—虎牙断裂系。

岷江断裂和虎牙断裂是近南北向岷山—盖头山隆起的边界断层，该隆起与龙门山断裂带中段相接。广义的岷江断裂由东侧的岷江断裂及西侧牟泥沟—羊洞河断裂组成，现在通常论及的岷江断裂是指东侧的岷江断裂。第四纪以来主要是沿东侧的岷江断裂在活动，现今地震活动也主要沿其分布。岷江断裂北起于弓嘎岭以北，被塔藏断裂所截接，向南经弓嘎岭、漳腊、元坝至松潘后，大致沿岷江西岸继续向南延伸。以弓嘎岭、松潘元坝为界，岷江断裂带被分为南、中、北三段，弓嘎岭以北为岷江断裂带北段，弓嘎岭—松潘元坝为中段，松潘元坝以南为南段。断裂总体走向近 SN，倾向 NW，倾角 60°～70°，全长 170km（唐文清等，2005）。该断层除具挤压特征外，兼有左旋和右旋滑动，显示了该断层自形成以来多期运动。其中岷江断裂中段全新世活动强烈，第四纪以来表现为明显的推覆逆掩运动并具有一定的左旋走滑分量，而根据震源机制解等研究，岷江断裂现今为右旋走滑断裂，运动速度大于 2mm/a（唐荣昌，1993；唐文清等，2005）。前人研究（唐荣昌，1993；邓起东等，1994；唐文清等，2005）认为虎牙断裂是岷山隆起的东边界断裂，该断裂南起松潘片白、平武银厂沟一带，向北经虎牙、向北西错切雪山断裂后断续出露；以小河为界大致分成南北两段，北段断裂走向由 NNW 转向 SN，倾向 E，倾角 80°左右；南段走向由 SN 向 SE 偏转，倾向 SW，倾角由北向南自 70°～30°。根据 1976 年松潘—平武两次 7.2 级地震的震源机制解，推测虎牙断裂是在近 EW 向区域构造应力作用下，具有左旋走滑挤压特征的全新世活动断裂。

最近的研究（张家声等，2010）指出，岷山中部西起川主寺，东抵黄龙乡，中更新世（Q_2）以来存在一条近 EW 走向断层，包括摩擦滑动面的产状、擦痕线理定向及其运动学标志的野外观测数据表明，该断层最新的运动为左行走滑。沿川主寺—黄龙左行走滑断层的位移在切错了近 SN 走向的岷山隆起后，向东延伸并改造先存的雪山逆冲断层，在黄龙乡以东通过三种方式发生了构造和位移转换，即：①在左前方派生出一系列 NE 走向的左行剪切断裂；②沿走向位移逐渐减弱为顺层滑动；③在右前方转化为沿近 SN 向虎牙断裂的左旋斜冲。川主寺—黄龙断裂的构造几何学和运动学特征及其与岷江、虎牙冲断层的构造联系，表明存在左行剪切转换构造体制。根据松潘—平武地区的卫星遥感图像、1970—2008 年期间的地震活动性，以及 1991 年以来四次 GPS 重复测量结果，建立了现今位移矢量场（张家声等，2010），表明川主寺—黄龙左行走滑断裂系统是继东昆仑—岷江断裂组合之后形成的、现在仍然活动的剪切转换断裂构造，是青藏高原东缘东北角的典型地震构造样式之一。通过野外考察向东西两端的追踪，发现川主寺—黄龙左行走滑断层分别向西切过了岷江断裂，向东截切虎牙断裂。川主寺—黄龙左行走滑断层的西端在近 EW 向上终止于川主寺附近（红桥关和川主寺之间，向 S 陡倾的断层摩擦面上测得近水平的左行擦痕），向南西还有 NE 走向的分支断层，在高屯子和十里乡分别测得断层面产状 343°∠80°，擦痕 250°∠5°；断层面 15°∠75°，擦痕线理 105°∠14°，均为左行。雪山断裂带的东端：限制了虎牙断裂向北的延伸。三路口道班西约 400m，厚层灰岩露头上，观察到擦痕面 172°∠88°，擦痕线理 260°∠10°，阶步指示左行，其北坡出露断层角砾、断层泥，厚度大于 10m。虎牙断裂北段发育有数条近 EW 走向的左行走滑断层，穿过近 SN 走向的虎牙断裂，例如双河电站东北侧山坡观察到具有清晰擦痕面的断层面（灰岩），东侧断面 155°∠85°，擦痕线理 236°∠15°，丁字形擦痕指示左行走滑；西侧断面 160°∠85°，擦痕线理 230°∠10°，丁字形擦痕和阶步指示左行走滑，向西延伸近 EW 走向陡崖，擦痕面上部与土坡陡坎相接。虎牙断裂带中段，沿虎牙关、叶塘和水晶也发育有近 EW 走向的左行走滑断层，在安塘村公路旁厚层灰岩，发育断面，擦痕面切紫红色方解石脉，形成钙质镜面，断层面 192°∠81°，发育左行擦痕线理 278°∠26°。而在虎牙断裂的南端，与青川—平武断层相接的区域，银厂沟附近也发现了近 EW 走向的左行断裂。尽管这些断层目前无法确定形成的时代，但从清晰的擦痕面和川主寺—黄龙左行走滑断层一致的运动学特征，推测它们可能同属晚第四纪以来近 EW 走向的左行走滑断裂系。

2.5.7　青藏高原东南缘构造带

2.5.7.1　鲜水河断裂带

广义的鲜水河断裂带包括鲜水河—小江断裂和甘孜—玉树断裂，二者在甘孜附近呈左阶羽斜列，在区域上共同构成川滇活动地块的北边界和巴颜喀拉地块的西南边界（图 2-77）。

甘孜—玉树断裂（又称风火山—甘孜—玉树断裂带），东南起自四川甘孜，向西北经马尼干戈、邓柯，穿越金沙江至青海玉树、治多，总长约 500km，为左旋走滑断层，与鲜水河断裂在甘孜附近呈左阶错列，并共同组成巴颜喀拉地块的南边界。玉树以西，断裂全新世以来的左旋位移速率 7.3mm/a，东段（甘孜—玉树段）全新世左旋滑动速率达 [（12 ～ 14）±3] mm/a，垂直（逆）滑动速率为（1.1±0.4）mm/a（徐锡伟等，2003；闻学泽等，2003；周荣军等，1996；李闽峰等，1995）；GPS 观测的现代滑动速率是 10mm/a 左右（闻学泽等，2003）。据对 2010 年 4 月 14 日玉树 M_S 7.1 地震地表破裂的考察，甘孜—玉树断裂是全新世强烈活动的左行走滑断层，从西向东逆冲分量增大，在玉树地表破裂带上表现为西段和中段左旋走滑，东段为左旋走滑逆冲运动（马寅生等，2010；陈立春等，2010）。

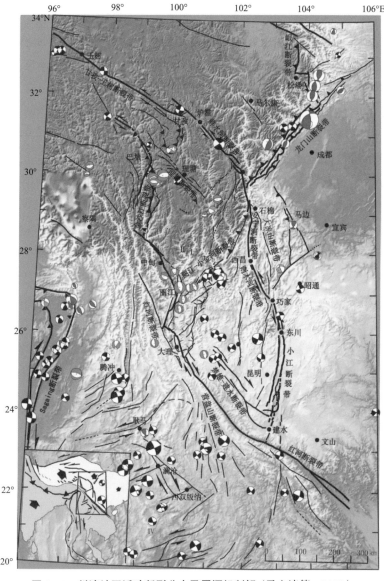

图 2-77　川滇地区活动断裂分布及震源机制解（马文涛等，2008）

鲜水河—小江断裂带（断裂系）总体呈近 SN 走向的弧形，由三大段落构成：北段的鲜水河断裂带为一宽度很窄的线性构造带；南段的小江断裂带由东西两条近于平行且间隔小于 20km 的分支断裂构成；中段的结构则较复杂，断裂密度较高，总体呈纺锤状展布，主要由西支的安宁河断裂带和则木河断裂带与东支大凉山断裂带组成（何宏林等，2008）。

通常所说的鲜水河断裂带主要是指北起甘孜东谷附近，经炉霍、道孚、康定延伸至泸定的磨西以南的断裂系，大体呈 NW—SE 向展布，呈一略向北凸出的弧形，全长约350km（李天袑等，1985，1997）。该断裂大体可分为两个大段和 5 个小段：以惠远寺为界，北西段称为鲜水河断裂，由炉霍断裂、道孚断裂、乾宁断裂三条次级剪切断裂呈左阶羽列组合而成；南东段则由 4 条大致平行斜列的断层组成，分别为雅拉河断裂、色拉哈断裂（又称康定断裂）、折多塘断裂及磨西断裂（钱洪等，1988；闻学泽等，1989；李天袑等，1997）；断裂总体倾向 NE，局部倾向 SW，倾角大致在 55° ～ 80° 之间（李天袑等，1985）。鲜水河断裂带全新世以左旋走滑运动为主，局部具挤压性质（熊探宇等，2010；唐荣昌等，1984；唐文清等，2005；钱洪等，1988）。依据地质学方法推算的鲜水河断裂带北西段滑动速率明显高于南东段滑动速率，北西段滑动速率约为 10 ～ 20mm/a，南东段滑动速率小于 10mm/a，一般为 5mm/a 左右（李天袑等，1997；钱洪等，1988；闻学泽等，1989；Allen et al.，1991；程万正等，2002；乔学军等，2004；徐锡伟等，2003；唐文清等，2005a，2005b，2007；唐荣昌等，1993；邓天岗等，1989；周荣军等，2001；孙建中等，1994），这可能与断裂的展布特征有关，北西段断裂较为单一，而南东段由多条次级断裂共同决定了滑动速率；据仪器监测，鲜水河断裂带整体上全新世平均滑动速率约为 10mm/a，垂向变形在 2mm/a 之内（熊探宇等，2010）。

鲜水河断裂带南东段逐渐向南偏转，并与近 SN 向的安宁河断裂相接，在两个断裂相接处西侧耸立着海拔 7556m 高的贡嘎山。最近的研究（谭锡斌等，2010）表明，第四纪以来贡嘎山岩体及鲜水河断裂与龙门山断裂所夹的三角区域是快速隆升区域，而其西侧、北侧的高原腹地的隆升速率远低于这两个区域；贡嘎山岩体从北向南隆升速率逐渐变大，其最南端 1Ma 以来的隆升速率超过（3.3 ± 0.8）mm/a；贡嘎山花岗岩体是鲜水河断裂至安宁河断裂间挤压弯曲段吸收、转换川滇地块南东向水平运动导致局部快速隆升的产物，在这一过程中，由于垂直于断裂的挤压分量从北到南逐渐增大，使岩体隆升速率从北往南逐渐增大。

安宁河断裂带是鲜水河—小江断裂带中段西支的北段，通常所说的安宁河活动断裂是指西昌以北、呈近 SN 走向的段落。安宁河断裂带可以分为东西两条分支断层，西支为主断层（包括东西两条次级断层），其运动以左旋走滑为主，兼有低角度的逆冲分量，晚更新世以来的平均走滑速率 3 ～ 7mm/a；东支为正断层，控制了一系列山间盆地构成的断层谷；安宁河断裂带在晚更新世以来是一条逆冲走滑断裂带，推测跨断裂带东西方向的挤压速率为 1.7 ~ 4.0mm/a（何宏林等，2007）。最新研究结果表明安宁河断裂带不同时期滑动速率存在一定的差异，晚全新世滑动速率为 6.2mm/a，2000 年以来为 3.8 ~ 4.2mm/a，但全新世以来的平均滑动速率基本稳定在约 3.6mm/a，结合最近的 GPS 观测结果，推测安宁河和则木河断裂带上长期平均滑动速率为 3 ~ 4mm/a（何宏林等，2008；Shen et al., 2005）。

则木河断裂带为鲜水河—小江断裂的中段西支的南段，是川滇地块的东边界断裂带之一，晚第四纪强烈活动，历史上曾多次发生强震。则木河断裂带北西起邛海湖盆西北端（西昌之西），南东至金沙江边的葫芦口，全长约 130km，北南端分别与安宁河断裂和小江断裂相截切，它包括邛海段、大菁段、松新段和宁南段（宋方敏等，1999）。邛海段长约 20km，NW 走向，顺邛海湖盆西侧延伸，最新活动性质为张性正断兼具左旋走滑。大菁段北起邛海南岸（可能延入邛海），经大菁梁子西缘等地向南至格普中学一带，走向 NNW，长度超过 50km。该断裂段两端皆出现分叉，以四呷布史为界，以北断层地貌形迹呈左阶斜列，以南为右阶斜列，最新运动为左旋走滑，也有垂直运动分量。松新段北起普格大水塘，向南经松新，止于宁南盆地西南缘，走向 NNW，长度约 50km，有晚第四纪活动证据，以左旋走滑为主，兼有垂直运动分量。宁南段，北起宁南盆地北缘，向南东止于金沙江江边葫芦口，长约 20km，晚第四纪活动，以左旋走滑为主。邛海盆地从上新世—早更新世开始发育，中更新世以来由于川西地区整体抬升，邛海盆地北缘和东北缘隆起，盆地向南收缩但西南缘和东边界没有变化；中更新世以来 NNW 向的则木河的活动性质总体以左旋走滑为主，但 NW 走向的邛海段仍然具有强烈的垂直差异运动。宁南盆地则是晚更新世才开始形成的盆地，是受松新断层南段控制的不对称地堑。

大凉山断裂带是鲜水河—小江断裂的中段东支，北起四川石棉北的鲜水河断裂带南端，向南经越西、普雄、昭觉、布拖至云南巧家汇入小江断裂带，全长约 280km，由 6 条次级断层构成宽约 15km 的构造带，近 SN 走向，总体为略向东凸出的弧形，大凉山断裂带上的左旋位错量有向南减小的趋势，全新世以来的左旋滑移速率为 3mm/a（何宏林等，2008），GPS 观测速率为 4mm/a（Shen et al., 2005）。相对于安宁河和则木河断裂带，大凉山断裂带几何结构更为复杂，连续性和贯通性低，被认为是一条年轻的新生断裂带，是鲜水河—小江断裂系裁弯取直的结果（何宏林等，2008）。

小江断裂带是鲜水河—小江断裂带的南段，为强烈活动的左旋走滑断裂带，北起巧家以北（四川、云南、贵州三省交界的地方），南至云南建水东南（向南止于红河断裂带之北的楚雄断裂），全长超过 400km。宋方敏等（1998）曾对其几何结构和历史强震破裂进行了较详细的研究，按几何形态将其分为三大段：北段，巧家以北—蒙姑，为单条断裂（巧家—蒙姑断裂），NNW 走向，长 50km 余；中段由东西两支主要断裂段及与其近平行的一些断裂段构成，东支北起蒙姑台地西部，向南经东川、功山、寻甸，止于宜良盆地以南，长约 200km，呈弧形，蒙姑—田坝为 NNW 走向，向南转为近 SN—NNE 走向，西支断裂段北起达朵以北，往南经乌龙、沧溪、清水海、羊街、杨林，止于阳宗海西南，长约 180km，为近 SN—NNE 的弧形，东西支断裂夹持由前第四系地层和岩石组成的隆起；南段是中段东支断层向南的延伸，由一系列辫状或羽列状的次级断层组成。由于断裂带晚第四纪以来的运动是以左旋走滑为主，右行阶区在地形地貌上形成挤压隆起构造，左行阶区则形成拉分盆地。历史强震破裂集中在断裂带的中段，包括：① 1833 年嵩明 8 级地震破裂段位于中段西支，北起沧溪，南至阳宗海南大松棵，全长 126km；② 1733 年东川 7¾ 级地震破裂段，位于中段东支，北起蒙姑，南至田坝，全长 82km；③ 1713 年寻甸 6¾ 级地震破裂段，位于中段东支的功山—寻甸断裂段上，长 22km；④ 1500 年宜良地震破裂段，位于中段东支，北起小新街，南至徐家渡，全长 81km；⑤ 1725 年万寿山 6¾ 级地震破裂段，位于中段东西支断裂之间的万寿山断裂段上，长 25km 左右。小江断裂带在早更新世末、中更新世初其活动性质发生重大转变，之前以挤压为主，中更新世后以左旋走滑为主，伴随强震的发生，原来的断裂再次破裂贯通（宋方敏等，1998）。

2.5.7.2　红河断裂带

红河断裂带是横贯云南西部、中部和东南部的一条大型走滑断裂，其总体走向 NW，略向西南突出大部分地段沿红河河谷延伸，向南一直延伸至越南，是川滇活动地块的西南边界（图 2-77），研究表明其新生代早期的运动以左旋走滑为主，后期转变为右旋走滑，第四纪时期仍然活动。

历史地震活动显示，沿红河断裂带地震活动水平存在显著差异。在云南界内断裂带北西段（北段）近代地震活动频度高、强度大，最大地震是 1925 年 3 月 16 日大理凤仪发生的 7 级地震。另据史料记载，1652 年在弥渡也曾发生过 7 级地震。断裂带东南段（中段）近代地震活动性很弱，断裂活动表现出明显的蠕滑特征。红河断裂带延伸到越南境内的部分（南段）近代地震活动水平介于北段和中段之间。最近的研究表明红河断裂全新世以来的滑动速率并不高。

张培震等（2003）认为，川滇地区 GPS 观测结果揭示了红河断裂可能具有右旋走滑的运动方式，但右旋走滑不是沿着红河断裂带发生的，而是沿着楚雄—建水断裂、红河断裂和澜沧—耿马断裂共同发生，形成一条宽达 300km 的右旋剪切带，其右旋走滑速率可达（10±3）mm/a，就红河断裂带本身而言，右旋走滑速率可能只有 3～4mm/a，与地质研究的结果相近。

红河断裂带北段由一系列具有很大拉张分量的右旋走滑正断层所组成，晚第四纪到现今构造活动强烈，曾发生一系列强震，如 1993 年丽江 7.3 级地震。断裂南段结构比较简单，以沿红河河谷的走滑断裂为主，有历史记载以来没有强震发生。虢顺民等（2001）估计该断裂晚第四纪滑动速率为 1～3mm/a。滇西北地区龙蟠—乔后断裂带和红河断裂带的活动是连续的，并基本上是定向的（虢顺民等，2001）。自20世纪60年代以来，中越双方利用三角网和GPS观测网进行过跨红河断裂带的水准测量和GPS测量。测量的水平运动速率是：越方的小于2mm/a，中方的介于1～4mm/a之间；垂直运动速率：越方的介于0.2～0.3mm/a之间，中方的介于0.09～5.46mm/a之间。结论基本符合红河断裂北强南弱的活动性特征（李西等，2009）。

向北西，红河断裂可能与德钦—中甸—大具断裂相接（沈军等，2001），后者从永胜盆地北端至德钦北，NW走向，长近300km，为右旋走滑断层，第四纪中期以来的滑动速率4～6mm/a，向西和近SN走向的澜沧江断裂合并，与红河断裂共同构成了川滇地块的南部边界。也有作者认为红河断裂向北与近SN走向的金沙江断裂相接，后者的右旋走滑速率为5mm/a（唐荣昌等，1993），但周荣军等（2005）的研究表明，金沙江断裂带晚第四纪以来主要表现为近EW向的缩短作用，而不是右行走滑。

从目前的研究成果看，由澜沧—耿马断裂、滇西北断裂、红河断裂带（包括楚雄—建水断裂）和高黎贡山断裂组成右行走滑断裂系统，这些NW走向或近SN走向的右行走滑断层可能改造了一些早期的NE向逆断层，并将它们归入了自己的走滑破裂体系，使其从挤压逆冲改造成正断兼走滑。而其NE向的鲜水河断裂则以左旋走滑为主，在挤压弯曲段形成地形很高的贡嘎山。两者南端在云南玉溪附近交会。

2.5.8 松潘—甘孜地震构造

2.5.8.1 地质构造背景

松潘—甘孜地区位于亚洲中部受印度—欧亚板块相互作用产生的大三角形强震域东缘中段（图2-78（a）），是北部东昆仑断裂带、西南部鲜水河断裂带和东部龙门山断裂带（图2-80）围限的小三角形范围，面积约$3.2 \times 10^5 km^2$（$800 \times 400 km^2$）。地震活动强烈频繁。松潘—甘孜地区的大陆地壳主要由晚古生代褶皱带及其上覆的三叠系稳定的碳酸盐岩沉积组成（图2-78(b)）。中生代中晚期，随着特提斯洋闭合和随后发生的陆—陆碰撞，形成了一系列NW—SE走向的褶皱-冲断层组合，并奠定了该地区的基本构造格局（许志琴等，1992）。侏罗—白垩纪处于隆起状态，除了零星小规模的岩浆侵位以外，没有接受沉积。这一褶皱-冲断层系统在新生代阶段随着印度—欧亚板块之间的碰撞逐渐加剧和青藏高原挤压隆起，一部分断裂重新活动，但活动性质由逆冲转变为左行斜冲或左行走滑（马宗晋等，1998；张家声等，2003）。这一阶段的构造活动大多伴随局部的第四系沉积。

2.5.8.2 松潘—甘孜地区的百年地震断层

尽管理论上地震成核与先存地质断层密切相关，但是由于对地表断裂下延的复杂性和地震孕育发生的真实过程缺乏了解，加上地震定位的误差，断层的地震记录实际上很难精确确定。基于海量可靠的数据资源和合理的方法，可以得到它们之间的统计规律性认识。

断层的百年地震属性，是基于地质断层数据库和地震记录数据库，通过计算落入断层活动影响范围的地震（包括数量、震级、震源深度和时间等），并建立子数据库的基础上，开展相关分析，包括 1900 年以来发生地震的数量、震级加权平均数、地震复发时间间隔、地震活动随时间沿断层带的迁移趋势，以及地震大小与其发生频率之间的幂函数关系等，量化每一条断层在过去 110 年以来的地震能力。

（1）数据资源。

根据历年来 1：20 万数字地质图建立的断层数据库，在由东昆仑断裂带、鲜水河断裂带和龙门山断裂带围限的三角形范围内，共有长度 ≥ 2km 的数字化实测断裂 4781 条（图 2-78）。除了岷江断层以东因冲断层抬升出露的古生代岩石中的先存断裂以外，几乎所有的断裂和褶皱构造均形成于中生代中晚期，新生代以来的最新构造变动主要与青藏高原隆起和高原物质的侧向挤出有关。跨图幅拼接后的实测断裂大部分具有断层长度、断层倾向和断层倾角等几何参数，以及断层属性等与地震相关性统计直接相关的参数。存在的问题包括：①断层的几何学参数沿走向发生改变。②某些明显呈线状分布的地震活动带（见下文）没有实测断裂。这一方面可能是由于野外条件限制而未能发现这些断层，更有可能的是，这些地区不存在地表断裂，地震活动是隐伏或新生地震断裂活动的表现。研究工作据此在实测断裂数据库中补充了 65 条解释地震断层（图 2-81），使数据库的断层总数达 4846 条。

研究区可供利用的地震记录 5990 条，其中 77 条为 1900 年以前 4.7 级以上地震灾害记录，时间上可以上溯到公元前 23 世纪，但没有精确的震中、震级和时间数据；103 次

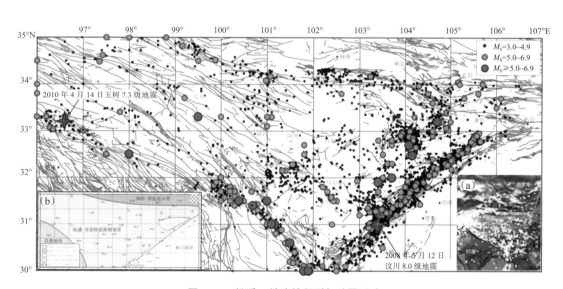

图 2-78　松潘—甘孜的断裂与地震活动
（a）亚洲中部三角形强震构造域和研究地区；（b）松潘—甘孜地区的岩石底层和构造分区

为 1900—1969 年期间仪器记录的 4.7 级以上地震，多数直接引自《国际地震中心记录汇编》，受当时观测仪器水平和观测台站数量的限制，记录不全面，且精度不高。其余 5810 条 $M_S \geq 3.0$ 以上的地震记录，来自 1970—2010 年期间中国地震台网的连续观测，大部分数据质量达到 1 类（$\leq 10km$）和 2 类（$\leq 25km$）标准。其中 3.0 ～ 4.9 级地震 5635 次，5.0 ～ 6.9 级地震 169 次，7.0 级以上地震 6 次，包括 2008 年 5 月 12 日的汶川 8.0 级地震和 2010 年 4 月 14 日的玉树 7.3 级地震（图 2-78）。

（2）统计和分析方法。

根据国内外关于地壳断裂发育一般物理规律性的大量研究成果，对断裂活动影响范围做如下设定：

①根据 Wells 对全球 400 个有可靠数据地震的震源和地表破裂参数进行相关性分析（Wells, 1994），认为震级 M 与地下破裂长度及破裂面积之间相关性最强（$r=0.89 \sim 0.95$，$S=0.24 \sim 0.28$），地下破裂长度与震级的回归关系式在 95% 的置信水平上，但与断层的滑动类型无关。将研究区所有地质断层划分为走向断层和倾向断层两种主要类型，前者对地震活动的影响沿断层两侧等距离分布，后者主要发生在断层上盘，因此与断层倾向及倾角有关。

②大陆浅源地震震源深度的优势分布表明，地震活动主要发生在长英质地壳的脆—韧转换带（石英应力支撑岩石的脆韧转换温度为 300 ～ 350℃）及其上部的脆性地壳层次（Sibson, 1980）。根据研究区地表热流值和地温梯度（汪集旸等，1990；汪洋，1999），断层行为的脆—韧转换深度的下限（包括脆—韧转换带）大致设定为 20km。

③按 Sherman（1972，2005）根据贝加尔裂谷地表断裂的野外调查、统计分析和实验模拟数据提出的经验公式，关于断裂活动影响半径（r）与断裂长度（L）之间的回归方程为

$$r \leq 0.5 * K * L^c$$

式中，K 和 c 分别为与断裂密集程度和断裂长度相关的参数，K 取值在 0.1 ～ 0.5 之间，c 在 0.5 ～ 0.95 之间。

虽然上述公式忽视了断层运动性质、断层产状和断层下延深度等因素对地震活动的控制与影响，但它依然适用于对走滑断层影响范围的设定，相关参数可根据局部断层发育情况给出。

④断层的走向延伸是断层规模的体现。一般情况下，断裂的延深不会超过断裂地表长度的。因此，上述经验公式也适合于长度小于 40km 的倾向断层。

⑤为了使上述设定的地震统计范围沿断层走向平行展布，对跨图幅拼接后走向弯曲的复杂断层的不同倾向数据取平均值。

⑥将没有实测地质断层但地震活动明显连续分布的带，设定为"解释地震断层"（隐伏的或正在形成的断层）。它们的统计范围按照走滑断层的原则进行。

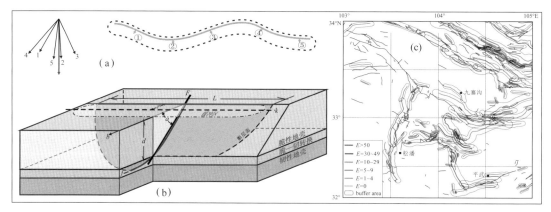

图 2-79　倾向断层地震相关统计的范围

（a）断层倾向的数据选取示意图；（b）倾向断层统计范围计算的三维模型：L——地表断裂长度，a——断层倾角，b——断层倾向，d——脆—韧转换深度，r——断层影响半径（Buffer radius），k——根据断层产状偏移的 Buffer 中心线，F——理想断层倾向延伸，f——实际可能的断层倾向延伸；（c）松潘—平武地区实测断层的地震统计范围效果图

根据上述各种设定，研究区实测断层的地震统计范围如图 2-79（c）所示。

（3）百年地震断层及其地震属性。

基于实测断层数据库和地震记录数据库，以及上述关于断裂－地震关系的理解与设定，对研究区所有实测断层的地震属性进行统计分析结果表明，在全部 4846 条长度大于 2km 的实测断层和解释地震断层中，最近 110 年以来发生过 1 次以上地震的 993 条，约占 20.5%。其中发生地震 1～9 次的 876 条，10～19 次的 64 条，20～49 次的 26 条，50～99 次的 18 条，地震数大于 100 的 9 条（表 2-10，图 2-80）。其余 3853 条实测断层没有地震活动记录，处于休眠状态，但并不意味着今后不会发生地震。统计过程是计算机进行的，无疑存在一个地震被相邻断层重复计数的现象。考虑到实际存在，但难以查明的断层间复杂的互动作用，我们认为这种计算结果是合理的。

表 2-10　松潘—甘孜地区断层地震属性统计

	地震数（个）	断层数（条）	%		震级加权平均	地震断层（条）	%
断层地震数统计	0	3853	79.5	震级加权数	0	3853	79.5
	1～9	876	18		0.1～0.9	735	15.2
	10～49	90	1.9		1.0～4.9	183	3.7
	50～99	18	0.37		5.0～9.9	40	0.8
	>100	9	0.01		≥10	35	0.7

整体上，具有不同地震发生频率的地震断层，展现一个向 SE 撒开的网结状三角形。自 NE 向 SW 分为数个断续的密集地震断层组合，大体上可以分为东昆仑及其南侧地震断层组（图 2-80，①～⑤）、巴颜喀拉珠峰地震断层组（图 2-80，⑧～⑰）、贡玛—达曲地震断裂组（图 2-80，⑱～⑳）和鲜水河地震断层组（图 2-80，㉑、㉒），以及它们之间

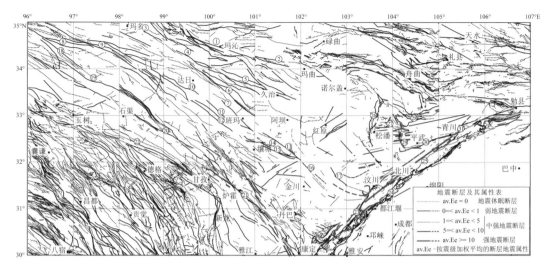

图 2-80　松潘—甘孜地区的百年地震断层

①靠阳断裂；②当日断裂；③巴克断裂；④安拉断裂；⑤希洛断裂；⑥德吉断裂；⑦灯塔断裂；
⑧巴颜喀拉主峰断裂；⑨野牛沟断裂；⑩吉拉曲断裂；⑪亚尔堂断裂；⑫玛尼断裂；⑬麻尔曲断裂；
⑭日部断裂；⑮达维断裂；⑯松岗断裂；⑰米罗亚断裂；⑱寇察断裂；⑲贡玛断裂；⑳达曲断裂；㉑鲜水河断裂；
㉒马尼断裂；㉓茂汶断裂；㉔映秀断裂；㉕北川断裂；㉖岷江断裂；㉗川黄断裂；㉘白马断裂；㉙虎牙断裂；
㉚清溪断裂；㉛白水断裂。其中断裂①、②及其东延的断裂组合构成研究区北部边界的东昆仑断裂带；
㉑、㉒为构成研究区西南边界的鲜水河断裂带；㉓~㉕为构成研究区东部边界的龙门山断裂带

斜向连接的地震断层（图 2-80，⑥、⑦等）。图幅西南角的地震断层同样呈束状分布，但全都没有穿过鲜水河地震断层组，意味着存在独立的地震构造系统，本文不做详细讨论。

统计结果包含丰富的地震活动信息。除了每一条地震断层本身的各种参数以外，还包括该断层在过去 110 年间曾经发生地震的数量、发生地震的位置、时间、震级大小和震源深度等。这些数据充分记录了该断层在过去 110 年期间的地震活动历史，定量描述了断层的地震属性，包括：①按地震震级加权的断层地震总量；②断层的地震重复间隔；③单位断层长度的地震发生频率；④地震活动沿断层的迁移轨迹等。不仅实现了地震断层的量化数据的区域可比性，为构建区域地震构造格局提供支持，而且可用来开展任何单一断层或断层组合的深入研究。

（4）松潘—甘孜地震构造格局及其分时段的变迁。

图 2-80 展示的松潘—甘孜地震断层格局，建立在 1900—2010 年全部地震记录的基础上。进一步解析其分时段的形成过程、构造联系和发展趋势，对于理解该地区过去与最近将来的地震行为及趋势，具有重要意义。

（5）十年尺度的地震断层变迁。

地震数据库中 1970—2010 年期间的 40 年连续数字地震记录表明，在 1973—1976 年和 2008—2010 年两次强烈地震活动事件之间，存在一个 30 余年的地震相对平静期（图 2-81（b））。十年尺度的地震断层变迁图像（图 2-81（a））给出了这两次强烈地震活

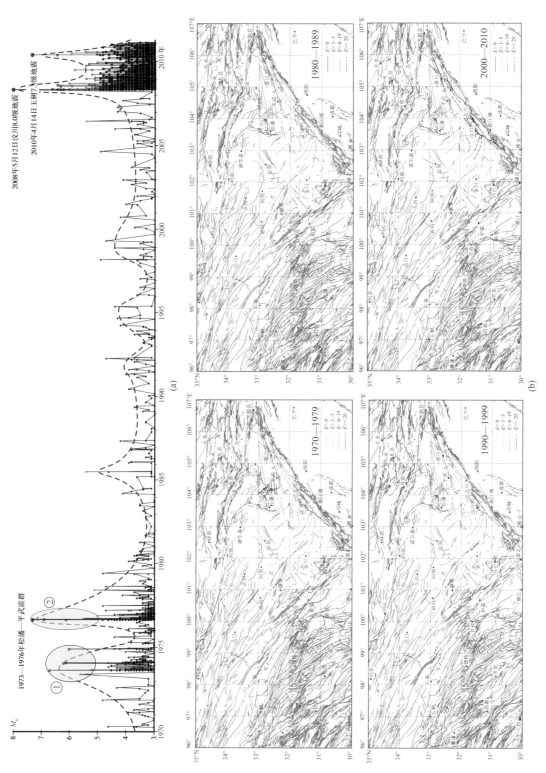

图 2-81 松潘—甘孜地区十年期地震断层图像

动发生的背景。在第一个十年（1970—1979）期间，除了松潘—平武地区在短短三年期间爆发了一次频繁和强烈的地震活动外，地震活动在主要沿东昆仑断裂西段和鲜水河断裂的中段发生。第二和第三个十年期间相对平静的地震活动表现出有规律的迁移：一方面，沿东昆仑断裂和鲜水河断裂的地震活动出现向东（南东）迁移的趋势；另一方面，研究区中部自东昆仑南缘断裂分出的③～⑤和⑥～⑮（断层编号见图 2-80）两组次级剪切断层（shear band）的地震活动逐渐得到增强，并且在第四个十年的初期，通过斜向的⑥、⑦地震断层连成一个独立的、向南东发展的地震断层体系，致使地震活动在⑬～⑮断层上得到明显加强。与此同时（第三个十年），沿鲜水河断层的地震活动出现了短暂的平静。这种趋势与随后发生的汶川 8.0 级地震的动力学条件相吻合。

（6）松潘—甘孜现今地壳变形。

利用研究区 165 个 GPS 观测站 2008 年以前观测得到的速度矢量（王敏，2008），位移速率等值线更加直观地展示了研究区目前的变形运动差异（图 2-82）。根据速度分布特征及其岩石–构造联系，可以大体上分为昌都、四川和鄂尔多斯三个相对稳定的速度域（图 2-82，I_1，II，III）。主要的速度梯度带沿鲜水河断裂和贡玛—达曲断裂分布，并且由于二者在甘孜附近汇合而得到显著加强。跨鲜水河断层带东南段的位移速率达到了 6.5 ～ 8.6mm/a 之间，而跨东昆仑断裂的位移速率则小于 2.3mm/a（图 2-82（a））。松潘—甘孜地区的速度变化可以进一步划分为阿坝（图 2-82，IV_1）和龙门山前（图 2-82，IV_2）两个相向的二级速度梯度区，后者体现了四川地块对昌都地块南东方向运动的抵抗。龙门山冲断层南端由康定、宝兴、彭灌等结晶岩石组成的杂岩体（图 2-78（b）），既是迫使鲜水河断裂走向急剧偏转的原因，同时也是吸纳鲜水河速度梯度带位移矢量分

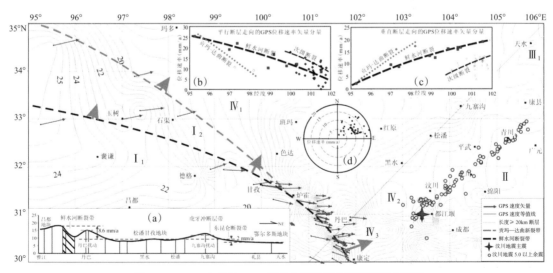

图 2-82　2008 年前的 GPS 速度矢量沿鲜水河断裂带分解图
（a）雅江—天水 GPS 速度剖面；（b）沿断层走向的 GPS 速度分量；（c）垂直断层走向的 GPS 速度分量；
（d）垂直断层走向 GPS 速度分量的方向

解的主要对象，形成高强度的速度扰动（图 2-82，IV_3）。松潘—甘孜地区现今 GPS 速度分布与上述十年期地震构造样式和变迁趋势完全一致。

（7）汶川地震发生的动力学条件。

地壳变形运动除少量被地体的体积变化所吸收以外，主要是通过断层运动进行转换与传递的，包括分解为平行断层面的位移驱动和垂直断层面的挤压传递。尽管由于 GPS 布设方案与本研究无关，而贡玛—达曲断裂带和鲜水河断裂带又都存在复杂的断层结构，但是 GPS 观测结果通过与其相邻断层发生转换的结果，仍然提供了重要的运动学信息。包括分别与贡玛—达曲断裂带、鲜水河断裂带的主断裂以及次级断裂相关的三种运动矢量分解的统计规律性。总体上表现为随着鲜水河断裂带向东的急剧弯曲，沿断层面的位移速率由西北段的大约 25mm/a 向东逐渐减小为 5mm/a。与此同时，垂直断层走向的位移速率由大约 3mm/a 增加到 18mm/a 左右（图 2-82（b），（c）），垂直断层走向速度分量的方向变化在 NE $45° \sim 75°$ 之间，总体指向 NEE（图 2-82（d））。由于断层走向略有不同，沿贡玛—达曲断裂带的运动矢量分解效果比鲜水河断裂带更加明显。此外，沿次级断裂带的 GPS 速率矢量分解有较多的数据控制，它们代表分散的次级矢量分解结果。因此，运动矢量分解的总体效果应该是沿所有单一断层分解的总和。也就是说，鲜水河断层带东南段存在更加明显的垂直断层面的挤压应力。该地区的断裂构造主要表现为高角度斜冲（滑）的运动学特征，因此，除一部分垂直断层面的运动矢量转变成冲断层上盘运动以外，大部分转变为指向 NEE 的应变（位移）积累。楔状变形的构造物理模拟实验结果，重现了松潘—甘孜地区现今构造变动的动力学条件和变形效果（图 2-83）。受鲜水河断裂垂向位移分量的驱动，沿龙门山冲断层的应变积累只能导致其发生 NE 向斜冲性质的断层运动，而不是垂直断层面的冲断层运动。这一结果不仅构成了汶川 8.0 级地震成核的动力学条件，而且解释了汶川地震的余震分布（图 2-82）和地震破裂自南西向北东发展的单边破裂特征。

2.5.8.3　讨论和结论

1900 年以来的数字地震记录、迄今为止最完整的数字化断裂构造数据库、近十年来全面覆盖的 GPS 观测数据库，以及关于松潘—平武地震构造调查等成果表明，松潘—甘孜地区 110 年来的断层地震属性、递进发育的地震构造格局及其现今

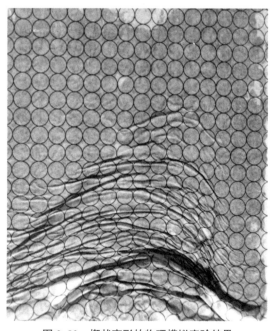

图 2-83　楔状变形的物理模拟实验结果

动力学状态，与印度次大陆持续向北推挤，青藏高原内部不同级别的挤压转换剪切的断裂构造体制有关。最近 40 年来，地震活动在沿近 EW（或 NW—SE）走向左行走滑断层带自西向东迁移的同时，逐渐由北向南发展。当 20 世纪 80 年代中期松潘—平武地区强烈地震活动释放了该地区的应变积累后，90 年代晚期至 21 世纪早期，贡玛—达曲断层带的位移和地震活动性逐渐增强，并通过向南与鲜水河断层带交会，使得后者自甘孜—炉霍向东（南东）的现今断层位移速率显著加强。随着鲜水河断裂带走向向东发生急剧偏转，垂直断层走向的位移矢量分量逐渐增强，从而为汶川 8.0 级地震成核创造了条件，对自 SW 向 NE 发展的单边地震破裂做出了解释。受东昆仑断裂和龙门山冲断层的制约，以及垂直鲜水河断裂走向的位移矢量分量的驱动，松潘—甘孜地区的现今地壳变形表现出典型的楔顶效应。

地震与断层活动的关系长期争论不休。一方面，我们很难确定活动断层究竟是以地质应变速率（无地震）的持续位移，抑或是通过断续的地震位移，或者二者交替发生，不断释放其应力积累的；另一方面，我们也无法断定处于不活动状态的断层是否正在孕育着地震发生的能量。不争的事实是，断层带物质的细粒化和宽变形带中密集的断裂组合，使它们成为地壳变形位移的主要通道，因而也是地震成核的主要场所；而地震不论大小都是由前一个地震触发的，与相邻断层的状态（锁闭抑或活动）没有必然联系。尽管断裂精细结构与地震活动关系的研究在艰难地取得进展，但是查明一个地区所有地质断层的地震活动历史实际上是不可实现的。根据数字化的断裂、地震和 GPS 观测记录，分析地质断层的百年地震习性，或许是现阶段实现区域地震构造及其现今动力学分析的新途径。

2.5.9 川主寺—黄龙断层构造带

川主寺—黄龙断层是松潘—平武地区一个典型的走滑活动断裂（图 2-84）。该地区位于松潘—甘孜三角域的东北部，不仅地处大陆板内不同性质地体交会、不同地层单元分界处，也是揭示特提斯构造演化的关键位置；更重要的是，它处在青藏高原物质向东挤出的前缘，是我国著名的纬向构造带与南北地震带交叉点。该处地震活动频繁，地形、气候变化突兀，地质悬疑多多，可谓中国地质构造的"百慕大"。迄今为止，尽管有关松潘—平武地区地质构造的研究取得了一些进展（董树文等，2008；许志琴等，1992；钱洪等，1995；邓天岗，1989，杨景春等，1979；任金卫等，1999），尤其是 2008 年汶川地震以后许多新的探索，但较少针对该地区断裂构造开展的实质性研究。不同研究者根据自己的研究目标，在 30 多年前 1:20 万地质调查结果（图 2-85（a））的基础上，提出了不同的区域构造框架（图 2-85（b）~（f））。尽管在更小比例尺的框架图上归并一些相对较小和相对分散的断层无可非议，但由于缺少实际观察数据的支持，这些构造框架在协调时空演化过程中经不起推敲。该地区典型的断裂构造框架大体上分成三类，包括：① 把岷江断裂和虎牙断裂作为岷山隆起的西侧和东侧的边界断层（图 2-85（b），（c）），早期东西走向的雪山冲断层保留其间（周荣军等，2000；易桂喜等，2006；陈国光等，2007；张岳桥，2003）；② 雪山冲断层西端被岷江断层切截，但向东得以延伸并切截了虎牙断层（图 2-85（e），（f）；付小方等，2008）；③ 虎牙断层切截或跨越雪山冲断层向 NW 延伸，但南北断层性质不同（图 2-85（d）；唐文清等，2004）。尽管上述构想并非源于针对松潘—平武地区断裂构造的直接研究，但反映出他们对这一地区总体构造体制理解上的差

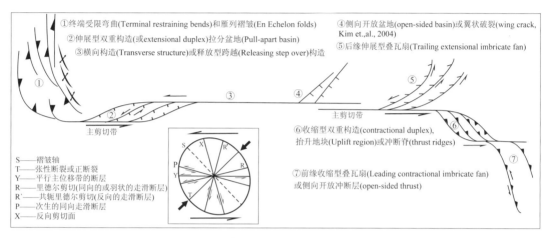

图 2-84　走滑断层及其转换构造示意图

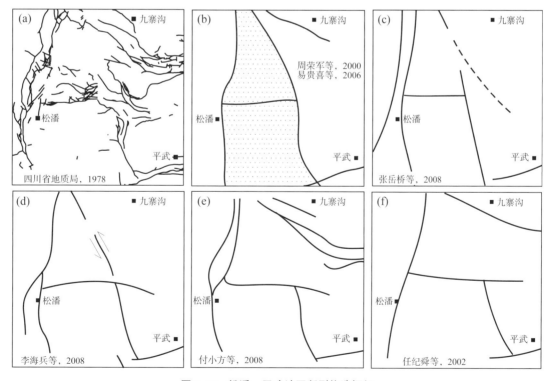

图 2-85　松潘—平武地区断裂构造框架

异。其共同特点是忽略了岷江、雪山、虎牙等主要断层，以及它们的伴生、次生和新生断层之间的生成联系和彼此协调的时空演化过程。主要的争议包括：①雪山断裂的性质及其与岷江断裂和虎牙断裂的交切关系；②虎牙断裂的性质及其向 NNW 延伸的合理性；③岷江断裂和岷山隆起的成因联系。

根据详细野外观测数据，确立了川主寺—黄龙左行走滑断层的存在，以及断层的破裂几何学和运动学性质。结合前人研究成果，初步建立了松潘—平武地区新构造变动的断裂构造体制，并解释它们与现今地震活动的构造联系。

2.5.9.1　地质背景

研究地区位于松潘—甘孜三角地带的东北隅，北邻接秦岭构造带，东侧面向龙门山冲断层（图 2-86）。受露头条件限制，地层发育及组合特征研究程度不高。根据已有的地层资料及其卷入变形的构造性质，大体上可以分成三个构造层（期），包括：①海西构造层，主要由前泥盆系浅变质褶皱基底组成；②印支构造层，主要由连续发育且强烈褶皱和冲断层变形的石炭—二叠系组成；③喜山构造层，区域稳定分布的三叠系复理石建造，以及局部沿断层分布的第三系末期（N_2）红色砾岩和第四系沉积，被脆性断裂切割改造。其中，印支期构造变动形成的规模宏大的石炭—二叠系构造层被称为摩天岭构造带，奠定了本区的基本构造格局。表现为 EW 向的黄龙复背斜和雪宝顶倒转复背斜，以及二者之间的雪山冲断层构造组合。这一构造格局表现为向西越过岷江南北向构造的稳定东西走向低磁异常区（四川省地质局，1978）。由于区内缺失侏罗系—中新世（N_1）地层，推测印支构造层形成以后至喜山构造运动发生之前（中生代中、后期—新生代早期的燕山构造变动期间），该地区处于隆升剥蚀状态，构造变动的性质不很清楚，这一状况为研究第三构造层的启动时间带来困难。根据已有资料，研究区除了雪山冲断层及其伴生的次级断裂以外，主要的断裂构造和零星地层发育均属于第三构造层，包括岷江逆冲断层组合和虎牙冲断层等。但雪山冲断层以北分散的 NW 向断裂和研究区东部白马弧形断裂束的成因归属，目前缺乏依据。推测它们或者是第二构造层的断裂组分，或者是秦岭构造带的断裂组分，但部分卷入了研究区第三构造层的构造变动。需要指出的是，研究区上述所有阶段的构造变动都不应该是孤立的，其中第三构造层的断裂发育与新生代晚期的青藏高原变形密切相关。

一些独立的工作仍然为本项研究提供了重要支持，包括：①东昆仑断裂带玛曲段晚第四纪的活动性非常强烈，晚更新世晚期至今的平均左旋水平走滑运动速率达（10.15 ± 0.34）mm/a（任金卫等，1999；马寅生等，2006）。如此大规模的走滑剪切位移积累，必然在其南侧松潘—平武地区造成显著的横向变形。②关于岷江断裂和岷山隆起。根据钱洪等（1995）的研究，岷江断裂并不是一条单一的 SN 向断裂，而是由多条 NE—NNE 向断层左阶羽列组成，可以分为南、北、中三段。中段弓嘎岭—红桥关之间，断裂总体

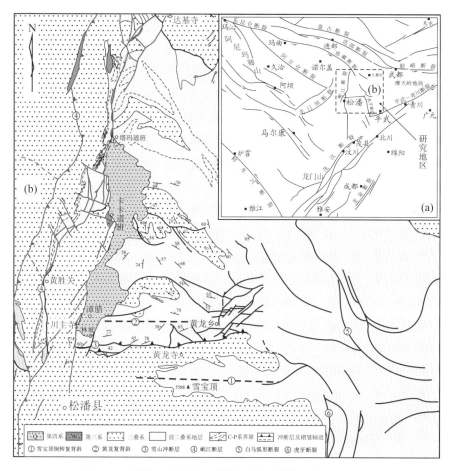

图 2-86 松潘—平武地区地质图（据四川省地质局，1978）

呈 N30°。晚第四纪以来断层活动明显，表现逆冲运动，控制第四纪盆地的形成和演化。南段和北段第四纪活动性远低于中段（杨景春等，1979；邓天岗，1989；许志琴等，1992）。岷江断裂中段晚第四纪地壳运动在安壁附近表现为河床面局部向上隆起，其中红桥关隆起使 V 级阶地高出两侧同级阶地达 200m。值得注意的是，近 SN 走向的岷山隆起形成以后，曾经受至少两期构造变动的改造。③虎牙逆冲断裂总体走向为 NNW，但主断层面显著扭曲。以小河为界大致分成南北两段。北段倾向 E，倾角 80° 左右；南段倾向 SW，倾角由北往南从 70° 变为 30°。虎牙断裂西侧为海拔约 4000m 的松潘高原，东侧为海拔 2000 ～ 3500m 的低山地区。从涪江源头至小河一带河道明显受断裂控制，形成断裂谷，说明该河段处于抬升区（唐文清等，2004）。根据 1976 年松潘—平武两次 7.2 级地震的震源机制解资料，虎牙断裂为具有左旋走滑挤压特征的全新世活动断裂，地震活动频繁，且断裂具有明显的分段性，南段大于北段（唐荣昌等，1993；邓起东等，1994）。④岷山隆起周围三个 GPS 测站 1991—1998 年期间的四次重复测量数据表明，岷江断裂和虎牙断裂现今仍以 2.0 ～ 2.55mm/a 的速度运动（唐文清等，2004），但不同观测站所在块体的位移矢量存在一定差异。在欧亚框架下，跨越雪山冲断层南北两个块体的向东运动速率相差 2.05～2.48mm/a，而跨越虎牙断裂的两个观测站所得的向东位移速率相差 0.33mm/a。⑤白马弧形构造以荷叶断裂为界，位于文县弧形断裂以南，主要表现为一组线性褶皱，相关的断裂构造大多与地层走向平行，且发育较差。褶皱向 NW 逐渐开阔，向 SE 变窄，褶皱轴向 SE 收敛。背斜核部出露的最老地层为泥盆系，两翼为石炭—二叠系，第三系地层卷入这一期变形。白马弧形构造叠加改造了区内 EW 向展布的印支期构造层（石炭—二叠系卷入变形），荷叶断裂切割三叠纪和第三系地层，表明白马弧形构造属于新生代构造变动的产物。

2.5.9.2 新构造变动的性质和地貌特点

川主寺—黄龙乡一线的新构造变动表现为石炭—二叠系灰岩中近 EW 向延伸的脆性破裂群。构造位置介于印支期形成的 EW 向雪山倒转复背斜和黄龙复背斜之间，局部追踪改造先存的雪山逆冲断层。新构造活动形成规模宏大、成群或孤立分布的断层三角面（图 2-87，图 2-88），局部表现为断层崖残留体。断层三角面或断层崖残留体表面被含氧化铁的灰华覆盖，呈现浅红色。

图 2-87 川主寺—黄龙乡新构造活动形成的断层三角面
左下角露头上的擦痕线理见图 2-93。大湾—黄龙乡之间，镜头朝北

图 2-88　川主寺—黄龙乡新构造活动形成的断层崖残留体（红石村—见和垭）及应变分析

2.5.9.3　几何学、运动学和构造联系

详细的野外观测表明，新构造活动形成的断层三角面沿川主寺—黄龙乡连续分布（图 2-89）。占主导地位的断层破裂面走向近 EW，高角度向 N 或 S 倾斜（图 2-89，投影 A）。普遍存在发育近水平擦痕线理（图 2-89，投影 B）的摩擦滑动证据。总体构成一条近 EW 走向或 NEE 走向的断裂构造，其东西两端具有特定的构造联系。以下分西、中、东三段加以描述。

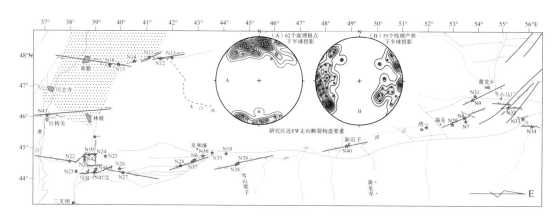

图 2-89　川主寺—黄龙乡野外观测点和破裂构造要素的投影

（1）西段的破裂几何学、运动学及其对岷江断裂的改造。

川主寺南红桥关附近公路剖面的观测结果（观测点 N43，位置见图 2-89）不仅直观地提供了地表碳酸盐残留体的断层成因证据（图 2-90，图中照片），而且提供了岷江冲断层被近 EW 向断裂左行切错的直接证据（图 2-90）。

大约 100m 范围的 9 个观测数据表明，最晚的破裂高角度倾向 SSE（166°～178°∠44°～75°），走向近 EW 或 NEE。断层面上擦痕线理向 SEE（95°～100°）或 SWW 低角度（4°～26°）倾伏。破裂面上擦痕线理的运动学标志（阶步、派生张裂隙和钉子头擦痕等。下同）说明曾经发生了左行摩擦滑动，属于岷江断裂，早期破裂面产状陡立（75°），走向 NNW（图 2-90，观测点⑧、⑨）或 NNE（图 2-90，观测点①～④），被近 EW 走向断裂左行切错。此外，该露头还发育一组密集的 NW 走向、高角度（75°～87°）倾向 NE 或 SW 的张剪性微破裂群，推测应该是由早期剪切位移过程形成的破劈理发育而来。

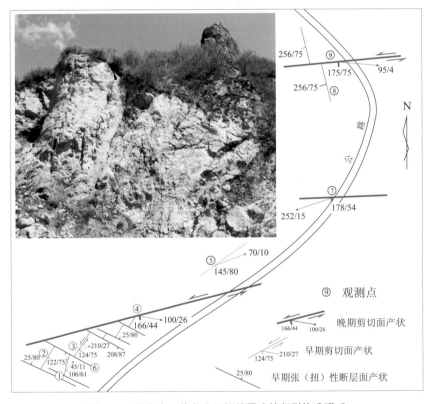

图 2-90　川主寺—黄龙乡红桥关露头的断裂构造联系

向东在林坡南的露头（观测点 N19，图 2-89）观测揭示了多期断裂活动的交切关系。尽管走向不同，但几乎所有的破裂都发育低角度擦痕线理，说明伴随川主寺—黄龙断裂活动的断层位移以水平运动为主。根据破裂面的交切关系，所观察的 5 个破裂面大体上可以分为三组（图 2–91）。其中①a和①b均为 NW—SE 走向，但倾向相反。根据二者都发育向 SSW 倾伏的低角度线理（190°∠16°），认为它们为同一组破裂，运动性质不清楚。它们被露头上的其他破裂切错，属于较早的断层产物。破裂②a和破裂②b为一组近 SN 走向、中等倾角、倾向相反的破裂。切错破裂 1 组合，但被破裂③切截。根据它们具有大体一致的线理定向（186°～190°∠14°～16°倾伏）和左行位移的运动特点，也应属于同一断层活动的产物。根据区域断裂发育情况，认为它们是岷江断裂再活动的结果。其中破裂②a发育 1～3mm 厚的黑色网脉状微角砾岩（张家声等，2005），包括断层脉和分支脉，具有地震破裂的快速摩擦滑动特征；破裂②b的摩擦面则很干净，擦痕线理清晰（图 2–91 中右下角）。破裂 3 为最晚产生的近 EW 走向高角度（355°∠84°）断层，擦痕线理 245°∠18°倾伏，运动学标志指示左行位移。

图 2–91　川主寺—黄龙乡多组后期断裂特征及其相关性（观测点 N19，林坡）

（2）川主寺—黄龙断裂中段的构造特征。

川主寺—黄龙断层中段表现为断层崖残留体成群出现，自红石村到见和垭一带沿近 EW 走向断续延伸（图 2–88），其中大多可以观察到主断层面上的摩擦滑动证据。某些残留体由于受较强的碳酸盐岩风化和剥蚀，外表主破裂面擦痕不明显，但其内部存在的共轭破裂组合，同样指示主破裂面具有左行走滑的运动学特点（图 2–88 中左下角图解）。自雪山梁子往东，断层破裂带沿涪河穿越于崇山峻岭之中（图 2–89），发育近水平擦痕线理的断层崖断续显现。

（3）川主寺—黄龙断裂东端的构造转换。

川主寺—黄龙断裂向东在黄龙乡以东发生了复杂的构造置换（图2-92），表现出走滑断层的端部特征。具体表现为：

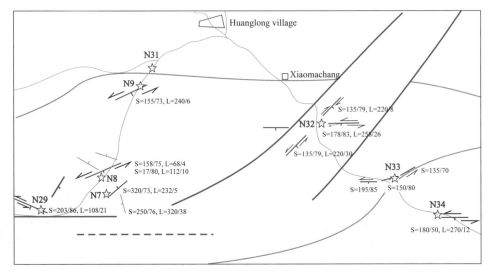

图2-92　黄龙乡以东破裂构造展布与置换关系

①主断面逐渐转为 NEE 走向。

川主寺—黄龙左行走滑断层在接近黄龙乡附近时再现规模宏大的断层三角面（图2-87），主破裂面走向逐渐变为 NEE（155°～165° ∠ 75°～83°）。由于断层破裂面与强烈面理化的石炭系岩石中的层（面）理高角度相交，断层滑动面上的摩擦滑动证据只在两种情况下得以保存：一是当断层面切错了其中的泥质岩层时（图2-93（a）），另一种情况是断层面切错了早期的方解石或硅质岩脉时（图2-93（b））。擦痕线理相关的运动学标志指示它们曾经发生了显著的左行剪切滑移。

②与北侧的 NE 走向破裂发生位移转换。

在黄龙乡以东，露头观察到两组发育程度相当的破裂彼此交切（图2-94，观测点N32）。尽管二者都观察到了近水平的擦痕线理，但其中 NE 走向（135° ∠ 79°）的破裂面相对比较粗糙，摩擦滑动产生的擦痕线理（220° ∠ 8°～30°）也相对较弱，而近 EW 走向的破裂面（178° ∠ 83°）则相对平直，擦痕线理清晰（256° ∠ 26°）。说明 NE 走向的破裂最初具有张剪性质，是由近 EW 走向的川主寺—黄龙断裂的左行剪切位移在其北侧岩石中产生的张扭性破裂演化而来。因前者南侧岩石在这个位置上的持续向东位移受到阻碍，主要的位移转向 NE 走向破裂，使后者得以加强。此外，在二者交界部位的薄层泥质灰岩中形成的高角度向 SSE 倾伏（158° ∠ 71°）的膝褶构造，也支持这种构造置换的解释。当然，黄龙乡东部的 NE 向破裂有可能是先存 NE 向断裂的再活动（四川省地质局，1978）。

（a）　　　　　　　　　　　　　　　　　（b）

图 2-93　川主寺—黄龙断层三角面上近水平的擦痕线理

（a）切错泥质岩石的断层滑动面；（b）被断层切错的先存方解石脉上保留近水平的擦痕线理。

观测点 N8，位置见图 2-90 和图 2-87

图 2-94　近 EW 走向的川主寺—黄龙断层与 NE 走向断裂的交切关系（观测点 N32）

③沿走向位移逐渐衰减。

沿川主寺—黄龙断裂的走向继续向东，陡立的石炭系岩层发生牵引弯曲，在不到 100m 的距离内产状由 195°∠85° 变为 135°∠70°，逐渐与 NE 向断层面平行。沿断层面的左行剪切位移逐渐衰减并转化为层间滑动（图 2-95），但仍然产生近水平的摩擦滑动线理（270°∠12°），运动学标志指示左行剪切位移（图 2-95 中右上角）。

图 2-95　沿陡立的石炭系岩层的层间滑动

　　此外，随着川主寺—黄龙左行剪切位移的终止，断层南侧岩石中向东的位移积累也导致其前端的构造转换。相关内容将在讨论部分进行解析。

　　（4）川主寺—黄龙走滑运动的时间联系。

　　川主寺—黄龙乡的断层破裂无疑是这一地区最晚发生的构造变动产物。如今依然壮观的断层三角面尚未风化剥蚀殆尽。断层面暴露地表的碳酸盐岩表面普遍形成钙华，其厚度与岩石中方解石含量、大气中 CO_2 和水的浓度、降雨条件等环境因素密切相关，是碳酸钙溶解及沉积速率的函数。在构造联系上，它们不仅切过了所有印支期的岩石构造单元，而且切截了主要为新生代活动的 SN 向的岷江冲断层系统。野外调查发现，同样性质和规模的断层崖在北面的东沟门出现。其断层破裂向西穿越岷江冲断层东侧的第四纪章腊盆地，在 Q_2 砾岩层中形成断层崖地貌（图 2-96），大量河床砾石被切断。证明这一期断层破裂最早发生在中更新世（2.48Ma）以后的地质历史阶段。这一地区频繁的地震活动和 GPS 测量数据，表明它们至今仍在活动。

　　尽管过于强调地质力学的"构造体系"概念，1978 年完成的章腊幅 1 : 20 万地质调查成果依然是该地区最为详尽的原始数据资料。该报告中对本文的调查认识已经初见端倪："……岷江断裂的北中段……在红桥关附近与东西向雪山断裂连接贯通，构成围限'黄龙地块'破裂周界之一……或者归并卷入了某一个新建立起来的大型构造体系之内。"（四川省地质局，1978）。

图 2-96 东沟门 Q₂ 砾石层中的断层陡坎和切割的砾石（观测点 N15）

2.5.9.4 松潘—平武地区现今地壳变动及其与川主寺—黄龙左行走滑断层的构造联系

关于松潘—平武地区的地震活动和 GPS 观测结果已经有不少作者进行过分析。下面根据对川主寺—黄龙左行剪切转换构造的认识，重点分析它们时空分布的构造联系。

（1）地震活动性的构造联系。

研究区历史上曾经有 4 次中强地震的记载，分别是 1630 年 6.7 级、1748 年 6.5 级、1938 年 6.0 级和 1960 年 6.7 级地震。研究认为，其中 1630 年和 1938 年的两次 6 级以上地震分别与虎牙断裂和岷江断裂南段的构造活动相关；而 1748 年和 1960 年发生的两次 6 级以上地震与岷江断裂中段的构造活动有关（唐荣昌等，1993；周荣军等，2000；易桂喜等，2006）。其中 1960 年 6.7 级地震实际上发生在岷江断裂东侧的 NE 向东门沟断裂上。大体上反映了时空跳跃的地震迁移规律。

1970 年以来到汶川 8.0 级地震发生以前，数字地震记录更加精细地反映了地震（包括微震）活动的时空规律（图 2-97）。在时间上存在一个相对较强的地震活跃时段（1970—1980 年）和一个相对较弱的平稳期（1980—2008 年），前者连续发生数个大于5.0 级的地震，后者仅偶然发生 5 级左右地震，绝大多数地震小于 3.5 级。在空间上，强震活跃时段的地震集中发生在 32.5° ~ 33.0° N，104° ~ 104.2° E 附近（图 2-98（a）），构造上大体相当于虎牙断裂及其向北延伸的范围。而平稳期的地震则明显发生了向 NE 向的秦岭断裂带或 SE 向的青川—平武断裂带的迁移（图 2-98（b））。

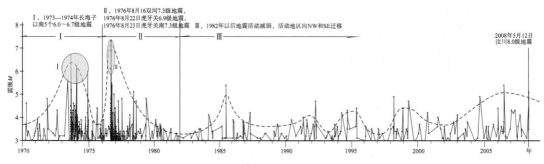

图 2-97　松潘—平武地区 1970—2008 年地震活动的时间 - 震级关系

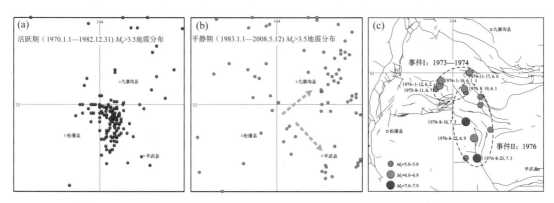

图 2-98　松潘—平武地区地震活跃期（a）、平静期（b）及强地震事件（c）平面分布

　　根据强震活跃时段地震的分布特征，又可以划分出两个时空交错，但构造联系彼此独立的地震事件（图 2-98（c））。其中，强震事件Ⅰ集中在 1973—1974 年期间（图 2-97）。在不到两年的时间里发生了 4 次 6.0 ～ 6.9 级地震，两次 5.0 ～ 5.9 级地震，以及 140 余次 3.0 ～ 4.9 级地震。这一地震群发事件集中在川主寺—黄龙断裂北侧的长海附近。该地区目前尚无明确的第四纪以来构造活动资料。推测有两种可能的地震构造联系：①与白马弧形构造的再活动有关。该地区构造上位于白马弧形构造的外带，根据区域地质调查资料（四川省地质局，1978；文县幅 1∶20 万矿产地质图，陕西省地质局区域地质测量队二十八分队，1970），白马弧形构造由加里东期沿下古生界碧口群与泥盆系交界地带发育的褶皱和断裂组成，经印支构造变动复活形成弧形，燕山期以升降为主。白马弧形构造以向 SE 收敛、NW 撒开的褶皱变形为主，断裂构造不甚发育。第四纪以来，随着川主寺—黄龙断层左行走滑位移的积累，在其北盘岩石中产生逆时针的牵引扭曲应力，激活白马弧形构造外带的先存断裂而发生地震，属于横向跨越式的走滑转换地震构造（见下文和图 2-100）。②与黄龙乡以东 NE 走向的马尾状左行剪切破裂持续延伸有关。前文已经论证了它们与川主寺—黄龙左行走滑断层的关系，它们向 NE 向延伸的动力，同样来自主走滑断层的持续位移积累。

强震事件 II 发生在 1975—1979 年期间，包括两次 7.3 级地震，两次 6.0 ～ 6.9 级地震，4 次 5.0 ～ 5.9 级地震和 690 次 3.0 ～ 4.9 级地震。其中所有 5 级以上强震都集中在 1976 年 8 月爆发（图 2-97）。从空间联系看，除了北部 1976 年 8 月 19 日的 6.1 级地震和两次 5.0 ～ 5.9 级地震涉及强震事件 I 的相关地震构造以外，其余强震与虎牙断裂的构造联系是毋庸置疑的。上述连续发生的两个强震事件在空间上彼此交叠的现象，从构造活动的相关性来看也是合理的。与川主寺—黄龙走滑断裂北侧岩石中的斜向（NE 向）剪切转换和跨越式（弧形）转换构造不同，虎牙断裂属于南侧的横向压缩型转换构造。详细解读虎牙断裂复杂的分段性、左行斜冲的运动学（唐文清等，2004；易桂喜等，2006），及其与川主寺—黄龙走滑断裂的转换构造联系，对于理解强震事件 II 的地震构造具有重要意义。

（2）GPS 观测结果。

根据研究区（32° ～ 34° N，102° ～ 105° E）14 个 GPS 流动观测站 4 次（1999 年、2001 年、2004 年、2007 年）重复监测数据（表 2-11），参考欧亚板块框架计算得到的位移速度矢量（图 2-99）表明，松潘—平武地区的现今地壳运动总体上由西向东，1999—2007 年期间向 E 和 SEE 的位移速率变化在向东 12.4 ～ 6.8mm/a 和向北 -2.3 ～ 1.7mm/a 之间。其中，岷江断裂以西 3 个测站（H025、H026、H031）的位移速度矢量相对稳定，东向位移速率全区最高，为 10.7 ～ 12.4mm/a，北向运动速率小于 0.5mm/a，反映青藏高原地壳物质向东挤出的动力学背景。但当越过由岷江断裂（岷山隆起）中北段及其东部的文县—白马弧形构造组成的构造体时，位移矢量分别发生了有规律的改变：松潘以南位移速度矢量一致发生了向 SEE 的偏转，东向位移速率很快减小至 8.8mm/a，向南东进一步减小到 6.8mm/a，北向运动速率则相对增加，变化在 -1.2 ～ -3.8mm/a 之间。与此同时，北侧在东昆仑断裂以北，位移矢量则在先发生向 NEE 偏转（观测站 H020、JB33）之后，才逐渐转向 SEE（观测站 H019、H021、H022、H024）。总体上显现出受到岷山隆起的中北段及其东部的文县—白马弧形构造联合体干扰的位移矢量图像，意味着该联合构造体在区域整体东移的过程相对滞后，内部无疑正在发生应变和位移的积累。这样，上述在白马弧形构造外缘发生的强地震事件 I 的动力学条件就可以成立了。

唐文清等（2004）曾经利用区内另外 3 个 GPS 监测站的 4 期（1991 年、1993 年、1995 年、1998 年）重复测量数据（表 2-11）开展了研究。在同样参考欧亚板块框架的情况下，计算了 1991—1998 年期间的位移速度矢量，并根据 3 个观测站分别跨越了岷江断裂和虎牙断裂，将位移矢量的差值视为两条断裂的位移速率。认为岷江断裂的运动速度大于 2mm/a，虎牙断裂整体速度 2.55mm/a。

上述两个时段（1991—1998 年和 1999—2007 年）GPS 监测数据计算得到的位移速率矢量，除岷江断裂西侧两个紧邻的测站（H025 和 SBP5）之间存在明显不同以外，其余大体相当。说明松潘—平武地区现今的活动状态随时间可能有所变化，其他 GPS 研究也

表 2-11　欧亚框架下松潘—平武地区 GPS 测站运动速度

观测站	°N	°E	北向速度	北向误差	东向速度	东向误差	相关系数
H019	33.79	104.40	-0.6	1.3	8.50	1.3	0.0101
H020	33.94	103.73	1.2	1.3	9.20	1.3	0.0093
H021	33.42	104.82	-1.9	1.3	8.10	1.3	0.01
H022	33.00	104.63	-2.1	1.3	7.10	1.3	0.0097
H024	33.23	104.23	-2.3	1.3	12.8	1.3	0.0094
H025	32.93	103.44	-0.1	1.3	10.70	1.3	0.0094
H026	33.57	102.99	0.1	1.3	11.70	1.3	0.0092
H030	32.59	103.61	-1.6	1.2	8.80	1.2	0.0109
H031	32.79	102.50	0.5	1.2	12.40	1.2	0.0104
H032	32.41	104.57	-1.2	1.2	7.50	1.2	0.0103
H033	32.18	104.83	-2.2	1.3	6.80	1.3	0.0097
H034	32.36	103.73	-1.9	1.3	8.30	1.3	0.0091
H037	32.08	103.16	-1.7	1.3	8.80	1.3	0.009
JB33	33.28	103.89	1.7	1.2	10.7	1.2	0.0112
SBP5*	32.88	103.48	-0.033	2.37	7.00	3	
MJZ1*	32.40	103.73	-1.29	1.44	9.48	2.01	
ZHM3*	32.47	104.50	-3.8	1.87	9.05	3.19	

　* 1991—1993—1995—1998 年重复观测数据（唐文清等，2004）；其余为 1999—2001—2004—2007 年重复观测数据。

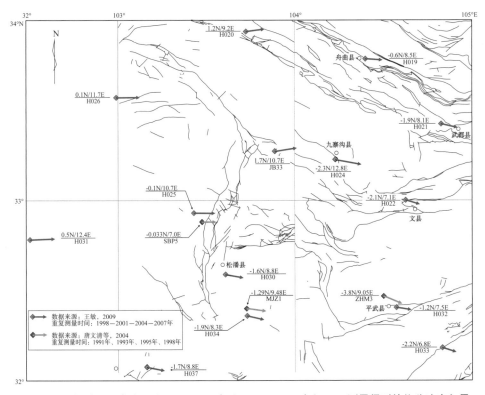

图 2-99　松潘—平武地区（1991—1998 年和 1998—2007 年）GPS 测量得到的位移速率矢量

揭示了相关规律（张岳桥等，2003；司建涛等，2008）。有意义的是，如果在本文确立的川主寺—黄龙左行走滑剪切及其转换构造联系的框架下，把不同观测站位移速率矢量的差异看作是沿主要断层带的位移速率，断层之间的位移是连续的，并且合理设定岷山隆起中北段及其东部文县—白马弧形构造联合体的位移速率矢量区域最小（假设为 7.0Emm/a），则 1999—2007 年时间段岷江断裂的平均位移速率为 3.7mm/a（或许部分向东分配给白马弧形构造），虎牙断裂的平均位移速率为 0.8 ~ 1.3mm/a，而沿川主寺—黄龙断裂的相对位移速率平均达 1.8 ~ 2.4mm/a。尽管这种分配不够严格，且不考虑 GPS 观测计算本身的误差，精确的断裂结构框架还有待完善，而理想的刚性块体运动方式也值得怀疑，但 GPS 观测数据为断裂构造相关的差异运动提供了支持。

（3）卫星遥感图像解译。

沿川主寺—黄龙左行走滑断裂发育的近 EW 向涪江水系，自黄龙乡以东经镇源—施家堡先折向南东，继而在小河以北折向南。双河—小河—虎牙一带地形陡峻，瀑布高悬，地貌上沿 SN 向断裂呈梯状跌落（四川省地质局，1978）。在 TM 卫星遥感图片上，主要呈 SN 向延伸的山脊和涪江水系，被一系列近 EW 走向的线性断裂构造（图 2-100（a））切错。大体上在小河以北、虎牙关和叶塘附近呈密集分布。沿虎牙公社—叶塘—水晶堡

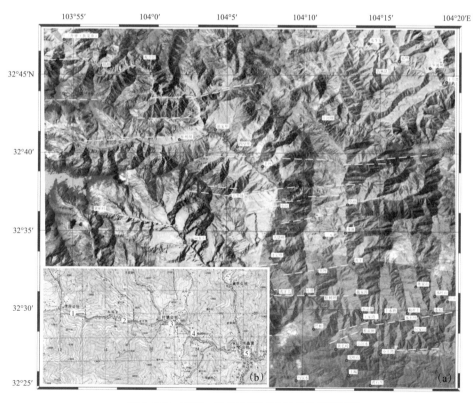

图 2-100　松潘—平武地区 TM 图像及断层解译
（a）TM 卫星遥感图像，红色断线为虎牙断裂组分，黄色为解译的线性断裂构造；
（b）1：10 万地形图，①~⑤为错位的河流—山脊对

公社一线，一条近 EW 向的河流汇集了所有 SN 向水系，河流两侧的水系和山脊似乎发生了成对左行错移（图 2–100（b））。上述地貌构造特征说明虎牙断裂被近 EW 走向的走滑断裂左行切磋，具有分段活动的性质。

2.5.9.5　讨论和结论

沿大型走滑断层的位移积累，必然导致两侧岩石中协调一致的变形响应。这一认识已经为国内外大量研究成果所证实（图 2–84）。本文对川主寺—黄龙断裂的破裂几何学、运动学数据及其断裂构造联系的研究成果，辅以松潘—平武地区地震活动、GPS 重复测量数据和卫星遥感图像解译，建立该地区现今构造变动的剪切转换构造体系。在这个构造体系下，大量前人在该地区的研究成果可以得到更加合理的解释。

（1）松潘—平武的转换剪切构造组成。

川主寺—黄龙走滑转换构造系统的形成与青藏高原向东挤出的动力学背景密切相关。根据更大范围的区域地质和构造演化历史，以及第四纪以来的构造变动特征，将它们按形成演化的顺序分为东昆仑—岷江、川主寺—黄龙、龙潭堡—虎牙和平武—青川四个在空间与时间上彼此承接的剪切转换构造系统（图 2–101），并试图对松潘—平武地区不同期次剪切转换构造体系的转换构造要素进行简单描述。

①东昆仑—岷江走滑转换系统（Ⅰ）。构造组成包括：Ⅰa 为东昆仑左行走滑断层；Ⅰb 为岷江褶皱冲层组合，Ⅰa 的横向挤压转换构造；Ⅰc 为弓嘎岭—章腊盆地，东昆仑—岷江剪切转换构造体系中与岷江冲断层同期形成的压陷盆地，后期被川主寺—黄龙走滑断裂改造。

②川主寺—黄龙剪切转换系统（Ⅱ）。主要的构造组成包括：Ⅱa 为川主寺—黄龙左行走滑主剪切带；Ⅱb 为林坡伸展型双重剪切转换构造（释放型横向跨越构造）；Ⅱc 为黄龙乡以东，主剪切带末端 NE 走向的叠瓦扇，后缘伸展型剪切转换构造；Ⅱd 为双河冲断楔，Ⅲa 的收缩性横向挤压型转换构造；Ⅱe 为白马弧形断裂组合，Ⅱa 和Ⅲa 阶段的跨越型剪切转换构造。白马弧形断层为加里东以来多期活动的褶皱–断裂构造。第四纪以来为川主寺—黄龙走滑断层的跨越型转换构造，在龙潭堡—虎牙转换剪切过程得到加强。

③龙潭堡—虎牙走滑转换断裂系统（Ⅲ）。包括两套（Ⅲa/Ⅲb 和Ⅲc/Ⅲd）递进发育的剪切转换构造：Ⅲa 为双河—沙坝子左行走滑断层；Ⅲb 为小河冲断楔，Ⅲa 的收缩性横向挤压转换构造；Ⅲc 为虎牙关—叶塘走滑断层；Ⅲd 为虎牙冲断层，前缘收缩性叠瓦扇。侧向开放性冲断层，横向压缩性剪切转换。

④平武—青川走滑转换断裂系统（Ⅳ）。断裂之间的转换构造联系尚待进一步研究。

（2）松潘—平武剪切转换构造的动力学及其意义。

川主寺—黄龙乡左行走滑断裂的性质及其区域构造联系，揭示了青藏高原东缘北段一种可能的挤压剪切转换的动力学模式：随着特提斯闭合以后的陆—陆碰撞和印度板块

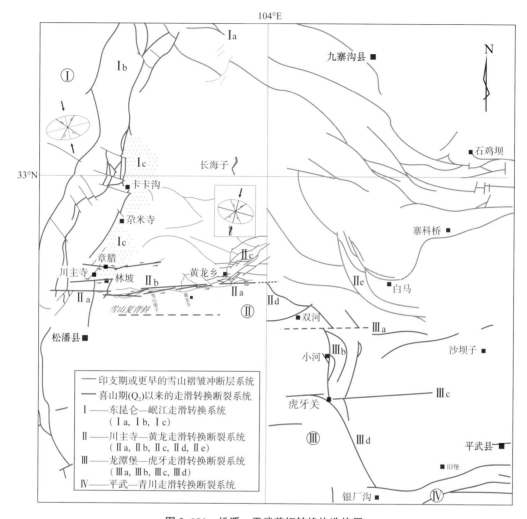

图 2-101　松潘—平武剪切转换构造格局

的向北推挤，羌塘地体以北的近 EW 向断层的位移性质逐渐由挤压逆冲转变为左行滑移（马宗晋等，1998）。承接东昆仑左行走滑位移，近 SN 向的岷山隆起及其冲断层构造率先形成；近 EW 向川主寺—黄龙左行走滑断层将青藏高原物质向东推挤的位移积累向东转换为沿虎牙断裂的斜向俯冲，继而传递给青川—平武走滑剪切系统，整体构成典型的走滑转换断裂构造体系。推测正是这一新构造活动的断裂体系，将沿东昆仑断裂的左行走滑位移逐渐转换为沿龙门山断裂的左行斜冲运动，构成了这一地区的地震（例如 2008 年汶川 8.0 级地震）构造和动力学背景。

第 3 章　震源过程的地质与实验研究

3.1　概述

迄今为止，关于发生在地壳深处的实际震源过程与地震成因仍然不清楚，而缺乏有关孕震环境和发震条件的事实依据，则不可能实现地震预测或预报的梦想。

地震作为固体地球"与生俱来"的灾变现象之一，从来没有停止。在数十亿年的地质历史过程中，作为发生在地壳深处伴随巨大能量的构造事件，往往都留下了不可能被磨灭的各种证据。其中有一些随着地壳变动，在经历了长期的缓慢抬升和风化剥蚀之后，整体暴露于现在的地表，被称之为化石地震（fossil earthquake）。研究识别化石地震震源破裂的产物，了解地震破裂的性质、震源附近的地质和构造背景、岩石介质条件、孕震的物理化学环境、地震破裂的性质与规模等情况，有助于建立特定的地震成因模型，这些就是震源构造（source structure, Sibson, 1980）地质研究的主要内容。而根据地震断层面上地震过程产物的性质及其多样性的成因联系，通过开展相关的实验模拟和数值计算，重现地震断层的滑动速率、持续滑动时间、地震应力降等震源过程参数，被称为震源过程的实验研究。因此，开展震源过程的地质和实验研究，有助于加深对现今地震活动的实际震源过程的全面理解，对于地震预测预报研究具有重要的理论与实际意义。

沿地震断层面摩擦熔融成因的假玄武玻璃（pseudotachylyte）和固态非晶质化的微角砾岩（microbreccias）代表两种不同类型的震源破裂产物，分别具有不同的破裂几何学、运动学与动力学条件（Sibson，1992；Clarke et al.，1993；张家声等，2005）。前者意味着沿主破裂面发生了与地震震源破裂相当的快速摩擦滑动，后者尽管不存在显著位移，但伴随着地震相关的巨大能量释放。假玄武玻璃因类似于溢出地表并快速冷却的玻璃质玄武岩浆而得名，是产于地震断层面上及其附近围岩裂隙中的脉状玻璃状隐晶质岩石。其颜色以黑色为主，但实际颜色与围岩的岩性和后期的改造有关。现在观察到的地震成因假玄武玻璃的岩石化学特征与围岩基本一致，由隐晶基质和围岩的碎屑或矿物碎斑组成。断层脉起伏不平，而未经改造的灌入脉中则可以见到舌状流动构造（图 3-1（a））。基质部分大多由于后期的脱玻化作用，表现微球粒状结构（图 3-1（b））和（或）微晶结构。

因此，并不是所有黑色脉状的隐晶质岩石都与地震成因有关。例如，在意大利 Orobic Alps 发现的层状黑色隐晶质岩石，就是与火山产物有关的隐晶电气石岩。

微角砾岩主要出现在完整岩石中未出现明显错动的裂隙中，由隐晶基质和临近围岩的岩矿碎屑组成（图 3-1（c），（d）），化学成分与围岩一致。有关报道出现在（陨石）撞击构造、经受"太阳风—高能粒子"的月球表面岩石样品观察结果中。微角砾岩的基质物质与固态非晶质化作用有关，基本上不存在熔体相。试验数据表明，在 300 ～ 800K 的温度条件下，石英、长石类矿物的固态非晶质化作用需要巨大的能量，例如石英出现固态非晶质化需要 25 ～ 30GPa 的静超高压、冲击，或者 0 ～ 3GPa 减压条件。因此，与陨石坑无关，不存在断裂构造联系的网脉状微角砾岩被认为是特定类型的震源破裂产物（张家声等，2005）。

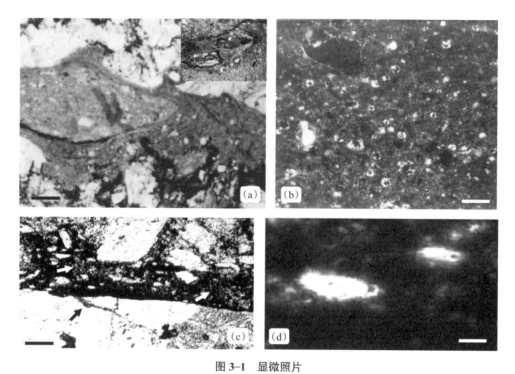

图 3-1　显微照片
（a）假玄武玻璃灌入脉中的舌状流动构造及脱玻化微晶中的熔蚀矿物残晶（右上），（b）假玄武玻璃基质的球粒状脱玻结构，（a）、（b）样品来自意大利北部 OrobicAlps；（c）网脉状微角砾岩中原地围岩碎块；（d）网脉状微角砾岩的隐晶基质；（c）、（d）样品来自大别山东麓

在天然地震断层产物实际多样性的成因联系不断由试验证明的同时，基于化石地震的震源深度、地质构造背景、介质条件、地震破裂样式和后期的改造历史的不同，震源构造与震源过程的实际复杂性也取得了许多进展，相继提出了"脆—韧转换"（Sibson，1977，1983），"障碍 - 干扰效应"（Sibson，1980），"应变硬化"（C.W. Passchier，1982），"韧性不稳定"（Hobbs，1986），"二相变形"（张家声，1987），"速度弱化"（Tse，1998），"断

层阀门"（Sibson，1992）等大陆浅源地震成因的理论模型。这些研究成果一方面大大加深了人们对大陆地震成因的理解，为现今大陆浅源地震震源过程的地球物理解释和数字模拟提供了重要的依据，另一方面又面临着新的挑战。

3.1.1　韧性剪切带中的应变不稳定因素与地震成核

进入 20 世纪 90 年代以来，随着对韧性剪切带研究的继续深入，原来认为其中只发生无地震均匀连续应变的概念发生了改变。由于韧性剪切带的几何学、流变学，以及参与变形岩石的性质（应力支撑结构）等沿走向和倾向发生变化，韧性剪切带内部同时存在着多种应变组分（纯剪切、简单剪切、次简单剪切等）与性质及程度不同的应变域（Simpson，1993；Newman，1993；Talbot，1999；Passchier，1998），因此其内部的应变往往是不均匀的；而剪切位移过程中直接或间接的温度、应变速率变化，流体介质参与等，都有可能导致剪切带中局部的应变（速度）弱化或强化，引起剪切位移过程中的应变不稳定，出现局部应力集中和突发失稳（地震）现象。因此，韧性剪切带中的应变也可以是不均匀的和不连续的。地壳岩石组分不均一的事实可以从露头尺度到全球尺度得到证明，其中震源尺度的不均一结构对地震成因研究具有重要意义。实验和地质观察表明，不同矿物组分的岩石具有不同的应力支撑结构，它们对应力变化和变形条件改变的响应也不同，这就是导致深层次断裂活动局部应变不稳定的物质基础。在同一变形条件下，上述介质不均一将导致彼此间变形性状的差异，因此大断裂带中参与变形的岩石毫无例外地表现出不同尺度上的二相变形特征（张家声，1987）。其中存在的韧性和脆性组分之间的相互作用，很可能是导致地壳深层次断层位移过程中局部应力积累和应变失稳，进而导致地震孕育发生的重要原因。

3.1.2　关于天然地震断层产物的实际多样性及其成因联系

20 世纪 70—80 年代，作为"化石地震"研究重要标志的断裂成因假玄武玻璃的岩石学、显微构造和成因机制等问题，存在广泛的争论（Clarke et al.，1993）。而它们在漫长的地质历史时期所经历的各种改造，又使争论的问题变得更加复杂。自 80 年代中后期以来，随着高科技应用和分析技术的提高，在显微、超显微（扫描和透射电子探针）尺度的岩石 – 构造分析，以及对熔融产物的岩石化学特征研究等方面取得了许多新的进展。此外，开展的一些实验研究和理论分析也充分证明了地震过程的快速摩擦滑动可以导致断层面上不同程度的熔融（Spray，1995，1997；Tsutsumi，2007）。这些研究成果一方面使得关于"断裂成因的假玄武玻璃是地震过程快速摩擦熔融产物"的认识逐渐变得令人信服，另一方面基于天然地震断层产物的实际多样性问题，提出了更加深刻、更加复杂的成因和环境联系方面的问题。这些联系包括：①地震断层面上摩擦熔融程度与地震过程沿断层面的滑动速率和持续滑动时间等变化因素的关系；②地震断层发生的深度（环境温度和正压力）与熔融温度和玻化程度的关系；③母岩的岩性和矿物组合与酸性玻璃及基性玻璃的形成、冷却与改造过程的关系，以及含水矿物破裂时羟基水逸出与参与熔融的效果，等等。

例如，化石地震的研究已经注意到并非所有断层摩擦熔融产物都具有假玄武玻璃的典型特征，"超碎裂岩化—熔结作用（sintering）—摩擦熔融"系列产物反映了这一过程在程度上的差异。影响天然地震断层面上摩擦熔融产物多样性特征的因素可能包括：①母岩性质，包括矿物和岩石体积化学成分的差异。例如，富二氧化硅的熔融物质具有较高的黏度和较低的热导率，不利于玻璃的形成（Allen，1979）。②地震滑动速率和持续滑动时间：地震断层的滑动速率大致在 0.1 ~ 1.0 m/s（Sibson，1977，1984），或 1.0 ~ 2.0m/s，持续时间在 3 ~ 5s（Sibson 1977）。因此，地震过程的滑动速率和持续时间上的差异，无疑是影响断层面上摩擦熔融程度的重要因素。③与震源深度有关的环境温度：有人认为当环境温度超过 400℃时，由于冷却速率较低，摩擦熔融产物一般不会形成玻璃，但并不排除在 500 ~ 700℃，7.3kbar 的中下地壳麻粒岩相条件下由于地震断层作用产生假玄武玻璃（Clarke，1993）。④当围岩中存在的少量含水镁铁质矿物发生破裂时，释放的羟基水甚至有利于摩擦熔融的发生（Sibson，1983）。因此，摩擦熔融发生的温度上限不一定是理论上的 1100 ~ 1200℃，也可能出现在 700 ~ 800℃之间。当然，上述摩擦熔融产物形成时的多样性，都是以正确识别后期改造为前提的。

显微构造和岩石化学研究表明，地震断裂成因的摩擦熔融产物在化学成分上可分为基性与酸性两种类型，但酸性熔体由于热导率低，不一定形成玻璃，而是表现为具微晶生长或全晶质结构的"酸性玻璃"（如燧石压碎岩等）。目前见到的地质历史上形成的基性假玄武玻璃的基质普遍发生了脱玻化现象。此外，受后期韧性剪切改造，某些假玄武玻璃往往形成黑色超糜棱岩。许多特征表明，天然假玄武玻璃的多样性特征与它们形成时的母岩性质、形成深度、破裂过程的摩擦滑动速率和滑动距离、摩擦熔融程度以及后期改造历史等因素有关。因此，野外确定它们与地震破裂的构造关系和显微尺度上的熔融或脱玻化证据，是鉴别化石地震的关键。

国内外有关化石地震的研究中，至少有以下四种产出特征的假玄武玻璃被描述过：①假玄武玻璃出现在韧性剪切带的内部，断层脉与剪切带面理近于平行，但贯入脉切过糜棱岩面理；②假玄武玻璃集中出现在大型剪切带中相对强硬岩块的周边，远离强硬岩块的糜棱岩中则不复存在；③产生假玄武玻璃的地震破裂发生于剪切带两侧完整的围岩中，形成独立的破裂系统；④某些发生了变质的假玄武玻璃出现在高角闪岩相—麻粒岩相高应变带的构造包体中。

这些事实进一步说明了震源过程（孕震和发震）的复杂构造联系。

毫无疑问，地震震源过程及其产物形成时的先天多样性是客观存在的，而在更高的层次上查明其多样性的成因联系，则是有关震源过程和地震成因研究所面临的新的挑战。

也正是由于这些实际多样性的存在和被发现，才使我们有可能通过独立的探索，揭示与震源过程有关的许多新的信息及重要的震源参数。

3.1.3 关于人工摩擦熔融实验研究

为了证明地震断层面上摩擦熔融的性质、条件和意义，国际上相继开展了模拟地震过程的大位移摩擦熔融实验。实验方法包括"直线位移"和"旋转"两种方式：前者以加拿大 New Brunswick 大学地质系 J. Spray 教授为首的科研小组的工作为代表（Spray，1995），主要针对工业挖掘过程岩石表面产生的摩擦熔融现象，开展相关的力学和热力学研究与分析；后者又分为两种：①根据钻探过程钻头与岩石之间产生的摩擦熔融现象进行的研究；②利用"旋转剪切高速摩擦实验机"对专门岩石样品进行摩擦熔融实验（Tsutsumi et al., 2007）。上述有关工业和钻探过程摩擦熔融的研究均对相关的正应力、滑动距离、滑动持续时间，以及摩擦增温效应等进行了估算，并结合地震过程进行了比较和讨论；而 Tsutsumi 进行的模拟实验则是用一对内外径分别为 16mm、25mm 的圆筒状基性岩（闪长岩和辉长岩）样品，在 5MPa 正应力情况下，以 1.8m/s 的速度进行高速旋转摩擦。这一实验达到了很好的摩擦熔融效果，并根据实验结果详细讨论了摩擦熔融产物的显微构造特征，以及摩擦过程中熔融物质出现对摩擦阻力和滑动速率的影响等。总的来说，这些实验都从不同侧面证实了地震断层面上的摩擦熔融现象，但由于工业过程的摩擦熔融不可能对实验条件做出多种选择，而尽管 Tsutsumi 的旋转摩擦实验是目前世界上最先进的，但其研究内容和目标偏重于了解高速滑动过程岩石的力学行为，以及摩擦熔融的一般原理，而不是从地震震源过程的实际多样性出发回答由"化石地震"研究提出的复杂成因联系。

上述有关化石地震与天然地震断层产物的地质和实验研究积累，已经使研究开始逼近这样的目标，即基于下列研究：①化石地震的破裂样式和物理力学条件；②震源实体的岩石构造联系；③天然和实验地震断层产物特征及其与形成环境条件的定量关系等，重建或恢复相对完整的震源过程。根据化石地震研究提供的基本背景，开展了系列的大位移摩擦熔融实验，确定了不同岩石在不同滑动速率、不同持续滑动时间所形成的多样性摩擦熔融产物之间的定量关系，并将实验结果与天然地震断层产物进行对比分析，获取了化石地震的重要震源参数，这对于确定大陆浅源地震的孕震环境与发震过程具有重要的理论和实际意义。

面对理解实际震源过程和地震成因的挑战，单纯的地质观察目前已很难从天然地震断层产物的多样性特征中，恢复化石地震的滑动速率与曾经发生的持续滑动时间参数，以及多矿物岩石的选择熔融等复杂问题。尽管针对上述问题的理论模型（Aki, 1992）和数字模拟（Miyatake, 1992）可以得出一般性的认识，但它们完全依赖于已知的实际观测数据，而不产生任何新的数据。为了详细了解地震滑动过程中摩擦熔融产物多样性的介质联系和断层运动学条件，开展系统的物理模拟试验是十分必要的。由于常规的具有温压控制的试验装置受样品尺寸和滑动距离的限制，不可能重复地震破裂过程的大位移（通常为 1 ～ 2m），而目前国际上已开展的大位移摩擦熔融的理论和实验研究，也不能满足全面理解震源过程的要求。

下面将介绍利用工业用摩擦焊接装置与自主设计的摩擦磨损实验机开展模拟地震过程大位移的岩石摩擦熔融实验，和对实验结果的显微、超显微（SEM）观察分析，原岩与熔融产物的岩石化学分析及理论计算等。结合对意大利北部 Orobic Apls、大别山东麓、河南蛇尾、陕西沙沟街、山东沂水等地发现的断裂成因假玄武玻璃和相关数据，详细描述几个化石地震与震源实体构造。

3.2　地震断层产物的实验研究

3.2.1　野外观察与实验

3.2.1.1　震源构造的地质观察

可供地质学家研究的震源遗迹或化石地震（假玄武玻璃脉）出现在抬升剥蚀暴露地表的变质结晶基底中。例如：北京密云地区地震成因的假玄武玻璃出现在伸展剪切带向弱变形围岩过渡的部位，该地区的伸展构造活动可能与中生代云梦山岩体的热侵位有关。河南西峡县蛇尾地区表现为元古代和中生代变质岩之间的构造接触，剪切带经历了由韧性到脆性的多期构造活动，中生代末持续的脆性推覆作用使加里东晚期发生在地壳大约10km 中深层次的断裂构造暴露地表；典型的假玄武玻璃脉出现在由元古代变质岩形成的糜棱岩中（林爱明等，2002）。内蒙古亚干地区的变质核杂岩经历了早侏罗世晚期的大规模推覆和中侏罗世早期的低角度伸展拆离（郑亚东等，1993）。多期假玄武玻璃脉的形成与拆离断层活动有关。

从抬升剥蚀暴露地表的变质结晶基底中，观察地质历史时期地震的震源遗迹或化石地震，为理解现今地震的震源环境和孕震过程提供了许多重要的信息。地表直接观察化石地震的主要依据是断裂成因假玄武玻璃的岩石学、震源破裂的几何学和运动学特征，以及震源附近的物理（温度压力和应力水平等）条件、介质（岩石组合、流体性质）环境与构造背景等。

本书"3.3 震源过程的地质研究"提供了多个包括化石地震和网脉状微角砾岩等震源实体构造的地质研究实例。

例如：山东沂水地区具走（斜）滑性质的基底韧性剪切带由于中生代裂陷活动而暴露于郯庐断裂的地垒之上；深入研究了其中分散的假玄武玻璃脉形成的构造联系和剪切带几何学特征。

根据对安徽桐城—潜山地区发育假玄武玻璃的化石地震进行过野外考察，注意到震源区岩石组分不均匀性与地震破裂的空间联系（张家声等，1992），以及天然假玄武玻璃的实际多样性，并且就此讨论了化石地震的震源实体构造和大断裂带中的二相变形与地震成因的理论问题（张家声，1987）。

在大同—怀安地区抬升暴露地表的下地壳麻粒岩地体中，下地壳的伸展拆离位移主要发生在含角闪石、富黑云母的"岩石–构造域"中。韧性剪切过程的应变软化主要与参与变形的岩石性质有关。该地区发现的假玄武玻璃出现在拆离带下盘的 TTG 麻粒岩中，说明剪切带应变变化的矿物学联系是一个不可忽略的因素。韧性剪切带向外过渡为变形较弱的太古代长英质片麻岩，地震成因的假玄武玻璃和多期脆性断裂发生在韧性剪切带与长英质片麻岩的接触部位，说明该地区古地震发生与多种引起应变不稳定的因素有关。

山西临汾地区现今地震活动数据以及地壳结构分析结果，支持了关于加厚大陆地壳深层次伸展拆离的动力学特征，而且展示了该地区多层伸展拆离构造和活动震源构造样式。临汾地区的微震活动性主要与现今不同地壳层次中存在的近水平的伸展拆离构造体制有关，表现为 8 个近水平的微震活动层。山西大同、北京密云和山西临汾三个地区与地震有关的韧性剪切构造均属于伸展构造体制，但发生在不同地质时期、不同大地构造环境与不同的地壳层次上。它们分别为早前寒武纪下地壳的后造山伸展拆离、中生代末期中—上地壳的重力滑脱和现代整个加厚地壳的减薄过程（厚皮构造）。上述研究和对比分析，提高了我们对伸展构造体制中韧性剪切的应变不稳定因素及其地震成因联系。

我们在大量的野外调查中，观测了不同性质、发育化石地震的深侵蚀剪切带中构造组构的几何学和运动学特征，岩石的应力支撑结构与矿物应变相；分析了剪切带活动的构造物理条件、内部应变分布和应变变化的规律性；确定了其位移过程中导致局部应力集中和地震破裂发生的构造联系。而以上对断裂体制的多样性和与震源过程有关的深部动力学过程的研究是解释大陆浅源地震成因关键所在。然而，化石地震的实际研究表明，天然地震成因假玄武玻璃在漫长的地质历史过程中，不仅因经历了各种改造而变得更加复杂，其本身由于存在形成时的环境温度、母岩性质、沿地震断层面的滑动速率和持续滑动时间等方面的变化因素，而具有先天多样性。为了建立天然地震成因假玄武玻璃与实际震源过程各种参数之间的联系，我们进行了人工摩擦熔融实验。

3.2.1.2 人工摩擦熔融产物化学分析和解释

人工摩擦熔融实验分别在金属摩擦焊接机和摩擦磨损实验机上进行。所用样品为天然岩石。为了使实验过程达到足够长的摩擦滑动距离，样品分别制成直径 1.5cm 的圆柱和直径为 6.8cm 的圆盘，通过一对直接接触的圆柱（或圆盘）在一定轴向压力下发生相对的高速转动，使样品表面达到摩擦熔融。实验是在室温条件下进行的，当轴向压力分别为 4.0kg/cm² 和 6.1kg/cm²，样品表面的最大线速度分别达到 50cm/s 与 100cm/s，并持续转动 2s 以上，以使样品表面成功发生不同程度的熔融。由于实验采用已知矿物组分的岩石样品，有利于确定岩石类型和矿物成分对摩擦熔融产物特征的影响。而采用连续转动摩擦滑动方式，不仅可能使实验过程的滑动距离与天然地震过程保持在同一个数量级上，而且提供了样品表面摩擦熔融程度和线速度变化之间的连续对应关系，以及摩擦熔融程度与滑动距离（滑动时间）的函数关系（图 3-1）。

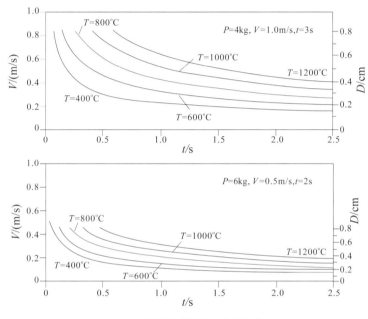

图 3-1　摩擦熔融的物理力学条件

实验拟对母岩和熔融产物的化学成分分别进行等离子光谱分析，以研究摩擦熔融的程度；根据实验过程的环境条件，对摩擦熔融发生的温度、滑动速率和滑动持续的时间等物理力学参数进行分析计算，建立摩擦熔融产物特征与震源过程各种物理力学参数之间的对应关系。

3.2.2　工业装置的摩擦实验

3.2.2.1　实验条件

为大致满足地震发生时数秒量级的地裂持续时间、数米量级的快速线性摩擦滑动距离、10 ～ 12km 深度的地壳静岩压力和岩石摩擦熔融等震源破裂条件（Sibson，1986），最初的试验是在工业用摩擦焊接装置上以旋转摩擦滑动的方式进行的，一共进行了两组。每组样品为一对直径为 15mm 的花岗闪长岩圆柱（图 3-2）。试验在轴向压强为

$4.0 \sim 6.1 \mathrm{kg/cm}^2$，线性滑动速率为 0.5m/s（样品中部）$\sim$ 1.0m/s（样品边缘）的情况下，持续滑动 $2 \sim 3$s（表 3–1）。实验不仅成功地获得了花岗闪长质岩样品表面部分熔融，而且根据实验数据初步确立了花岗闪长质岩石摩擦熔融的相关参数，通过原岩和熔体成分的岩石化学分析与显微构造的对比分析，确定试验参数、岩石类型及矿物成分对摩擦熔融产物特征的影响。所采用的转动摩擦滑动方式，不仅可能使实验过程的滑动距离与天然地震过程保持在同一个数量级上，而且可以根据同一次试验结果，了解样品表面在相同的持续滑动时间，摩擦熔融程度与线速度变化、滑动距离之间的连续对应关系。尽管当时缺少专门设备，未能完成系列试验内容，但在实验技术方法、实验过程和数据记录、实验结果的分析研究等方面都获得了成功的经验。

3.2.2.2 摩擦熔融的物理力学条件

岩石摩擦熔融的物理力学条件除了与其本身的岩性、矿物组合、热传导系数、摩擦系数、密度和矿物粒度等因素有关外，还与试验过程的轴向压力、滑动速率、持续滑动时间和环境温度等条件有关（表 3–1）。根据实验结果的分析计算表明，同一样品在相同的外部温度下，摩擦熔融与轴向压力、滑动速率、持续滑动时间正相关（图 3–3）。因此，在此次工业装置摩擦熔融预备试验的结果中，圆柱形样品的最外侧，熔融程度最高，由于试验装置的缺陷，大部分熔融物质被抛撒出去了；中部为熔融物质与碎屑的混合物，样品中部主要为原地磨碎的物质（图 3–2）。

表 3–1 人工摩擦熔融的实验条件和生热率计算参数

试验样品	正应力 σ_n /(MPa/cm²)	线速度 v /(m/s)	摩擦系数 μ	剪应力 τ $\sigma_{n^*}\mu$/MPa	生热率 q τ^*v/(10^6W·m²)	吸热率 f	密度 ρ /(kg/cm³)	导热率 κ /(W·m)	特定热 c /(J/kg)	持续时间 T/s
No.2	0.3923（4.0kg）	中部 0.5	0.85	0.33	0.167	0.5	2700	3	1000	3
		边缘 1.0	0.6	0.24	0.24	0.25				
No.3	0.5982（6.0kg）	中部 0.5	0.85	0.51	0.255	0.5				2
		边缘 1.0	0.6	0.36	0.36	0.25				

样品表面摩擦增温 $\Delta T = 800℃$，计算公式：$\Delta T = (2qf/3\kappa\sqrt{\pi}) * (\kappa L/\rho cv)$。

3.2.2.3 摩擦熔融产物的显微构造

附着在样品摩擦面上的黑色熔化层主要出现在圆柱样品表面的中部外侧（半径 $4 \sim 7$mm 之间），最边缘的熔融物质在实验过程中由于高速转动被抛出，圆心部分以碎裂为主。所见到的熔化层厚 $0.1 \sim 0.3$mm，并见有挤入到样品细微微裂隙中的现象。光学显微镜观察表明，样品岩石的矿物成分主要为石英、斜长石和少量钾长石，暗色矿物主要为角闪石及少量黑云母。熔融物质在正交偏光下为棕黑色，单偏光下呈浅褐色，其

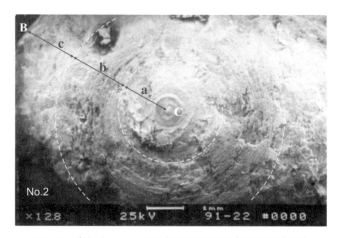

图 3-2　半径为 1.5cm 的圆柱状试验样品摩擦面光学照片
C——旋转中心，B——样品边缘。a——碎裂为主的摩擦滑动产物；
b——熔融和矿物碎屑混合的摩擦熔融产物；c——熔融物质为主（详见图 3-3 ～图 3-6）

中含有较多具熔融边缘的石英和长石的碎片。扫描电子显微镜观察发现，熔化层表现为拔丝状或乳滴状黏性流动构造，贯入和样品表面的熔体物质中均有气泡与大量矿物碎斑（图 3-3 ～图 3-6），证明样品表面曾经发生熔融并有玻璃状物质形成。

图 3-3　No.2 样品摩擦面右侧的扫描电子显微镜（SEM）照相
上部中央小照片中的圆圈指示放大照片的位置，弧形线理代表摩擦面 b 区的摩擦滑动轨迹。
由左向右放大的照片示熔体—角砾混合区的乳滴状结构

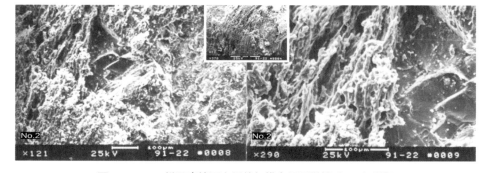

图 3-4　No.2 样品摩擦面左侧的扫描电子显微镜（SEM）照相
上部中央小照片中的圆圈指示放大照片的位置，弧形线理代表摩擦面 b 区的摩擦滑动轨迹。
由左向右放大的照片示角砾状矿物碎斑及其外侧边缘的乳滴状结构

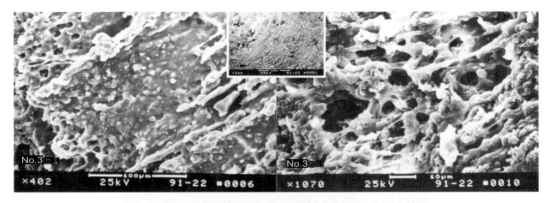

图 3-5　No.3 样品摩擦面右下侧的扫描电子显微镜（SEM）照相
上部中央小照片中的圆圈指示放大照片的位置，弧形线理代表摩擦面 b 区的摩擦滑动轨迹。
左侧放大的照片示熔体 - 角砾混合物的线（乳滴）状和面状（左侧放大照片的左下角）结构。右侧放大照片示碎屑
之间具有较高黏度的熔融物被拉伸的现象，最细的直径不到 1mm。在摩擦熔融物质中出现了许多大小不一的气孔

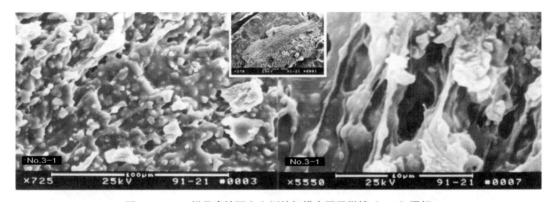

图 3-6　No.3 样品摩擦面左上侧的扫描电子显微镜（SEM）照相
上部中央小照片中的圆圈指示放大照片的位置，弧形线理代表摩擦面 b 区的摩擦滑动轨迹。
左侧放大的照片示熔体 - 碎屑混合物的面状流动构造，碎屑细小，粒度较均匀。右侧放大照片示碎屑团砾
之间的高黏度熔体物质被拉伸，面状熔体层被气体冲破的现象

　　SEM 显微照片除了显示摩擦熔融产物的精细结构之外，一个意外的发现是试验过程
伴随大量的气体外溢（图 3-5 ～图 3-8）。这种现象在试验过程如果没有特殊装置是不会
被察觉的，而且最大直径约 10mm 的气泡肉眼也很难从试验结果的样品上看到。试验样
品的剖面 SEM 照片显示（图 3-7），气泡从熔融层底部产生，逐渐上升到融化层顶部。下
部的气泡小而少，上部多而大，反映有一个上升逐渐聚集的过程。尽管一些研究者认为
断层面摩擦熔融只能发生在没有孔隙水的干的结晶岩石中（Sibson, 1975；Camacho et al.,
1995），另一些研究则认为少量流体存在可以降低熔点，加快熔融发生（Allen, 1979；
Magloughlin et al., 1992）。我们试验结果的岩石化学对比分析（见下节）也表明，样品岩
石中的角闪石、黑云母等含水矿物确曾在摩擦滑动过程发生了晶体破裂，并释放出羟基
水，高温下以水蒸气的形式介入到从破碎到熔融的整个过程。

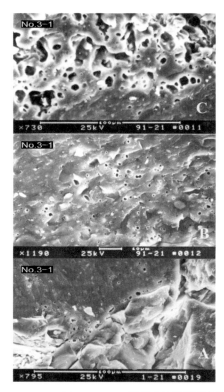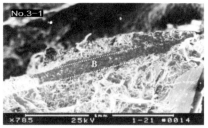

图 3-7　No.3 样品摩擦熔融层剖面的扫描电子显微镜（SEM）照相

剖面（右图）由下往上分为 A、B、C 三层：A 为完整岩石（左下照片），B 层和 C 层（左图中、上照片）
为混合有矿物碎屑的熔融物质。A 层顶部发育大量微小破裂，进入 B 层以后即有小的气泡开始出现；
B 层气泡增多；C 层熔融特征明显，气泡多而大

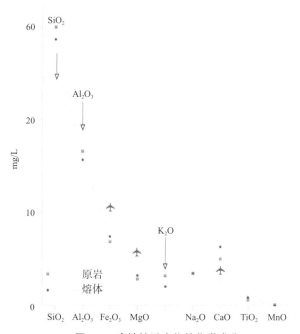

图 3-8　摩擦熔融产物的化学成分

3.2.2.4 摩擦熔融产物的岩石化学特征

对母岩和熔融产物的化学成分分别进行了等离子光谱分析，有效的分析结果（总量达 98.3% 和 99.2%）表明，二者总体成分比较接近（表 3-2），说明摩擦熔融的程度较高。详细对比表明，熔体物质中 Na_2O 和 MnO 与母岩基本一致；SiO_2、Al_2O_3 和 K_2O 的重量百分比略低于母岩，这与摩擦熔融产物中残留的石英、长石等硅铝质矿物碎斑未全部参与熔融的现象相一致；而 Fe_2O_3 和 MgO 含量略高于母岩的特征，则说明镁铁质矿物较多地参与了熔融。其中 CaO 和 TiO_2 则略高于母岩，暗示黑云母等含水矿物不仅积极参与了熔化过程，其晶体破裂逸出的晶格水甚至促进了熔融过程。

表 3-2 母岩和熔融产物的化学成分

	熔体		原岩	
	等离子光谱	校正值	等离子光谱	校正值
SiO_2		58.68		60.05
Al_2O_3		15.71		16.6
Fe_2O_3	0.0168	7.50	0.0173	6.92
MgO	0.0074	3.31	0.0073	2.92
K_2O	0.0047	2.10	0.0082	3.28
Na_2O	0.008	3.57	0.0088	3.52
CaO	0.0144	6.43	0.0126	5.04
TiO_2	0.002	0.89	0.0018	0.72
MnO	0.0003	0.13	0.0003	0.12
P	4.561	0.000004561	4.361	0.000004361
Ba	1.733	0.000001733	3.327	0.000003327
Sr	2.297	0.000002297	2.799	0.000002799
V	0.3001	3.001E-07	0.2894	2.894E-07
Ni	0.0627	6.27E-08	0.0608	6.08E-08
Cu	0.3856	3.856E-07	0.1462	1.462E-07
Co	0.0505	5.05E-08	0.0514	5.14E-08
Cr	0.2715	2.715E-07	0.132	0.000000132
Mo	0.0025	2.5E-09	0.0029	2.9E-09
Zn	0.4932	4.932E-07	0.3391	3.391E-07
Ga	0.0477	4.77E-08	0.048	0.000000048
Nb	0.0519	5.19E-08	0.0365	3.65E-08
Sc	0.03	0.00000003	0.0257	2.57E-08
Sn	0.0086	8.6E-09	0.0091	9.1E-09
Ta	0.0032	3.2E-09	0.0032	3.2E-09

	熔体		原岩	
	等离子光谱	校正值	等离子光谱	校正值
Y	0.0838	8.38E-08	0.0419	4.19E-08
Yb	0.0055	5.5E-09	0.0038	3.8E-09
Be	0.0071	7.1E-09	0.0065	6.5E-09
Ce	0.2556	2.556E-07	0.1887	1.887E-07
Rb	0.1839	1.839E-07	0.2419	2.419E-07
Pb	0.2148	2.148E-07	0.1881	1.881E-07
Zr	0.197	0.000000197	0.0945	9.45E-08
La	0.1088	1.088E-07	0.0986	9.86E-08
Li	0.0385	3.85E-08	0.0565	5.65E-08
W	0.0035	3.5E-09	0.0036	3.6E-09
Bi	0.0013	1.3E-09	0.0013	1.3E-09
Th	0.0556	5.56E-08	0.0514	5.14E-08
总量		98.32927005		99.17001261

注：1——单位：mg/L；2——仪器和单项手工分析结果综合校正。主要元素单位为质量百分比，微量元素单位为 ppm。

3.2.2.5　结论

当围岩中存在的少量含水镁铁质矿物发生破裂时，释放的羟基水有利于地震断层发生摩擦熔融，使地震断层滑动加速。地震断层的滑动速率大致在 50 ～ 100cm/s，持续时间在 1 ～ 3s。地震过程中在滑动速率和持续时间上的差异，无疑会影响断层面上摩擦熔融的程度。

3.2.3　自主设备的摩擦实验

在地震断层的摩擦熔融实验中，工业设备存在以下缺陷：缺乏实时数据记录，最大熔融物质在试验过程中被抛出，样品中心因低速位移产生过大阻力。为了解决这些问题，自主设计了多功能伺服摩擦试验机（图 3–9），进一步开展了模拟断层滑动的实验研究。

3.2.3.1　实验设备

多功能伺服摩擦试验机的伺服功能包括动力系统、适时监控、数据记录和处理三个部分：

（1）动力系统。

由 2.2kW 交流变频电机和交流变频器（AMB–G7–3R7T3）组成（表 3–3）。实验过程通过改变交流电机的运转参数达到控制变频电机扭矩、转速等目的。AMB–G7–3R7T3 变频器配有 RS-485 通信接口。交流变频器信号串行通信波特率为 9600。

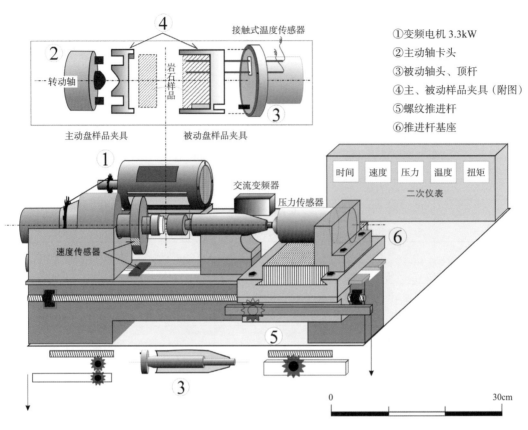

①变频电机 3.3kW
②主动轴卡头
③被动轴头、顶杆
④主、被动样品夹具（附图）
⑤螺纹推进杆
⑥推进杆基座

图 3-9　自主设计模拟地震破裂过程大位移快速摩擦滑动的摩擦磨损试验机

表 3-3　伺服摩擦实验机配件列表

序号	配件名称	规格	厂（商）家
1	六级交流变频电机	2.2kW/21N·m/960rad/s/ 轴高 112mm/ 重 45kg	北京电机总厂
2	交流变频器	3.7kW-3R7T3（控制台）输出	
3	压力传感器	600kg / 12V（直流）	昆仑海岸
4	压传二次仪表	显示 / 精确电源 /R485 口	
5	速度传感器	霍尔元件	北京书漫科技
6	速传二次仪表	带数据输出接口	
7	温度传感器	热电偶	川仪北京办事处
8	温传二次仪表	带 R485 接口	
9	定时器	220V/ 6 kW	北京华东电子技术研究所
10	定时接触器	380V / 20A	
11	齿形皮带	91RⅡ19 / 91 齿	
12	同步皮带轮	大：126mm，小：62mm	
13	皮带涨紧轮	1 个	

（2）适时监控。

①温度传感器和智能仪表（XMZ-H8 型）。温度传感器的测温范围为 0 ～ 1200℃，响应时间为 0.3s，实测温度通过智能仪表的 RS–485 通信接口接入计算机。

②压力传感器（BK–2Y 型）及与之配套的智能仪表（XST/B–F1MT1B2S2 型）。压力传感器测压范围为 0 ～ 600kg，响应时间 <20ms，适时测量压力通过 XST/B–F1MT1B2S2 型仪表的 RS–485 通信接口输入计算机，仪表测量控制周期为 0.2s。

③速度传感器（霍尔元件）及具有 RS–485 接口的二次显示仪表。传感元件的检测率 >100kHz，二次显示仪表的测量控制周期为 0.2s。

以上数据通过四通道 CP-114 数据转换卡适时输入计算机中。计算机型号为奔腾 166 兼容机、华硕 P/T–P55T2P4 主板。

（3）同步数据采集和处理。

①以电机变频器启动的信号为起始触发（或手动触发信号），从微机的时钟提取时间参数，其余各种数据都以这一时间为参考时间；

②同步传输各项数据包括：压力（kg）、温度（℃）、转速（rad/s），以及变频器的电流实际值（A）、电压实际值（V）和输出频率（Hz）；

③根据传感器和二次仪表的响应时间，每秒接收的温度数据不少于 4 个、压力数据不少于 10 个、转速频率计数据不少于 10 个、变频器电流数据、电压数据和频率数据各不少于 10 个；

④每次实验过程的持续时间设定为 10 ～ 120s；

⑤将采集的数据根据不同的种类输入到数据记录和处理系统的相应数据文件中（建立四个独立的数据文件），文件可以是通用的纯文本数据格式。

（4）数据记录和处理系统为 PC 机。

3.2.3.2　实验内容和目标

（1）主要实验参数。

①试验方式：高速旋转摩擦；

②试验材料：不同矿物组合、不同粒度的结晶岩石；

③样品尺寸：一对外径 30mm，内径 10mm 的圆环；

④摩擦系数：0.6 ～ 0.8；

⑤正应力：50kg/cm²；

⑥最大线速度：约 200cm/s；

⑦持续时间：2 ～ 10s。

（2）岩石样品选取。

根据大陆地壳"多震层次"的主要岩石类型，选取中细粒二长花岗岩、花岗岩、花岗闪长岩、辉长岩等具代表性的变质结晶岩石，以及长石石英砂岩、大理岩两种粒状、单矿物和多矿物组分的沉积岩。预先进行显微构造结构观察和全岩化学分析，以便与试验产生的熔融组分进行对比。

（3）实验方法。

用一对同样岩石的圆柱（环）状样品，在给定轴压下，通过旋转方式模拟地震过程大位移的快速摩擦滑动，实现滑动面上不同程度的摩擦熔融。同步记录不同轴压、不同转速、不同持续时间条件下，样品摩擦面上的摩擦增温情况。

（4）摩擦产物的观测分析。

摩擦产物的显微、超显微构造结构观察，熔融产物的常量和微量元素化学分析，了解熔融发生过程的矿物与化学成分联系，评价选择性熔融及流体介质参与情况和意义。

（5）实验结果的数据整理和理论分析

①对摩擦产物进行扫描电子显微镜、光学显微镜观察，分析其显微构造和结构；

②对摩擦产物进行化学分析，包括主要和微量元素全岩与 X 射线荧光光谱分析等；

③计算样品表面的摩擦生热率、温度分布和（线）速度等的相关性，分析摩擦熔融程度与滑动速率和持续滑动时间的函数关系，摩擦阻力在快速滑动过程中的变化规律和意义，熔融出现的时间及其与断层应力降的关系，以及结构水和（或）孔隙水参与的效果等。开展专题研究。

（6）实验结果。

在独立设计的实验设备并完善同步数据采集软件的基础上，全面开展了 1- 角闪辉石岩、2- 粗粒角闪石岩、3- 中粒二长花岗岩、4- 粗粒二长花岗岩、5- 钾长花岗岩、6- 斜长花岗岩等六类岩石共 65 组（每类岩石样品按 n-m 形式编号，n 为岩石分类号，m 为该类样品中试样的编号，例如样品 1-15 是指斜长角闪辉石岩的第 15 号样品不同压力、速度和持续时间等参数）大位移快速摩擦试验（图 3–10 ～图 3–19）。其中 43 次成功实现了轴向压力、速度、温度和电流（扭矩）对时间的同步记录。实现了样品表面不同程度的摩擦熔融。

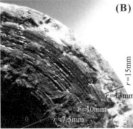

图 3–10　斜长角闪（辉石）岩样品的大位移摩擦试验典型试验结果（样品 1–15）

（A）和（B）摩擦面及其产物特征。环形示位移轨迹。摩擦滑动的线速度与样品半径（r）有关。
其中：区段Ⅰ主要为碎裂岩，区段Ⅱ为熔结碎裂岩，区段Ⅲ以摩擦熔融物质为主（见 C 和 D 中的Ⅲ），
最外侧的熔融物质在试验过程被抛出。（C）和（D）为一对实验样品被摩擦熔融物质焊接在一起；
其中 C 为样品侧面，D 为样品剖面。箭头所指Ⅲ为熔融物质

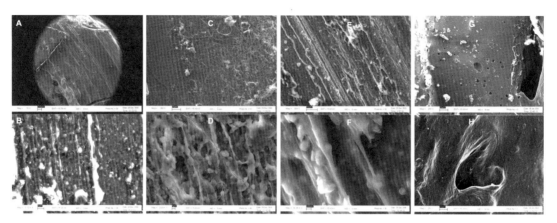

图 3-11　部分试验岩石摩擦面的扫描电子显微镜照片
由熔体和矿物碎屑形成的乳滴状结构（A、B、C、D、E、F）和气泡（A、G、H）。
A、B、E、F、G、H——斜长角闪辉石岩；C、D——中粒二长花岗岩

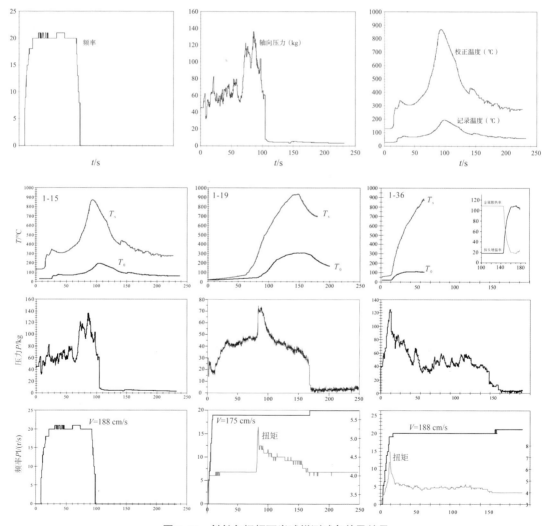

图 3-12　斜长角闪辉石岩试样测试条件及结果

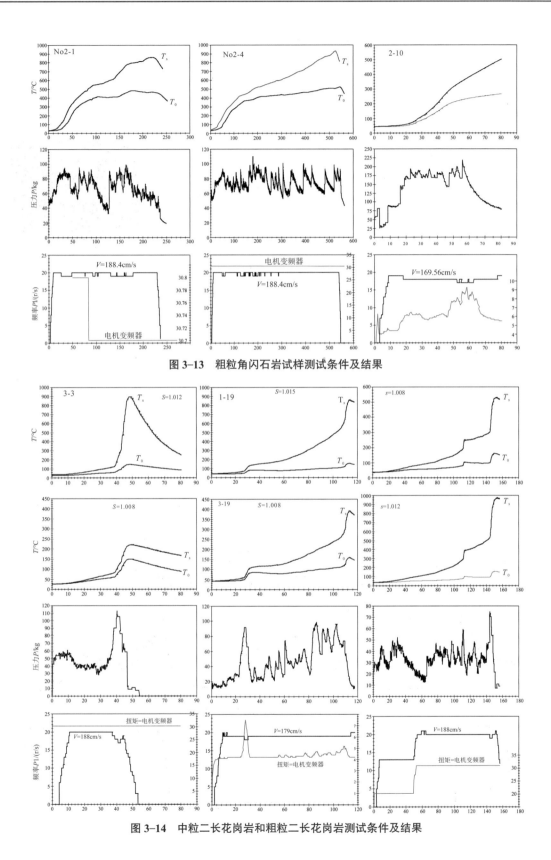

图 3-13　粗粒角闪石岩试样测试条件及结果

图 3-14　中粒二长花岗岩和粗粒二长花岗岩测试条件及结果

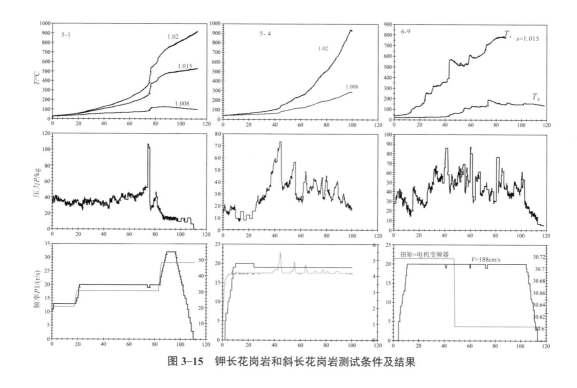

图 3-15　钾长花岗岩和斜长花岗岩测试条件及结果

①摩擦熔融现象描述。

在自制的伺服摩擦试验机成功进行的 43 次试验中，大多数达到了摩擦熔融的效果。不仅摩擦面上熔融产物的结构、分布和显微构造与工业装置的试验结果完全一样，而且取得了重要的同步试验参数。

②摩擦熔融的试验条件和相关参数分析。

系列快速摩擦试验实现了摩擦面上从碎裂产物到不同程度熔融的效果（图 3-10），包括基性和酸性岩石的摩擦熔融产物，进一步肯定了快速断裂过程排放气体的现象（图 3-11）。摩擦熔融产物的 X 光粉晶衍射结果也显示了非晶质物质的存在。

由于试验装置的限制，试验过程没有接收岩石摩擦过程释放的气体（但可以闻到明显刺激的气味）。此外，为了防止损坏，实验所使用的铠装热电偶温度计不能直接与产生热的摩擦面接触，而与样品摩擦面的边缘垂直，并保持约 0.5mm 的距离。因此，温度计所记录的温度是样品摩擦面温度通过空气热传导得到的。与此同时，由于存在试验过程同步发生的辐射散热、对流散热以及向相关支架直接热传导作用，以及试验过程中样品瞬间（20s 左右）急剧增温与温度传感器自身的灵敏度的制约，所记录的温度不仅明显存在滞后现象（图 3-18），温度值也明显偏低。但以上相关因素的制约是可以大致确定的，在实际进行的试验温度标定（图 3-18）的前提下，对摩擦过程的真实温度进行了推算和讨论。具体情况如下。

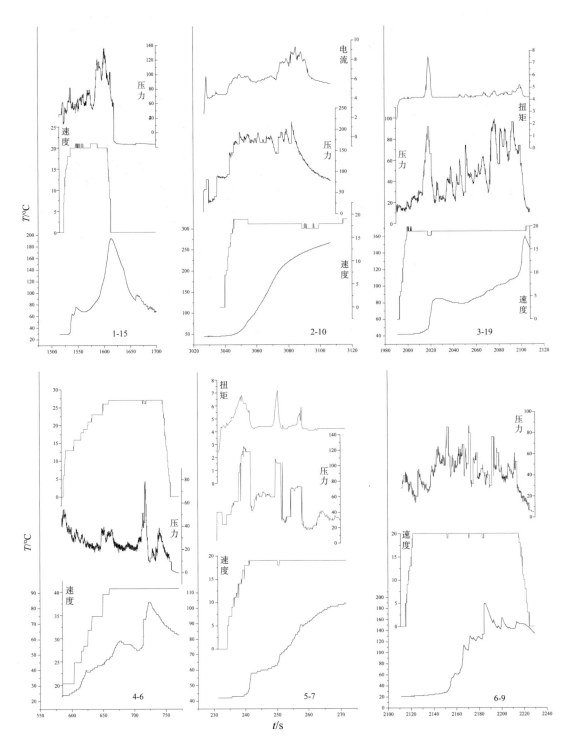

图 3-16　六类岩石大位移快速摩擦试验曲线

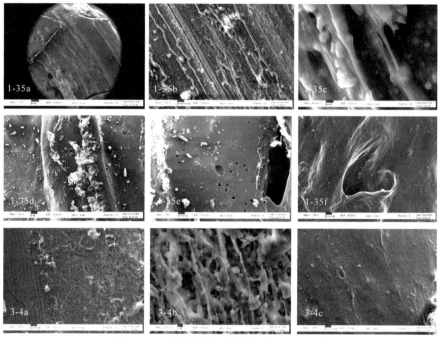

图 3-17　大位移断层产物特征的 SEM 照片

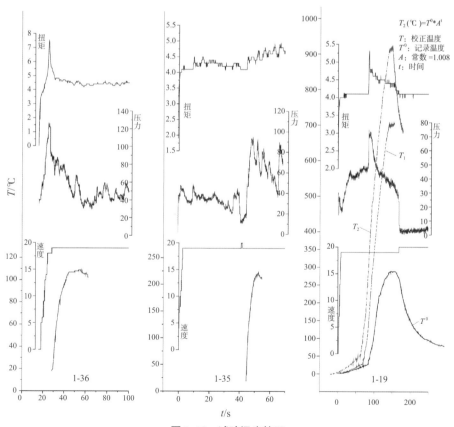

图 3-18　试验温度校正

对六类岩石约 65 组样品的实验数据分析发现，尽管试验过程的实际观察和摩擦产物的 SEM、X 光粉晶分析等结果都证明样品接触面发生了熔融，有关实验室数据认为这些熔融应该发生在 1000～1200℃左右，但是实验所记录的最高温度大多在 200～500℃范围。其中超镁铁质的样品温度最高达到 523℃，而变质沉积岩样品最高温度仅为 70℃，这说明实验记录的温度与样品摩擦面上的温度存在差别。为了校正样品温度记录系统的散热，对 1-19 号样品辉长岩进行实验和分析。该实验在滑动摩擦阶段连续加载压力为 20～75kg 左右。前 168s 为持续加压实验，约 168s 左右释放压力，样品进入自然冷却阶段。试验过程和试验结束以后所记录到的温度变化率如图 3-19 所示：试验开始阶段（0～20s）样品温度缓慢上升，20s 以后温度升高速度略有增大，80s 以后温度升高最快，增温速率达 5.70℃/s。114s 以后到接近试验停止前 20s，增温率从 2.54℃/s 下降到 0.8℃/s，直至停止增温。试验停止前 20s 以后温度即开始缓慢下降，降温速率 0.25℃/s；试验停止后 10s 左右温度下降率达到最大，最后逐渐变慢。

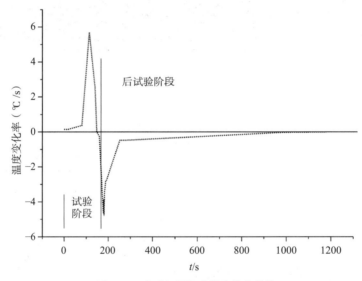

图 3-19　实验记录温度的变化率曲线

以上观察说明：①受整个测温系统（岩石样品，样品金属套，温度传感器）的影响，试验温度记录在摩擦增温阶段有大约 20s 的滞后时间；②试验记录温度是系统温度变化（系统各个部件的热导率和散热率）的函数；③试验温度记录的增温阶段提前终止，没有记录样品达到的最高温度；④试验停止以后的温度记录包括"滞后"和自然冷却两个阶段，其中 88℃以下的降温阶段完全符合牛顿冷却定律的降温曲线函数，即

$$T(t) = T_{室温} + \mathrm{e}^{-bt+c} \tag{3-1}$$

式中，b 可以视为散热系数与热容的比值。

$$\mathrm{d}Q/\mathrm{d}t = K(T - T_{室温}) \tag{3-2}$$

K 为系统散热系数。

$$\mathrm{d}T\,/\,\mathrm{d}t = K\,/\,C\,(T-T_{室温}) = S\,(T-T_{室温})$$

C 为系统热容。

$$\mathrm{d}T = S\,(T-T_{室温})\,\mathrm{d}t \tag{3-3}$$

因此，88℃以下降温阶段计算得出函数

$$T\,(t) = 17 + \mathrm{e}^{-0.00112\,t+1.554} \tag{3-4}$$

但是，从试验记录来看，高温段温度曲线的斜率明显高于低温段，如果假定系统热容不变，则可以推测温度越高，散热系数越大。因此，高温段降温函数类似于复变指数函数，即

$$T\,(t) = T_{室温} + e^{-S\,(T)\,t+c} \tag{3-5}$$

在理论上，试验记录温度与实际温度之间的函数关系应该区分不同试验阶段的温度变化内容，分别加上（试验增温阶段）或减去（试验停止阶段）测温系统在高温和低温（自然冷却）阶段的散热（降温）率，借此可以近似恢复样品实际的温度变化曲线。利用式（3-5）计算得到的相关参数和计算方法为：

①降温阶段（88℃以下）近似计算出来的散热系数 $S=0.0011$；

②高温阶段：

88～120℃的散热系数 $S=0.0042$，即：$T\,(t) = 17+\mathrm{e}^{-0.042t+3.294}$

120～150℃的散热系数 $S=0.01$，即：$T\,(t) = 17+\mathrm{e}^{-0.01t+2.620}$

150℃以上的散热系数 $S=0.0235$，即：$T\,(t) = 17+\mathrm{e}^{-0.0235\,t+9.572}$

据此近似恢复样品试验过程达到的最高温度为 700℃（图 3-18），比实际记录的最高温度高了近 400℃。

为了检验上述推算的合理性，不考虑温度记录系统的热导率和散热率，而直接利用 Jaeger（1942）推导的公式

$$\Delta T = 4qf/3k\sqrt{\pi} \times (kL/\rho cv)^{1/2}$$

式中，生热率 $q=\tau v$，f 为样品吸热率，k 为热导率，ρ 为密度，c 为比热，v 为速度，L 为位移，辉长岩的相关系数略。1-19 号样品经历 168s 摩擦滑动（轴压按平均 41kg；电流为平均 4.27A，电压 380V），计算出试验过程样品表面的最高温度应该高于推算值（T_1）700℃。更接近按时间指数函数计算的结果（图 3-18，T_2）。

从另外一个方面看，如果在某个时刻温度变化速率（即升温速率和之后的降温速率）超过温度计的记录速度，由于温度记录延时的存在，这种快速的变化可能无法记录。而样品摩擦面上的微凸体由于瞬间绝热降压或者加压产生的焦耳－汤姆森效应有可能在短短的几个毫秒内导致 300～800℃的温度变化，虽然该变化无法记录，但可能会对局部（微米级别）摩擦微凸体接触面上的熔融作用非常明显（O'Hara, 2005）。

样品铁质套筒的热导率很高 [80.2W/（m·K）]，相当于岩石样品热导率 [2.0～3.0 W/（m·K）] 的 30～40 倍，而铁的比热 [440 J/（kg·K）] 却只有岩石样品 [750～

920 J/（kg·K）]的1/2。铁质套筒在实验过程中其温度会很快与样品边缘相一致；同时快速向实验仪器的支架以及周围空气散热，铁质套筒、岩石样品边缘与温度计一起构成一个较高效率的散热系统。该散热系统是开放的，在低温条件下，显然符合牛顿冷却定律；而在高温情形下，散热率随着温度升高显著增加，并不符合牛顿冷却定律。根据实验数据可以发现当样品的温度远远高于环境温度（室温）的时候，温度记录系统的降温率应该是一个复变指数函数 $[T(t) = T_{室温} + e^{-S(T)t+c}]$，该散热系数与温度正相关。当某一时段由于温度计所处系统（由样品边缘、铁质套筒和温度计构成）上升到某个温度，该温度下系统的降温率与升温率相等，则温度计计数将无法上升，该温度就是实际测量的最高温度值。很明显这个温度与样品的比热、散热系数（与热导率、密度相关）、电机的功率、样品承受的轴压有关。在样品不破碎的前提下，提高电机的功率、轴压可以提高同一样品升温率，从而获得更高温度记录，这一点已经通过实验证明。此外，不同样品在热导率、比热方面存在差别，因此导致了实验过程中不同的增温率和降温率，并最终导致测量的最高温度值出现差异。在实验中发现，镁铁质、超镁铁质（辉长岩、辉石角闪岩）样品记录的最高温度明显比花岗岩、片麻岩、变质沉积岩高，而前者的比热明显比后者低，这说明温度记录系统确实是与岩石样品的热力学特性密切相关的。

③结论。

在自主设计的多功能伺服摩擦试验机上开展的系列岩石摩擦熔融试验，提供了不同岩石类型与不同试验参数之间复杂相关性的实施和连续记录，对于理解与解释地震断层作用具有一定的理论和实际意义。目前的阶段性的主要认识包括：

a.试验的轴压变化在2～8kbar/cm²，滑动速率变化在1～2m/s，持续滑动时间在1～3s之间，接近已知地震震源破裂的有关参数；

b.岩石摩擦熔融与母岩成分、环境温度、滑动速率、持续滑动时间、正应力变化，以及流体参与等多种要素相关；

c.用旋转方式使两块相同岩石样品在一定轴压下发生相对运动（摩擦滑动），在保持稳定轴向压力的情况下，使样品接触面上的最大线速度与地震过程的断层滑动速率相当，并使试验持续数秒钟，可以达到样品表面熔融的效果；

d.与地球物理解释的地震震源破裂速率和持续时间相当条件下的岩石摩擦熔融现象，证明断层成因的假玄武玻璃可作为化石地震的依据，据此揭示地震震源的构造性质、介质环境的相关研究是可信的，有利于对现今地震震源过程的理解；

e.在同一个试验样品中，由于不同位置上滑动速率的差异，摩擦面可以出现递进的碎裂、超碎裂和摩擦熔融现象，说明断层岩石的性质对断层滑动速率更加敏感；

f.地震断层作用可以导致岩石中含水矿物的晶格破裂，所释放出的羟基水有利于摩擦熔融的发生；

g. 岩石摩擦熔融产物的化学性质与原岩基本一致，某些小的差异都可以得到合理的解释。

（7）问题和讨论。

毫无疑问，试验设备和记录装置都还需要改进与完善，尤其是温度传感器的设置。此外，试验过程的气体收集系统是一个尚未解决的难题。

开展的系列试验结果反映出多变量之间的复杂相关性。因此，在将实验结果实际应用于化石地震的震源环境分析时，样品性质将被化石地震和震源实体的岩石所限定。而试验过程的轴向压力也需要根据化石地震的震源深度（通过围岩的 $P—T$ 计算获得）和地震断层的性质（正、逆、走滑）等参数加以换算（Sibson, 1983）；而因变量是随任何一组限定条件而发生的客观变化，只涉及摩擦滑动过程的内涵和岩石力学等理论问题，不影响已知条件与结果之间的对应关系。就一个特定地震事件（地震断层产物的性质已经确定）而言，选择变量中的滑动速率和持续滑动时间之间又是互为因变关系的，尽管它们的相关变化并不改变地震事件总的应力降。因此，只要从特定化石地震的研究中，对其中的任何一个变量加以限制，就可以对实际震源过程进行分析。遗憾的是，它们不可能独立地存在于化石地震的直接记忆之中。可能的解决办法是根据化石地震研究中得到的地震断层的长度和震源实体的尺度，估算出可能存在的最大持续滑动时间（格佐夫斯基，1987）。由于这两个变量在现今地震观测中是可以分别加以确定的，因此，即使存在化石地震震源过程中滑动速率和持续滑动时间的相关变化，也不会影响对现今地震震源过程的解释。

摩擦熔融程度的定量评价问题：根据已开展的前期研究结果，至少已有三种方式涉及天然地震断层产物熔融程度的定量描述，包括：①利用显微构造分析，定量确定熔融物质中碎斑含量和（或）基质 / 碎斑比，以及参照原岩矿物成分的碎斑组合关系与矿物之间的比例关系等（Sibson, 1977）；②通过原岩和熔融产物的岩石化学分析结果，确定体积成分改变程度，以及 TiO_2、CaO、SiO_2、Al_2O_3 等主要元素在原岩矿物与碎斑矿物中的变化等；③熔蚀碎斑的圆化程度均可以对熔融程度做出基本的定量评价。

附：数学计算

样品表面摩擦生热（$Q=\tau_f \cdot v$）和增温（ΔT）计算，主要参考国际上通常使用和讨论到的有关计算公式（马胜利，1992；Spray, 1995），并根据本项目的实验条件与参数，对相关参数进行分析、计算。例如在关于摩擦增温的计算中

$$\Delta T = (4qf/3k\sqrt{\pi}) \times (\kappa L/\rho cv)$$

被认为更接近实验情况，其中：

（1）可供选择的参数为：

　　μ——摩擦系数，大致在 0.6 ~ 0.85 之间；

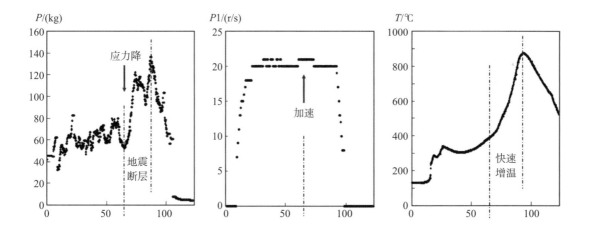

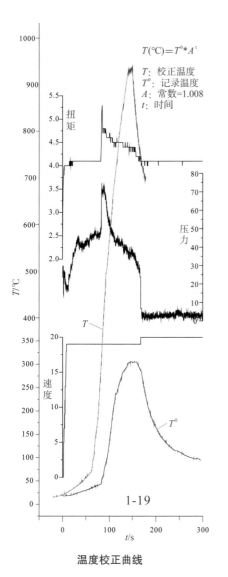

1-19

温度校正曲线

f——不同岩石的吸热率，变化在 0.5～0.25 之间；

κ——热导率（3.0 W/m）；

c——特定热（1000J/kg）。

（2）实验记录的参数为：

σ_n——正应力（MPa/cm^2）；

v——线速度（m/s）；

ρ——密度（kg/cm^3）；

t——持续时间（s）；

L——最大位移量（m）。

（3）计算得到的参数为：

τ——剪应力 $= \sigma_n \times \mu$（MPa）；

q——生热率 $= \tau \times v$（$\times 10^6$ W/m^2）；

ΔT——摩擦增温（℃）。

上述（1）中有关的热力学参数，将根据实际样品情况（如不同岩石的热力学性质和已知的相关参数等）确定；而摩擦系数的选取，将利用同时开展的岩石力学实验结果，并参考国际上相关研究的基础上，考虑摩擦阻力在快速滑动过程中变化的规律和意义、熔融出现的时间及其与断层应力降的关系，以及结构水参与的效果等因素，在最终实验结果限定的范围内加以确定。

3.3 震源过程的地质研究

3.3.1 断裂带二相变形与地震成因

本节以郯庐断裂带现代侵蚀面上五种不同类型的断裂构造和断层岩石为例，论述大断层带中岩石变形的二相性特征，包括机械意义的"韧性相"与"脆性相"应变组分在变形过程中的作用及意义。在此基础上探讨一种可能的地震成因方式。

大断裂带作为大陆内部主要的弱化带，经历了多期的构造变形，因而具有复杂的结构和构造特征。物理学、化学、结晶学和几何学等机制，都可以引起断层带中一部分变形岩石发生应变软化（strain softening），从而使断层带中无地震的位移占主导地位，并跟岩石圈板块的运动速率相一致。然而，由于地壳岩石组成和多晶质岩石中矿物组分的不均一性，某些相对强硬的岩石或矿物在变形过程中保持刚性特征，当位移导致的应力积累超过其极限强度以后，将发生快速的脆性破裂而导致地震。因此，断裂变形过程中应变的瞬态不连续应是地震的内在机制。

大陆地壳内部大多数浅源地震与先存断裂有密切的联系。按照经典的地震断层理论，地震是由于岩石的脆性破裂以及随之出现的滑动而产生的地面振动。在 10～15km 以下的地壳层次上，岩石变形主要以准塑性—塑性的方式进行，在其中产生足以引起地震破裂的巨大差异应力（>10kbar）似乎是不可能的。而当表壳断裂中软化机制起着主导作用时，深部准塑性位移不易导致上部地壳沿先存弱化带发生脆性破裂。因此，与大断裂带活动有关的地震破裂的机制，仍然是一个值得深入讨论的问题。本文根据不同地壳层次上断裂构造和断层岩石的直接观察，对地震成因做出新的解释。

3.3.1.1 断裂岩石和断裂带中的二相变形

沿安徽、山东省域内郯庐断裂带的现代侵蚀面上，可以追寻到五种不同类型的断层岩石，包括未固结的断层泥、断层角砾岩，固结的断层碎裂岩，假玄武玻璃，韧性糜棱岩和变晶糜棱岩、构造片岩、糜棱片麻岩等，以及分别与之相关的断裂构造与伴生构造（图 3–21）。它们代表元古代以来，在不同地质历史阶段和不同地壳层次上，以不同方式发生断裂变形的产物（表 3–4）。这些不同类型的断层岩石和断裂构造在现代侵蚀面上显示出的相互叠加关系，体现了改造与继承性活动的复杂历史。

断层泥和断层角砾岩是中生代以来形成的郯庐断裂带中普遍发育的断裂岩石组合，代表近地表条件下脆性断裂作用与长期断层蠕动的产物，内部具有多级次断裂网络，宽度为 20～40km，以横向上的拉张及挤压并伴随少量侧向位移为主要特征。主要断裂带中的断层泥厚度可达 5～7m，具有强烈的定向流动构造。其中含有大量围岩或外来岩石的碎斑、角砾、滚动砾石和构造透镜体，内部均以脆性破裂为主。在更大的尺度上，断层带中的次级断裂（其中发育较薄的断层泥）交织成围绕巨大围岩"断片"的网络（图 3-22）。上述断层泥中的塑性流动伴随着地表水作用下新生黏土矿物的形成，代表断层位移过程中以碎裂流动机制为主的韧性变形组分，而那些碎斑与"断片"内部的脆性破裂或刚体转动，则代表相对应的脆性变形组分。

表 3-4　郯庐断裂的断层岩石特征

岩石名称	断层类型	二相变形组分		断裂变形机制	重结晶作用	组构特征	应变软化机制	可能的形成深度 /km
		韧性	脆性					
断层泥，断层角砾岩	张性或压性正断层、平移断层	断层泥（各种黏土矿物）	矿物碎斑或岩石角砾	强性—摩擦	无	随机组构或位移形成的 L-S 形态组构	水解弱化	<5
固结的断层碎裂岩	压剪性断层	粒径 <0.02 mm 的碎屑	粒径 >0.02 mm 的碎斑		无或弱的	随机组构或碎裂流动的形态组构	几何软化和细粒化作用	5 ～ 10
玻化岩		融体相物质	长石、石英等矿物碎斑	摩擦熔融	脱玻过程的晶体生长	随机组构或超糜棱岩化产生的形态和结晶学组构	熔体相物质增加、孔隙流体压力增高	1 ～ 13
糜棱岩系列	韧性剪切带	韧性基质（由晶质塑性变形的石英、云母、绿泥石等组成）	硬矿物碎斑（长石、石榴子石、锆石等）	准塑性—塑性	石英的同构造重结晶作用普遍发育	形态组构（S-C 面理）和基质矿物的结晶学亚组构	位错蠕变、动态重结晶作用和新矿物化作用（反应软化）	10 ～ 15
变晶糜棱岩，构造片岩糜棱片麻石类		韧性基质（由晶质塑性变形的长石、石英、云母等组成）	硬矿物（石榴子石、锆石等）碎斑或角闪石岩、辉长岩等碎片		石英的恢复和退火重结晶作用，长石的同构造重结晶作用	强烈的 L-S 形态组构，无显著的结晶学组构	扩散蠕变、压熔、反应软化、重结晶作用	>15

　　固结的断层碎裂岩出现在基底完整岩石内部具平直断裂面的断层中（图 3-23），断层活动以挤压型剪切破裂为特征，围岩中发育大量伴生的破劈理群，某些断层面上出现硅质层。断层岩石胶结致密、坚硬。碎斑的粒径一般在 20mm 以下，形态组构和流动构造不显著。矿物颗粒上的脆性破裂普遍发育，并具有透入性的特点。断层位移体现为碎斑之间的摩擦滑动和滚动。粒度小于 0.02mm 的碎屑具有动力重结晶或蚀变现象，作为其中的韧性基质而发生塑性变形。这些特征说明断层作用是在具有一定上覆岩层压力而温度又不很高的条件下发生的。在露头上可以见到它们被发育断层泥的断裂所改造或复合的现象。以上两类断层可以同时出现在基底和盖层中。

　　假玄武玻璃作为地震断层作用的产物，反映沿断层面快速滑动导致摩擦熔融的结果。

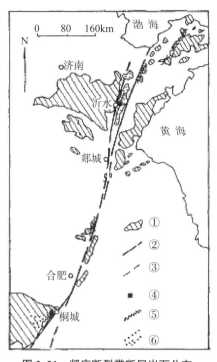

图 3-21 郯庐断裂带断层岩石分布
①前寒武系结晶基底岩石露头；②脆性断裂及断层泥、断层角砾岩带；③固结的断层碎裂岩带；④假玄武玻璃；⑤韧性剪切带，糜棱岩带；⑥剪切流动带糜棱片麻岩带

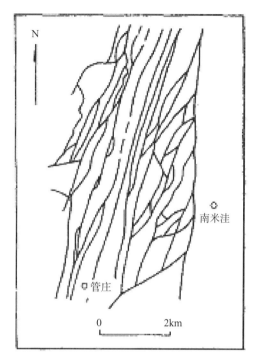

图 3-22 东莞地区安丘—莒县断裂结构平面图

在郯庐断裂带的现代侵蚀面上只是局部出现在结晶基底的岩石中，具有断层脉和贯入脉两种产状。主滑面和围岩中岩石的脆性破裂明显，玻基中含有大量的围岩角砾，脱玻化现象较普遍，局部可以见到脉体的流动现象。说明在快速短暂的断层滑动过程中，也出现了两种应变变形组分。断层面上熔融物质的存在，起着减小滑动过程中动态摩擦阻力的作用。

糜棱岩是基底韧性剪切带中的变形岩石，仅出现在晚元古代地台盖层以下的结

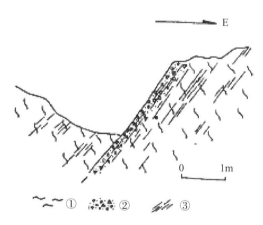

图 3-23 沂水县柏家坪脆性断裂剖面
①片麻岩；②断层碎裂岩；③破劈理

晶基底中。其矿物组合反映了绿片岩相变质作用环境下的动力退变质作用，相当于地壳 $10 \sim 15km$ 深度上断裂活动的产物。在长英质糜棱岩中，石英、云母、绿泥石等矿物具有强烈的晶质塑性变形特征和流动构造，而长石等相对强硬的矿物，则表现为不同形式的脆性破裂与刚体滚动。韧性基质含量随应变增加而逐渐增多，在细粒长石碎斑边缘，可以

见到它们向石英和绢云母转化的现象。在露头尺度上，糜棱岩带中含有大量相对未变形或弱变形的强硬岩块。说明韧性剪切带和糜棱岩在不同尺度上，都具有典型的二相变形特征。

变晶糜棱岩或糜棱片麻岩是剪切流动带中的变形岩石，代表低角闪岩相变质条件下断裂变形的产物。在显微尺度上，矿物的变形过程因普遍的重结晶恢复而较少保存，有时可以见到具"核-幔"结构的长石超单晶。但手标本上拉长的石英和强硬矿物碎斑的眼球状集合体（某些长石、石榴子石、锆石等）非常显著。剪切流动带以宏观上的L-S形态组构和流动构造为特征。长英质糜棱片麻岩作为韧性基质组分，强烈发育叠加变形构造。

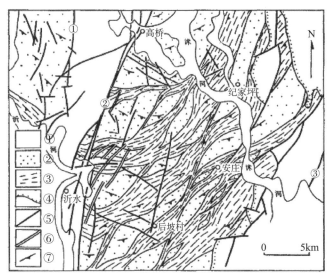

图3-24 沂沭基底韧性剪切带中段结构略图
①沉积盖层及河流；②泰山群角闪石质片麻岩及残块；
③云母质斜长片麻岩及剪切流动带；④不整合界限；
⑤脆性断裂；⑥韧性剪切带及糜棱岩；⑦片理、片麻理产状

而某些角闪石质片麻岩、辉长岩、角闪石岩等相对强硬的岩石，则以石香肠、构造包体或角砾的形式出现，代表其中的脆性变形组分。巨型剪切流动带具网结状构造格局（图3-24），其中一些大规模的原始片麻岩残块，表现了与基质中位移一致的刚体转动以及内部的脆性破裂。

以上五种类型的断裂构造和变形岩石，反映不同的断裂变形环境，因而不可能同时形成于地壳的同一层次上。它们在现代侵蚀面上相互叠加和改造的关系，与地壳抬升及剥蚀过程中的多期断裂活动历史有关。

3.3.1.2 韧性基质特征和应变软化的机制

以上描述说明，韧性变形组分的存在是大型长寿断裂应变软化的重要原因，它使断裂带本身在地壳不同层次上难以积累巨大的差异应力。断层物质的应变软化，是一个多因素控制的结果。

在中下地壳层次，韧性剪切带中的应变软化，主要表现为基质中矿物的晶质塑性变形，以及重结晶作用和新矿物化作用等，是一个与变形温度、压力与应变速率有关的物理-化学过程。在糜棱岩的韧性基质中，石英由于塑性变形及其构造重结晶作用而强烈拉长，并形成具核-幔结构的超单晶。被亚颗粒和重结晶新颗粒包围的石英残核，具条带状构造及波状消光的特点，反映变形过程中晶粒的边界迁移、晶体内部的位错滑移与

晶面弯曲等主要的变形机制。晶幔中的重结晶颗粒具有相嵌的齿状边界和定向生长的特点，并发育受剪应力控制的结晶学组构（图 3-25），反映原始石英颗粒的外部边缘具有更高的变形应变能积累，在恢复过程的成核和生长作用期间仍然受到剪应力的控制。重结晶新颗粒的粒度与剪应力值大小有直接的联系。在剪切流动带的变晶糜棱岩中，类似上述石英的变形特征可以发生在长石类矿物中。重结晶石英的矩形颗粒边界和压熔导致的边界迁移仍能见到，但主要表现为宏观上拉长石英的条带或细线。此外，云母沿（001）面的滑动和扭折现象是非常普遍的，而韧性组分中绿泥石的大量出现则主

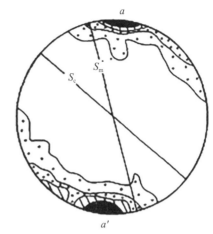

图 3-25　晶幔中同构造重结晶石英 *c*- 轴的优选方位
204 颗石英新颗粒的 *c* 轴投影，每 1% 面积
0.5% ~ 5% ~ 9% ~ 14%，山东沂水全美管庄。
S_c——石英残核的拉长方位；S_m——残核中的 *c* 轴优选方位；*a, a'*——重结晶石英新颗粒的 *c* 轴优选方位

要跟围岩的矿物组分与水的加入有关：当韧性剪切带改造角闪石质片麻岩时，发生角闪石向绿泥石的固相转化，析出铁质。这种动力过程中的新矿物化作用，还表现在细粒长石碎斑的边缘向石英或绢云母转化的现象。它们导致糜棱岩中韧性基质含量的不断增加和韧性剪切带中应变软化程度的提高。

在上部地壳的层次，长寿的大断裂系统内的应变软化，主要是通过断层面上断层泥的大量出现，以及破碎岩石在摩擦滑动过程中粒度不断减小和朝有利于减小摩擦阻力方向的转动所造成的。前者是一个在孔隙水参与下的化学过程，后者则主要表现为机械作用影响下的几何调整。因此是一个以化学、几何学因素为主的应变软化机制。断层泥本身由黏土矿物和矿物碎斑组成，黏土矿物的主要成分是伊利石与蒙脱石，含有少量的高岭石或绿泥石等强度极低的矿物。具有明显的定向排列和流动特征；碎屑矿物包括长石、黑云母、角闪石等，具有机械破碎和磨圆的特征，随着碎屑矿物的粒度减小与表面积增加，表面能相对提高，矿物的稳定性降低，从而发生向黏土矿物的转化。地表水沿断层破碎带的渗入，有利于这一转化的进行。这一情况说明，断层泥的出现，是断层物质本身发生应变软化的结果。当大块的断层角砾反复破碎变小和发生滚动，并伴随着大量黏土矿物的形成时，断层面上的摩擦阻力减小，进一步位移所需的应力值降低，应变软化现象随即发生。

地壳不同层次断裂带中韧性基质的出现，并随着应变或位移加大而增多，破坏了强硬岩石或矿物的应力支撑结构，这时主要的断层位移将发生在韧性基质中。而引起断层带中发生应变软化的机制，与断裂作用时的温度、压力条件、水或其他流体参与情况，以及断层带中的应变速率等因素有关。

3.3.1.3 强硬矿物或岩石的脆性行为及地震成因

大断裂带中的二相变形可以表现在地壳的不同层次以及大、中、小、微的不同尺度上。在显微尺度上，长英质糜棱岩中的长石、石榴子石、锆石等相对强硬的矿物颗粒，均表现出明显的脆性破裂特征，表现为完全丧失其内聚力的快速变形过程。可以观察到的破裂方式包括张裂、剪裂、崩裂和折断等不同类型。在露头尺度上，发育大量断层泥的断层碎裂岩中，较大的长英质片麻岩角砾内部往往被脆性的共轭剪破裂切穿（图3-26），并在递进的位移过程中分散成更小的角砾。在糜棱片麻岩或花岗片麻岩的变形过程中，角砾状斜长角闪岩往往成群出现，大小不一，反映了岩石整体的刚性破裂。而层状不均一岩石发生整体变形时，"能干"岩层的石香肠化，也是由最初的脆性张或剪破裂引起的。在区域构造填图中，不同岩石单位在变形过程中的差异，早已引起人们的重视。在大规模的重力滑动过程中，处于软弱滑动层之上由强硬岩层组成的滑移体，不断被脆性破裂分解。而深变质片麻岩区的现代填图方法中，已广泛引入变形"域"的概念，不同变形域之间，不仅存在应变强度的差别，不同岩性对变形的反应也是明显不同的，被韧性高应变带包围的弱应变域中，往往出现脆性破裂的变形方式。当然，同一种岩石或矿物在不同地壳层次上，对变形的反应是变化的，岩石或矿物的脆性相与韧性相特征都是相对的。

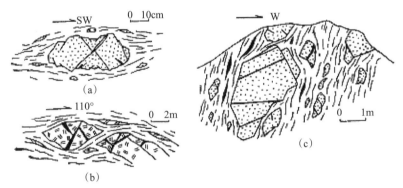

图3-26 韧性基质中强硬岩石的脆性破裂（张家声，1983）

（a）山东沂水道托庄郯庐断裂带中，长英质片麻岩角砾的脆性破裂；（b）呼和浩特北塑性变形的大理岩中，正长岩脉的脆性破裂；（c）山东莒县郯庐断裂带中，厚层砂岩透镜体中的脆性破裂

岩石整体的变形特征与其所含的矿物组分有关。在一定的变形条件下，岩石中脆性相变形矿物组分的含量大于 $36\% \sim 38\%$ 时，它们彼此之间有一个最低的接触度，随着其含量的增加，接触度从 0 变化到 1。因此，具有较高接触度的脆性相矿物颗粒（可以是处于同一变形相的数种矿物）实际上组成了该岩石中的应力支撑结构。一旦初始破裂在一部分强硬矿物中产生之后，通过彼此的接触，破裂将在所有的强硬矿物中发生灾变性的蔓延，导致岩石整体的脆性破裂。少量存在的韧性基质，只能起到局部减缓这种破裂速度的作用。通常称这种岩石为强硬岩石。在相反的情况下，岩石将以韧性方式发生变

形。在有高比例韧性基质存在的情况下，强硬岩石或矿物自身的脆性破裂，可以因其周边内摩擦力增加所产生的应力积累而发生（图 3-27），另一方面，当数个硬矿物颗粒或岩石发生碰撞时，可以造成局部的接触度增加和应变强化现象。其结果都应造成韧性基质中硬矿物或岩石的脆性破裂和剪切带中瞬态的应变不连续现象，它很可能就是实验岩石变形中黏滑现象的机制之一。

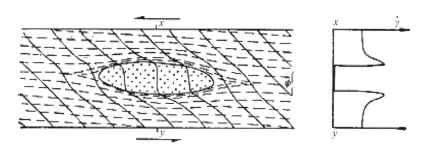

图 3-27　韧性剪切带中应变和应变速率场畸变示意图（据 Sibson，1980）
实线的斜率 ψ 反映剪应变的强度，$y = \tan\psi$，在给定的时间间隔中，剪应变速率为 $\dot{\gamma}$

在冶金学中，碳素双相钢的变形具有类似的特点，因此，用修改的 Hall-Petch 关系式，可以描述多相岩石中引起硬矿物脆性破裂所需的外部八面体应力和其他相关因素的作用。这个应力用无量纲形式表示为

$$\sigma_{ND} = \sqrt{1/3} \cdot f_m^{\frac{1}{2}} + \lambda_b^{\frac{1}{2}} \cdot D_b^{\frac{1}{2}} \quad （低比例韧性基质情况）$$

$$\sigma_{ND} = \lambda_b^{\frac{1}{2}} \cdot f_m^{\frac{1}{2}} \cdot D_b^{\frac{1}{2}} \quad （高比例韧性基质情况）$$

式中，f_m 是韧性基质含量的百分比，D_b 是脆性颗粒的粒度，而 λ_b 是一个常数。以上关系式的理论分析说明，引起硬矿物颗粒破裂的临界应力与韧性基质的含量和它们的粒径有关。根据在同样尺度上测量天然变形岩石中同构造重结晶石英颗粒的粒度，所估算出来的剪应力值在 580 ～ 750bar 之间，它对于整个韧性剪切带是稳定的。但是这么小的差异应力是很难造成岩石脆性破裂的。因此，上述韧性基质中脆性矿物再破裂的相关因素，以及所产生的局部应力增强现象，对于强硬组分的再破裂是十分重要的。

前面已经论述了这种二相变形特征在不同尺度上的表现和相互联系。由于客观上存在着地壳岩石组分和变形的不均一性，在大断裂带不同层次上由二相变形组分构成的网状格局中，当强硬岩块的尺度与天然地震破裂的范围相当时，其内部矿物颗粒上的破裂可以在整个岩石中发生快速的灾变性蔓延，导致岩块的刚性破坏，应变速率将达到 $10^{-1} \sim 10^3/s$ 之间（斯宾塞，1981），这一过程所产生的能量释放，就相当于一次地震事件。

3.3.1.4　结语和讨论

基于大断裂带中天然变形岩石的观察分析，认为大断裂带在不同的地壳层次上都具有韧性和脆性两个应变组分，二相变形是大断裂带的基本特征之一。有各种不同的机制可以导致变形岩石的应变软化，韧性变形组分随断层带中的位移或应变增加而增加，无地震的断层位移主要发生在韧性基质中。强硬矿物或岩石的脆性破裂与韧性基质的含量和其本身的大小有关，局部的应变强化及内摩擦力的提高，可以产生足以引起它们脆性破裂的差异应力。大断裂带中的变形可以用韧性基质中的脆性破裂加以描述，其结果产生断层位移过程小瞬态的应变不连续现象。因此有可能是大陆浅源地震的成因机制之一。

通过天然变形岩石的有关参数，可以建立相应的物理模型，进一步定量分析二相变形过程中引起脆性破裂的应力积累机制。

3.3.2 古震源实体

古震源区地震断裂成因的假玄武玻璃显微构造、基质成分及其与区域构造演化关系的研究表明，随地壳抬升和相应的温度降低，在大约 10 ~ 15km 的深度上，长英质岩石先于石英质岩石从韧性转变为脆性性状，可能是导致韧性剪切带中局部应变不稳定与地震发生的主要原因，因而有可能建立关于地震断层岩石的多样性及地震成因二相变形的理论模型。

基于对现代侵蚀面的观察，研究抬升暴露的地壳深层次断裂构造、断层岩石、地震断层成因的假玄武玻璃及其与构造的关系，为直接分析大陆浅源地震的震源过程和孕震条件开辟了新的途径。

Sibson（1980）曾提出与石英质岩石的弹性摩擦 – 准塑性行为转换有关的地震成因模型，注意到韧性剪切带中强硬岩石包体周围应变集中引起的局部脆性摩擦滑动现象。最近的一些研究也表明，脆性断裂成因的假玄武玻璃和韧性剪切产生的糜棱岩可以旋回式（cycle manner）地交替发生，即至少有部分假玄武玻璃可以产生在长英质地壳断裂变形的韧性域，从而使以蠕变不稳定性与速度弱化为理论基础的地震成因模型重新受到重视，但这些模型仍不能对震源过程做出详细解释。

与地震破裂速度（约 10 ~ 100cm/s）有关的摩擦滑动虽可导致破裂面上的岩石熔融，但天然假玄武玻璃一般只见于地壳浅部 1 ~ 5km 深的断裂带中。地壳较深层次（5 ~ 15km 或更深）地震断裂作用所形成的摩擦熔融产物，由于环境温度较高而缺少快速冷却形成玻璃的条件，或在长期抬升过程受变质、蚀变和变形作用的改造，玻璃物质难以保存，往往形成结晶的、全晶质的、微晶或球粒结构的甚至超糜棱岩化的假玄武玻璃。实际上，摩擦滑动速率不同，断层岩石的摩擦熔融程度也不一样，而围岩的成分也会影响熔融物质的性质和冷却速度。诸多复杂因素使人们对天然假玄武玻璃在显微构造、化学成分和形成深度等问题存在不同认识。

这里用几个地区的深层次地震断裂作用产物中的熔体相证据及其脱玻化构造，分析化石地震（fossil earthquake）的破裂过程和孕震条件，研究震源实体的构造特征。

3.3.2.1 古震源区的构造演化

（1）地质背景。

大别山东麓出露的前寒武纪片麻杂岩包括两套主要的岩性组合：斜长角闪岩、黑云母变粒岩、角闪石岩、榴辉岩等组成的暗色岩系；黑云斜长片麻岩、二长片麻岩、钾长片麻岩、浅粒岩和二长花岗岩等组成的浅色岩系。其变质程度为高角闪岩相，局部达麻粒岩相。元古代早期的区域造山作用形成了大别群主体的 NW 向构造线。沿造山褶皱带核部分布的万山、主簿粗晶二长花岗岩体，是同造山混合岩化作用的产物（图 3–28）。研究区内最显著的后造山变形构造，是斜切造山带构造走向的大型左行韧性剪切带，是古郯庐剪切带的最南段，自潜山水吼岭至桐城一线呈 NE 向延伸。在长约 70km，宽 4 ～ 7km 的范围内，大别群片麻杂岩受多期韧性剪切作用和晚期脆性断裂的强烈改造。韧性剪切作用伴随由普遍的低角闪岩相至绿片岩相动力退变质作用。糜棱片麻岩面理（S_g）和糜棱岩面理（S_m）逐渐置换原片麻理（S_i）（图 3–29），形成巨大的弧形牵引构造。

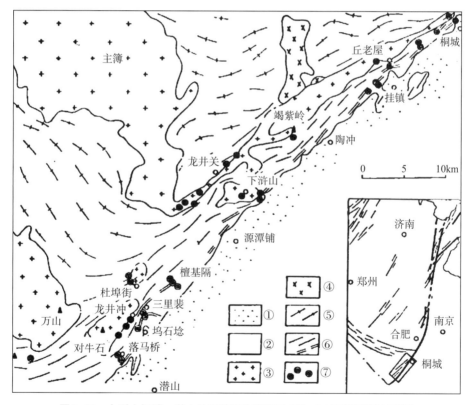

图 3–28　大别山桐城—潜山地区基底构造略图（据 1/20 万岳西幅地质图）
①中、新生代沉积；②前寒武纪结晶基底；③二长花岗岩；④基性、超基性岩；⑤片麻理；
⑥糜棱片麻岩面理（单线）和糜棱岩面理（双线）；⑦假玄武玻璃脉的野外观察点；
内实心圆为脱玻的假玄武玻璃，半实心圆为超糜棱岩化假玄武玻璃，实心圆为结晶的假玄武玻璃

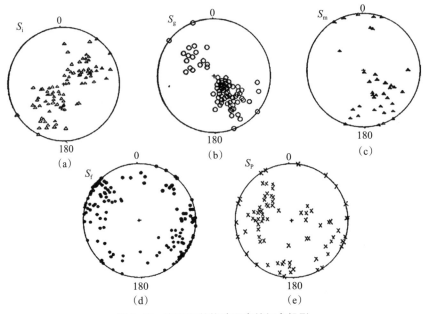

图 3-29　主要面状构造要素的极点投影

S_i 为片麻理，S_g 为糜棱片麻岩面理，S_m 为糜棱岩面理，S_f 为晚期脆性断层，S_p 为假玄武玻璃脉体

（2）糜棱片麻岩带。

糜棱片麻岩是早期韧性剪切流动的产物，包括眼球片麻岩、条带状片麻岩和强亢片麻岩（straight gneiss）等各种再改造的片麻岩，平均走向 N5° E，向 SE 缓倾（25°）。其中拉长的石英条带绕眼球状长石集合体呈波状弯曲，以及长英质糜棱片麻岩中大量的暗色岩构造包体，使它们具有显著露头尺度的剪切流动构造和 L-S 形态组构，反映左行简单剪切应变过程。主岩体受这期韧性剪切作用改造，自龙井关附近急剧转变成 NNE 走向，岩体显著拉伸变薄，巨大的眼球状、板状长石集合体使之具有明显的定向组构特征。剪切带中的对牛石、下浒山等孤立的二长花岗岩残留体，也是受这期韧性剪切作用改造分别从万山和主簿岩体中分裂出来的。显微观察表明，再改造的片麻岩具有较高温度条件下的变形机制。早期强烈塑性变形的石英集合体，普遍发生了后期构造恢复重结晶作用，形成具有低角度边界的矩形颗粒组成的弯曲条带。长石类矿物的晶质塑性变形和同构造重结晶作用普遍发生（图 3-29），表现为矿物的双晶面扭曲、机械双晶、膝折带、变形纹以及亚颗粒和新颗粒构造。角闪石退变为黑云母，并有帘石类矿物的定向生长。上述矿物变形和矿物组合特征，说明早期韧性剪切作用发生在低角闪岩相或绿帘石—角闪岩相变质作用条件下，变形温度大于 450℃。按正常地温梯度标准，大致相当于地壳 15～20km 深的层次。

（3）糜棱岩带。

在上述糜棱片麻岩带内部，沿落马桥—桐城一线，后期又发育了一系列小型 NE—NNE 走向的糜棱岩带，其宽度已显著变窄，一般数十米，最大可达 100m 左右，倾向 SE，倾角增大至 40°～ 50°（图 3-30）。糜棱岩化程度往 NE 向逐渐增加，全挂镇—桐城一带广泛发育超糜棱岩。局部地段保留 S-C 糜棱岩，其运动学特征仍然表现为左旋平移或逆平移。在显微尺度上，岩石的变形机制已明显不同于糜棱片麻岩。长英质糜棱岩具有典型的二相变形特征。石英发生了强烈的塑性变形和同构造的重结晶作用，长石类矿物普遍发生脆性破裂，并局部转化为石英与白云母，暗色矿物退变成绿泥石，原来的黑云母或角闪石质残留体被改造成条带状绿泥石片岩。这种矿物变形和组合特征，反映了绿片岩相变质作用条件下的动力作用过程是糜棱片麻岩带抬升到较高地壳层次受后继韧性剪切作用改造的产物，其形成深度相当于壳内 10～15km 深度的范围。

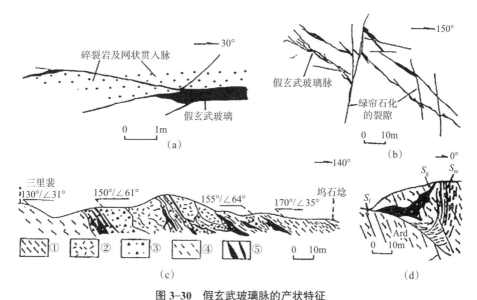

图 3-30　假玄武玻璃脉的产状特征
（a）小型假玄武玻璃发生带，潜山龙井冲平面露头素描；（b）发育绿帘石的微破裂群对假玄武玻璃的改造，平面露头素描，地点同（a）；（c）晚期断层破碎带剖面：①糜棱片麻岩；②花岗质岩石碎块；③挤压破碎带；④糜棱岩；⑤再改造的假玄武玻璃；（d）假玄武玻璃脉与黑色超糜棱岩的构造联系，剖面露头素描；Ard 大别群糜棱片麻岩；S_g 群糜棱片麻岩面理；S_m 糜棱岩面理；粗黑色条带为假玄武玻璃脉及糜棱岩中的黑色超糜棱岩条带；S_f 晚期脆性破裂

（4）脆性破裂。

沿这些大型韧性剪切带出现的脆性破裂，包括两种主要类型。早期的脆性破裂与假玄武玻璃脉的形成有关，包括小型分散的贯入脉和断层脉充填的破裂面。它们切割早期糜棱片麻岩面理，但在某些地段又被后继的韧性剪切作用改造成黑色超糜棱岩。晚期的脆性破裂普遍存在，并且改造了所有糜棱片麻岩和糜棱岩带，代表近地表条件下断裂作用的产物，是未固结的断层角砾、碎裂岩与断层泥，为中生代晚期以来郯庐断裂的组成部分。

以上事实说明，古震源区位于一条在地壳长期抬升过程中多次运动的大断裂带上，其演化至少经历了三个主要阶段。随地壳抬升和相应的温度降低，断裂变形方式从韧性转变为脆性，某些地震破裂发生在这些转换之前。

3.3.2.2　震源破裂面上的岩石产物

地震断层作用时破裂面上快速摩擦滑动并导致不同程度的岩石熔融。因此，震源破裂面上的产物具有独特的构造和显微构造特征。这些特征往往与它们的形成深度、围岩性质和摩擦滑动速率密切相关，因而具有复杂的多样性。

（1）构造特征。

研究区内发现古震源破裂的岩石矿物包括脱玻的、结晶的和超糜棱岩化的假玄武玻璃三种主要类型。由于古震源区在长期抬升演化过程中经历了多种形式的改造，现代侵蚀面内典型的玻璃状岩石已很少能保存下来。

脱玻的假玄武玻璃（devitrified pseudotachlite）为黑色或棕褐色、致密坚硬的隐晶质岩石，具贝壳状断口，主要呈分散的灌入脉出现，局部可见到小型的假玄武玻璃发生带和断层脉（图 3-30（a））。脉体厚一般 1～10mm，切割围岩中的糜棱片麻岩面理。断层脉和主要贯入脉产状的统计分析表明，它们是一组与晚期韧性剪切作用有关的共轭剪切破裂（图 3-30（d）），压剪破裂多为断层脉，张剪破裂多为贯入脉充填。断层脉延伸较远，脉体平直但厚度变化较大，含有大量的矿物角砾和围岩碎斑。灌入脉细而不规则，与围岩有清晰的界面。受露头条件限制，区内没有发现它们与大型破裂的直接联系。某些脉体被后期发育绿帘石的微破裂群切错（图 3-30（b）），或者被卷入晚期脆性断裂的挤压破碎带中（图 3-30）。

结晶的假玄武玻璃类似于燧石压碎岩（flint crush rock），主要呈断层脉产出，沿剪切带中二长花岗岩残留体边缘和内部的破裂带分布。包括黑色和灰绿色两种，均为致密坚硬并具贝壳状断口的隐晶质岩石。断层脉一般厚 1～10cm，局部达 20～30cm，延伸 1～2km，围岩中密布网状贯入细脉。

再改造的假玄武玻璃形成长英质糜棱岩中黑色或墨绿色的超糜棱岩条带，产状与糜棱岩面理一致。主要出现在南段落马桥和北段桐城附近。在某些弱糜棱岩化的岩石中，早期的假玄武玻璃贯入脉尚得以保存，从而可以追踪它们的构造联系（图 3-30（d））。

（2）显微构造。

显微镜下，脱玻和结晶的假玄武玻璃均为典型的基质碎斑结构，存在向围岩或矿物碎斑的微裂隙贯入现象（图 3-31）。个别脉体边缘还有流动构造，这表明了它们的脆性破裂成因和熔体相物质的存在。碎斑以石英和长石为主，普遍发育熔融边缘构造，无分选与定向组构。仅见少量黑云母、角闪石等暗色矿物的残余（图 3-31，照片 6，照片 7）。脱玻化假玄武玻璃的基质为浅黄至黄褐色，局部因次生铁质富集而呈暗褐色条带。在正交镜下为黑色或暗灰色，绝大部分发生了不同程度的脱玻化作用，表现为球粒状微晶生长（图 3-31，照片 6）。较粗大的球粒结构由白云母微晶组成，它们绕细小碎斑质点呈环带状生长（图 3-31，照片 8）。某些脱玻化过程可能与后期轻微的构造扰动有关，脱玻化作用从脉体边缘粗糙的港湾状部分向脉体中部逐渐增强（图 3–31，照片 9），并逐渐形成定向组构。结晶假玄武玻璃基质为无色或浅黄色，其中含有许多星散状或团粒状铁质残余物。在正交镜下为暗灰色，普遍发育极细小的矿物雏晶（图 3–31，照片 7），局部为显微隐晶物质。矿物雏晶形态不规则，边界不清楚，有时具球藻状构造（图 3–31，照片 10）。黑色结晶假玄武玻璃的基质主要由石英和长石雏晶组成，富含 SiO_2，因而又可以称为硅质假玄武玻璃。而灰绿色结晶假玄武玻璃的基质中则含有较多的帘石类矿物雏晶。一些学者认为，较高的环境温度使某些摩擦熔融产物不可能快速冷却形成玻璃，一些矿物还来得及从熔体中直接发生不完全结晶作用，形成结晶的或全晶质的假玄武玻璃（Maddock, 1986；Allen, 1979）。研究区内结晶假玄武玻璃的 SiO_2 含硅较高（表 3–5），脉体厚度较大，可能是熔体物质具有较高黏度、较低热导率和冷却速度的原因。

超糜棱岩化假玄武玻璃经历了韧性剪切作用改造，发育极细的与围岩一致的糜棱面理。基质和碎斑均具有统一的形态组构特征（图 3–31，照片 11）。基质中云母、绿泥石和石英等脱玻化微晶定向生长并发育完好的结晶学组构（图 3–31，照片 12），反映了同构造的生长过程。碎斑矿物发生了不同程度的刚体转动，某些碎小的石英碎斑出现同构造重结晶作用和塑性变形，说明其改造环境与发育糜棱岩的韧性剪切作用一致。

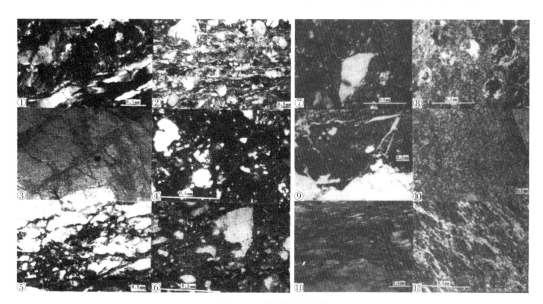

图 3–31　岩石显微构造

①糜棱片麻岩中斜长石塑性变形和条带状石英，正交偏光，桐城采石场；②糜棱岩中塑性变形石英和长石脆性破裂，正交偏光，桐城三里表；③小型假玄武玻璃发生带，断层脉及贯入脉产状特点，潜山龙井冲；④假玄武玻璃的玻基－碎斑结构，正交偏光，潜山杜埠街；⑤假玄武玻璃沿微裂隙贯入现象，单偏光，桐城挂镇北水库坝基；⑥脱玻化假玄武玻璃中部分熔融的长石碎斑及基质中的脱玻化微晶生长，单偏光，潜山野岩；⑦硅质假玄武玻璃中部分熔融的石英碎斑及基质中的石英微晶，正交偏光，桐城丘老屋北；⑧脱玻化球粒结构，正交偏光，桐城渴柴岭；⑨假玄武玻璃脉体的粗糙边缘及与轻微构造扰动有关的脱玻化现象，单偏光，桐城丘老屋；⑩硅质假玄武玻璃基质中石英微晶生长及熔融的长石碎斑，正交偏光，桐城龙井关北；⑪再改造的假玄武玻璃的构造特征，具有与糜棱岩理一致的形态组构，单偏光，桐城；⑫墨绿色—黑色超糜棱岩化假玄武玻璃，正交偏光，桐城

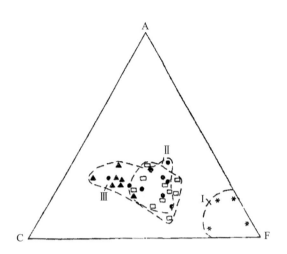

图3-32 假玄武玻璃及主要岩石类型化学成分的A—C—F图解
Ⅰ.基性、超基性岩类；Ⅱ.主要围岩；Ⅲ.假玄武玻璃；实心圆为脱玻及再改造的假玄武玻璃；实心三角形为结晶的假玄武玻璃；星号为基性、超基性岩体或岩脉；方块为片麻岩类和二长花岗岩类

（3）化学成分。

利用电子探针对区内部分假玄武玻璃的基质进行了体积成分（bulk composition）分析。对某些均一化程度较低的脉体，电子束直径放大约10～40μm。考虑到不同分析方法所得结果的可比性，将分析结果（表3-5）与主要岩石的全岩分析结果（表3-6）做了对比。结果表明，假玄武玻璃的基质成分在A—C—F图上的投影（图3-32）与主要片麻岩类和二长花岗岩类相近，而完全不同于区内出现的基

性、超基性岩体或岩脉，说明它们与岩浆活动无关。

主要氧化物质量百分比的总体变化情况表明，假玄武玻璃中SiO_2，Na_2O，MgO的含量均低于围岩，而Al_2O_3的含量则高于围岩。SiO_2含量减少的主要原因是由于有大量未被熔融的石英碎斑的存在。Na_2O含量降低则是由于斜长石中钠长石组分部分熔融而产生了高熔点的钙长石边缘，从而阻止了钠质组分的进一步熔融。这从区内二长花岗岩中斜长石的含量几乎是其他片麻岩类的两倍，可从其熔融产物（雏晶假玄武玻璃）中Na_2O的含量减少的事实得到证实。

此外，假玄武玻璃中某些主要元素氧化物含量的变化趋势与它们的围岩性质有着密切的联系。与成分相对均匀的二长花岗岩相关的熔融产物中，氧化物百分含量变化趋势非常明显，而对于那些分散的脱玻化假玄武玻璃来说，由于围岩大多受到早期韧性剪切作用的强烈改造，不同岩性相互混杂，其熔融产物的成分变化规律往往缺乏显著的统计优势。在不同类型的假玄武玻璃中，K_2O，CaO，FeO和MgO的变化规律也不完全一致。K_2O的含量甚至出现相反的变化趋势，CaO的含量也不稳定。在原岩缺少暗色矿物的结晶假玄武玻璃中，出现MgO含量减少而FeO含量增加的现象；而原岩暗色矿物较多的脱玻化假玄武玻璃中，MgO和FeO的含量都高于围岩（图3-33（a）），这可能是某些含水富镁铁质矿物优先熔融。单条脉体内成分变化也有这种趋势，其主要氧化物含量从脉体边缘到中部SiO_2与Na_2O含量有所增加（图3-33（b），（c）），而Al_2O_3，CaO，K_2O，MgO和FeO含量相应减少，并逐渐接近围岩的总体成分，这反映了摩擦熔融程度及均一化程度的提高。然而，在脱玻化假玄武玻璃中（图3-33（b）），MgO和FeO的含量却保持增加的趋势。镁铁质矿物发生优先熔融的原因是其中少量水的溢出，更有利于摩擦熔融的发生。

表 3-5 电子探针分析结果

化学成分 \ 样品号	11		22		17		13
	A	B	A	B	A	B	
TiO$_2$	1.288	3.138	0.403	0.895	0.954	0.090	1.316
K$_2$O	4.173	3.996	9.721	9.164	3.293	6.549	6.705
Na$_2$O	2.058	3.670	0.210	4.417	4.454	2.171	0.283
Cr$_2$O$_3$	0.021	0.087	0.000	0.000	0.200	0.062	0.393
CaO	11.987	7.515	5.071	0.352	6.394	1.603	9.478
MgO	0.610	2.340	1.460	1.719	1.769	1.078	2.534
MnO	0.069	0.074	0.026	0.078	0.261	0.079	0.718
SiO$_2$	48.095	49.467	56.046	59.135	54.843	60.973	34.776
Al$_2$O$_3$	19.213	18.984	20.540	18.829	16.860	16.067	18.397
FeO	6.315	11.958	4.508	3.286	6.232	2.190	12.924
总计	93.951	99.237	97.995	94.874	96.109	90.959	87.524

化学成分	51	72		72	75	9	59
		A	B				
TiO$_2$	0.223	0.334	0.070	0.626	0.042	0.000	3.564
K$_2$O	3.104	3.441	3.935	1.370	4.096	0.025	0.278
Na$_2$O	0.136	0.200	0.841	4.260	2.020	0.063	1.006
Cr$_2$O$_3$	0.062	0.000	0.062	0.000	0.125	0.058	0.540
CaO	15.108	15.385	7.755	6.799	3.251	0.072	4.097
MgO	0.076	0.057	0.033	0.291	0.107	14.280	13.102
MnO	0.233	0.104	0.091	0.000	0.000	3.981	0.331
SiO$_2$	51.153	48.475	65.430	64.466	75.860	24.806	32.105
Al$_2$O$_3$	17.259	17.933	13.393	13.891	10.262	20.857	17.824
FeO	8.056	9.204	4.047	6.268	0.162	23.700	16.703
总计	95.410	95.131	95.623	97.972	95.924	87.851	89.100

注：据中国地质大学邵道乾分析。表中 51、71、72、75 为结晶假玄武玻璃，9、59 为基性、超基性岩体（脉），其他为脱玻化假玄武玻璃，A 为脉体边缘，B 为脉体中部。

表 3-6 全岩化学分析结果

化学成分 \ 样品号	1	2	3	4	5	6	7	8	9	10
TiO$_2$	0.24	0.32	0.15	0.56	0.44	1.24	1.19	0.43	0.96	1.10
K$_2$O	5.00	4.90	4.69	4.15	1.98	1.11	1.00	3.75	3.71	1.07
Na$_2$O	4.23	3.95	4.30	4.45	3.93	2.80	1.95	2.70	5.50	1.80
CaO	1.14	2.04	0.66	1.85	2.36	6.56	11.71	4.07	4.43	9.02
MgO	0.62	0.42	0.57	1.01	0.88	4.69	9.74	3.12	1.72	18.33
MnO	0.06	0.00	0.04	0.05	0.07	0.18	0.21	0.12	0.09	0.04
SiO$_2$	72.26	66.40	73.61	66.28	73.10	52.65	49.70	61.34	59.26	47.20
Al$_2$O$_3$	13.60	14.92	13.70	15.17	13.36	15.73	10.16	14.67	16.18	7.75
Fe$_2$O$_3$	1.73	1.70	1.77	3.20	0.96	2.86	10.15	5.99	2.66	2.03
FeO	1.00	1.37	0.95	2.16	1.53	6.27	6.32	3.22	8.47	8.64
P$_2$O$_5$	0.12	0.00	0.059	0.18	0.13	0.46	0.25	0.00	0.27	0.46
H$_2$O	0.23	0.30	0.12							0.55
烧失量	0.59	0.70	0.31	0.76	0.64	1.51			0.77	1.18
总计	100.59	97.02	100.92	99.82	99.35	96.56	102.38	99.41	99.02	98.93

注：1～4 为二长花岗岩类；5 为黑云斜长片麻岩；6 为斜长角闪岩；7 为混合岩化斜长角闪岩；8 为混合岩化黑云斜长片麻岩；9 为角闪钾长眼球状片麻岩；10 为混合岩化辉石岩。

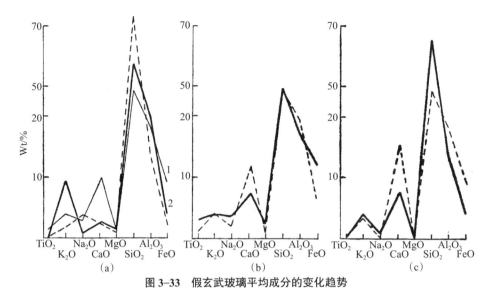

图 3-33　假玄武玻璃平均成分的变化趋势

（a）脱玻的假玄武玻璃脉平均成分，实线为 1 ~ 10 号样品（表 3-5）与围岩成分（虚线为围岩）（表 3-6）对比；
（b）脱玻的假玄武玻璃脉体从边缘（虚线）到中部（实线）的成分变化；
（c）硅质假玄武玻璃脉体从边缘（虚线）到中部（实线）的成分变化

　　上述不同类型假玄武玻璃的构造、显微构造（熔体相证据）和化学特征，证明它们是断层面上摩擦熔融的产物，与震源附近的地震破裂有关。其复杂的多样性，反映了震源破裂产物形成和改造过程的多种制约因素。

3.3.2.3　化石地震的震源构造和地震成因

（1）假玄武玻璃脉与构造的关系。

　　区内三种不同类型假玄武玻璃脉的空间分布（图 3-28）均与韧性剪切带中二长花岗岩的残留体密切相关。其中脱玻化假玄武玻璃大多呈分散的贯入脉或小型的断层脉出现。除少数（丘老屋北和桐城北）存在于二长花岗岩残留体内的脆性破裂中之外，大部分散布在附近的再改造片麻岩中，黑色结晶假玄武玻璃主要在龙井冲一带沿对牛石残留体东南侧边缘分布，而灰绿色结晶假玄武玻璃，则出现在龙井关附近主簿岩体被强烈拉薄变细的眼球状二长花岗岩内部；黑色或墨绿色超糜棱岩化假玄武玻璃在南端的落马桥、中段的下浒山岩体东端，以及北端的挂镇—桐城一线均有出现。此外，在南段杜埠街至檀基隔一带和北段大树岭地区，还见有被后期脆性郯庐断裂改造的假玄武玻璃残余。根据上述假玄武玻璃的特点和分布状况，大致可将这一古震源实体划分为三个震源破裂区段（图 3-34），即北段挂镇—桐城区，中段龙井关—下浒山—竭柴岭区和南段对牛石—杜埠街—檀基隔区。它们具有相同的地质构造背景和断裂作用演化历史。

　　在时间上，上述震源破裂可以限定在发育糜棱片麻岩的韧性剪切作用之后和浅表脆性断裂作用发生之前，相当于形成糜棱岩类的韧性剪切作用阶段，与地壳 10 ~ 15km 深度层次上的动力作用环境一致。

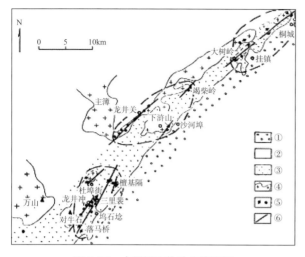

图 3-34　古震源实体的构造特征
①中新生代沉积；②前寒武纪结晶基底；③韧性剪切带；
④二长花岗岩；⑤假玄武玻璃观察点；⑥推测的震源破裂，
断线圈出范围为推断的古震源区

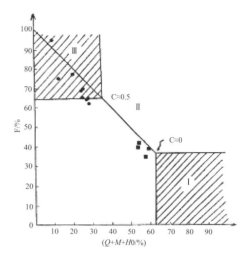

**图 3-35　长石质岩石中长石含量与岩石
变形性状的关系**

（2）二长花岗岩的力学性质。

二长花岗岩是造山作用末期混合岩化作用的产物，其中长石类矿物钾长石、斜长石、微斜长石等含量约 65% ～ 80%，个别达 95%（图 3-35）。根据二相材料性质的实验研究和理论解释，在 A、B 二相材料的（指力学性质不同）混合物中，当随机分布的 A 相颗粒含量为 36% ～ 38% 时，彼此间的接触度最低。随着 A 相颗粒含量增加，其接触度从 0 变化到 1。二相变形的实验结果表明，当 A 相物质的接触度 ≥ 0.5 时，即可形成混合物中有效的应力支撑结构，使混合材料表现为 A 物质的力学性质。由此可见，二长花岗岩在变形过程中表现为长石类矿物的力学性质。长石类矿物发生同构造晶质塑性变形和出熔作用的温度下限为 450 ～ 500℃，即二长花岗岩受韧性剪切改造发生塑性变形与同构造重结晶作用应该在地壳 15 ～ 17km 深度（按 30℃ /km 推算）以下的层次中，高于这个层次，二长花岗岩表现为脆性性状。石英质岩石发生类似转变的深度是地壳内 10km 左右。

（3）地震成因的二相变形模型讨论。

以上关于化石地震的震源构造和震源岩石的研究表明，地震断裂作用发生在韧性剪切带中二长花岗岩体随地壳抬升和相应的温度下降，变形行为从韧性转变为脆性，而周围的石英质片麻岩仍保持韧性剪切位移的构造状态下。长英质地壳的断裂作用随深度变化，从石英质岩石和长石质岩石共同的韧性域（深度大于 15km）向它们共同的脆性域（深度小于 10km）转变的过程中，经历了一个韧性石英质岩石与脆性长石质岩石共存，因而具有二相变形特征的过渡域（图 3-36）。长英质糜棱岩的显微构造特征（图 3-31，照片 2）同样证实了该层次上二相变形的普遍性。由于存在刚性二长花岗岩残留体，阻

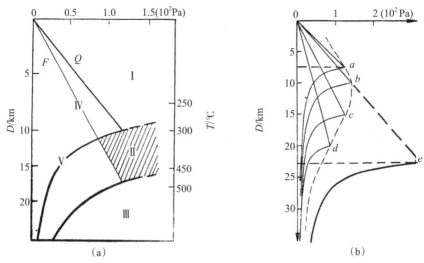

图 3-36 地壳岩石二相变形概念模型

(a) 长英质地壳变形域的划分，Q 和 F 分别为石英和长石的屈服强度曲线；Ⅰ、Ⅱ、Ⅲ 分别为长英质地壳的脆性域、
过渡域与韧性域，Ⅳ、Ⅴ 分别为石英质及长石质岩石的无应变域；(b) 组分不均一地壳的二相变形行为
与深度的关系，a、b、c、d 分别为沉积岩、石英质岩石、长石质岩石和角闪石质岩石的屈服强度曲线，
其包络线为不均一组分地壳的平均屈服强度，e 为长英质地壳屈服强度的理论曲线

碍了周围岩石持续的韧性剪切流动，从而引起局部应变速率和环境刚度增加，以及相应
的应力积累（图 3-37），是这些地带发生地震破裂的主要原因。

　　大陆地壳不同层次上结构构造和岩石组分的不均一现象是普遍存在的，二相变形是
这种不均一结构对应力作用的反映。中上地壳是大部分地壳岩石的力学行为发生转变的
层次（图 3-36B），也是大陆浅源地震发生的层位，因此，地震成因的二相变形模型具有
普遍意义。

图 3-37 二相混合材料受力偶作用的剪应力等值线图

A 为低弹性模量的明胶，$G = 0.93 \ kg/cm^2$；B 为高弹性模量的明胶，$G = 1.35 kg/cm^2$；
斜线部分为异常高剪应力区；数字表示相对剪应力值

3.3.3　化石地震及地震成因

从暴露地表的深层次地壳岩石中，鉴别地质历史时期震源破裂的产物并分析其构造联系，了解震源破裂的构造样式、孕震环境和发震机制，是化石地震（fossil earthquake）的主要研究内容（Grocott，1978）。因此有可能通过直接观察震源破裂的遗迹，获得某些重要的震源参数，加深对现代地震活动震源过程的理解。

大陆浅源地震震源深度的优势分布大致在 10～15km 或 5～20km 左右（Sibson，1980，1983；马宗晋，1990）。这一现象被解释为与长英质地壳中岩石变形从韧性向脆性转变有关。从某种意义上说，这一解释由于把地壳假设为均匀的含石英（quartz-bearing）的岩石，显得过于简化。地震活动性及断层岩石的研究成果表明，某些地震实际上发生在长英质地壳断裂作用的韧性域（Passchier，1982；Hobbs，1988）。这就使地震成因的蠕变不稳定性理论受到新的重视，新的解释包括速度弱化（velocity weakening）模型（Hobbs，1986，1988），摩擦热引起的突变理论（Fleitout，1980），以及不均匀应变（Sibson，1980；Poirier，1980）或二相变形（张家声，1987）理论等。

断裂成因的假玄武玻璃作为断层面附近岩石摩擦熔融的产物，被认为是古地震破裂的证据。由于存在与它们形成和改造历史有关的多种变化因素，在天然假玄武玻璃的岩石学及显微构造研究中，一直存在着许多争议（Francis，1972；Sibson，1978；Wenk，1978；Allen，1979；Maddock，1986）。至今还难以形成严格的岩石学定义和鉴定标准。不同学者从各自实际观察结果考虑，命名也不统一，例如 glassy ptach.（ptach = pseudotachylyte，下同），devitrified ptach.，spherulitic ptach.，microlitic ptach.，non-glass ptach.，crustalline ptach.，holocrustalline ptach.，metamorphosed ptach.，ultramylonitized ptach.，flint crush-Rock，等等，并对它们的涵义进行了说明。这里主要根据断层岩石中曾经达到的熔体相证据，在对其多样性特征做出合理解释的基础上，重点描述几个化石地震的震源构造样式以及它们的区域构造联系，并综合分析比较大陆浅源地震的震源过程和成因机制。

3.3.3.1　化石地震描述

由于露头条件限制和震源过程的实际多样性，往往不可能从个别化石地震中了解震源构造的全貌，包括由孕震条件与发震机制控制的全部震源过程。对下面一些化石地震进行了不同程度的野外和室内分析，尽管它们各自的形成深度、地质–构造背景、破裂产物的特征、形成环境与改造历史不完全一样，但从不同侧面反映了实际震源过程。

在安徽桐城—潜山地区，断裂成因的假玄武玻璃产于大别山东麓地壳尺度的韧性剪切带中（图 3–38）。现代侵蚀面上出露了这一韧性剪切带的下部层位——低角闪岩相温压条件下形成的糜棱片麻岩带，以及在中上地壳层次上叠加变形的绿片岩相糜棱岩带。晚

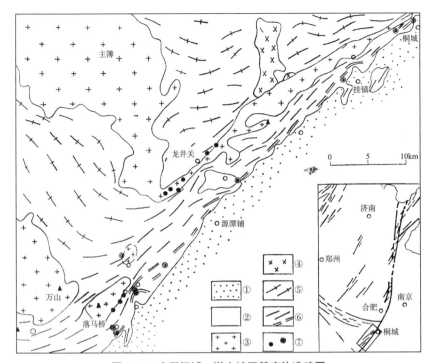

图 3-38　安徽桐城—潜山地区基底构造略图
①中新生代沉积；②前寒武纪大别群结晶基底；③二长花岗岩；④基性超基性岩；
⑤片麻理；⑥糜棱片麻岩面理（单线）和糜棱岩面理（双线）；⑦假玄武玻璃野外观察点：
实心圆为燧石压碎岩（flint crush-rock），半实心内圆为黑色超糜棱岩化假玄武玻璃

期近地表条件下的脆性断裂系统切割了所有上述两期韧性剪切的变形岩石以及其中的假玄武玻璃脉。地震断层产物包括剪切带两侧分散小型的假玄武玻璃断层脉和贯入脉，沿二长花岗岩残留体边缘与内部脆性断层面产出的黑色或暗绿色燧石压碎岩（flint crush-rock），剪切带中部被后期韧性剪切改造的黑色超糜棱岩化假玄武玻璃（剪切带东部被中新生代沉积覆盖）等三种类型。尽管它们在构造产状、显微构造、矿物及岩石化学成分等方面具有多样性特征，但断层产物中的熔体相证据和向围岩裂隙中的贯入现象是普遍存在的，代表不同环境温度、不同围岩性质及不同程度摩擦熔融的产物（张家声，1990）。

　　切割糜棱片麻岩面理的小型假玄武玻璃发生带包括断层脉和向两侧围岩中的贯入脉体，以及断层面附近具有大量假玄武玻璃的角砾岩带（图3-39）。脉体厚度一般在0.1～10cm左右，断层脉走向不连续，局部厚度较大，其中含有大量围岩角砾和碎斑。除少数脉体（图3-40，照片A，照片C）外，这类假玄武玻璃在显微尺度上，普遍表现为球粒或微晶状脱玻结构，部分已经高岭土化。其基质部分的化学成分与糜棱片麻岩类很接近。燧石压碎岩主要出现在剪切带内二长花岗岩残留体边缘或内部较大规模的破裂面上，主破裂面长度从数十米到1～2km，断层脉厚0～30cm，一般为10cm左右，围岩中较细的贯入脉呈网状分布。在显微尺度上，燧石压碎岩的基质表现为显微隐晶结构，部分在高倍偏光显微镜下呈球粒状微晶结构，碎斑以长石为主，普遍发育港湾状熔蚀边

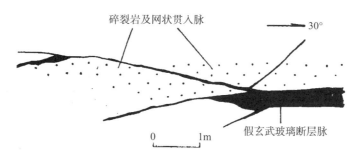

碎裂岩及网状贯入脉

30°

假玄武玻璃断层脉

0　　　1m

图 3-39　小型假玄武玻璃发生带素描

缘。基质成分与二长花岗类一致，SiO_2 的含量高达 60% ~ 70%。正是由于较高的 SiO_2 含量和较大的脉体厚度，使这类熔融物质具有较大的黏度以及相对较低的热导率，也许它们在形成时就未曾达到玻璃化的程度。在这一剪切带的中部，后期的韧性剪切作用形成数米至数十米宽（最大近 100m）的糜棱岩带，某些假玄武玻璃脉被改造成其中的黑色超糜棱岩条带（图 3-40，照片 B）。

由于糜棱岩带是在较高的地壳层次上改造糜棱片麻岩的产物，其矿物组合及矿物应变相反映了与绿片岩相变质作用相当的温压条件，上述地震断层产物形成于二者之间，在深度上大致为 10 ~ 15km。其平面分布与剪切带中被改造的二长花岗岩残留体有着密切的联系。剪切带的抬升演化历史表明，长石含量为 65% ~ 95% 的二长花岗岩体具有

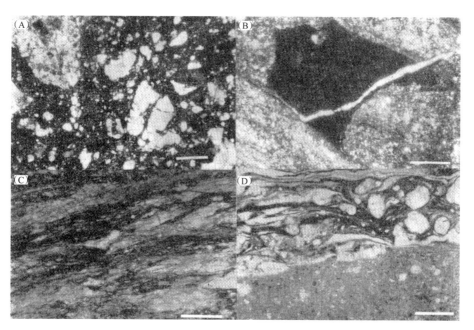

图 3-40（**A**）假玄武玻璃的基质—碎斑结构显微照相，正交偏光，比例尺 **1mm**，安徽潜山；
（**B**）假玄武玻璃贯入脉显微照相，正交偏光，比例尺 **2mm**，安徽桐城；（**C**）超糜棱岩化假玄武玻璃脉（黑色）
的改造特征，单偏光，比例尺同（**B**），安徽桐城；（**D**）假玄武玻璃脉（下部）
与长英质糜棱岩的接触关系，单偏光，比例尺同（**B**），河南蛇尾

长石支撑的应力结构，在早期的韧性剪切过程中曾经发生过显著的晶质塑性变形，随着地壳抬升和温度下降，它们先于周围石英支撑的糜棱片麻岩类由韧性性状转变为脆性性状，当后续的韧性剪切作用集中在较窄的高应变带中时，残留的二长花岗岩体成为持续韧性位移的障碍，造成局部的应变积累和应力集中，这可能是引起地震破裂发生的原因。某些二长花岗岩残留体内部地震破裂的几何学分析（张家声，1990），支持了存在一个统一的左行剪应力场的论点。

　　类似的化石地震还出现在这一地壳尺度韧性剪切带中段的山东沂水地区。古郯庐剪切带切过泰山群片麻杂岩，具有与前述大别山东麓相同的变形历史（张家声，1983，1987）。地震成因的假玄武玻璃发生在剪切带内部混合花岗岩残留体的边缘（图3-41），脉体呈网状切割糜棱片麻岩面理，但在露头和显微尺度上均见有被后期韧性剪切作用改造的现象。它们的形成环境条件与桐城—潜山地区非常类似。

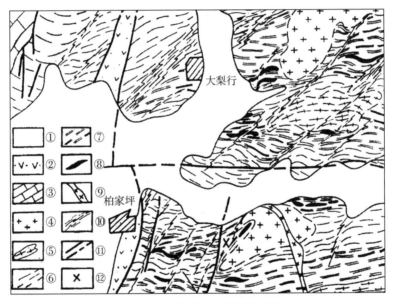

图3-41　大梨行地区地质构造略图
①第四系；②晚白垩系；③寒武系；④眼球状混合花岗岩；⑤变质辉长岩；⑥长英质片麻岩；
⑦角闪石质片麻岩；⑧磁铁石英岩；⑨变质闪长岩脉；⑩韧性剪切带及糜棱岩；
⑪脆性断裂；⑫假玄武玻璃露头点

　　在河南西峡地区，化石地震产于秦岭群变质杂岩内部的大型韧性剪切带中（图3-42，图3-43）。秦岭群变质杂岩的岩石变形极不均一，由包含糜棱岩的高应变带和弱应变域组成网状交错的构造格架。主要的韧性剪切作用反映向北推覆的运动学特征，糜棱岩的变形环境相当于地壳10km左右，变形时间大致为加里东运动晚期（索书田等，1990）。地震成因的假玄武玻璃包括极薄的断层脉（0～5mm）和不规则的贯入脉（0.1～2mm）。断层面与糜棱岩面理大致平行，但沿断层面的快速运动使一侧岩块发生了转动，造成其上下糜棱岩面理斜交的现象。假玄武玻璃为黑色玻璃状岩石，未受后期构造扰动。贯入脉呈高角度切割糜棱岩面理，较细的贯入脉中，可以见到典型的舌状流动构造（图 3-44，照片 E）。在显微尺度上，熔体相物质的均一化程度较高，但基质组分普遍发生了微晶化脱玻作用，玻璃物质已很少见到（图 3-44，照片 F）。很有可能是由于伴随邻近地区中生代花岗岩体（图 3-42）侵位的热作用，加速了假玄武玻璃的脱玻化过程。这一化石地震的产状特征与构造联系说明，地震破裂发生在韧性剪切变形停止之后（加里东晚期）和中生代花岗岩侵位以前。其形成深度大致在 5 ~ 10km。在这一层次上，糜棱岩带以细粒化岩石和透入性发育的叶理成为结晶基底中的弱化带（张家声，1987），后期的构造应力容易沿叶理方向产生新的脆性破裂，导致地震发生。

沙沟街地区的假玄武玻璃同样也是存在于发育糜棱岩的大型韧性剪切带中（孙勇等，1987）。它们实际上已被后续的韧性剪切作用改造成糜棱岩中的黑色超糜棱岩条带（图 3-45）。条带厚数厘米，产状与糜棱岩面理一致，表现为含圆化长石碎斑的黑色玻璃状岩石。显微尺度上，其基质组分表现为绢云母、石英等矿物微晶普遍的同构造生长，并发育显示剪切流动构造的形态组构和结晶学组构。碎斑矿物以圆化的长石为主，在超糜棱化过程中经历了进一步转动。少量细小的石英碎斑发生新的同构造重结晶作用，沿糜棱面理方向拉长并重新定向。在较大长石碎斑边缘通过应变分异作用形成细粒白云母与石英，

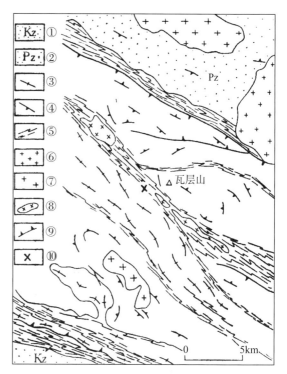

图 3-42　河南蛇尾地区地质略图（据索书田等，1990）
①上白垩系；②古生界；③秦岭群下部片麻岩；④秦岭群上部大理岩；⑤韧性剪切带；⑥中生代花岗岩；⑦古生代花岗岩；⑧加里东期闪长岩；⑨推覆体基底断层面；⑩假玄武玻璃

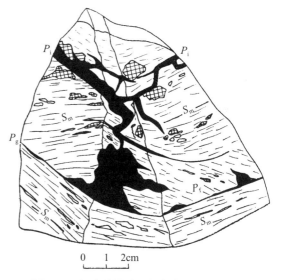

图 3-43　河南蛇尾地区假玄武玻璃产状素描
S_m 糜棱岩面理，P_f 假玄武玻璃断层脉，P_i 假玄武玻璃贯入脉，P_g 假玄武玻璃发生面

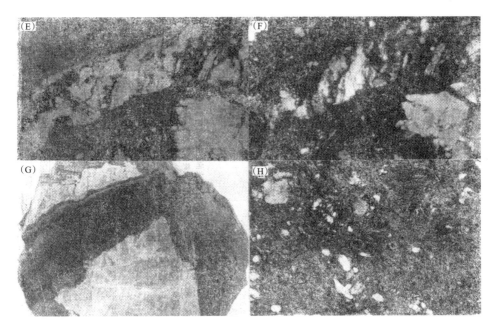

图 3-44（E）具舌状流动构造的假玄武玻璃灌入脉，比例尺同图 3-40（B），河南蛇尾；
（F）样品同（E），正交偏光，示假玄武玻璃中微晶及球粒状脱玻结构；（G）多期假玄武玻璃脉
的交切关系，早期脉体（ptach1）已经叶理化，晚期脉体（ptach2）具有清楚的冷凝边。
手标本照相，样品尺寸 10cm×10cm，意大利北部 Orobic Alps；（H）假玄武玻璃基质中的
球粒状脱玻结构显微照相，比例尺 2mm，采样地点同（G）

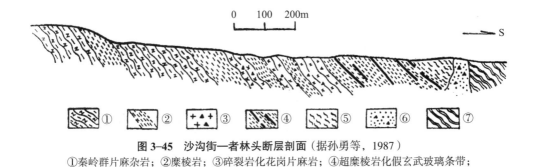

图 3-45　沙沟街一者林头断层剖面（据孙勇等，1987）
①秦岭群片麻杂岩；②糜棱岩；③碎裂岩化花岗片麻岩；④超糜棱岩化假玄武玻璃条带；
⑤绿泥石片岩；⑥断层破碎带；⑦刘岭群片岩

矿物变形和组合特征反映了绿片岩相条件下的剪切过程。周围长英质糜棱岩的变形表明，
早期韧性剪切作用发生在低角闪岩相或高绿片岩相条件下，长石以脆性破裂为主，表现
为被同构造重结晶和塑性变形的石英条带环绕的次圆形碎斑，韧性基质中有大量细粒的
重结晶黑云母，说明其动力作用的温度条件大约在 450～350℃之间。进一步的剪切变
形使部分黑云母退变为绿泥石，反映温度已相应降低。黑色超糜棱岩中含有普遍圆化的
长石碎斑，说明原来的假玄武玻璃形成于最初的韧性剪切作用发生之后的某一阶段，但
先于整个韧性剪切作用最终停止之前。从区域构造联系方面的分析认为，韧性剪切带对
秦岭群中古生代花岗岩体的改造主要表现为花岗质岩体的脆性破裂，形成碎裂花岗岩，

而黑色超糜棱岩化假玄武玻璃的分布与碎裂花岗岩又有着密切的空间联系（图 3-45）。说明形成假玄武玻璃的地震破裂和花岗岩体的碎裂作用是韧性剪切位移过程中相继发生的瞬时构造事件，它们都在后续的韧性剪切过程中被改造，形成与糜棱岩面理产状一致的条带。因此，这一化石地震的遗迹虽然受到强烈的改造，仍然有证据表明，它们大致是发生在地壳 10km 左右深度上，并且与韧性剪切过程的应变不均匀性密切联系的。

　　然而，并不是所有化石地震都出现在韧性剪切的糜棱岩带中。在意大利北部的 Orobic A1ps 地区，华里西运动形成的结晶基底（角闪岩相）被阿尔卑斯期冲断层作用推覆到二叠纪沉积岩层之上，沿冲断层带上盘的结晶岩石中发育了大量假玄武玻璃脉（图 3-46）。在现代侵蚀面上，含假玄武玻璃的结晶基底岩石与二叠纪盆地的砾岩直接接触。由于砾岩等沉积岩中含有较多的孔隙水，不利于摩擦熔融作用的发生，因此，上述假玄武玻璃脉必然是在结晶基底岩石与沉积岩层断层接触之前发生的。冲断层带在结晶基底中形成叠瓦状构造（图 3-47），发育固结的（cohesive）断层碎裂岩，其中碎裂的云母片岩在冲断层位移过程中形成强烈的叶理化现象，而相对强硬的长英质片麻岩中则很少见到。假玄武玻璃主要发育在两个强硬的长英质片麻岩中，以网状贯入脉为主，脉体厚 0.1 ～ 3cm 左右，具有典型的舌状流动构造和冷凝边（图 3-44，照片 G），以及多期假玄武玻璃脉体互相交切的现象，说明曾经有多次地震破裂发生。叶理化云母片岩中脉体稀少，并见有被碎裂流动过程改造的墨绿色条带。在显微尺度上，假玄武玻璃具有典型的球粒状脱玻结构和普遍的微晶生长现象（图 3-44，照片 H），以及贯入流动构造与冷凝边。部分熔融的长石碎斑被脱玻过程生长的长石、云母微晶环绕，说明曾经有玻璃物质的存在。

　　这一地区化石地震的构造联系表明，引起地震发生的断层位移主要通过碎裂流动机制在叶理化云母片岩中发生，其中不存在石英矿物的晶质韧性变形。因此地震发生的深

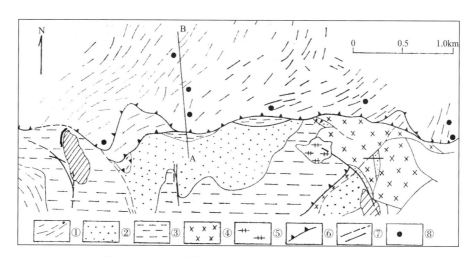

图 3-46　意大利北部 Ca. S. Marco 地区地质构造略图
①华里西结晶基底及片麻理走向；②二叠纪 Verrucono 红色砾石；③二叠纪 Collio 沉积岩；④三叠纪以后的沉积；
⑤花岗岩；⑥阿尔卑斯期冲断层；⑦后期断裂；⑧假玄武玻璃露头点

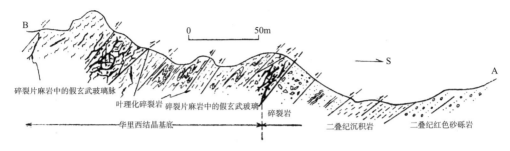

图 3-47　意大利北部 Ca.S. Marco 地区 Alpine 冲断层带剖面

度在石英脆—韧转换深度以上，并限定在二叠纪沉积地层以下，大致为 5 ～ 10km。先存断裂带中细粒化和碎裂流动是断层软化的机制之一，也是导致相对强硬的长英质片麻岩中应力集中及发生地震破裂的原因。

3.3.3.2　地震成因讨论

（1）地震断层产物的多样性及其意义。

现代侵蚀面上化石地震的初步研究表明，地震断层产物大多遭受了不同程度构造或非构造作用的改造，这可以从它们的显微结构构造和露头尺度的构造联系中找到证据。然而并不是所有的地震断层产物一开始都能形成典型玻璃质的假玄武玻璃。在它们的形成过程中显然还有其他一些复杂因素在起作用。例如：①地震断层的滑动速率大致在 10 ～ 100cm/s，持续时间一般为 3 ～ 5s（Sibson，1977，1983）。不同的滑动速度和持续滑动时间无疑将影响断层面上摩擦熔融产物的均一化程度（Spray，1995）。②围岩的性质，包括矿物与化学成分的差异，也将影响熔融发生的温度和冷却时间，某些研究表明（Allen，1979），一些含水镁铁矿物在破裂时释放的少量羟基水甚至有利于熔融的发生，而富硅的熔融物质由于有较高的黏度，使其热导率降低，不利于玻璃的形成。③与形成深度有关的环境温度也将影响玻璃物质的形成，一般认为温度高于 400℃ 时即不可能产生玻璃。由此不难看出，在断裂成因假玄武玻璃的研究中，形成和改造过程的多样性是不可避免的，探讨产生这些多样性的影响因素将会给我们提供更多关于震源过程的实际参数。

（2）地震成因的可能解释。

开展化石地震研究的主要目的在于了解大陆浅源地震的成因。因此，研究假玄武玻璃的区域构造联系，包括它们在区域构造发展中的时间和空间位置、介质条件、环境温度以及后期改造的历史等，将具有十分重要的意义。前述几个化石地震的初步研究表明：①大约在 5 ～ 15km 深度的地壳层次上，地震破裂大多与先存断裂带中的递进位移或再活动有关，不论递进位移是以韧性剪切（晶质塑性机制）还是碎裂流动方式发生的；②地壳岩石组分的不均一性以及由此引起的变形不均一性是受深度（温度、压力条件）控制的。具有不同应力支撑结构的岩石对应力的反应不同，即它们的变形行为从韧性向脆性转换的深度不同，将造成不同层次上不同岩石组分之间的二相变形（力学意义上的脆性相和韧性相），从而引起变形带中局部的位移速度增加和弹性应变能积累，这可能是韧性不稳定理论的实质以及这一深度层次是地震发生空间的主要原因之一。

3.3.4　网脉状微角砾岩的构造意义

在大别山、贺兰山等地发现的网脉状微角砾岩与陨石撞击和隐爆火山（岩浆）活动无关，也没有直接的断裂构造联系，表现为相对强硬的长英质结晶岩石中受张性或张剪性破裂网络控制、具黑色隐晶基质的角砾岩。其千米尺度的规模、复杂的破裂组合关系、原地无序的围岩碎片，尤其是化学成分与围岩接近一致的隐晶基质中无显著位移联系的超碎裂岩化作用，以及可能的固态非晶质化等变形性状，意味着该地区的深地壳岩石曾经发生了大规模、高能量的快速脆性破裂。

本节研究的"网脉状微角砾岩"尚未见国内外的研究报道，但在显微构造上与撞击成因和月岩样品的微角砾岩有某些相似之处。目前，关于微角砾岩的命名、隐晶基质的性质和成因解释上均存在许多争议（Reimold, 1998；Dressler and Reimold, 2001）。在撞击构造中这类岩石被描述为震动角砾岩（shock breccias），像假玄武玻璃的角砾岩（pseudotachylyte-like breccias）、熔结角砾岩、撞击熔岩、碎屑角砾岩（fragmental breccias）、挤入角砾岩（injection breccias）、冲击岩（impactite）、震动岩（shocktite）、网状角砾岩（network breccias）、A—型角砾岩、冲击熔融角砾岩、压碎岩（crushed rock），以及碎裂岩、碎屑撞击角砾岩等。而关于它们复杂多样和不稳定的隐晶基质的性质也有超碎裂化、熔融或固态非晶质化（Solid-state amorphization，SSA）等不同描述。对它们的成因解释也存在不同看法，包括：①震动或冲击变质作用（Stoffler, 1994）；②撞击熔融（impact melt，Melosh, 1989）；③断层围岩在相当大的深度上发生强烈震动变形（shock deformation）并出现了活动液态物质的结果（Duff, 1993）；④震动波产生的角砾化作用及紧随其后的热变质作用（Schwarzman et al., 1983）；⑤震动角砾岩化作用（shock brecciation）；⑥破裂引起的减压熔融（fracture-localized decompression melts，Spray, 1995）等，反映了对此类微角砾岩成因的困惑。

本节对大别山、贺兰山等地在构造上与陨石撞击（Reimold, 1998；Kenkmann, 2003）、断裂位移（Lloyd G.E., 1992；Aiming Lin, 1996；Toshihiko Shimamoto, 2003）和隐爆火山作用（Ferguson J. et al., 1975；Allaby, 1996）无关的网脉状微角砾岩（stockwork microbreccias）进行了初步研究，提供了关于微角砾岩破裂的性质、破裂几何学与运动学特征、破裂组合关系、显微结构构造及隐晶基质的性质、化学成分和物质来源等基本数据。讨论了网脉状微角砾岩的成因机制、深部岩石—构造的联系、破裂过程动力学，及其与震源过程的关系。

3.3.4.1 网脉状微角砾岩的野外产状

迄今为止，在大别山东麓、太行山、大青山中段的结晶基底和贺兰山中段的长石石英岩中，均发现了呈网脉状产出的微角砾岩。尽管它们的局部野外产状和岩石学特征类似于假玄武玻璃的断层脉或贯入脉，但并不存在主断层位移的构造联系（张家声，1992；张家声等，2003；Liu. et al., 2004）。不同地区网脉状微角砾岩分布的范围达数百米至数千米尺度，区域上也不存在与陨石撞击和隐爆火山作用的联系。

在大别山东麓，网脉状微角砾岩主要出现在以长石为主的结晶岩石中，包括前寒武纪二长花岗质片麻岩（水吼岭二长花岗片麻岩、撞钟河奥长花岗片麻岩、陶冲二长花岗片麻岩，胡家湾、砂河阜以西的花岗质和花岗闪长质片麻岩）和中生代二长花岗岩（万山、主簿、对牛石、下浒山、五聚岭等）岩体中（图3-48）。

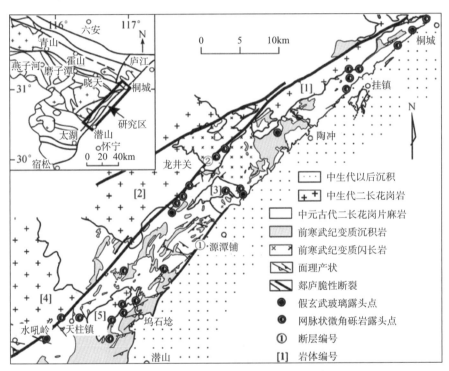

图3-48 大别山东麓基底岩性—构造略图
①桐城—太湖断裂；②水吼岭—龙井关断裂。
[1] 五聚岭岩体；[2] 主簿岩体；[3] 下浒山岩体；[4] 万山岩体；[5] 对牛石岩体

网脉状微角砾岩在露头上表现为受完整结晶岩石中密集的张性或张剪性破裂组合控制的黑色网脉，其中某些脉体因后期蚀变而绿帘石化。脉体厚度一般在毫米至厘米量级，含有少量无序排列的原地围岩角砾和矿物碎斑，基质呈黑色、致密、隐晶。典型的露头尺度破裂样式及其组合关系包括：张破裂、网结状破裂（图3-49（a），（b））、向主破裂一侧分叉的帚状破裂、向两侧分叉的树枝状破裂，以及体现这些破裂复杂关系的平行破裂组合、剪切破裂对（图 3–49（c），（d））等。破裂面的力学性质以张性或张剪性为主，偶然可以见到伴生的羽状破裂（图 3–49（e））。所有破裂和破裂网络两侧围岩没有显著位移。主破裂和分支破裂中均出现黑色微角砾岩，其内部未见贯入流动构造或定向组构。

贺兰山中段小口子西部发现的网脉状微角砾岩仅出现在厚约 50m 的新元古代厚层长石石英岩层内部。破裂网络具有明显的张性特点，含较大的原地围岩碎片，基质黑色致密，肉眼可以见到细小的长英质矿物碎斑（图 3–49（b）），破裂组合没有规律。尽管厚层状长石石英岩及其上下相对软弱的浅变质泥页岩、砂岩等共同卷入了中生代以后的冲断

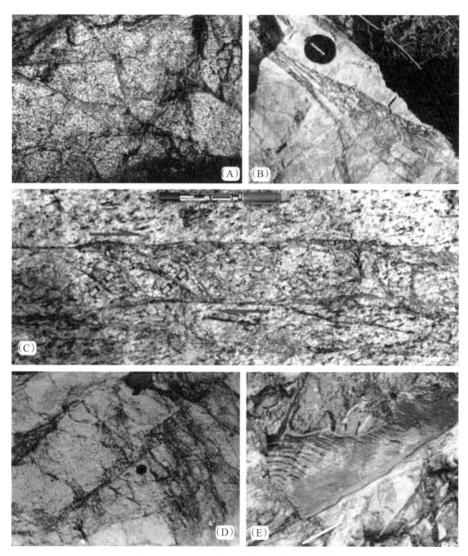

图 3–49　网脉状微角砾岩的野外露头照片
（A）二长花岗岩中的网状微角砾岩，安徽，潜山电站；（B）厚层长石石英岩（新元古代）中的网脉状微角砾岩，
贺兰山中段小口子；（C）二长花岗片麻岩中受剪破裂对控制的网脉状微角砾岩，桐城天主镇；
（D）斜长花岗片麻岩中发育网脉状微角砾岩的平行破裂对，桐城乌石埫；
（E）与网脉状微角砾岩破裂伴生的羽状破裂，潜山龙井关

层变形，但网脉状微角砾岩与外部构造没有直接联系。在太行山中段军庄附近的长英质片麻岩中，发育微角砾岩的破裂表现为一组近于平行的破裂，主破裂间距在数十厘米至数十米不等，其间存在规模较小的次级破裂。此外，在大青山中段油坊营附近也发现了类似的网脉状微角砾岩。

3.3.4.2 网脉状微角砾岩基质的性质

（1）显微结构构造。

网脉状微角砾岩的显微构造特征与断裂成因的假玄武玻璃有许多类似之处，二者均表现为典型的基质—碎斑结构（图 3-50），但隐晶基质的显微特征存在明显差异。我们的观察表明，与假玄武玻璃基质中熔体相物质的玻璃状或脱玻化结构不同（图 3-50，A1、A2），微角砾岩的隐晶基质中没有熔体物质的证据，也不存在假玄武玻璃贯入脉中通常所能见到的舌状流动构造（图 3-50，A1）。网脉状微角砾岩与围岩之间具有截然的、但不规则的边界，脉体中含有大小与形状不一的菱形围岩碎片和矿物碎斑（图 3-50，B1、C1、D1）。当母岩中含黑云母、角闪石等镁铁质矿物时，可见这类矿物的残片，这一点与假玄武玻璃不同。较大的石质碎片和长石、石英等碎斑矿物的边缘存在的"锯齿"状结构（图 3-50，B1、D2），代表不规则碎裂边界的光学效应，不同于假玄武玻璃中碎斑边缘的"熔蚀港湾"结构，其中还出现指向碎斑内部的楔形裂纹（图 3-50，B1、C2、D2）。基质大体上可分为灰色和黑色两部分，灰色部分含有大量形状不规则的碎粉状硅酸盐矿物晶体（图 3-50，B1、B2），黑色部分的性质不明，在正交和偏光显微镜下均不透明（图 3-50，C2）。

（2）岩石化学。

断裂成因假玄武玻璃和网脉状微角砾岩都是快速构造过程的产物，不仅由于不同样品的母岩性质不同，脉体中基质物质明显不均一，以及脉体中大量存在的不同粒度的围岩碎屑等原因，而且微角砾岩的野外构造联系及显微构造证据也表明它们的形成过程很可能是一种机械行为。因此，用传统岩石化学的平衡反应来分析它们与母岩之间的成分交换显然是困难的。但母岩与脉体基质间的成分差异将有可能提供关于它们形成过程的重要信息。作为分析比较的对象，脉体围岩的成分全部采用全岩分析方法，而脉体基质的成分分析则分别采用了电子探针和人工挑选后的全岩分析两种方法，分析结果的解释也根据方法的不同而区别对待。脉体基质的全岩分析样品通过多级人工剔除碎斑矿物和岩屑，已尽可能地接近隐晶基质的成分。以下三个理由说明这一操作是可行的：①用于全岩分析的样品质量只需要 1g，因此可以尽可能肉眼选取样品中相对均匀的基质组分；②对选取的脉体基质进行分级（60、300 目）粉碎，并通过反射显微镜筛选，可以最大限度逼近（95%）较纯的基质组分；③在本项目的研究中，基质和围岩的全岩化学分析结果主要用作定性的对比分析，而不是平衡反应。因此，主要元素质量百分比的误差在 5% 以下是可以接受的。国际上目前也承认这一方法所获得的分析结果和对结果的解释（Philpotts, 1964）。

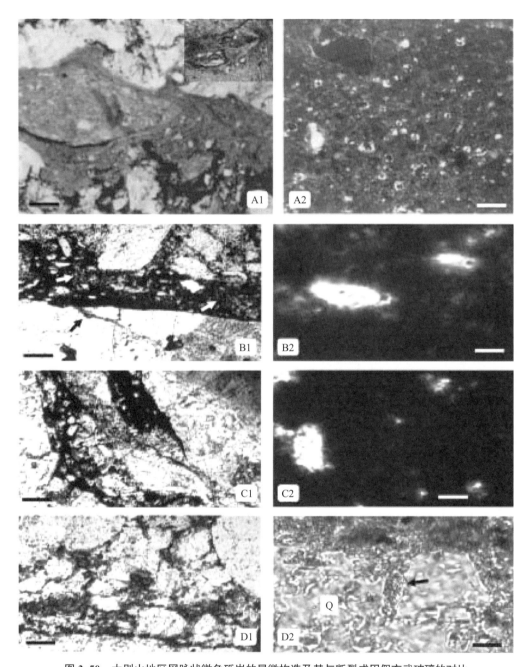

图 3-50 大别山地区网脉状微角砾岩的显微构造及其与断裂成因假玄武玻璃的对比

天然断裂成因假玄武玻璃中熔融基质的脱玻化结构（A1）和贯入脉的舌状流动构造（A2）。

网脉状微角砾岩与围岩之间具有截然但不规则的边界，脉体中含有大小与形状不一的菱形围岩碎片
和矿物碎斑（B1，C1，D1），并出现指向碎斑内部的楔形裂纹（B1，D2 箭头指向）。基质大体上可分为灰色
和黑色两部分，灰色部分含有大量矿物碎粉（B1 黑色箭头指向和 B2 上部），黑色部分（C2）的性质在光学显微镜下
无法识别。样品：A1——Orobic Alps,north Italy，A2——秦岭蛇尾；B——斜长花岗片麻岩中的网脉状微角砾岩，
Db03,安徽桐城；C——钾长花岗质片麻岩中的网脉状微角砾岩，Db66，安徽潜山天主镇，D——长石石英岩中
的网脉状微角砾岩，Nx36，银川小口子。A 为正交偏光，其他均为单偏光。A1，B1，C1 和 D1 中
的比例尺为 200μm，A2，B2，C2 和 D2 中的比例尺为 20μm

对大别山地区 11 条网脉状微角砾岩的围岩和脉体成分分别进行岩石化学分析的结果表明，尽管电子探针分析（图 3–51（a））比全岩分析（图 3–51（b））更能显示母岩与脉体基质在成分上的差别，但它们的变化趋势基本上是一致的。其中 SiO_2、Al_2O_3、FeO、CaO 等主要元素的质量百分比相对各自的围岩有较大变化，且变化趋势较为明显；TiO、MnO 和 MgO 等元素与围岩接近一致；而 Na_2O 和 K_2O 的含量虽然有所不同，但变化趋势不明显。考虑到网脉状微角砾岩母岩的主要矿物组分为长石和石英，脉体基质中主要元素含量变化更多的是反映了长英质矿物的行为。脉体基质中 SiO_2 的明显减少被认为是石英较少被破碎到 2μm 以下。而电子探针分析也显示 Al_2O_3 和 CaO 的明显增加，以及 Na_2O 和 K_2O 的不稳定变化，说明长石类矿物在微角砾岩基质的形成过程中起了更加重要的作用。与此同时，FeO 含量增加的趋势和 MgO 的轻微变化，反映镁铁质矿物也充分参与了这一过程。主要元素含量在脉体基质中增加的范围，说明这一过程应该没有外来流体成分的加入。

尽管网脉状微角砾岩的基质中不存在熔体相物质，但其脉体基质相对围岩的变化趋势与断裂成因（熔融）的假玄武玻璃有某些类似之处。对 5 组采自不同地区的假玄武玻

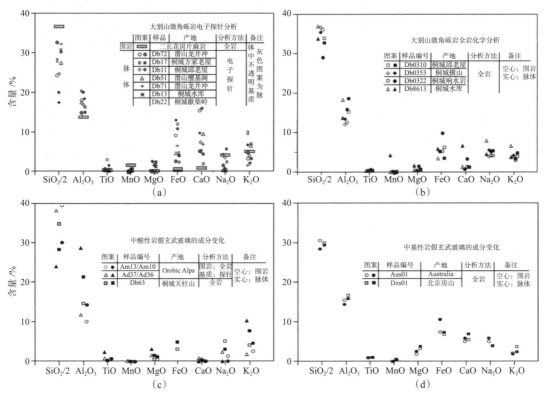

图 3–51　网脉状微角砾岩和断裂成因假玄武玻璃的成分变化

（a）和（b）的围岩为前寒武纪二长花岗片麻岩或中生代二长花岗岩，其中钾长石和斜长石含量变化
在 66%～95% 之间，石英含量为 20%～30%，黑云母、角闪石等暗色矿物含量小于 10%；
（c）展示长英质岩石中断裂成因假玄武玻璃的成分变化，其中 Orobic Alps 样品的围岩为二云母石英岩，
Db63 的围岩为二长花岗质糜棱片麻岩；（d）展示斜长角闪岩中假玄武玻璃的成分变化，其中 Aus01 为天然断裂成因，
Dzs01 为人工摩擦熔融的假玄武玻璃

璃进行的岩石化学分析结果基本上显示了与上述微角砾岩一致的变化趋势。其中，围岩为中基性岩（图 3-51（d））的脉体基质成分较围岩为中酸性岩（图 3-51（c））的脉体基质更接近母岩，说明前者熔融更加充分。虽然二者的 SiO_2 含量均较母岩有不同程度的下降，但 Al_2O_3 的含量则呈现出相反的变化。总的来说，尽管成因机制不同，网脉状微角砾岩的成分变化更接近中酸性岩石摩擦熔融的产物。

（3）拉曼光谱谱线分析。

拉曼光谱谱线是通过英国 RENISHAW 公司 RM-1000 激光拉曼仪的氦氖激光器获得的。所使用的激光波长为 514.5nm，发射功率 20mW，接收功率 4.5～5.0mW，狭缝宽度 50μm，光栅密度 1800/mm，分析区域直径 2μm，波数分辨率误差为 + 2cm^{-1}。分析样品包括两个采自大别山东麓不同母岩（Db03 和 Db66）和一个采自贺兰山中部（Nx36）的网脉状微角砾岩，测试对象包括脉体基质中的矿物碎斑、碎斑边缘暗灰色物质和相对均匀的黑色隐晶基质等。其中：

贺兰山中部网脉状微角砾岩（Nx36）的母岩是沉积变质的厚层长石石英岩（图 3-49（B）），长石、石英含量超过 90%，其他沉积来源的碎屑矿物成分复杂。脉体基质中石英碎斑（图 3-52（a），谱线 Nx3601）的特征谱峰 130、466 明显，碎斑边缘（谱线 Nx3602）和碎斑内部裂隙中细粒物质（图 3-50，D2，谱线 Nx3608）的谱峰强度明显减小，但 130、466 等峰值仍然存在。黑色隐晶基质的谱线（Nx3604）变得平滑，仍见较弱的石英和长石（554）谱峰。

对大别山东麓分别出现在黑云斜长片麻岩（样品编号 Db03）和二长花岗片麻岩（样品编号 Db66）中的微角砾岩进行激光拉曼分析结果表明，Db03 的基质中存在低温钠长石、微斜长石（图 3-52（b），谱线 Db0301，谱峰 475、514 等）和石英（谱线 Db0302，谱峰 130、214、466）等矿物的碎屑，但黑灰色基质（图 3-50，B1）中基本未见典型石英和长石的谱峰（谱线 Db0303 和 Db0305），其中在 227、293 和 412 处出现的微弱谱峰的性质不明确。但值得注意的是，其黑色隐晶基质（图 3-50，B2）的谱线完全不存在谱峰（图 3-52（d），谱线 Db0304）。二长花岗片麻岩（样品编号 Db66）中微角砾岩基质的拉曼光谱分析结果相对简单，石英碎斑（图 3-50，C2）在 130、208、466 等处的谱峰普遍较弱（图 3-52（c），谱线 Db6604 和 Db6606）。在暗灰色隐晶基质中存在低温钠长石和钾微斜长石碎屑（谱线 Db6607，谱峰 293、508 等）。隐晶基质的黑色部分无论在低能区（图 3-52（c），谱线 Db6601）还是在高能区（图 3-52（d），谱线 Db6602 和 Db6603）都不存在谱峰。尽管如此，样品 Db03 和 Db66 的黑色基质中均未发现代表玻璃物质（熔体）的特征谱线。

上述拉曼光谱分析结果表明，贺兰山中段长石石英岩中的网脉状微角砾岩主要是原地超碎裂作用形成的，其最小粉碎粒度应该大于 2μm（拉曼光谱测试域直径）。大别山东麓的微角砾岩的暗灰色基质含有少量石英、长石碎粉，但黑色基质物质的谱线无特征峰，其原因一方面可能由于粒度小于 2μm，即所谓的隐晶质微细颗粒。另一方面，由于没有

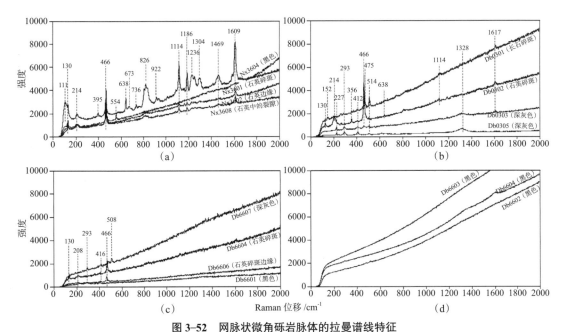

图 3-52　网脉状微角砾岩脉体的拉曼谱线特征

（a）贺兰山中部长石石英岩中的微角砾岩，样品 Nx36，银川小口子；（b）大别山东麓斜长花岗片麻岩中的微角砾岩，
样品 Db03，安徽桐城；（c）大别山东麓二长花岗片麻岩中的微角砾岩，样品 Db66，安徽潜山天主镇；
（d）网脉状微角砾岩脉体基质中非晶质化组分的拉曼谱线，样品 Db03、Db66，地点同上。
拉曼谱线在 130、208、214、466 等出现的峰值为石英，在 293、412、475、514、508 出现的峰值为长石。
峰值出现在 826 以及大于 1000 的主要为树脂类有机物质。其他峰值所代表的矿物不详，
可能包括氟石（481）、钙硅石（638）、钛铁矿（640）等

观测到玻璃物质宽缓突起的特征谱线，甚至在一定波位上出现小型宽缓凸起—初熔现象
（张进江等，1998），不排除有固态非晶质化物质存在的可能。

3.3.4.3　讨论和结论

已知的微角砾岩成因解释均与超大能量的自然现象有关：月岩样品中观察到的微角
砾岩被认为是高速宇宙粒子撞击（太阳风）的结果（Goltrant O. et al., 1992），陨石坑周围
出现的微角砾岩无疑是陨石撞击引起岩石高频振动的产物（Reimold, 1998；Kenkmann,
2003），而与断层直接相关的微角砾岩则可能与地震断层作用引起的超碎裂岩化或持续大
位移断裂过程有关（Lloyd G.E. and Knipe R.J., 1992；Curewitz D. and Karson J.A., 1999）。
本文研究对象的野外构造联系、显微构造、岩石化学和拉曼光谱分析结果表明，在大别
山、贺兰山等地发现的网脉状微角砾岩成因与上述过程不同，是结晶岩石原地快速破裂
的产物，其性质和展布规模可能意味着曾经发生了无主断层位移的地震事件。

尽管目前对不同性质微角砾岩的成因机制做出了不同的解释，包括振动引起的岩石
液化、冲击变质、破裂减压和高能粒子轰击产生的固态非晶质化或界面扩散反应（超晶
格效应，Jankowski et al., 1995）等，但进一步查明网脉状微角砾岩隐晶基质的性质及矿
物晶体的破坏过程，将有助于加深对高能地质灾变事件（如地震）机制的理解。

第 4 章　地震预测

4.1　引言

地震起源于地壳内部的岩石运动和变形，地震发生的环境条件与触发机制及地壳的岩石介质、结构以及现今应力状态密切相关。地震预测和预报必须依靠对地球各类信息资源的详细理解，没有这个条件，任何理论的、模型的、经验的地震预测，都不可能成功。由于现代地球科学发展水平的限制，有预防与减灾实效的地震预测和预报究竟能否实现，或究竟应该如何进行，在世界范围依然是有争议的问题，其实践也处于探索与试验阶段。

4.1.1　地震预测预报的现状

关于地震预测问题的讨论已有大量文献报道，其中两篇发表在世界顶级杂志上的报道具有代表性：一是关于 1996 年 11 月 7—8 日伦敦"地震预测方案评估"会议的报告（meeting reported by I. Main［*Nature* 385, 19（1997）］（以下简称伦敦会议），以及随后发表的"地震不能预测"文章（Earthquakes cannot be predicted，Geller et al., 1997）；二是2009 年关于美国地质调查局加利福尼亚地震概率工作组对灾难性地震行为新理解的提前报道（Chui, 2009）（以下简称美国地调局）。

（1）第一篇报道的主要结论。

①根据全球地震带分布与地震活动关系、地震活动的幂分布（Gutenberg-Richter 定律）等宏观现象，认为地壳符合由沙堆效应得出的自组织临界状态（SOC，self-organized critical）的普遍规律。也就是说，地球处于地震活动的自组织临界态，任何一个小的地震都有可能引发大的地震。当地震释放地壳中应力积累时，它们反过来就会在空间和时间上造成地壳中的自组织临界状态。

②在这种状态下，要确定任何一个单独的小震是否会引起大震，依赖于对较大空间范围而不是断层附近的所有精细物理条件的了解，地震破裂敏感的非线性特性，严重限制了地震的可预报性。

③地球的非均匀性和断层破裂的复杂性不可能被直接观察。

④目前也没有分析这些数据形成预测的定量化理论。

（2）第二篇报道的主要内容。

美国地调局加利福尼亚地震概率工作组总结了在圣安德烈斯断裂带历时 30 年努力的地震预测试验，向传统的地震理论提出了挑战（Chui, 2009）。这些理论包括 Reid（1911）提出的弹性回跳模型、地震空区模型和特征地震模型。20 世纪 70 年代末至 80 年代初，工作组对圣安德烈斯断层中南段进行了地震危险性详细研究和精细测量，根据这些理论模型与该地区历史地震记录，曾预测 1993 年前后将要发生地震。然而，这一地震并未如期而至，直到 2004 年才在加州中部 Parkfield 附近发生了 6 级地震，虽然发震地点和震级符合预测，但时间误差太大，被认为是预报试验的失败（Bakun, et al., 2005）。由此引发了一系列新的思考（Chui, 2009）。包括：

①南加州地震中心主任 Thomas Jordan 认为，地震并不是发生在简单的断层结构上，而是发生在相当复杂的断层系内。地震活动涉及断层间复杂的相互作用，导致其混沌机制很难预测，断层个体的物理学特征以及它们之间的相互作用其实非常复杂，所以没有单一的确定性规律可以解释其活动习性。

② Reid 的弹性回跳理论暗示应变积累与释放的循环和周期性规律似乎足以用来预测地震，然而事实证明地震要比 Reid 想象的复杂得多，也更加具有单个特性：地震可能以震群的形式发生、地震会使相邻的断层贯通、地震可能从一条断层跳跃到另一条断层。

③全球大地震在时间和空间上的群发态势冲击了弹性回跳理论所预测的地震重复发生的时间间隔构想，同一地区再次遭受大地震袭击的可能性会增大，而不是减小（Kagan et al., 1991）；一个地区的大地震可能引发另一个地区的大地震，这些地震可能发生在附近的同一断层，也可能发生在相距遥远的不同断层。

④地震不论大小都可能是由其他地震引发的，而不是简单地对局部应力的响应，实际上不会出现弹性回跳，对所有地震发生的时间真正产生控制作用的是触发过程。

⑤断层系的互动复杂性颠覆或至少大大降低了弹性回跳理论所包含的地震可预测性。

⑥不应强调断层的分段性，任何地方都有可能是地震的起始点或终结点，弹性回跳理论不再是确定较短时间尺度地震活动模式的主导因素。在断层破裂的约束条件很少的情况下，还不知道弹性回跳模型是如何控制断层间的相互作用。这些研究认为，地质断层的地震行为并不如以往科学家所期待的那样，因而不能用简单的物理学知识来解释地震活动习性，研究人员正在努力探索对地震发生机制的新的理解。

⑦关于断层的地震危险性的确定性估计似乎是不可能的，因此再次提出预报地震的纯统计模型。地震预报理论或许将回到原点，一切要重新开始。

上述两篇报道在一定程度上代表了国外科学家对地震预测的看法。相对而言，2009 年美国科学家的认识比 13 年前英国伦敦会议的结论更加实际和积极乐观。前者根据大量翔实的研究结果从正面提出了地震预测面临的各种困惑之后，并没有断言地震不能预测，而是把探索预报地震的努力转向新的方向，如"纯统计模型"。而伦敦会议的结论从自组织临界状态的概念模型出发，认为地震是不能预报的（指短期地震预报，包含时间、地点、震级三个参数，确实需要向公众发布预警而且所付出的代价或造成的影响是值得的或可接受的）。尽管如此，他们关于地震预测困难的理解依然体现了某些重要的共识。包括：

①地震活动规律可以归因于"沙堆效应"或"蝶翅效应"这样一些看似无解的混沌机制，即地震的发生本质上是随机的，没有明显的时间、空间的规律性；

②不应对单一断层地震行为精细研究，主张从更大范围了解地震与断层之间的复杂联系；

③地震不论大小都可能是由其他地震引发的，而不是简单的对局部应力的响应。

4.1.2　地震不可预报的理由：自组织临界状态

物理学家 Bak（1996）根据沙堆的形成和坍塌过程，提出了复杂系统的自组织临界性思想，认为这个简单模型有很大的普适性。Bak 认为，SOC 是目前描述动态系统整体性规律的"唯一的模型或数学表达"。复杂系统最终都会达到这一临界态。自组织临界性是自然界趋向最大复杂性的驱动力。沙堆模型实验过程"沙崩"发生的大小与发生的次数符合数学上的幂次率。自组织临界理论可以解释诸如地震、交通阻塞、金融市场、生物进化和物种绝灭过程以及生态系统动态诸现象（Bak，1996）。2002 年在美国加州地区统计 1984—2000 年间所发生地震的调查，得出了预想的结果，地震大小和频率符合数学上的幂律关系（Geller et al.，1997）。

自组织临界态确实很好地描述了一个复杂系统在没有外部干扰的情况下，不断自主实现的过程。而 1996 年伦敦会议以及随后发表的"地震不能预测"文章中，所谓"地震的全球地震带分布"和地震活动的 Gutenberg-Richter 定律（源自对日本海沟中深源—贝尼奥夫带—地震震级及其频率的统计），均意味着这些系统只能是地球岩石圈中受不同构造和介质条件制约、动力学性质不同的地震带，并不是完全没有外部制约、更符合自组织临界态的地球整体。本书第一章已经阐明了全球地震带的构造属性。这种模糊个别与整体的概念，仅仅根据物理模型得出的结论显然是不科学的。通常，并不知道个别地震带的自组织临界态与地球整体的自组织临界态是什么关系，不同的自组织临界态系统彼此之间又是什么关系。另外，2002 年在美国加州地区统计 1984—2000 年间所发生地震的调查，并没有给出关于统计范围和时间段选择的科学解释，也没有明确调查范围属于什么自组织临界系统，及是独立的还是全球系统的一部分。设想如果扩大统计调查的范围，延拓参加统计地震发生的时间，结果又会怎么样呢？可以肯定，边界条件不一样和统计对象在数量上的改变，都会对结果产生影响。自组织临界态的存在有没有尺度？有没有范围和边界？带状分布的地震活动可以分成不同的系统，那么面状分布的地震活动是否受自组织临界域的控制呢？

实际上，受空气动力学、地形地貌、水圈洋流等复杂因素影响的大气环流也是一个典型的复杂动力学系统，并且是在没有外部干扰、引导的情况下实现自组织临界状态的。正如 20 世纪 60 年代初美国气象学家洛仑兹发现的蝴蝶效应（butterfly effect）描述的那样，任何一个微小的变动都可能导致灾难性气候变动。然而，并不因此就断言气象预报是不可能的。

此外，1996 年伦敦会议强调，由于缺少大范围，而不是断层附近，无数（myriad）精细的、高度精确（great accuracy）的物理条件，因此地震是不可能预报的。显然，这是无边际、没有具体精度要求、不可能实现的目标，它并未说明究竟哪些具体物理条件是地震预报所必须的，这些条件要精确到什么程度才符合要求。例如，对于作为自然科学的地质学来说，这种要求显然是不合理的。地壳岩石的不均匀性固然重要，但对于地震这样的宏观破裂，这种不均匀性是否要精确到矿物颗粒尺度？答案显然是否定的。所谓精细的物理条件应该与地震震源相关。构造地震是因岩石受局部应力驱动，突发脆性破裂以释放积累的弹性应变能的结果。自固体岩石圈形成数十亿年以来，地震从来就没有停止过。而人类历史只有几千年，数字地震记录只不过 100 多年，这项数据的完整性永远不可能实现。按照伦敦会议的看法，即使这一条件得到满足，地震破裂敏感的非线性依赖关系，仍旧严重限制了地震的可预报性。

1997 年伦敦会议后发表在 *Science* 题为《地震无法预测》（Geller et al., 1997）的文章基本上代表了物理学家们对地震预测的思维方式：将无法理解的、发生在真实地壳中的地震孕育和被触发的复杂过程，简单地描述为无解的"非线性"问题；认为缺少大范围精细的数据约束，无法获得地震预测的解析解；力图借用简单的、不相关的物理模型来说明地震不可预测。显而易见，参与沙堆实验的沙粒是相对均匀的，与作者强调由于其自身的非均匀状态导致地震不能预测的地球是物理性质完全不同的两个对象。把稳定性处于临界状态的相对均匀沙粒的崩溃现象，用来解释非均匀地球的地震活动的不可预测性，显然是不合理或不能令人信服的。

美国科学家诺波夫（Knopoff）于 1998 年 9 月到中国四川访问时，在不同场合质疑《地震无法预测》时曾说道：猩猩有 4 条腿，不等于 4 条腿的都是猩猩。4 条腿的狗与 4 条腿的桌子是不能比较的。将不同事物混为一谈，其实是在误导。建立在与真实地壳无关的各类物理模型之上的地震不可预报理论看似合理，实质上是不成立的，也是不科学的，它可能误导地震预测预报科学探索的努力。目前，在一定程度上自组织临界态思想主导着国际地震学研究领域，这也是有一些国家放弃了地震预报研究的原因。

必须承认，地震孕育和被触发是一个十分复杂的过程，其中许多环节至今还不为人类所知。然而，国际上仍有很多科学家继续进行地震预报的探索。例如，自 2006 年，美国南加州地震中心实施了一项名为"地震可预测性研究合作实验室"的项目（Collaboratory for the Study of Earthquake Predictability），对一些国家提出的预报模型的科学性和可行性进行检验（Field et al., 2009）。在中国，自 1966 年邢台地震后，地震预报的探索一直未停止，有计划的地震预报试验场项目、每年不同规模和层次的地震会商会议等就是明显标志。

4.1.3 基于网格化多学科海量数据的地震相关性交叉计算和分析：探索地震预测

简言之，地震预测的纯统计分析绝不是简单地回到传统意义上 M–t（震级 / 时间）模式，而是立足于现代化高科技技术平台，充分利用地震相关的多学科海量数字化数据资源，对研究地区已经发生地震的构造环境和发震条件进行量化分析的基础上，建立合理的、可操作的地震触发机制，准确定位潜在地震危险区，量化评价未来地震的最大震级，跟踪合理的前兆现象，逐步实现科学地震预报。

毫无疑问，地震是地壳岩石突发破裂释放弹性应变能的结果。因此，地震预测离不开地壳断裂发育物理规律性的认识积累。地壳岩石一旦破裂，除了在断层休眠情况下碳酸盐岩中的破裂可以被"愈合"以外，绝大多数断层无论是由于断层带岩石不断细粒化，还是由于流体聚集，先存断层都会作为完整地壳岩石中的弱化带，更容易承载外部应力驱动下的位移，因而也是地震弹性应变能积累的场所。先存断层在应力驱动下以不断产生新破裂的方式在完整岩石中扩展和延伸，自动形成自组织临界态系统，始终伴随地震发生。因此，数字化地质断层及其地震属性是地震预测不可或缺的前提。地壳断裂性质不同、产状各异、形成时间跨度大，但只有当它们被现今构造运动所激活时，才具有发生地震的可能性，是被预测的目标。

设想建立数字化地震预测平台，以统计分析为主导，依靠强大的计算机功能和迅速积累的数字化信息资源，量化评估研究区所有位置上的孕震环境及条件，找到独立的地震触发机制，发现潜在地震危险区。其基本内容包括：

①建立研究区地震相关的多学科、数字化、海量信息资源数据库；

②开展研究区整体（和跨单元）分析，包括断层地震属性、地震活动频率和地震临界状态、现今地壳运动速率、地壳岩石组成、地温梯度、根据密度与磁性数据换算中上地壳物理力学性质等；

③以 20km × 20km 尺度将研究区网格化，将 9 个多学科数据库以及上述整体分析结果，分配给 36000 个以网格中心经纬度坐标定位的所有网格单元，建立独立的子数据集；

④确定网格单元中所有破裂（被网格打断的断层）的几何学参数，包括破裂方位、长度、单元破裂密度等；

⑤开展网格单元中相关数据的交叉计算和多重计算，量化评价所有单元的孕震环境及条件；

⑥以发生地震的震源错动矢量作为研究区的外部扰动，计算它在所有单元中所有破裂方位上的位移分量，以及这些分量被地震断层属性、区域变形速率、历史地震频率和地震临界状态等参数加权的结果；

⑦根据加权后的最大同震位移响应，圈定潜在地震危险位置（单元中心经纬度）；

⑧根据潜在地震危险位置的地壳破裂程度、历史地震记录，以及地壳岩石的平均物理力学性质等，评估未来地震的最大震级；

⑨跟踪潜在地震危险位置附近的合理的地震前兆信息，逐步逼近发震时间。

数字化地震预测统计分析的基本原则包括：

①海量数据，不可穷尽：无论可信的地震记录、数字化地表实测断裂，抑或是计算地壳形变速率的 GPS 观测台站数量和分布，几乎所有数据资源都是不可能穷尽的。数字化地震预测只能面对不同学科数字化现有数据资源。

②百年积淀，十年因循：1900 年以来的数字地震记录，代表不可逆转的现今地球动力学过程驱动地壳变形、释放部分弹性应变能的结果，110 多年真实的地震活动趋势及其复杂联系不可能戛然而止，利用这一趋势应可以预测未来 20 年、2 年，抑或 2 天的地震危险。

③数理解析，不可企及：地震是地质科学的研究目标之一，属于自然科学范畴。自然科学的根本目的在于揭示自然现象发生过程的实质，进而阐明这些现象和过程的规律性。自然科学最重要的两个支柱是观察和逻辑推理，最高级的自然科学理论应该建立在因果关系或者逻辑关系的基础之上，而不是建立在数学关系的基础之上。在自然现象与过程的规律性没有严格被证明之前，任何以公式表达其过程和规律（包括地震预测）的企图都是不可能实现的。

④交叉多重，不求甚解：为了充分利用目前已知的多学科数据资源提供的信息，量化近 110 年以来的地震孕育环境和条件，通过多元数据之间的交叉计算与多重计算，求得量化的统计分析结果是必要的。但这些结果并不是精确的解析解。例如，为了了解某范围内地震活动状态，统计已经发生地震的震级和频率，可以得到一条按幂率拟合的分布特征线，对这条线进行回归分析（R^2），可以得知它与标准幂率直线的偏差，从而为判断该地区未来地震危险提供权重。

⑤同震响应，权重激发：把研究过程中发生地震的震源错动矢量（根据地震波初动记录，求得震源机制解：方向和大小）作为研究地区的外部扰动，将这一扰动作用于所有网格单元，求得各个单元格同震位移响应的矢量分量，把加以孕震权重的增量叠加到 GPS 速度场，则可预测具有潜在地震危险的地理位置。

⑥地震预报，逐步逼近：尽管地震预报涉及更多社会层面的问题，但本质上依然是

关于自然过程规律的探索。要求现在能准确地预测出未来地震的位置、震级、时间是不可能的，但有可能通过长时间探索、试验逐步接近这个目标。例如，在太空高科技领域，宇宙飞船与火箭的对接，也是通过大量传感器和推进器的不断测试、不断校准、不断调整之后才得以实现的。地震预报的探索是更加困难的任务，需要更长久的试验过程。可行的办法是在对潜在地震危险区的平均地壳物理力学性质进行量化评估的基础上，设定可能发生地震震级上限；进而开展地震前兆现象的跟踪观测，摒弃无效的地震预测方法，证实或证伪震前异常的科学依据，在先实现位置与震级较好预测的基础上，逐步逼近发震时间预测，提前实现地震预警，达到减轻灾害的目的。

4.2　数值化地震预测方案

4.2.1　地震与活动断层的关系

国内外不少研究给出了地震与活动断裂之间相关或不相关的例证（邓起东等，2003；徐锡伟等，2007；张培震等，2003），归纳起来存在以下五种情况：①震中及其震源破裂特征（震源机制解）与已知的活动断层性质完全一致，如 1920 年海原 8.5 级地震与海原断层、2001 年青海昆仑山口西 8.1 级地震与东昆仑断层，以及 1906 年美国加州旧金山 8 级地震与圣安德烈斯断层、土耳其北安纳托利亚大断层上的地震等。②震中位置与活动断层有关，但震源破裂与地表断层有差别，或关系不清，如 1966 年邢台 6.8 级地震（地表为低角度正断层，震源机制解为直立的走滑断层）、1975 年海城 7.3 级地震（地表 NE 向断层，同震破裂和震源机制解均示 NW 向）、1976 年唐山 7.8 级地震（地表小规模 NE 向断层，活动不明显，同震地表破裂和震源机制解均示直立走滑）；1923 年日本 8.3 级关东大地震与穿过相模湾的 NW—SE 向断裂活动有关，但详细的机制不明；1960 年 5 月 21 日至 6 月 22 日在智利发生一系列强震（3 次 8 级以上的地震，10 多次 7 级以上的余震），都发生在南北长达 1400km 的秘鲁海沟断裂带上，具体的破裂过程不清楚。③地震活动与地表活动断层无关。如：1906 年新疆玛纳斯 8 级地震震中与地表活动断层位置不一致；1990 年青海共和 7 级地震无活动断层联系；国外的类似报道包括美国加州 1983 年 Coalinge 6.5 级地震（Stein, 1989）、澳大利亚 1969 年 Meckering 6 级地震和 1979 年 Cadoux 6 级地震（Denham et al., 1980）、日本 1995 年兵库县 7.2 级地震（Cyranoski, 2008）等。④中国大陆一些 6 级以上地震与活动断裂没有明显关系，尤其重要的是某些具有新构造活动的断裂几乎没有强地震活动的记录（如阿尔金北东段）。⑤没有新构造活动（或新构造活动微弱）的断裂发生了强烈地震（例如汶川地震）。由此可见，无论在理论上还是实际地震记录方面，都说明地震与断裂活动性之间并没有必然的成因联系，根据断层的活动性预测地震具有明显的不确定性。

毫无疑问，任何地震不论大小，都是地壳完整岩石瞬时发生脆性破裂、释放其弹性应变能的结果。地壳岩石中的破裂一旦产生，便成为难以愈合的伤痕，在以后的地质历史过程中不断延展，形成不同规模、不同性质的断层。从这个意义上，将地震与断层的关系比喻为"鸡和蛋"的关系是不恰当的，因为它们是同一地质事件的两种表现。显然，断裂和地震至少在大陆地壳固结、呈现刚性特征以来（28亿～25亿年前）就开始出现了。现今的大陆地壳在结构上是连续变形的完整岩石（层状或块状）与它们之间的不连续面（断裂）的复杂组合。其中有些断裂被证明具有长期或多期活动的特点，有些自形成以来就再也没有活动。新的地震破裂可以是先存断裂克服其自身障碍继续位移的结果，也可以是沿先存断裂的持续位移导致相邻（或异地）岩石中应力积累和释放的结果。前者在地震发生前处于不活动的锁闭状态，但地震发生与该条断裂直接相关；后者尽管变现为"活动"状态，但与其所诱发的地震在空间上没有直接联系。实际上，很难从地表观察判断一条不活动的断层的深部目前究竟是处在积累应力（临震前）的锁闭状态，还是处在休眠状态，因而它们的潜在地震危险性不容易被事先预测。因此，近年来的一些大地震常发生在出乎意料的地方，即震前所公布的地震危险性区域划分图上地震危险性相对较低的位置，如2008年中国汶川 $M_W 7.8$、2010年海地 $M_W 7.0$、2011年日本东北 $M_W 9.0$ 地震（Stein et al., 2012）。

如果把地壳看作由完整岩石和先存断裂组成的整体，分别通过地质应变速率的连续变形（应变量级 10^{-12}，包括块体移动、褶皱和活动断层位移）与突发地震（应变量级 10^2）行为共同实现位移调整的话，先存断裂由于断层带岩石反复破碎及细粒化，使它具有相对于完整岩石更低的抗破坏强度，是地壳承受外力作用时容易发生位移调整的主要通道和弱化带。即便如此，由于地震活动时空分布的不规则及其与地质断层之间的复杂联系，依然不知道触发地震的初始应力扰动是如何传递的，也就是说，一般不能确定究竟是邻近的断层活动，还是遥远的断层活动，会导致某一位置上的应变积累突破其临界状态而导致地震发生。理论上，地质断层对初始应力扰动的响应，与其自身的结构构造和所处的现今应力条件有关，更重要的是它们与现今地震活动的关系。因此，查明地质断层的地震活动特征——地震属性具有重要的意义。然而，尽管知道地壳断裂的形成历史与地震活动密切相关，但面对无数的地壳断裂与数十亿年的地质历史，全面彻底查明每一条地质断层的地震历史和地震属性显然是不可能的。

我国现阶段的地震预测似乎实际存在两极化趋势，一是由于地震活动的复杂联系、失败教训和地震成因理论的制约，将重心放在基础研究与应用研究方面，避开地震预测问题；二是偏重于观测各种前兆现象，继续进行地震预测试验，但缺少严格的检验以及可靠的理论模型的支持，大多是震后总结，停留在经验预报阶段。

地震发生在地壳岩石中，是长期缓慢地质过程中局部失稳的表现。地震前后各种奇异的天文、气象、生物和物理现象，如果确实与地震孕育有关，也只是地震地质过程的外延。震前各种前兆现象出现与否，与孕震地区的岩石和构造条件直接相关。例如，在已经达到自组织临界状态的地区，但发震断层处于闭锁阶段，可能不会出现前震；反之，若主破裂前断层先发生小破裂，则有可能出现一系列主震前的微震活动。再如，局部地区震前出现的磁暴、磁喷等磁异常现象，可能与震源区岩石中存磁性或压磁性矿物的存在状态有关，在以沉积岩或碳酸盐岩为主的地区，则显然没有主震前磁效应的物质基础。此外，由震前地壳应力变化引起的各种地表异常现象的程度，也会受传递应力的介质条件差异的影响。凡此种种，都应该在研究前兆现象成因机理的基础上，结合地震危险区的实际条件进行具体分析。对于千变万化的地震孕震环境和条件来说，没有一种前兆现象具有预报地震的普遍意义，即存在很大的偶然性与随机性。各种模型的、统计相关的地震预报方案，都存在不同程度的简单化与理想化趋势，甚至先入为主的愿望，如果缺少地质数据的支持和检验，将会是无源之水、无本之木。大量事实表明，大震前兆现象应该是存在的，但具有很强的因地而异的个性化特征。它们可以作为从地震预测到正式地震预报前的跟踪观察手段，而不应该作为地震预测的直接依据。

4.2.2 数值化地震预测途径

世界经合组织（OECD）将人类的研究与发展（R&D）活动划分为基础研究、应用研究和试验发展三种类型。地震预测预报实践应该明确定位于试验发展阶段。在目前有关地震成因的基础研究与应用基础研究均难以取得突破性进展的情况下，开展相对独立的地震预测预报实践，并在探索中发展完善，必然会遇到来自基础理论和应用研究方面的求全责备。然而面对地震灾害威胁和社会需求，这一任务是不能推卸的。这里，提出基于计算机信息技术和我国充分的地球数据资源，从地质学角度开展数字化地震预测探索。

例如，依据亚洲中部地震构造的研究成果，已初步建立了这一地区地震成核条件的网格化信息资源数据库。由于没有解决触发地震的机制问题，还不能预测地震将在何处发生。我们的探索性研究表明，以下的工作流程是值得开展试验的（张家声等，2014）：基于地震成核条件的网格化信息资源，以及建立的融合多学科数据资源的计算机工作平台，通过开展多元数据的交叉和多重计算，对所有网格单元地震活动进行统计，求出自相似分形特征、不同尺度地震构造的自组织临界状态，以及自约束的构造条件等触发地震因素，并做出量化的合理评估。当有地震发生时，把该地震的震源错动矢量当作对研究对象的初始扰动或边界条件改变因素，研究体系（包括信息资源数据库和计算机工作平台。本文称之为"地震敏感的神经网络系统"）将自动评价所有单元的地震响应状态，完成触发地震位置的最佳选择，使预测未来地震定位成为可能。因此，如果对研究对象的真实地壳结构及其各类地震敏感因素有足够的定量化数据，预测地震发生的地理位置是可以实现的。

面对地震孕育与触发的大量复杂因素，科学的地震预测不应奢望地震预报三要素一步到位，而应是逐步逼近未来地震的位置、时间和震级大小。当未来地震可能发生的位置初步确定以后，应充分利用卫星遥感技术和地震前兆监测台网，实时跟踪各前兆种异常现象及其动态变化，预测未来地震发生时间。与此同时，研究体系将可以根据网格化地质和地球物理相关数据与潜在震源区的岩石物理力学性质，评估可能发生的地震震级上限。

在关于"中亚大陆强震构造格局及其动力环境"研究的基础上（张家声等，2014），利用中国中西部569幅1：20万、99幅1：25万数字化地质图的断裂图层，以及蒙古和俄罗斯的1：20万断裂构造资料，辅以中国中西部地震数据库、中国中西部GPS观测数据、卫星遥感图像的断裂构造解译等数据资源，初步构建了以地壳破裂密度与地震活动分布为依托的亚洲中部地震构造格局。在中国中西部（107° E以西）74165条（1：20万）实测断裂中，识别出不同属性的百年地震断层和休眠断层，揭示了地震活动及单位面积破裂密度的相关性，并通过与俄罗斯科学家合作，建立了亚洲中部地震构造格局、典型地震构造区、带和地震构造结（张家声等，2014）。在此基础上，关于松潘—甘孜地震构造的研究（张家声等，2012），不仅建立了该地区最近110年的地震构造格局，而且建立了基于实测断层地震属性的同震位移传递网络，从理论上预测了汶川地震和玉树地震。

4.2.2.1 关于百年尺度

可靠的地震记录是本研究的重要依据之一，尽管地质断层的全部地震活动历史有可能通过历史（古）地震等基础研究手段获得部分信息，但面对数以万计的断层，这一要求是不可能完全实现的。1900年以前的地震记录以宏观震害确定震中位置为依据，可以上溯到公元前23世纪，但缺乏准确的地震参数；1900—1969年期间的地震尽管都是仪器记录的，但震源数据多数直接引自《国际地震中心的地震记录汇编》；1970年以后随着我国地震观测台网建设的进步，地震记录质量得到极大的改善，地震定位经度大多能够达到1、2类标准（震中精度：1类 ≤ 10km；2类 ≤ 25km）。在目前条件下，采用1900年至今110年的地震记录进行大区范围地质断层地震属性的统计分析，尽管是无奈的选择，但也是唯一可行的。在地震频发的重点（关键）地区，或典型的地震断层，甚至可以采用1970年以来的40年地震记录对断层地震属性进行评价。

关于地质断层"百年"地震属性方案的可行性无疑会受到时间尺度的挑战。理论上，尽管地质断层的全部地震活动历史是对其地震属性进行评价的重要依据，但依然存在以下问题：其一，断层的地震活动联系受不同地质历史阶段区域应力条件变化的制约，因此，对于长期发育的断层来说，其地震属性必然具有阶段性，而不存在一成不变的地震属性；其二，在同一构造阶段受同一区域应力持续作用，例如中国中西部大约5Ma以来（主要是2.48Ma以来）受印度次大陆持续推挤的应力条件，所有先存的地质断层都将在被迫调整其位移状态的过程中诱发地震，并逐渐形成自身在这一特定阶段的地震属性；其三，在特定的地质构造阶段如果区域应力条件没有发生显著改变，断层的地震属性只会逐渐走向稳定，因而地质断层的地震属性具有继承性特征。

在所有地质断层的完整地震属性实际上不可企及、不可穷尽的情况下，根据可靠的地震记录评价断层的"百年"地震属性，是现实的选择，同时也将是对未来数月、数年，或数十年地震风险做出接近真实评价的有效方法。

4.2.2.2　开放的数值化多元数据资源

地震相关的多元数据库的内容和质量，对本研究具有特别重要的意义，其基本要求包括：

（1）对于建立地震信息网络系统来说，数据库的种类（多元）和各类数据库本身都必须是开放的，即可以通过必要的补充或优化而逐渐完善；

（2）所有数据必须是数值化的，包括数据点坐标和量值；

（3）各类数据库均力求尽可能多的海量样本。

开展本研究的主要数值化数据资源包括：①以 1∶20 万为主体，辅以 1∶25 万和 1∶5 万比例尺的数字化地质断层数据库；②盆地和沙漠覆盖区隐伏断裂数据库；③露头岩石及地壳性质数据库；④与综合评价地壳岩石物理学性质有关的平均磁化强度数据库；⑤平均岩石密度数据库；⑥ 110 年以来的数字地震记录数据库；⑦覆盖中国及邻区的 GPS 观测数据库；⑧卫星遥感信息解译数据库；⑨地热及地温梯度数据库等。

国内外关于岩石磁性和密度的实验数据可以用来推断地壳的平均岩石组成，为估算完整岩石的物理力学性质和破裂强度提供依据。可以利用网格化的数据库③～⑤，以及单位面积破裂密度，估算潜在震源区未来地震的震级上限。

在 GPS 观测方面，一期 27 个基准站自 1999 年以来一直保持连续的观测运行，其他 233 个二期新站已于 2010 年 9 月陆续开始了连续观测。56 个基本站自 1998 年以来每年进行一次 GPS 复测，每期观测时间为 5 ～ 8 天。一期的 1000 个区域站已于 1999 年、2001 年、2004 年、2007 年、2009 年完成了四期全面联测，每站观测时间至少为 4 天；二期的 1000 个区域站已于 2009 年完成了第一期全面联测，2011 年进行了第二期全面联测。此外，根据需要还将布设一定数量的流动观测，以增加更多数据。

4.2.3　关于数值化地质断层的数据质量及其地震相关性统计

地质断层数据是本研究的主要对象，现就其质量状况、研究技术方法和可行性等问题简述如下：

（1）数值化地质断层的资源状况。

我国目前已经完成的 1∶20 万数字化地质图（断裂构造图层）1163 幅（中西部 568 幅，

东部 595 幅），1∶25 万 365 幅（中西部 99 幅，东部 266 幅）；1∶5 万 5200 余幅（东部约 2700 幅）。其中，中西部跨图幅连接后的地质断层近 80000 条（图 2-8）。预计中国大陆实测的地质断层将达到 15000 条左右，现已经积累了地质断层跨图幅连接及其属性文件整理方面的经验。

（2）数据质量。

对于本项研究来说，实测断裂数据中最有意义的是断层几何学（包括断层长度、走向、倾向、倾角）和断层性质。由于我国已经完成的 1∶20 万数字化地质图是依据历时许多年的地质调查成果编制的，各图幅完成时间不同，研究程度和表达方式差异较大。根据中国中西部的工作结果，经过跨图幅连接后，断层的长度和地表定位是可靠的，后者同时解决了弯曲断层走向数据不足的问题（可以直接由图面读出）。断层跨图幅连接和属性文件合并后，70%～80% 的断层具有有效的倾向与倾角数据。如果借助 1∶5 万图件的数据，辅以关键断层的野外调查，绝大部分断层的几何学参数是可以确定的。

（3）地质断层地震属性的意义、统计方法及可行性。

即便不知道触发地震的应力扰动来自何方，地震发生位置附近必然处在临界破裂的应变积累状态。地质断层作为地壳岩石中的弱化带，无疑在变形位移传递和（或）应变积累的过程中起到了主要的作用。因此，地震与断层的空间相关性，在一定程度上体现了该断层的地震性；本项研究用"地震属性"来区分所有地质断层在地震活动特征方面的差异，包括：在研究的时间范围（110 年）内发生地震的数量、震级、震源深度、时间间隔，以及地震沿断层迁移的途径等，并以此划分出具有不同内涵的地震断层和休眠断层。

参考 Sherman（1977）关于地壳断裂发育物理规律的经验公式，以及 Wells（1994）关于断层破裂参数之间新的回归方程，结合我国数字化断层数据资源状况和地震的断层相关性统计，对断裂活动影响范围的设定增加了地表断层向下延伸的温度约束，使得利用断层的地表产状进行三维地震相关性统计更加合理。初步操作方案如下：

①根据断层数据库的属性文件，将地质断层分为走滑型和倾滑型（包括正断型与逆断型）两大类，对没有可靠的产状记录（性质不明）断层，统计范围按照走滑断层的原则进行；

②倾滑型断层以与倾向和倾角相关的单侧地震破裂为主，走滑型以双侧地震破裂为主；

③倾滑型断层的地震破裂宽度受脆—韧转换深度的制约，并将后者设定为不同地区地温梯度的函数：大体上相当于石英转换温度（≈300℃）与长石转换温度（≈600℃）换算成深度的平均值（正常地温梯度下约 15km）；设定断层没入脆—韧转换带时的倾角变缓（大体为 ±10°），将断层以地表倾角没入脆—韧转换深度时向倾向一侧偏离的范围，设定为它的地震统计宽度；对于走向弯曲的倾滑型断层，统计范围的偏移方向取倾向的平均值；

④走滑型断层的地震破裂宽度主要与断层的走向延伸有关，但需对走向长度与影响半径的经验公式中的参数 m、n 进行专门约束。

此外，上述地震断层的地震相关性统计过程在断裂密集发育地区无疑存在一个地震被相邻断层重复计数的现象。考虑到断层与地震关系的不确定性，以及在地震孕育和发生过程中断层间复杂的互动作用难以查明的，认为这种计算结果是合理的。

4.2.4 关于同震位移响应的数字表达

上述对未来地震危险区的预测方案是通过跟踪观察地震同震位移速率（约 10^2cm/s）对现今地壳变形速率场（约 10^{-12}/s）扰动的效果来实现的。前者根据实时发布的矩震级及其与震源破裂参数之间的关系计算获得，后者是 GPS 速度矢量（N 向分量和 E 向分量）的网格化数据。同震位移速率在所有网格化多元数据单元中得到地震破裂敏感的非线性依赖响应，体现了地壳自组织临界状态受初始扰动引发灾变事件的效果。上述技术路线的可行性涉及以下问题。

（1）网格化数据的合理性。

我国现有的数据资源包含了各种类型的海量数据。拟采用 $20\text{km} \times 20\text{km}$ 的网格化单元（400km^2）面积，它与中强地震的地表破裂范围相当。对于中国大陆来说，每一个网格单元可以近似看作一个"点"。

拟使用的 9 类基本数据库中，除岩石磁化强度（数据库④）、岩石密度（数据库⑤）和 GPS 速度矢量（数据库⑦）需要进行网格化分配以外，其余为原地观测数据直接进入所在的网格单元。在需要进行网格化处理的数据中，岩石磁化强度和岩石密度主要根据我国已有的区域地质调查成果，以及不小于 1：200 万磁测与 1：20 万～ 1：100 万区域重力为主的地球物理探测数据资料，分别开展地壳岩石视密度填图和视磁化强度填图的基础上获得。数据点间距均不小于 $10\text{km} \times 10\text{km}$，因此能够满足本项目的研究要求。

GPS 速度矢量是参与单元数据计算的重要内容之一。为了对所有统计单元进行合理的 GPS 速度赋值，我们将考虑利用插值法（例如 Point Kriging）对离散的相邻观测点数据（N 向和 E 向速度值）进行插值和网格化处理。考虑到以下因素：①中国地壳运动观测网络已经布设了相当数量不同性质的 GPS 观测站，对现今地壳运动状态有足够的空间控制；②各类 GPS 观测站的布设方案中，已经不同程度地考虑了中国现今地壳运动状况，能够体现主要新构造活动带的运动特征。因此，前期研究的处理结果表明，依据网格化 GPS 速度数据，既很好地反映了区域变化的速度场，也清楚地表现了与断裂活动密切相关的速度梯度带，以及地震活动造成的速度"漩涡"，充分展示了地质应变速率与地震破裂速率的速度干扰图像（张家声等，2012）。

（2）单元内部多元数据融合和多重计算。

根据研究内容要求和相关数据制约（函数）关系，分别计算单元的平均岩性与岩石物理力学性质（破裂强度）的关系、地温梯度与断层的脆韧转换深度、单元岩石破裂密度和累计破裂长度、百年地震活动性和频率、断层的地震属性及综合地震敏感因子、单元地壳变形速度矢量、单元地震断层与同震位移矢量的角函数、与初始扰动（发生地震的震源）的距离等。

（3）数据的精度和量级。

鉴于"初始条件微小扰动可能引发灾难性后果"的地震理念和上述技术路线，计算过程强调震源破裂的错动方向矢量，但对同震位移速率以及计算单元到震源的距离赋予较小的权重。

4.2.5　分阶段逼近的地震预测预报方案

数值化地震预测方案是基于这样的假设：将地震预测与地震预报分开。前者是试验发展，是科学家的工作；后者是政府（社会）的责任或行为。在高科技的航天领域，神州8号与天宫一号的对接过程中，使用了118个传感器、18个电机，对飞船的速度、位置、姿态、偏差等11个参数进行了多次调整，最终实现精准对接。在量化数据严重不足、因果关系很难被精确表达和重复证实的地质科学领域，现在要求对未来地震的发生地点、时间和震级大小给出准确的预测，显然是不可能的。建议实施以下技术方案：在数字地震跟踪预测发现潜在地震危险区的前提下，通过对诸多前兆现象的科学论证，以及地方观测台网参与的密切监测和跟踪，否定或逐步逼近最有可能地震危险目标，先大致估计它的位置、时间和大小，再依据已有经验及新的数据通过试验逐步提高预测的精度。

需要研究建立多元数据融合计算的计算机工作平台，以实现未来地震的实时跟踪和预测。利用正版通用和专业软件（例如 Access / Excel / Word / Surfer / Auto CAD / Mapgis / Mapinfor / RGIS / Ansys / Corel draw / Photoshop / Original，等等）的强大功能，进行各种计算、分析及统计操作，并充分考虑数据处理与计算过程可能遇到的各种问题，例如：数据量超过应用程序容量（如 excel 最多允许运行 67000 条信息）；大面积（20°～45°N，70°～110°E）数据处理中单元面积误差和坐标变换等问题；并根据数据处理过程的特殊需求，编制子程序加以解决。

以上主要研究内容和技术方法已在松潘—甘孜地区进行初步尝试（图4-1，详见本章4.3节），并证明是可行的。

4.2.6　预测方案的总结

（1）以大陆数字化实测地质断层为依托，辅以隐伏断裂、110年数字地震记录、GPS速率、岩石物性、地热、卫星遥感等地震相关的海量数据资源，直接分析地质断层的百年地震属性，区分地震断层与休眠断层；认为地壳断裂无论大小、无论形成早晚、无论现今活动与否，均可能与地震相关。

（2）建立大陆网格化地震信息网络，实现网格单元的多元数据融合、交叉计算和地震敏感信息提取；计算同震位移矢量在地震信息网络中的响应及其对 GPS 速度场的扰动效果，发现后继地震发生的危险区。

（3）建立适时地震跟踪预测的计算机工作平台，利用各类计算机应用程序及其二次开发成果，对各类动态观测数据做实时分析，结合理论模型和经验，通过长期现场试验，实现数字化地震跟踪预测。

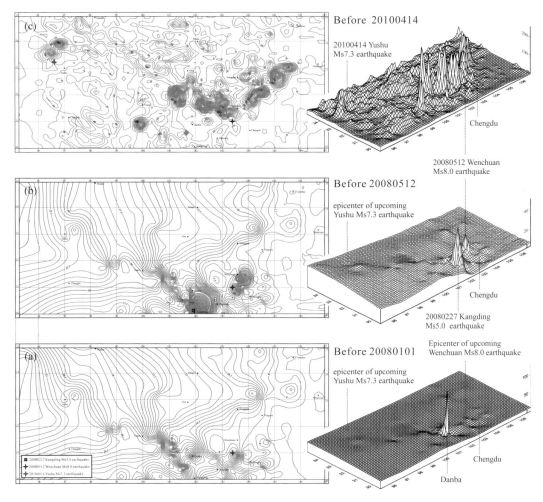

图 4-1 松潘—甘孜地区强震跟踪预测结果

（a）2008 年以前的 GPS 速度等值线；（b）2008 年 1 月 1 日至汶川地震前同震位移效果；
（c）玉树地震发生前，汶川地震主震同震位移经地震断层网络传递效果

4.3　实例：松潘—甘孜地区地震预测

断层岩石的细粒化和宽变形带中密集的断裂组合，使它们成为地壳变形与位移的主要通道，因此也是地震成核的主要场所。地震不论大小都可能被其他地震所触发（Kagan et al., 1999; Felzer et al., 2009），也许与附近断层的活动引起的局部应力没有直接联系。假如了解所有断层的全部地震活动历史，对于理解它们的地震行为具有重要的意义。但面对数以万计的地质断层和时间有限的数字地震记录，不可能实现对未来地震的准确预测。本研究提出，利用可靠的数字地震记录和全部数字化地质断层，建立地震活动与断裂构造之间的联系，区分近110年来有地震活动记录的地震断层及没有地震活动的休眠断层，分析断裂的地震构造属性及其随时间变迁的图像，形成区域地震构造格局、孕震环境条件与最新动向的数值化模型，构建地震敏感的信息网络。在现今地壳运动得以被GPS观测数据精确限定的情况下，把地震产生的同震位移作为区域地震构造系统的初始扰动，通过在数字化地震信息网络中的响应，有可能给出未来地震触发位置的自动选择，以逐步逼近方式探索对地震的预测。下面以松潘—甘孜地区为例，说明这一预测方案的实施过程。

4.3.1　地质构造背景

研究区位于亚洲中部受印度—欧亚板块相互作用产生的大三角形强震域东缘中段（图4-2（a）），受北部东昆仑断裂带、西南部鲜水河断裂带和东部龙门山断裂带（图4-2）围限的小三角形范围，面积约320000km² （约800单元 ×400km²/单元）。地震活动强烈频繁。松潘—甘孜地区的大陆地壳主要由晚古生代褶皱带及其上覆的三叠系稳定的碳酸盐岩沉积组成（图4-2）。中生代中晚期，随着特提斯洋闭合和随后发生的陆—陆碰撞，形成了一系列NW—SE走向的褶皱—冲断层组合，并奠定了该地区的基本构造格局（许志琴等，1992）。侏罗—白垩纪处于隆起状态，除了零星小规模的岩浆侵位以外，没有接受沉积。这一褶皱—冲断层系统在新生代阶段随着印度—欧亚板块之间的碰撞逐渐加剧和青藏高原挤压隆起，一部分断裂重新活动，但活动性质由逆冲转变为左行斜冲或左行走滑（马宗晋等，1998；张家声等，2003）。这一阶段的构造活动大多伴随局部发育的第四系沉积。

4.3.2　松潘—甘孜地区的百年地震断层

尽管理论上地震成核与先存地质断层密切相关，但由于对地表断裂下延的复杂性和地震孕育发生的真实过程缺乏了解，加上地震定位的误差，断层的地震记录实际上很难精确确定。基于海量可靠的数据资源和合理的方法，可以得到关于地震与与断层之间关系的统计规律性认识。

先确定断层的百年地震属性。基于地质断层数据库和地震记录数据库，通过计算落入断层活动影响范围的地震（包括数量、震级、震源深度和时间等），并建立子数据库，开展相关分析，包括 1900 年以来发生地震的数量、震级加权平均数、地震复发时间间隔、地震活动随时间沿断层带的迁移趋势，以及地震大小与其发生频率之间的幂函数关系等，量化每一条断层在过去 110 年的地震能力。

4.3.2.1　数据资源

根据历年来 1 : 20 万数字地质图建立的断层数据库，在由东昆仑断裂带、鲜水河断裂带和龙门山断裂带围限的三角形范围内，共有长度 ≥ 2km 的数字化实测断裂 4781 条（图 4-2）。除了岷江断层以东因冲断层抬升出露的古生代岩石中的先存断裂以外，几乎所有的断裂和褶皱构造均形成于中生代中晚期，新生代以来的最新构造变动主要与青藏高原隆起与高原物质的侧向挤出有关。跨图幅拼接后的实测断裂大部分具有断层长度、断层倾向和断层倾角等几何学，以及断层属性等与地震相关性统计直接相关的参数（图 4-3）。存在的问题包括：①断层的几何学参数沿走向发生改变；②某些明显呈线状分布的地震活动带（见下文）没有实测断裂。这一方面可能是由于野外条件限制而未能发现这些断层，更有可能的是这些地区不存在地表断裂，地震活动是隐伏或新生地震断裂活动的表现。研究工作据此在实测断裂数据库中补充了 65 条解释地震断层（图 4-3），使数据库的断层总数达 4846 条。

研究区可供利用的地震记录 5990 条，其中 77 条为 1900 年以前 4.7 级以上地震灾害记录，时间上可以上溯到公元前 23 世纪，但没有精确的震中、震级和时间数据；103 次为 1900—1969 年期间仪器记录的 4.7 级以上地震，多数直接引自《国际地震中心记录汇编》，受当时观测仪器水平和观测台站数量的限制，记录不全面，且精度不高。其余 5810 条

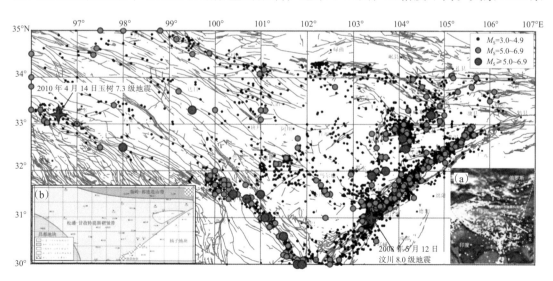

图 4-2　松潘—甘孜的断裂与地震活动

（a）亚洲中部三角形强震构造域和研究地区；（b）松潘—甘孜地区的岩石底层和构造分区

$M_S \geqslant 3.0$ 以上的地震记录来自 1970—2010 年期间中国地震台网的连续观测，大部分数据质量达到 1 类（≤ 10km）和 2 类（≤ 25km）标准。其中 3.0 ～ 4.9 级地震 5635 次，5.0 ～ 6.9 级地震 169 次，7.0 级以上地震 6 次，包括 2008 年 5 月 12 日的汶川 8.0 级地震和 2010 年 4 月 14 日的玉树 7.3 级地震（图 4-2）。

4.3.2.2 断层统计和分析

根据国内外关于地壳断裂发育一般物理规律性的大量研究成果，对断裂活动影响范围做如下设定。

（1）根据 Wells 对全球 400 个有可靠数据地震的震源和地表破裂参数进行相关性分析（Wells et al., 1994），认为震级 M 与地下破裂长度及破裂面积之间相关性最强（r=0.89 ～ 0.95, s=0.24 ～ 0.28），地下破裂长度与震级的回归关系式在 95% 的置信水平上，但与断层的滑动类型无关。将研究区所有地质断层划分为走向断层和倾向断层两种主要类型。前者对地震活动的影响沿断层两侧等距离分布，后者主要发生在断层上盘，因此与断层倾向和倾角有关。

（2）大陆浅源地震震源深度的优势分布表明，地震活动主要发生在长英质地壳的脆—韧转换带（富含石英岩石的脆—韧转换温度为 300 ～ 350℃）及其上部的脆性地壳层次（Sibson, 1980）。根据研究区地表热流值和地温梯度（汪集旸等，1990；汪洋，1999），断层行为的脆—韧转换深度的下限（包括脆—韧转换带）大致设定为 20km。

（3）Sherman（1972，2005）根据贝加尔裂谷地表断裂的野外调查、统计分析和实验模拟数据，提出了下列经验公式，即关于断裂活动影响半径（r）与断裂长度（L）之间的回归方程

$$r \leqslant 0.5 * K * L^c$$

式中，K 和 c 分别为与断裂密集程度和断裂长度相关的参数，K 取值在 0.1 ～ 0.5 之间，c 在 0.5 ～ 0.95 之间。

虽然该公式忽视了断层运动性质、断层产状和断层下延深度等因素对地震活动的控制及影响，但依然适用于对走滑断层影响范围的设定，相关参数可根据局部断层发育情况给出。

（4）断层的走向延伸是断层规模的体现。一般情况下，断裂的延深不会超过断裂地表长度的 1/2。因此，上述经验公式也适合于长度小于 40km 的倾向断层。

（5）为了使上述设定的地震统计范围沿断层走向平行展布，对跨图幅拼接后走向弯曲的复杂断层的不同倾向数据取平均值。

（6）将没有实测地质断层，但地震活动明显连续分布的带，设定为"解释地震断层"（隐伏的或正在形成的断层）。它们的统计范围按照走滑断层的原则进行。

根据上述各种设定，研究区实测断层的地震统计如图 4-4（c）所示。

4.3.2.3　百年地震断层及其地震属性

基于实测断层数据库和地震记录数据库，以及上述关于断裂—地震关系的理解与设定，对研究区所有实测断层的地震性进行统计分析结果表明，在全部 4846 条长度大于 2km 的实测断层和解释地震断层中，最近 110 年以来发生过 1 次以上地震的 993 条，约占 20.5%。其中发生地震 1～9 次的 876 条，10～19 次的 64 条，20～49 次的 26 条，50～99 次的 18 条，地震数大于 100 的 9 条（表 4–1，图 4–3）。其余 3853 条实测断层没有地震活动记录，处于休眠状态，但并不意味今后不会发生地震。统计过程是计算机进行的，无疑存在一个地震被相邻断层重复计数的现象。考虑到实际存在，但难以查明的断层间复杂的互动作用，认为这种计算结果是合理的。

表 4–1　断层地震性统计

	地震数（个）	断层数（条）	%		震级加权平均	地震断层（条）	%
断层地震数统计	0	3853	79.5	震级加权数	0	3853	79.5
	1～9	876	18		0.1～0.9	735	15.2
	10～49	90	1.9		1.0～4.9	183	3.7
	50～99	18	0.37		5.0～9.9	40	0.8
	>100	9	0.01		≥ 10	35	0.7

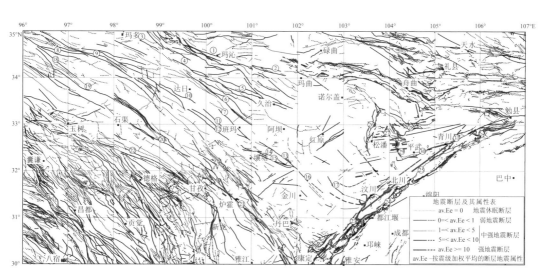

图 4–3　松潘—甘孜地区的百年地震断层

①靠阳断裂；②当日断裂；③巴克断裂；④安拉断裂；⑤希洛断裂；⑥德吉断裂；⑦灯塔断裂；⑧巴颜喀拉主峰断裂；⑨野牛沟断裂；⑩吉拉山断裂；⑪亚尔堂断裂；⑫玛尼断裂；⑬麻尔曲断裂；⑭日部断裂；⑮达维断裂；⑯松岗断裂；⑰米罗亚断裂；⑱寇察断裂；⑲贡玛断裂；⑳达曲断裂；㉑鲜水河断裂；㉒马尼断裂；㉓茂汶断裂；㉔映秀断裂；㉕北川断裂；㉖岷江断裂；㉗川黄断裂；㉘白马断裂；㉙虎牙断裂；㉚清溪断裂；㉛白水断裂。其中断裂①、②及其东延的断裂组合构成研究区北部边界的东昆仑断裂带；㉑、㉒为构成研究区西南边界的鲜水河断裂带；㉓～㉕为构成研究区东部边界的龙门山断裂带

整体上，具有不同地震发生频率的地震断层，展现一个向 SE 撒开的网结状三角形。自 NE 向 SW 分为数个断续的密集地震断层组合，大体上可以分为东昆仑及其南侧地震断层组（图 4-3）、巴颜喀拉珠峰地震断层组（图 4-3，⑧～⑰）、贡玛—达曲地震断裂组（图 4-3，⑱～⑳）和鲜水河地震断层组（图 4-3，㉑、㉒），以及它们之间斜向连接的地震断层（图 4-3，⑥、⑦等）。图幅西南角的地震断层同样呈束状分布，但全都没有穿过鲜水河地震断层组，意味着存在独立的地震构造系统，本文不做详细讨论。

统计结果包含丰富的地震活动信息。除了每一条地震断层本身的各种参数以外，还包括该断层在过去 110 年间曾经发生地震的数量、地震发生的位置、时间、震级大小和震源深度等。这些数据充分记录了该断层在过去 110 年期间的地震活动历史，定量描述了断层的地震属性，包括：①按地震震级加权的断层地震总量；②断层的地震重复间隔；③单位断层长度的地震发生频率；④地震活动沿断层的迁移轨迹等。不仅实现了地震断层的量化数据的区域可比性，为构建区域地震构造格局提供支持，而且可用来开展任何单一断层或断层组合的深入研究。

4.3.2.4　地震断层格局及其分时段的变迁

图 4-3 展示的松潘—甘孜地震断层格局建立在 1900—2010 年全部地震记录的基础上。进一步解析其分时段的形成过程、构造联系和发展趋势，对于理解该地区过去与最近将来的地震行为及趋势，具有重要意义。

（1）十年尺度的地震断层变迁。

地震数据库中 1970—2010 年期间的 40 年连续数字地震记录表明，在 1973—1976 年和 2008—2010 年两次强烈地震活动事件之间，存在一个 30 余年的地震相对平静期（图 4-5，下）。十年尺度的地震断层变迁图像（图 4-5，上），给出了这两次强烈地震活动发生的背景。在第一个十年（1970—1979 年）期间，除了松潘—平武地区在短短三年期间爆发了一次频繁和强烈的地震活动外，地震活动主要沿东昆仑断裂西段与鲜水河断裂的中段发生。第二和第三个十年期间相对平静的地震活动表现出有规律的迁移：一方面，沿东昆仑断裂和鲜水河断裂的地震活动出现向 E（SE）迁移的趋势；另一方面，研究区中部自东昆仑南缘断裂分出的③～⑤和⑥～⑮（断层编号见图 4-3）两组次级剪切断层（shear band）的地震活动逐渐得到增强，并且在第四个十年的初期，通过斜向的⑥、⑦地震断层连成一个独立的、向 SE 发展的地震断层体系，致使地震活动在⑬～⑮断层上得到明显加强。与此同时（第三个十年），沿鲜水河断层的地震活动出现了短暂的平静。这种趋势与随后发生的汶川 8.0 级地震的动力学条件相吻合。

（2）地震与断层的相关性分析。

20 世纪 80 年代中期发生在松潘—平武地区的强烈地震活动与白马弧形断层和虎牙冲断层活动有关（图 4-6）。在 3 年左右的时间内共发生 7 级以上强震 2 次，5.0～6.9 级

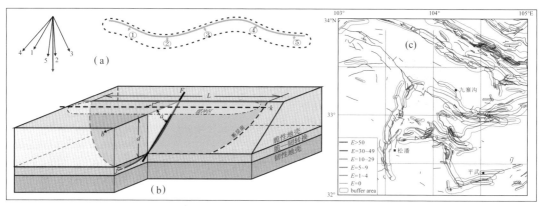

图 4-4　倾向断层地震相关统计的范围

（a）断层倾向的数据选取示意图；（b）倾向断层统计范围计算的三维模型：L——地表断裂长度，α——断层倾角，b——断层倾向，d——脆韧转换深度，r——断层影响半径（Buffer radius），k——根据断层产状偏移的 Buffer 中心线，F——理想断层倾向延伸，f——实际可能的断层倾向延伸；（c）松潘—平武地区实测断层的地震统计范围的效果图

中强地震 7 次，3.0 ～ 4.9 级微震数百次。野外调查发现，沿川主寺—黄龙乡形成于晚古生代末期的雪山冲断层（图 4-6，Ⅰ c），在更新世中期被一组近 EW 走向、具左行走滑运动性质的剪切破裂群（图 4-6，Ⅲ a）所改造。西端左行错断了新生代早期形成的近 SN 走向的岷江冲断层系统（图 4-6，Ⅱ a），东端自黄龙乡向东逐渐变为一组尾端剪切转换构造（图 4-6，Ⅲ b）。南侧发育的近 SN 向虎牙冲断层（图 4-6，Ⅲ c）是其左行剪切位移派生的横向挤压转换构造（张家声等，2010）。该地区 20 世纪 80 年代中期发生的强烈地震活动与虎牙冲断层和早期形成的白马弧形断裂（图 4-6，Ⅲ d）的新活动直接相关。

松潘—平武地区的断裂—地震活动相关性统计分析结果表明，该地区长度大于 2km 的实测断裂共 462 条，其中 110 年来曾经发生过 1 次以上 3.0 级地震的断层 126 条，约占总数的 27%，其余为休眠断层（图 4-4c）。地震数超过 50 个的断裂 2 条，包括 1 次 7.0 级以上强震和 8 次 5.0 ～ 6.9 级中强震；发生地震数 30 ～ 49 个的断裂 5 条，包括 5 次中强震和 1 次强震；地震数为 10 ～ 29 个的断层 8 条，包括 9 次中强震，没有强震；地震数为 5 ～ 9 个的断层 5 条，包括 1 次中强震和 1 次强震；地震数小于 5 个的断层 106 条。20 世纪 80 年代中期的强烈地震活动，明显沿白马弧形断裂和虎牙冲断层带交替发生（图 4-6 ①，②）。

（3）松潘—甘孜现今地壳变形。

利用研究区 165 个 GPS 观测站 2008 年以前观测得到的速度矢量（王敏，2008），位移速率等值线更加直观地展示了研究区目前的变形运动差异（图 4-7）。根据速度分布特征及其岩石—构造联系，可以大体上分为昌都、四川和鄂尔多斯三个相对稳定的速度域（图 4-7，Ⅰ₁，Ⅱ，Ⅲ₁）。主要的速度梯度带沿鲜水河断裂和贡玛—达曲断裂分布，并且由于二者在甘孜附近会合而得到显著加强。跨鲜水河断层带东南段的位移速率达到了 6.5 ～ 8.6mm/a 之间，而跨东昆仑断裂的位移速率则小于 2.3mm/a（图 4-7（a））。松潘—甘

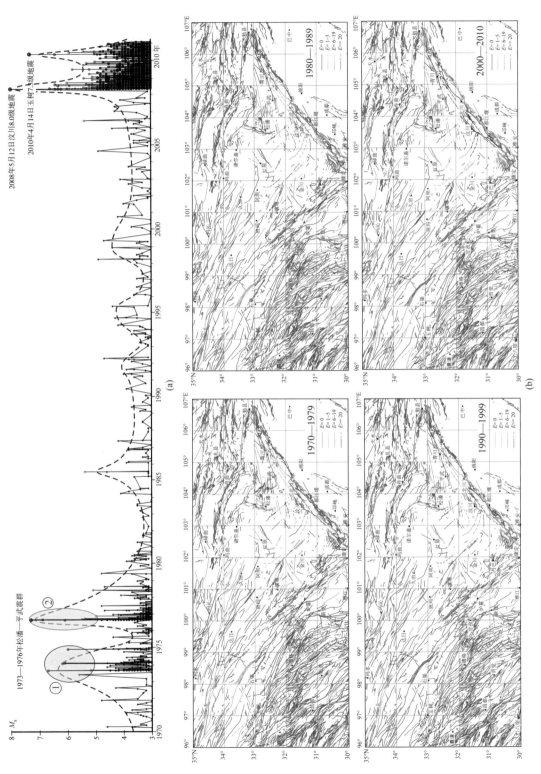

图 4-5 松潘—甘孜地区十年期地震断层图像

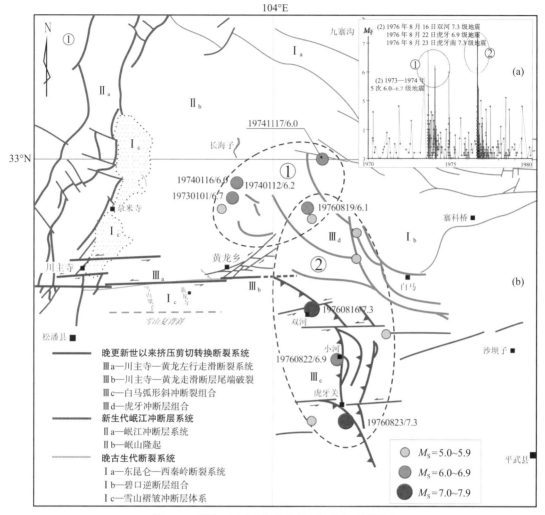

图 4-6 松潘—平武剪切转换断裂构造与地震活动

孜地区的速度变化可以进一步划分为阿坝（图 4-7，IV_1）和龙门山前（图 4-7，IV_2）两个相向的二级速度梯度区，后者体现了四川地块对昌都地块 SE 向运动的抵抗。龙门山冲断层南端由康定、宝兴、彭灌等结晶岩石组成的杂岩体（图 4-2（b）），既是迫使鲜水河断裂走向急剧偏转的原因，同时也是吸纳鲜水河速度梯度带位移矢量分解的主要对象，形成高强度的速度扰动（图 4-7，IV_3）。松潘—甘孜地区现今 GPS 速度分布与上述十年期地震构造样式和变迁趋势完全一致。

（4）2008 年汶川 M_S 8.0 地震发生的动力学条件。

地壳变形运动除少量被地体的体积变化所吸收以外，主要是通过断层运动进行转换和传递的，包括分解为平行断层面的位移驱动与垂直断层面的挤压传递。尽管 GPS 布设方案与本研究无关，而贡玛—达曲断裂带和鲜水河断裂带又都存在复杂的断层结构，但 GPS 观测通过与其相邻断层发生转换的结果，仍然提供了重要的运动学信息。包括

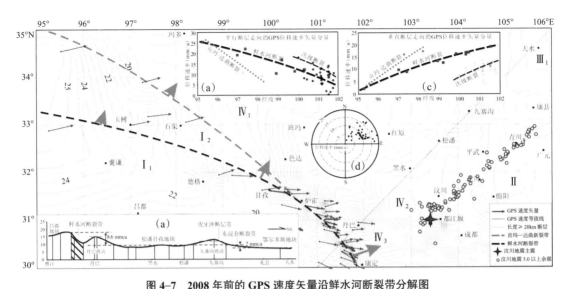

图 4-7 2008 年前的 GPS 速度矢量沿鲜水河断裂带分解图
(a) 雅江—天水 GPS 速度剖面；(b) 沿断层走向的 GPS 速度分量；(c) 垂直断层走向的 GPS 速度分量；
(d) 垂直断层走向 GPS 速度分量的方向

分别与贡玛—达曲断裂带、鲜水河断裂带的主断裂，以及次级断裂相关的三种运动矢量分解的统计规律性。总体上表现为随着鲜水河断裂带向东的急剧弯曲，沿断层面的位移速率由西北段的大约 25mm/a 向东逐渐减小为 5mm/a。与此同时，垂直断层走向的位移速率由大约 3mm/a 增加到 18mm/a 左右（图 4-7（b），（c）），垂直断层走向速度分量的方向变化在 NE 45° ~ 75° 之间，总体指向 NEE（图 4-7，（d））。由于断层走向略有不同，沿贡玛—达曲断裂带的运动矢量分解效果比鲜水河断裂带更加明显。此外，沿次级断裂带的 GPS 速率矢量分解有较多的数据控制，它们代表分散的次级矢量分解结果。因此，运动矢量分解的总体效果应该是沿所有单一断层分解的总和。也就是说，鲜水河断层带东南段存在更加明显的垂直断层面的挤压应力。该地区的断裂构造主要表现为高角度斜冲（滑）的运动学特征，因此，除一部分垂直断层面的运动矢量转变成冲断层上盘运动以外，大部分转变为指向 NEE 的应变（位移）积累。楔状变形的构造物理模拟实验结果，重现了松潘—甘孜地区现今构造变动的动力学条件和变形效果（图 2-83）。受鲜水河断裂垂向位移分量的驱动，沿龙门山冲断层的应变积累只能导致其发生 NE 向斜冲性质的断层运动，而不是垂直断层面的冲断层运动。这一结果不仅构成了 2008 年汶川 M_S8.0 地震成核的动力学条件，而且解释了汶川地震的余震分布（图 4-7）和地震破裂自 SW 向 NE 发展的单边破裂特征。

4.3.3 讨论和结论

1900 年以来的数字地震记录、迄今为止最完整的数字化断裂构造数据库、近十年来全面覆盖的 GPS 观测数据库，以及关于松潘—平武地震构造调查等成果表明，松潘—甘孜地区 110 年来的断层地震属性、递进发育的地震构造格局及其现今动力学状态与印度次大陆持续向北推挤，青藏高原内部不同级别的挤压转换剪切的断裂构造体制有关。最近 40 年来，地震活动在沿近 EW（或 NW—S 走向）走向左行走滑断层带自西向东迁移的同时，逐渐由北向南发展。当 20 世纪 80 年代中期松潘—平武地区强烈地震活动释放了该地区的应变积累后，90 年代晚期至 21 世纪早期，贡玛—达曲断层带的位移和地震活动性逐渐增强，并通过向南与鲜水河断层带交会，使得后者自甘孜—炉霍向 E（SE）的现今断层位移速率显著加强。随着鲜水河断裂带走向向 E 发生急剧偏转，垂直断层走向的位移矢量分量逐渐增强，从而为汶川 8.0 级地震成核创造了条件，对自 SW 向 NE 发展的单边地震破裂做出了解释。受东昆仑断裂和龙门山冲断层的制约，以及垂直鲜水河断裂走向的位移矢量分量的驱动，松潘—甘孜地区的现今地壳变形表现出典型的楔顶效应。

地震与断层活动的关系一直是复杂、有争议的问题。一方面很难确定活动断层究竟是以地质应变速率（无地震）的持续位移，抑或是通过断续的地震位移，或者二者交替发生，不断释放其应力积累的；另一方面，也无法断定处于不活动状态的断层是否正在孕育着地震发生的能量。不争的事实是，断层带物质的细粒化和宽变形带中密集的断裂组合，使它们成为地壳变形位移的主要通道，因而也是地震成核的主要场所；而地震不论大小都是由前一个地震触发的，与相邻断层的状态（锁闭抑或活动）没有必然联系。尽管断裂精细结构与地震活动关系的研究在艰难地取得进展，但查明一个地区所有地质断层的地震活动历史实际上是不可企及的。根据数字化的断裂、地震和 GPS 观测记录，分析地质断层的百年地震习性，或许是现阶段探索区域地震构造定量化及其现今动力学分析的一个途径。

4.3　结束语

据科学史研究，19 世纪地质学家在野外观察到地震产生的地表破裂，推测构造地震的发生与断层活动相关，并提出了地震预报的设想（Yeats et al., 1997）。根据对 1906 年美国旧金山大地震的发震构造——加州圣安德烈斯断层震前、震后观测数据的分析，1911 年 Reid 提出弹性回跳模型，构成现代地震力学的基础。20 世纪 60 年代，全球地震台网建立后，大量基于地震波记录的震源机制解证实了地震震源与断层滑动的成因关系，使弹性回跳模型得到普遍接受，也成为指导探索地震预报的基本理论。

但 100 多年以来的研究和实践证明，构造地震是发生在地壳内的极其复杂的变形过程，极为缓慢的长期变形是如何转变为瞬间的快速断层滑动，这样的转变之前，地面上会出现什么可探测、可识别的前兆信号，为什么地震的发生没有明显的或可循的时空分布规律，这些根本性问题至今仍是一个谜，还需长期深入研究。曾提出的弹性回跳、地震空区、特征地震等模型，已被实践证明是有缺陷或不完备的，需要修正或被更好的模型取代（Chui, 2009），因而地震预报试验至今仍缺乏可靠的理论基础。另一方面，与其他地球科学分支一样，地震科学中的预报试验的困难之一是难以重复和检验。在有些已被检验的预报实例中，仅少数是一定程度的成功（如 1975 年中国海城地震，但国外科学家至今仍对其持怀疑态度，或认为是偶然的、带有运气成分的经验预报，Geller et al., 1997），大多数是失败的，如 1976 年中国唐山地震、2008 年中国汶川地震、2011 年日本东北地震等，包括中长期的、短期的预报（Stein et al., 2012）。

尽管地震预报是极艰难的任务，国内外部分科学家仍未放弃，仍在坚持不同方式的探索或试验。本书作者提出，基于数字化断层数据、地震观测记录、GPS 观测显示的地壳变形以及计算机功能，采用统计分析、动态跟踪、逐步逼近等多种技术，探索实现地震预报的新途径，期望为实现这一人类梦想的努力提供有意义的借鉴。

据互联网报道，2010 年中国国务院发布《关于进一步加强防震减灾工作的意见》（http://politics.people.com.cn/GB/1026/12808455.html）。该《意见》指出"到 2020 年，建立覆盖我国大陆及海域的立体地震监测网络和较为完善的预警系统，地震监测能力、速报能力、预警能力显著增强，力争做出有减灾实效的短期或临震预报"。注意，这里是说"力争做出……预报"，而不是"一定"或"务必"，是留有余地的要求，包含了社会、公众及政府的期望，也反映了中国地震科学家的谨慎乐观。希望到 2020 年时，这一十年努力的目标能够基本达到或接近。

参考文献和资料

白瑾，黄学光，戴凤严，等.中国前寒武纪地壳演化.北京：地质出版社，1993，75~80.

白瑾，黄学光，王惠初，等.中国前寒武纪地壳演化（第二版）.北京：地质出版社，1996，16~19.

柏美祥.阿尔金活动断裂带的运动学和动力学特征.新疆地质，1992(10)：57~61.

柏美祥，范方琴，吴晓莉，等.博格达山北麓活动构造.内陆地震，1997(11)：16~20.

柴炽章，孟广魁，杜鹏，等.隐伏活动断层的多层次综合探测：以银川隐伏活动断层为例.地震地质，
    2006，28：536~545.

陈柏林，刘建生，王春宇，等.阿尔金断裂昌马大坝—宽滩山段全新世活动特征.地质学报，2008(32)：
    433~440.

陈国光，计凤桔，周荣军，等.龙门山断裂带晚第四纪活动性分段的初步研究.地震地质，2007(29)：
    657~673.

陈立春，冉勇康，常增沛.色尔腾山山前断裂得令山以东段晚第四纪活动特征与古地震事件.地震地质，
    2003(25)：555~565.

陈立春，王虎，冉勇康，等.玉树 M_S7.1 地震地表破裂与历史大地震.科学通报，2010(55)：1200~1205.

程万正，杨永林.川滇地块边界构造带形变速率变化与成组强震.大地测量与地球动力学，2002(22)：
    21~25.

陈文彬，戴华光，徐锡伟，等.阿尔金断裂安南坝段滑动量的初步研究.西北地震学报，2000(22)：
    424~428.

陈文彬，徐锡伟.阿拉善地块南缘的左旋走滑断裂与阿尔金断裂带的东延.地震地质，2006(28)：
    319~323.

AGS（地质矿产部航空物探总队）.中国及毗邻海区航空磁力异常图.北京：中国地图出版社，1989，
    1~12.

邓起东，陈社发，赵小麟，等.龙门山及其邻区的构造和地震活动性及动力学.地震地质，1994，16(4)：
    389~403.

邓起东，冯先岳，张培震，等.天山活动构造.北京：地震出版社，2000.

邓起东，张培震，冉永康，等.中国活动构造与地震活动.地学前缘，2003(10)：66~73.

邓天岗.松潘—平武地区的地质构造特征及其与鲜水河断裂带南东段的对比.松潘地震预报学术讨论会
    文集，北京：地震出版社，1989.

董树文，张岳桥，龙长兴，等.四川汶川 M_S 8.0 地震地表破裂构造初步调查与发震背景分析.地球学
    报，2008(29)：392~396.

杜建军，马寅生，尹成明，等.龙门山北部陕甘川交界三角构造区断裂活动特征研究.地震学报，
    2013(35)：520~533.

刁法启，熊熊，郑勇，等.蒙古—贝加尔裂谷地区地壳应变场及其地球动力学涵义.地球物理学进展，
    2009(24)：1243~1251.

刁桂苓，王海涛，高国英，等. 伽师强震系列应力场的转向过程. 地球物理学报，2005(48)：1062~1068.

费鼎，等. 航磁所反映的西藏中部区域构造特征及印度板块仰冲问题. 青藏高原地质文集(1)，北京：地质出版社，1982.

冯希杰，韦开波. 渭河盆地断层活动反映的第四纪构造事件初步研究. 地震地质，2003(25)：146~154.

冯希杰，董星宏，刘春，等. 范家坝—临江断裂活动与1879年甘肃武都南8级地震的讨论. 地震地质，2005(27)：153~163.

冯先岳，邓起东，石监邦，等. 天山南北缘活动构造及其演化. 活动断裂研究（1），北京：地震出版社，1991，1~16.

樊春，王二七，王刚，等. 龙门山断裂带北段晚新近纪以来的右行走滑运动及其构造变换研究. 地质科学，2008(43)：417~433.

方盛明，赵成彬，柴炽章，等. 银川断陷盆地地壳结构与构造的地震学证据. 地球物理学报，2009(52)：1768~1775.

付碧红，张松林，谢小平，等. 阿尔金断裂带西段—康西瓦断裂的晚第四纪构造地貌特征研究. 第四纪研究，2006(26)：228~235.

付小方，侯立玮，李海兵，等. 汶川大地震（M_S8.0）同震变形作用及其与地质灾害的关系. 地质学报，2008(82)：1733~1746.

甘卫军，程朋根，周德敏，等. 青藏高原东北缘主要活动断裂带GPS加密观测及结果分析. 地震地质，2005(27)：177~187

管志宁，安玉林，吴朝钧. 磁性界面反演及华北地区深部地质结构的推断. 见：王懋基，程家印主编. 中国东部区域地球物理研究专集. 北京：地质出版社，1987，80~101.

虢顺民，计凤桔，向宏发，等. 红河断裂带. 北京：地震出版社，2001.

虢顺民，向宏发，张晚霞，等. 阿尔金断裂阿克塞—柳峡晚第四纪活动性状的新观察. 活动断裂研究(8)，北京：地震出版社，2001，159~168.

国家地震局"鄂尔多斯周缘活动断裂系"课题组. 鄂尔多斯周缘活动断裂系. 北京：地震出版社，1988.

国家地震局"阿尔金活动断裂带"课题组. 阿尔金活动断裂带. 北京：地震出版社，1992.

国家地震局地质研究所，宁夏回族自治区地震局. 海原活动断裂带. 北京：地震出版社，1990.

韩竹军，向宏发，虢顺民. 初析西秦岭北缘断裂带凤凰山—天水断裂晚更新世晚期以来的活动特征. 地震学报，2001(23)：217~220.

郝锦绮，黄平章，张天中，等. 岩石剩余磁化强度的应力效应. 地震学报，1989(11)：381~391.

何文贵，熊振，袁道阳，等. 东昆仑断裂带东段玛曲断裂古地震初步研究. 中国地震，2006(22)：126~134.

何宏林，池田安隆. 安宁河断裂带晚第四纪运动特征及模式的讨论. 地震学报，2007(29)：537~548.

何宏林，池田安隆，何玉林，等. 新生的大凉山断裂带——鲜水河—小江断裂系中段裁弯取直. 中国科学（D辑），2008(38)：564~574.

贺绍英，程振炎，耿元生，戴勤奋. 结合岩石磁性分析重磁场反演结果的时间信息. 地球物理学报，1994(37)（增刊Ⅱ）：346~355.

侯康明，雷中生，万夫岭，李丽梅，熊振. 1879年武都南8级大地震及其同震破裂研究. 中国地震，2005(21)：295~310.

胡道功，叶培盛，吴珍汉，等. 东昆仑断裂带西大滩段全新世古地震研究. 第四纪研究，2006(26)：1012~1020.

江娃利，肖振敏，王焕贞．内蒙古大青山山前活动断裂带西端左旋走滑现象．中国地震，2000(16)：203~212.

江娃利，谢新生．东昆仑活动断裂带强震地表破裂分段特征．地质力学学报，2006(12)：132~139.

雷建设，周蕙兰，赵大鹏．帕米尔及邻区地壳上地幔P波三维速度结构的研究．地球物理学报，2002(45)：802~811.

雷启云，柴炽章，孟广魁，等．银川隐伏断层钻孔联合剖面探测．地震地质，2008(30)：250~263.

李陈侠，徐锡伟，闻学泽，等．东昆仑断裂东段玛沁—玛曲段几何结构特征．地震地质，2009(31)：441~458.

李大虎，何强，邵昌盛，等．综合地球物理勘探在青川县城区活动断层探测中的应用．成都理工大学学报（自然科学版），2010(37)：666~672.

李传友，张培震，袁道阳，等．西秦岭北缘断裂带黄香沟段晚第四纪水平位移特征及其微地貌响应．地震地质，2006(28)：391~404.

李传友，张培震，张剑玺，等．西秦岭北缘断裂带黄香沟段晚第四纪活动表现与滑动速率．第四纪研究，2007(27)：54~63.

李春峰，贺群禄，赵国光．东昆仑活动断裂带东段全新世滑动速率研究．地震地质，2004(26)：676~687.

李海兵，许志琴，杨经绥，等．阿尔金断裂带最大累积走滑位移量——900km? 地质通报，2007(26)：1288~1298.

李海兵，Van der Woerd J，孙知明，等．阿尔金断裂带康西瓦段晚第四纪以来的左旋滑移速率及大地震复发周期的探讨．第四纪研究，2008(28)：197~213.

李宏，谢富仁，刘凤秋，等．乌鲁木齐市区断层附近原地应力测量研究．地震地质，2007(29)：805~812.

李建华，张家声，单新建．西昆仑—西南天山地区断裂活动性研究．地质学报，2002(76)：347~353.

李杰，王晓强，方伟，等．应用GPS技术反演乌鲁木齐地区构造块体运动变形特征．内陆地震，2006(20)：143~148.

李闻峰，邢成起，蔡长星，等．玉树断裂活动性研究．地震地质，1995(17)：218~224.

李天祒，游泽李，杜其方，等．鲜水河断裂带的地质特征及其运动方式．四川省地震局编，鲜水河断裂带地震学术讨论会文集．北京：地震出版社，1985，1~7.

李天祒主编．鲜水河断裂带及强震危险性评估．成都：四川科学技术出版社，1997.

李西，张建国，郭君．红河断裂带中、越现代形变监测对比研究综述．地震研究，2009(32)：481~487.

李勇，周荣军，A. L. Densmore A L，等．青藏高原东缘龙门山晚新生代走滑—逆冲作用的地貌标志．第四纪研究，2006(26)：40~51.

林爱明，孙知明，杨振宇．桐柏—大别造山带内与脆性—韧性剪切带共生的假玄武玻璃的发现及意义．地质学报，2002(76)：373~380.

刘根亮，李渝生，陈佳，等．汶川地震区青川县乔庄镇地震断裂问题．山地学报，2009(27)：496~500.

刘和甫，夏义平，殷进垠，等．走滑造山与盆地耦合机制．地学前缘，1999(6)：121~132.

龙海英，高国英，聂晓红，等．北天山中东段中小地震震源机制解及应力场反演．地震，2008(28)：93~99.

卢海峰，马保起，刘光勋．甘肃文县北部北东向断裂带新构造活动特征．地震研究，2006(29)：143~146.

鲁如魁，张国伟，钟华明，等．从郭扎错断裂构造特征探讨阿尔金断裂带西延问题．中国地质，2007(34)：229~239.

罗福忠，柏美相，张斌，等．新疆哈密地区东盐池、七角井、托莱泉活动断裂地貌及新活动性．内陆地震，2002(16)：40~47.

罗行文，李德威，汪校锋．青藏高原板内地震震源深度分布规律及其成因．地球科学－中国地质大学学报，2008(33)：618~626.

马宗晋．大陆多震层研究现状和讨论．地震地质，1990(12)：262~264.

马保起，苏刚，侯治华，等．利用岷江阶地的变形估算龙门山断裂带中段晚第四纪滑动速率．地震地质，2005(27)：234~242.

马胜利，计凤桔，马瑾，等．摩擦滑动对石英和方解石热释光性质的影响及其地震地质意义．地震地质，1992(4)：341~349.

马润勇，彭建兵，门玉明．确定地震破裂带长度的新方法——以中卫1709年7½级地震为例．西北大学学报，2005(35)：339~341.

马文涛，徐锡伟，曹忠权，等．震源机制解分类与川滇及邻区最新变形特征．地震地质，2008(30)：926~934.

马杏垣，吴正文，谭应佳，郝春荣．华北地台基底构造．地质学报，1979，53（4）：293~304.

马杏垣，张家声，白瑾，索书田．中国前寒武纪历史过程中构造样式的变化．见：国际交流学术论文集（第一集）．北京：地质出版社，1986，1~29.

马杏垣，白瑾，索书田，劳秋元，张家声．中国前寒武纪构造格架及研究方法．北京：地质出版社，1987.100~102.

马寅生，施炜，张岳桥，等．东昆仑活动断裂带玛曲段活动特征及其东延．地质通报，2005(24)：30~35.

马寅生，张永双，胡道功，等．玉树地震地表破裂与宏观震中．地质力学学报，2010(16)：115~128.

马宗晋，张家声，刘国栋，等．大陆多震层研究现状与讨论，地震地质，1990，12(3)：262~264.

马宗晋，张家声，王一鹏．青藏高原三维变形运动学的时段划分和新构造分区．地质学报，1998，72(3)：211~227.

梅世蓉，冯德益，张国民，等．中国地震预报概论．北京：地震出版社，1993.

闵伟，邓起东．香山—天景山断裂带的变形特征及走滑断层端部挤压构造的形成机制．国家地震局地质研究所编，活动断裂研究（1）．北京：地震出版社，1991，71~81.

闵伟，张培震，邓起东．中卫—同心断裂带全新世古地震研究．地震地质，2001，23：357~366.

尼科诺夫ＡＡ．全新世和现代地壳活动．北京：地震出版社，1977.

聂政，林伟凡．中卫—同心断裂带中段：香山—天景山断裂带1709年7½级地震形变带特征．地震，1993(13)：41~44.

宁夏回族自治区地质局．中华人民共和国区域地质调查报告（比例尺：1：200000）.1980.

彭敦复．新疆水利水电工程活断层处理的工程实践．乌鲁木齐：新疆人民出版社，2005.

彭斯震．吐鲁番盆地的活动构造学与地震危险性．博士论文，国家地震局地质研究所，1995.

钱琦，韩竹军．汶川M_S8.0地震断层间相互作用及其对起始破裂段的启示．地学前缘，2010(17)：84~92.

钱洪，Ｃ.Ｒ.艾伦，罗灼礼，等．全新世以来鲜水河断裂的活动特征．中国地震，1988(4)：9~18.

钱洪，马声浩，龚宇．关于岷江断裂若干问题的讨论．中国地震，1995(11)：140~146.

乔学军，王琪，杜瑞林．川滇地区活动地块现今地壳形变特征．地球物理学报，2004，47(5)：805~811.

乔秀夫，马丽芳，张惠民．中国末前寒武纪古地理格局．地质学报，1988，62（4）：290~300.

冉勇康，段瑞涛，邓起东．海原断裂带主要活动段的古地震及其大震分布特征探讨．活动断裂研究（6）．北京：地震出版社，1998，42~55.

冉勇康，杨晓平，徐锡伟，等．西南天山柯坪推覆构造东段晚第四纪变形样式及缩短速率．地震地质，

2006(28)：179~194.

任金卫，汪一鹏，吴章明，等.青藏高原北部东昆仑断裂带第四纪活动特征和滑动速率.汪一鹏主编.
活动断裂研究 (7).北京：地震出版社，1999，147~164.

任利生，林伟凡.中卫—同心断裂带西段晚第四纪以来的活动性.地震，1993(13)：64~67.

单新建，何玉梅，朱燕，等.伽师强震群震源破裂特征的初步分析.地球物理学报，2002(43)：416~425.

沈军，杨晓平.博罗科努断裂西北段地震形变带初步研究.内陆地震，1998(12)：248~255.

沈军，汪一鹏，任金卫.中国云南德钦—中甸—大具断裂带第四纪右旋走滑运动.马宗晋，汪一鹏，张
燕平主编.青藏高原岩石圈现今变动与动力学.北京：地震出版社，2001，124~135.

沈军，汪一鹏，赵瑞斌，等.帕米尔东北缘及塔里木盆地西北部弧形构造的扩展特征.地震地质，
2001(23)：381~389.

沈军，李莹甄，汪一鹏，等.阿尔泰山活动断裂.地学前缘，2003(10)（特刊）：132~141.

沈军，吴传勇，李军，等.库车坳陷活动构造基本特征.地震地质，2006(28)：269~278.

沈军，宋和平，李军.乌鲁木齐城市活断层发震构造模型初探.内陆地震，2007(21)：193~204.

四川省地质局.1：20万章腊幅地质调查报告.北京：地质出版社，1978.

宋方敏，汪一鹏，曹忠权，等.小江断裂带的分段研究.汪一鹏主编.活动断裂研究 (6).北京：地震出版
社，1998，97~108.

宋方敏，李传友，俞维贤，等.则木河断裂带的几何细结构及邛海、宁南盆地的成因类型.汪一鹏主编.
活动断裂研究 (7).北京：地震出版社，1999，88~95.

宋方敏，闵伟，韩竹军，等.柯坪塔格推覆体的新生代变形与扩展.地震地质，2006(28)：224~233.

宋鸿林.变质核杂岩研究进展、基本特征及成因探讨.地学前缘，1995，2（2）：103~112.

孙爱群，胡骁，牛树银.内蒙古狼山地区活动构造的地质特征.河北地质学院学报，1990(13)：27~35.

孙建中，施顺英，周硕愚，等.利用地震矩张量反演鲜水河断裂带现今运动学特征.地壳形变与测量，
1994(14)：9~14.

孙勇，于在平.秦岭沙沟—老林头断层带研究.学术报告会论文集（下集）.西安：陕西科学技术出版社，
1987，331~336.

索书田，钟增球，胡鱼华.河南省西峡—内乡北部元古界与古生界间的构造边界.地质科学，1990(25)：
12~21.

谭锡斌，徐锡伟，李元希，等.贡嘎山快速隆升的磷灰石裂变径迹证据及其隆升机制讨论.地球物理学
报，2010(53)：1859~1867.

唐荣昌，钱洪，张文甫，等.道孚 6.9 级地震的地质构造背景与发震构造条件分析.地震地质，1984(6)：
28~37.

唐荣昌，文德华，黄祖智，等.松潘—龙门山地区主要活动断裂带第四纪活动特征.中国地震，1991(7)：
64~71.

唐荣昌，韩渭宾.四川省活断层与地震.北京：地震出版社，1993.

唐文清，刘宇平，陈智梁，等.岷山隆起边界断裂构造活动初步研究.沉积与特提斯地质，2004(24)：
31~34.

唐文清，陈智梁，刘宇平，等.青藏高原东缘鲜水河断裂与龙门山断裂交会区现今的构造活动.地质通
报，2005(24)：1169~1172.

唐文清，刘宇平，陈智梁，等.鲜水河断裂及两侧地块的 GPS 监测.西南交通大学学报，2005(40)：
313~317.

唐文清，刘宇平，陈智梁，等．基于 GPS 技术的活动断裂监测——以鲜水河、龙门山断裂为例．山地学报，2007(25)：103~107.

滕瑞增，金瑶泉，李西候，苏向州．西秦岭北缘断裂带黄香沟断裂的活动期次与地震复发周期关系．邓起东主编（《活动断裂研究》编委会）．活动断裂研究 (1).北京：地震出版社，1991，96~104.

滕瑞增，金瑶泉，李西候，等．西秦岭北缘断裂带新活动特征．西北地震学报，1994，16(2)：85~90.

田勤俭，丁国瑜．青藏高原北部第四纪早期断裂活动的新生性变化初步研究．第四纪研究，2006(26)：32~39.

田勤俭，丁国瑜，郝平．南天山及塔里木盆地西北缘构造带西段地震构造研究．地震地质，2006(28)：213~223.

许忠淮．东亚地区现今构造应力图的编制．地震学报，2001(23)：492~501.

万永革．美国 Landers 地震和 Hector Mine 地震前震震源机制与主震一致现象的研究．中国地震，2008(24)：216~225.

王峰，徐锡伟，郑荣章，等．阿尔金断裂带西段车尔臣河以西晚第四纪以来的滑动速率研究．地震地质，2004(26)：200~208.

王敏．GPS 数据处理方面的最新进展及其对定位结果的影响．国际地震动态，2008(7): 3~8.

王鸿祯，楚旭春，刘本培，等．中国古地理图集．北京：中国地图出版社，1985，1~85.

王晓强，李杰，Zonovich A，等．利用 GPS 形变资料研究天山及邻近地区地壳水平位移与应变特征．地震学报，2007(29)：31~37.

汪集旸，黄少鹏．中国大陆地区大地热流数据汇编（第二版）．地震地质，1990(12)：351~366.

汪洋．中国大陆大地热流分析．博士论文．北京：中国科学院地质研究所，1999，118pp.

汪一鹏，宋方敏，李志义，等．宁夏香山—天景山断裂带晚第四纪强震重复间隔的研究．中国地震，1990(6)：15~24.

汪一鹏，沈军．天山北麓活动构造基本特征．新疆地质，2001(18)：203~210.

闻学泽，C R 艾伦，罗灼礼，等．鲜水河全新世断裂带的分段性、几何特征及其地震构造意义．地震学报，1989(11)：362~371.

闻学泽，徐锡伟，郑荣章，等．甘孜—玉树断裂的平均滑动速率与近代大地震破裂．中国科学（D 辑），2003(33)：199~208.

吴功建．论区域航磁异常轴向与各类构造形迹及其与能源分布的关系．中国区域地质，1983(6): 1~10.

吴卫民，聂宗笙，许桂林，等．色尔腾山山前断裂西段活动断层研究．活动断裂研究（5），北京：地震出版社，1996，113~124.

伍跃中，王战，陈守建，等．阿尔金南缘断裂带的分段分带特征及其构造演化．地质学报，2008，82(9)：1195~1209.

邢成起，王彦宾．桌子山断裂带及其新活动特征．西北地震学报，1991(13)：86~88.

邢成起，荣代潞，姚同福，等．1995 年 7 月 22 日永登 5.8 级地震发震构造和发震机制分析．西北地震学报，1996(18)：1~9.

新疆维吾尔自治区地震局．中国新疆维吾尔自治区地震构造图说明书，比例尺 1：2000000.成都：成都地图出版社，1997.

徐锡伟，Tapponnier P, Van der Woerd J，等．阿尔金断裂带晚第四纪左旋走滑速率及其构造运动转换模式讨论．中国科学（D 辑），2003(33)：967~974.

徐锡伟，于贵华，陈桂华，等．青藏高原北部大型走滑断裂带近地表地质变形带特征分析．地震地质，

2007(29)：201~217.

熊探宇，姚鑫，张永双.鲜水河断裂带全新世活动性研究进展.地质力学学报，2010(16)：176~188.

许志琴，索书田，韩郁菁，等.中国松潘—甘孜造山带的造山过程.北京：地质出版社，1992，1~190.

许志琴，杨经绥，李海兵，等.青藏高原与大陆动力学——地体拼合、碰撞造山及高原隆升的深部驱动力.中国地质，2006(33)：221~238.

许忠淮，戈澍谟.利用滑动方向拟合法反演富蕴地震断裂带应力场.地震学报，1984(6)：395~404.

许忠淮.东亚地区现今构造应力图的编制.地震学报，2001(23)：492~501.

杨景春，邓天岗，王元海，等.岷江上游地区第四纪应力状态及其与地震的关系.地震地质，1979(1)：68~75.

杨少敏，李杰，王琪.GPS研究天山现今变形与断层活动.中国科学（D辑），2008(38)：872~880.

杨晓平，蒋溥，宋方敏，等.龙门山断裂带南段错断晚更新世以来地层的证据.地震地质，1999(21)：341~345.

杨晓平，冉勇康，胡博，等.内蒙古色尔腾山山前断裂（乌句蒙口—东风村段）的断层活动与古地震事件.中国地震，2002(18)：127~140.

杨晓平，冉勇康，宋方敏，等.西南天山柯坪塔格推覆构造的地壳缩短研究.地震地质，2006(28)：194~204.

杨卓欣，段永红，王夫运，等.银川盆地深地震断层的三维透射成像.地球物理学报，2009(52)：2026~2034.

易桂喜，闻学泽，王思维，等.由地震活动参数分析龙门山—岷山断裂的现今活动习性与强震危险.中国地震，2006(22)：117~125.

易桂喜，龙锋，张致伟.汶川M_S8.0地震余震震源机制解时空分布特征.地球物理学报，2010(55)：1213~1227.

尹光华.伊犁盆地新构造运动与地震.内陆地震，1993(7)：180~187.

尹光华，蒋靖祥，朱令人，等.阿尔金断裂乌尊硝段的现今活动速率.大地测量与地球动力学，2002(22)：52~55.

尹光华，蒋靖祥，吴国栋.2008年3月21日于田7.4级地震的构造背景.干旱区地理，2008(31)：543~549.

于贵华，徐锡伟，Klinger Y，等.汶川M_W7.9地震同震断层陡坎类型与级联破裂模型.地学前缘，2010(17)：1~18.

余钦范，马杏垣.华北地区航磁图像处理结果和地震构造解释.地震地质，1989，11（4）：5~14.

袁道阳，贾亚会，才树华，刘百篪，刘小龙，王永成.兰州马衔山北缘断裂带古地震初步研究.西北地震学报，2002(24)：27~33.

袁道阳，张培震，刘百篪，等.青藏高原东北缘晚第四纪活动构造的几何图像与构造转换.地质学报，2004，78(2)：270~278.

袁道阳，刘小龙，张培震，刘百篪.青海热水—日月山断裂带的新活动特征.地震地质，2003(25)：155~165.

袁道阳，张培震，雷中生，刘百篪，刘小龙.青海拉脊山断裂带新活动特征的初步研究.中国地震，2005(21)：93~102.

张抗.鄂尔多斯断块太古代至早元古代构造发育特征.地质科学，1982(4)：352~363.

张家声.沂沭断裂带中段基底韧性剪切带.地震地质，1983，5（2）：11~23.

张家声.断裂带中的二相变形与地震成因讨论.地震地质，1987，9(4)：63~70.

张家声，索书田.华北北部结晶基底中的大型韧性剪切带.中国区域地质，1988(4)：289~296.

张家声.前寒武纪大陆岩石圈的形成和演化.见：丁国瑜主编.中国岩石圈动力学概论.北京：地震出版社，1991，2~24.

张家声.郯庐剪切带的性质和意义.地球科学，1992，17（4）：363~372.

张家声，周春平，杨桂枝.古震源实体初步研究，地震地质，1992(14)：165~175.

张家声.临汾地区地壳结构和大震成因.山西临汾地区地震和减灾研究.北京：地震出版社，1993.

张家声.大同—怀安麻粒岩地体的伸展抬升.地质论评，1997，43(5)：503~514.

张家声，李燕，韩竹军.青藏高原向东挤出的变形响应及南北地震带构造组成.地学前缘，2003(10)（特刊）：168~175.

张家声，黄雄南，刘建民.网脉状微角砾岩构造意义.科学通报，2005(50)：67~74.

张家声，黄雄南，牛向龙，刘峰.川主寺—黄龙左行走滑剪切和松潘—平武剪切转换构造.地学前缘，2010(17)：15~32.

张家声，甘卫军，张明华，等.松潘—甘孜地区百年地震构造和现今动力学.地学前缘，2012(19)：274~283.

张家声，高祥林，黄雄南.亚洲中部地震构造解析.北京：地震出版社，2014.

张进江，刘树文，郑亚东，等.小秦岭拆离断层假熔岩的 Raman 光谱分析及其成因机制.中国科学（D辑），1998(28)：170~174.

张培震，邓起东，张国民，等.中国大陆的强震活动与活动地块.中国科学 (D辑)，2003(33)（supl）：12~20.

张先康，赵金仁，张成科，等.帕米尔东北侧地壳结构研究.地球物理学报，2002(45)：665~671.

张岳桥，杨农，陈文，等.中国东西部地貌边界带晚新生代构造变形历史与青藏高原东缘隆起过程初步研究.地学前缘，2003(l0)：599~609.

张岳桥，李海龙.龙门山断裂带西南段晚第四纪活动性调查.第四纪研究，2010(30)：1~29.

张云峰，王海涛，徐锡伟，等.2003年2月24日新疆巴楚—伽师6.8级地震.国际地震动态，2003(3):1~10.

臧绍先，杨君亮.我国华北等地区板内地震的深度分布及其物理背景.地震地质，1984(6)：67~76.

郑文俊，何文贵，雷中生，等.1573年甘肃岷县地震史料考证与发震构造探讨.中国地震，2007(23):75~83.

赵成彬，方盛明，刘保金，等.银川盆地断裂构造深地震反射探测试验研究.大地测量与地球动力学，2009(29)：33~38.

赵凤民.蒙古后杭爱省楚鲁特铀成矿区地质特征和成因探讨.世界核地质科学，2005(22)：134~140.

赵小麟，邓起东，陈社发.龙门山逆断裂带中段的构造地貌学研究.地震地质，1994(16)：422~428.

郑亚东，张青.内蒙古亚干变质杂核岩与伸展拆离断层.地质学报，1993(67)：301~309.

郑荣章，徐锡伟，王峰，等.阿尔金构造系晚更新世中晚期以来的逆冲活动.地震地质，2005(27)：361~373.

周建波，胡克.沂沭断裂晋宁期的构造活动及性质.地震地质，1998，20（3）：208~212.

周荣军，马声浩，蔡长星，等.甘孜—玉树断裂带的晚第四纪活动特征.中国地震，1996(12)：250~260.

周荣军，蒲晓虹，何玉林，等.四川岷江断裂带北段的新活动、岷山断块的隆起及其与地震活动的关系.地震地质，2000(22)：285~294.

周荣军，何玉林，杨涛，等．鲜水河—安宁河断裂带磨西—冕宁段的滑动速率与强震位错．中国地震，2001(17)：253~262.

周荣军，陈国星，李勇，等．四川西部理塘—巴塘地区的活动断裂与1989年巴塘6.7级震群发震构造研究．地震地质，2005(27)：31~43.

朱英．中朝准地台大地构造和深部构造的若干问题——再论华北地块．物探与化探，1986(10)：10~25.

Aiming Lin. Injection veins of crushing-originated pseudotachylyte and fault gouge formed during seismic faulting. Engineering Geology, 1996, 43: 213–224.

Aki, K. Higher-order interpretations between seismogenetic structures and earthquake processes. Tectonophysics，1992，211: 1–12.

Allaby A, Allaby M (eds). The concise Oxford Dictionary of Earth Sciences. Oxford: Oxford Univ. Press, 1996, 410 pp.

Allen R A. Mechanism of frictional fusion in fault zones. J. Struct. Geol., 1979, 11: 231–243.

Allen C R，Luo Z，Qian H et al.. Field study of a highly active fault zone：The Xianshuihe fault of southwestern China. Geol. Soc. Am. Bull.，1991，103: 1178–1199.

Allen M B, Vincet S J, Wheeler P J. Late Cenozoic tectonics of the Kepingtage thrust zone: interaction of the Tien Shan and Tarim Basin, Northwest China. Tectonics, 1999, 18: 639–654.

Ankhtsetseg D et al. (eds). Conference Commemorating the 50th Anniversary of the 1957 Gobi-Alty Earthquake, Ulaanbaatar, Mongolia, 25 July-08 August 2007, 1–248.

Bak P. How Nature Works: The Science of Self-Organized Criticality. New York: Copernicus, 1996.

Bakun W H, Aagaard B, Dost B et al.. Implications for prediction and hazard assessment from the 2004 Parkfield earthquake. Nature, 2005, 437: 969–974.

Baljinnyam I, Bayasgalan A, Borisov B et al.. Rupture of major earthquakes and active deformation in Mongolia and its surroundings. Memoir (Geological Society of America), 1993, 181: 62–72.

Bayasgalan A, Jackson J, Ritz J F et al.. Field examples of strike-slip fault terminations in Mongolia and their tectonic significance. Tectonics, 1999, 18: 394–411.

Beukel, J V. Some thermomechanical aspects of the subduction of continental lithosphere. Tectonics, 1992, 11: 316–329.

Billington S, Isacks L B, Barazangi M. 1977. Spatial distribution and focal mechanisms of mantle earthquakes in the Hindu Kush- Pamir region; a contoured Benioff zone. Geology, 1977, 5: 699–704.

Burchfiel B C, Brown E T, Deng Q et al.. Crustal shortening on the Tian Shan, Xinjiang, China. International Geology Review, 1999, 41: 665–700.

Burchfiel B C, Royden L H, van der Hilst R D et al.. A geological and geophysical context for the Wenchuan earthquake of 12 May 2008, Sichuan, People's Republic of China. GSA Today, 2008, 18: 4–11.

Burtman V S, Molnar P. Geological and geophysical evidence for deep subduction of continental crust beneath the Pamir. Geological Society of America Special Paper, 1993, 281:1–76.

Calais E, Vergnolle M, Sankov V et al.. GPS measurements of crustal deformation in the Baikal-Mongolia area (1994–2002): Implications for current kinematics of Asia. J. Geophys. Res., 2003, 108(B10), doi:10.1029/2002/JB002373.

Chaterlain J L, Roecker S W, Hatzfeld D, Molnar, P. Microearthquake seismicity and fault plane solutions in the Hindu Kush region and their tectonic implications. Journal of Geophysical Research, 1980, 85: 1365–1387.

Chopin, C. Very-high-pressure metamorphism in the western Alps: Implication for subduction of continental crust. Philosophical Transactions of the Royal Society of London, Series A, 1987, 321:183–195.

Christie-Blick, N and Biddle K T. Deformation and basin formation along strike–slip faults. In: Biddle K T and Christie-Blick N (editors), Strike–Slip Deformation, Basin Formation, and Sedimentation. Special Publication - Society of Economic Paleontologists and Mineralogists, 1985, 37: 1–34. Abstract-GEOBASE

Chui G. Shaking up earthquake theory. Nature, 2009, 461: 870–872.

Clarke G L and Norman A R. Generation of pseudotachylite under granulite facies conditions and its preservation during cooling. J. Metamorphic Geol., 1993, 11:319–335.

Cloos M. Lithospheric buoyancy and collisional orogenesis: subduction of oceanic plateaus, continental margins, island arcs, spreading ridges, and seamounts. Geological Society of America Bulletin, 1993, 105: 715–737.

Cunningham D, Windley B F, Dorjnamjaa D et al.. Late Cenozoic transpression in southwestern Mongolia and the Gobi Altai-Tien Shan connection. Earth and Planetary Science Letters, 1996, 140: 67–81.

Cunningham D. Cenozoic normal faulting and regional doming in the southern Hangay region, Mongolia and the Gobi Altai-Tien Shan connection. Tectonophysics, 2001, 331: 389–411.

Cunningham D, Owen L A, Snee L W et al.. Structural framework of a major intracontinental orogenic termination zone: The eastern Tien Shan, China. Journal of Geological Society, London, 2003, 160: 575–590.

Cunningham D. Active intracontinental transpressional mountain building in the Mongolia Altai: Defining a new class of orogen. Earth and Planetary Science Letters, 2005, 240: 436–444.

Curewitz D, Karson J A. Ultracataclasis, sintering, and frictional melting in pseudotachylytes from East Greenland. J Struct. Geol., 1999, 21: 1693–1713.

Cyranoski D. A seismic shift in thinking. Nature, 2008, 431: 1032–1035.

Denham D, Alexander L G, Worotnicki G. The stress field near the sites of the Meckering (1968) and Calingri (1970) earthquakes, Western Australia. Tectonophysics, 1980, 67: 283–317.

Dooley T and McClay K. Analog modeling of pull-apart basins. American Association of Petroleum Geologists Bulletin, 1997, 81: 1804–1826.

Dooley T, McClay K R and Bonora M. 1999. 4D evolution of segmented strike-slip fault systems: applications to N.W. Europe. In: Fleet A J and Boldy S A R (editors), Geological Society of London, Proceedings of the 5th Conference-Petroleum Geology of N.W. Europe, 1999, pp. 215–225.

Dressler B O, Reimold W U. Terrestrial impact melt rocks and glasses. Earth-Science Reviews, 2001, 56: 205–284 .

Duff P, McL D. Holmes' Principles of Physical Geology. 4th ed. London: Chapman and Hall, 1993, 791 pp.

Ellis, S. Forces driving continental collision: reconciling indentation and mantle subduction tectonics. Geology, 1996, 24: 699–702.

Fan, G, Ni J F, Wallace T C. Active tectonics of the Pamirs and Karakoram. J. Geophys. Res., 1994, 99: 7131–7160.

Felzer K R and Debi Kilb. A case study of two M–5 mainshocks in Anza, California: Is the footprint of an aftershock sequence larger than we think? Bulletin of the Seismological Society of America, 2009, 99: 2721–2735.

Ferguson J, Martin H, Nicolaysen L O and Danchin R V. Gross Brukkaros: A kimberlite-carbonatite volcano.

Physics and Chemistry of the Earth, 1975, 9: 219–226.

Field E H, Dawson T E, Felzer K R et al.. Uniform California Earthquake Rupture Forecast, Version 2 (UCERF). Bull. Seismol. Soc. Am., 2009, 2053–2107.

Fleitout L and Froidevaux C. Thermal and mechanical evolution of shear zones. J. Struct. Geol., 1980, 12: 159–164.

Florensov N A, Solonenko V P (eds). The Gobi-Altai earthquake (translated from Russian). London: Oldbourne Press, 1966.

Frameis P W. The pseudotachylite problem. Geophysics, 1972, 3: 35–53.

Geller R J. Earthquakes prediction: a critical review. Geophys. J. Int., 1997, 131: 425–450.

Geller R J, Kackson D D., Kagan Y Y, Mulargia F. Earthquakes cannot be predicted. Science, 1997, 131: 425–450.

Goltrant O, Leroux H, Doukhan J, Cordier P. Formation mechanisms of planar deformation features in naturally shocked quarts. Phys. Earth Planet. Inter. 1992, 74:219–240.

Gordon R G and Stein S. Global tectonics and space geodesy. Science, 1992, 256: 333–342.

Grocott J. Fracture geometry of pseudotachylite generation zones：a study of shear fractures formed during seismic events. J. Struct. Geol., 1981, 3: 169–179.

Goltrant O, Leroux H, Doukhan J, Cordier P. Formation mechanisms of planar deformation features in naturally shocked quarts. Phys. Earth Planet. Inter., 1992, 74: 219–240.

Grady D E. Shock deformation of brittle solids. J. Geophys. Res., 1980, 85: 913–924.

Grocott G. The relationship between Precambrian shear belts and modern fault systems. J. Geol. Soc. Lond., 1977, 133:257–262.

Hamburger M W, Sarewitz D R, Pavlis T L, Popandopulo G A. Structural and seismic evidence for intracontinental subduction in the Peter the first range, central Asia. Geological Society of America Bulletin, 1992, 104: 397–408.

Higgins M W, Fisher G W, Zietz I. Aeromagnetic discovery of a Baltimore Gneiss Dome in the Piedmont of northwestern Delaware and southeastern Pennsylvania. Geology, 1973,(1): 41–43.

Hobbs B E. Earthquakes in the ductile regime? Geophys., 1986, 124: 306–336.

Hobbs B E and Ord A. Plastic instabilities inplicatiorts for the origin of intermediate and deep focus earthquakes. J. Geophys Res. 1988, 93: 10521–10540.

Jankowski A F, Sandoval P and Hayes J P. Superlattice effects on solid-state amorphization. Nan Structured Materials, 1995, 5:497–503.

Kagan Y Y, Jackson D D. Seismic gap hypothesis: ten years after. J. Geophys. Res., 1991, 96: 21419–21431.

Kagan Y Y and Jackson D D. Worldwide doublets of large shallow earthquakes. Bull. Seism. Soc. Am., 1999. 89: 1147–1155.

Katok A P. On the deepest earthquake in the Pamir-Hindu Kush zone. Izv. Academy of Sciences of the USSR, Physical Series. Solid Earth (English Translation), 1988, 24: 649–653.

Kenkmann T. Dike formation, cataclastic flow, and rock fluidization during impact cratering: an example from the Upheaval Dome structure, Utah. Earth and Planetary Science Letters. 2003, 214:43–58.

Lamb M A, Badarch G, Navratil T et al.. Structural and geochronologic data from the Shin Jinst area, eastern Gobi Altai, Mongolia: Implications for Phanerozoic intracontinental deformation in Asia. Tectonophysics,

2008, 451: 312–330.

Langenhorst F. Shock experiments on a- and b-quartz: II. X-ray and TEM investigations. Earth Planet. Sci. Lett., 1994, 128: 683–698.

Levi K G, Babusbkin S M, Badardinov A A et al.. Active Baikal tectonics. Russian Geology and Geophysics, 1995, 36: 143–154.

Liu J, Dong S, Zhang Jiasheng, Liu Xiaochun et al.. Origin, age and significance of pseudotachylites from the astern Dabieshan orogenic belt, China. ACTA GEOLOGICA SINICA. 2004, 78：52–60.

Lloyd G. E and Knipe R J. Deformation mechanisms accommodating faulting of quartzite under upper crustal conditions. Journal of Structural Geology, 1992, 14: 127–143.

Lomnitz C. Search of worldwide catalog for earthquakes triggered at intermediate distances. Bull. Seis. Soc. Am., 1996, 86: 293–298.

Lund M G and Austrheim H K. High-pressure metamorphism and deep-crustal seismicity: evidence from contemporaneous formation of pseudotachylytes and eclogite facies coronas. Tectonophysics, 2003, 372: 59–83.

Maddock R H. Partial melting of lithic porphyroclasts in fault generated pseudotachylites. Neues J. Miner. Abh., 1986, 155: 1–14.

Mann P, Hempton M R, Bradley D C et al.. 1983. Development of pull apart basins. Journal of Geology, 1983, 91: 529–554.

McClay K R and Bonora M. Analogue models of restraining stepovers in strike-slip fault systems. American Association of Petroleum Geologists Bulletin, 2001, 85: 233–260.

Melosh H J. Impact Cratering—A Geologic Process. New York: Oxford University Press, 1989, 245 pp.

Minster J B, Jordan T H. Present-day plate motions. J. Geophys. Res., 1978, 83: 5331–5354.

Miyatake T. Numerical simulation of three-demensional faulting pro heterogeneous rate- and state-dependent friction. Tectonophysics, 1992, 211:223–232.

Molnar P and Deng Q. Faulting associated with large earthquakes and the average rate of deformation in central and eastern Asia. J. Geophys. Res., 1984, 89: 6203–6227.

Mordvinova V V, Deschamps A, Dugarmaa T et al.. Velocity structure of the lithosphere on the 2003 Mongolian-Baikal transect from SV waves. Izvestiya Physics of the Solid Earth, 2007, 43: 119–129.

Newman J and Mitra G. Lateral variations in mylonite zone thickness as influenced by fluid-rock interactions, Linville Falls Fault, North Carolina. J. Struct. Geol., 1993, 15(7): 849–863.

Niknov A A. Applying of radiocarbon determination to detomic ages of paleoearthquakes in South of Central Asia. Geophysics, 1981, 9: 70–79.

Parfeevets A V, Sankov V A. Spatial regularities of the late Cenozoic state of stress of the earth crust of the western part of the Mongolian-Siberian mobile belt. In: Ankhtsetseg D et al. (eds). Conference Commemorating the 50th Anniversary of the 1957 Gobi-Alty Earthquake, Ulaanbaatar, Mongolia, 25 July-08 August 2007, 184–188.

Passchier C W. Pseudotachylyte and the development of ultramylonite bands in the Saint-Barthelemy Massif, French Pyrenees. *J. Struct. Geol.*, 1982, 4(1): 69–79.

Passchier C W. Monoclinic model shear zones. *J. Struct. Geol.,* 1998, 20: 1121–1137.

Pavlide S. North Aegean seismotectonics: An overview. 马宗晋（主编），大陆多震层研究，北京：地震出版社，1992，9–27.

Pegler, G, Das, S. An enhanced image of the Pamire Hindu Kush seismic zone from relocated earthquake hypocentres. Geophys. J. Int., 1998, 134: 573–595.

Philpotts A R. Origin of pseudotachylytes. American Journal of Science, 1964, 262:1008–1035.

Poirier J P. Shear localization and shear instability in materials in the ductile field. J. Struet. Geol., 1980, 2: 135–142.

Prentice C S, Kendrick K, Berryman K et al.. Prehistoric ruptures of the Gurvan Bulag fault, Gobi Altay, Mongolia. J. Geophys. Res., 2002, 107(B12), 2321, doi:10.1029/2001JB000803.

Reid H F. The mechanics of the earthquake. In: Lawson A C (chmn), The California earthquake of April 18, 1906. Carnegie Institute Washington Publication, 1911, v.2, 192p.

Reimold W U, Miller McG.. Exogenic and endogenic breccias: a discussion of major problematics. Earth-Sci. Rev., 1998, 43:25–47.

Ritz J F, Brown E T, Bourles D L et al.. Slip rates along active faults estimated with cosmic-ray-exposure dates: Application to the Bogd fault, Gobi-Altai, Mongolia. Geology, 1995, 23: 1019–1022.

Ryan J G, Morris J, Tera F, Leeman W P, Tsvetkov A. Cross-arc geochemical variations in the Kurile arc as a function of slab depth. Science, 1995, 270: 625–627.

Roecker S W, Soboleva V, Nersesov I L et al.. 1980. Seismicity and fault plane solutions of intermediate depth earthquakes in the Pamir-Hindu Kush region. J. Geophys. Res., 1980, 85:1358–1364.

Schwarzman E C, Meyer C E and Wilshire H G. Pseudotachylyte from the Vredefort Ring, South Africa, and the otigin of some lunar breccias. Bull. Geol. Soc. Am., 1983, 94:926–935.

Shen Z K，Lu J，Wang M，et al.. Contemporary crustal deformation around the southeast borderland of the Tibetan Plateau. J. Geophys. Res.，2005，1 10：B1 1409，doi：10. 1029/2004JB003421

Sherman S I, Lobatskaya R M. Correlation between lengths and depths of faults in the Baikal rift zone. Dokl. AN SSSR, 1972, 205: 578–581.

Sherman S I. Physical Laws of Crustal Faulting. Nauka, 1977, Novosibirsk (in Russian).

Sherman S I, Dem'Yanovich V M, Lysak S V. Active faults, seismicity and recent fracturing in the lithosphere of the Baikal rift system. Tectonophysics, 2004, 380: 261–272.

Sherman S I. Tectonophysical analysis of the seismic process in zones of active lithospheric faults and medium-term earthquake prediction. Geofizicheskii Zhurnal, 2005, 27: 20–38.

Sibson R H. Fault rocks and fault mechanism. J. Geol. Soc. London, 1977, 133: 191–213.

Sibson R H. Transient discontinuities in ductile shear zones. J. Struct. Geol., 1980, 2: 165–171.

Sibson R H. Continental fault structure and the shallow earthquake source. J. Geolo. Soc. Lond., 1983, 140: 741–767.

Sibson R H. Implications of fault-valve behavior for rupture nucleation and recurrence. Tectonophysics, 1992, 211: 283–293.

Simpson C and Paor D G. Strain and kinematic analysis in general shear zones. J. Struct. Geol., 1993, 15(1):1–20.

Spray J G. Pseudotachylyte controversy: Fact or Friction? Geology, 1995, 23:1119–1122.

Stein R S and Yeats R S. Hidden earthquakes. Scientific American, 1989, 260: 48–57.

Stein S, Geller R J, Liu M. Why earthquake hazard maps often fail and what to do about it. Tectonophysics, 2012, 562/563: 1–25.

Stoffler D and Langenhorst F. Shock metamorphism of quartz in nature and experiment: I. Basic observation and theory. Meteoritics, 1994, 29: 155–181.

Talbot C J. Ductile shear zones as counterflow boundaries in pseudoplastic fluids. *J. Struct. Geol.,* 1999, 21: 1535–1551.

Tapponier P and Molnar P. Active faulting and Cenozoic tectonics of the Tianshan, Mongolia and Baykal regions. J. Geophys. Res., 1979, 84(B7): 3425–3458.

Toshihihiko Shimamoto. Pseudotachylytes and Pseudotachylyte-like Rocks of "Crush" Origin. "Drilling Active Faults in South Africa Mines" Sponsored by the International Continental Scientific Drilling Program (ICDP),2003 Sept. South Africa.

Tse S and Rice J R. Crustal earthquake instability in relation to the depth variations of frictional slip properties. J. Geophys. Res., 1986, 91: 9452–9472.

Tsutsumi A and Mizoguchi K. Effect of melt squeezing rate on shear stress along a fault in gabbro during frictional melting. Geophys. Res. Let., 2007, 34, doi:10.1029/2007GL03156.

Van Der Woerd J, Tapponnier P, Ryerson F J, et al.. Uniform postglacial slip-rate along the central 600km of the Kunlun fault (Tibet) from ^{26}Al, ^{10}Be, and ^{14}C dating of riser offsets and climate origin of the regional morphology. Geophysical Journal International, 2002, 148: 356–388.

Vassallo B, Ritz J F, Braucher R et al.. Transpressional tectonics and stream terraces of the Gobi-Altay, Mongolia. Tectonics, 2007, TC5013, doi: 10.1029/2006TC2081.

Vegnolle M, Calais E, and Dong L. Dynamics of continental deformation in Asia. J. Geophys. Res., 2007, 112, B11403, doi:10.1029/2006JB004807.

Vinnik L P, Lukk A A, Nersesov I L. 1977. Nature of the intermediate seismic zone in the mantle of the PamireHindu Kush. Tectonophysics, 1977, 38: T9–T14.

Vinnik, L P, Lukk A A, Mirzokurbonov M. 1978. Quantitative analysis of velocity inhomogeneities of the Pamir-Hindu Kush upper mantle. Izv. Academy of Sciences of the USSR, Physical Series, Solid Earth Translation, 1978, 14: 319–328.

Wakabayashi J, Hengesh J V, Thomas L. Sawyer T L. Four-dimensional transform fault processes: progressive evolution of step-overs and bends. Tectonophysics, 2004, 392: 279–301.

Walker R T, Nissen E, Molor E et al.. Reinterpretation of the active faulting in central Mongolia. Geology, 2007, 35: 759–762.

Wallace R E. Earthquake recurrence intervals of the San Andreas Fault. Geol. Soc. Am. Bull., 1970, 81: 2875–2890.

Webb L E, Johnson C L. Tertiary strike-slip faulting in southeastern Mongolia and implications for Asian tectonics. Earth and Planetary Science Letters, 2006, 241: 323–335.

Wells D L, Copppersmith K J. New empirical relationships among magnitude, rupture area and surface displacement. Bull. Seismol. Soc. Am., 1994, 84:974–1002.

Wenk H R. Are pseudotachylytes products of fracture or fusion? *Geology*, 1976, 6: 507–511.

Wijbrans J R, Van Wees J D, Stephenson R A, Cloetingh S A P L. 1993. Pressure-temperature-time evolution of the high-pressure metamorphic complex of Sifnos, Greece. Geology, 1993, 21: 443–446.

Willett, S, Beaumont C, Fullsack P. A mechanical model for the tectonics of doubly-vergent compressional orogens. Geology, 1993, 21: 371–374.

Yeats R S, Sieh K, Allen G R. The Geology of Earthquakes. New York: Oxford University Press, 1997, pp.568.

Yin A, Nie S, Craig P et al.. Late Cenozoic tectonic evolution of the southern Chinese Tian Shan. Tectonics, 1998, 17: 1–27.

Zhai M.G., Guo J.H. and Yan Y.H. The discovery of Archaean high pressure mafic granulite in North China, and its initial study. Science In China, (Series B), 1992, 22(12):1325–1330.

Zhang, J S and Piper J D A. Magnetic fabric and post-orogenic uplift and cooling magnetisations in a Precambrian granuliteterrain: The Datong-Huai'an region of the North China shield. Tectonophiscs, 1994, 234: 227–246.

Zhang J S, Dirks P H, Passchier C W. Extensional collapse and uplift of a polymetamorphic granulite terrain in the Archaean of north China. Precambrian Res. 1994，67:37–57.

Zhao Z Y, Fang A M, Yu L J. High- to ultrahigh-pressure (UHP) ductile shear zones in the Sulu UHP metamorphic belt, China: implications for continental subduction and exhumation. Tera Nava, 2003, 15: 322–329.

Zheng Y F. A perspective view on ultrahigh-pressure metamorphism and continental collision in the Dabie-Sulu orogenic belt. Chinese Science Bulletin, 2008, 53: 3081–3104.